国际电气工程先进技术译丛

海上风力发电：控制、保护与并网

［英］奥林波·安纳亚-劳拉（Olimpo Anaya-Lara）
［墨］大卫·坎波斯-高纳（David Campos-Gaona）
［墨］埃德加·莫雷诺-戈伊蒂亚（Edgar Moreno-Goytia） 著
［英］格兰·亚当（Grain Adam）

高强 等译

机 械 工 业 出 版 社

本书第 1 章介绍了风电机组的技术、海上输电网络、风力发电对电力系统运行的影响以及风电并网规范等基本知识。第 2 章从机组组成、数学建模及其控制策略、不同类型故障下的动态响应以及故障穿越策略等多方面详细地解释了双馈感应风力发电机。第 3 章侧重于全功率变流器风力发电机，对永磁同步型和笼型感应全功率风力发电机的控制、电力系统阻尼器等进行了分析，本章还详述了典型的电励磁同步发电机的建模和控制。第 4 章从海上风电场电气系统的组成、电力汇集器、海上输电系统、海上变电站、无功功率补偿装置和海底电缆等方面出发，对海上风电场电气系统的主要组件所涉及的关键技术和原理、运行和控制等进行了阐述。第 5 章通过丰富的范例展示了海上风电场的不同并网方式，并给出了各方式下的仿真运行结果。第 6 章涉及海上风电场中各个保护区的划分、交流输电线故障研究、以及通过直流并网的海上风电场的保护等内容。第 7 章介绍了在海上风电并网方面涌现的诸多新兴技术，如风力发电机载荷柔化技术、直流传输保护、储能技术、故障限流器、超导电缆等。附录 A 对运用于海上风力发电中的电压源换流器，如二电平换流器、三电平换流器、模块化多电平换流器等的拓扑和调制等进行了原理性介绍，便于读者理解前述章节的内容。附录 B 提供了不少算例，便于读者深入理解本书介绍的部分关键内容。

本书内容较全面地涵盖了海上风力发电所涉及的关键技术，对海上风电场以及输电系统等各组成部分从基本原理到控制和运行等方面都有较全面和由浅入深的描述，不仅适合高等院校电气工程方向高年级本科生和研究生学习，也适合从事风力发电、特别是从事海上风力发电的生产制造、运行与控制等领域的工程技术人员参考。

译　者　序

海上风电由于其可开发潜力巨大、不占用土地资源、通常距离负荷中心较近等优点而成为未来风力发电发展的重点方向之一。目前欧洲各国在海上风电的研究和建设方面处于世界领先地位，截至2015年年底，欧洲累计海上风电容量达到11GW，占全球海上风电装机的91%，每年可以发电40.6TWh。我国海上风电从2007年开始获得了稳步的发展，至2015年年底，累计装机容量已经达到约1014MW。尽管如此，相对于陆上风电，我国海上风电的发展步伐仍稍显滞后，从海上风电机组的研制、海上输电技术以及海上风电场的控制等关键技术方面还需进一步提高。

在此背景下本书的引入恰逢其时。本书作者都是在风电领域，特别是海上风电领域有多年积累的专家或研究人员，书中内容多来自他们所讲授的研究生课程讲义、近年来国际顶级期刊上发表的众多研究论文以及作者主持的多项欧洲海上风电项目的研究成果，既有一定的理论深度，又和实践紧密结合，具有比较高的参考价值，对我国海上风电的进一步发展具有很高的启示意义。总体而言，本书涵盖了海上风电中所涉及的大部分电气工程领域的内容。本书正文从典型的变速风电机组——双馈机组和全功率机组——的原理、建模与控制出发，再对海上风电场中电气系统的各个主要子系统，如电力集电器、海上输电系统、海上变电站等进行了较完整的原理性剖析和介绍，然后运用不同的案例来实际比较海上风电场运用不同的输电方案时的效果，再对海上风电场的保护，如保护区间划分、通过直流进行并网的海上风电场的保护等内容进行了较深入的探讨，最后还向读者展现了当前海上风电领域出现的众多新技术，如风力发电机的先进控制技术、储能、高温超导、状态检测、智能电网技术等。本书的附录不仅为有兴趣的读者提供了海上风电中出现的各种电压源换流器的常用拓扑及其典型的调制策略，还由浅入深地设计了不少例题，以加深读者对书中正文所述原理的理解。

本书不仅适合高等院校电气工程专业高年级本科生、研究生学习使用，也适合从事风力发电、特别是从事海上风力发电的生产制造、运行与控制等领域的工程技术人员参考。

本书的主要译者为上海交通大学电气工程系/风力发电研发中心的高强副教授，宣圣谢贤、李子义和马泽宇等同学也参加了部分内容的翻译。本书内容所覆盖的领域非常宽广，而囿于译者的学识水平，虽竭力确保原汁原味地还原原作的内容，但恐仍难免出现翻译不当甚至错误之处，还请广大读者谅解。最后希望通过本书的翻译，能为我国海上风电的发展贡献绵薄之力。

译者

原书前言

撰写本书的目的，一方面是为了应对当前海上风力发电系统的飞速发展，另一方面，则是为了揭示海上风电发展对电力系统的运行、控制与保护所带来的启示。随着风力发电机技术和电力电子换流器技术的提高以及新颖控制策略的提出，海上风力发电系统的性能获得了提升。本书作者认为当下急需一部涵盖海上风电领域内从基础到各最新热点研究问题的书籍，应不仅适合初学者，也应对有较高理论水平的读者有参考意义。有鉴于此，本书详述了当今海上风力发电系统的技术发展趋势，阐明了变速风力发电机的详细建模方法，并提供了易于使用的海上风电并网的范例。因此，本书对高年级本科生、研究生，以及工作于风能领域并对风力发电机及其并网有兴趣的工程师和研究人员有借鉴意义。

本书共分为7章和2个附录，第1章首先对风力发电机基础进行回顾，然后讨论海上风电场连接方式及并网规范等方面存在的挑战；第2章详细描述了双馈风力发电机在正常工况和异常工况下的运行；第3章着笔主要集中于全功率换流器技术；第4章涵盖了电力集电器和海上输电方案，包括多端直流输电；第5章则描述了海上风电场并网所面临的一系列技术挑战，并提供了不同的案例以供学习；第6章讨论了海上风力发电系统的保护问题；第7章归纳了海上风电并网领域涌现的新技术，包括储能和状态监测；附录A包含了电压源换流器（VSC）的拓扑、控制与运行；附录B提供了许多样例，很适合在读的大学生们学习使用。

本书的内容汇集了海上风电场电力系统的各方面资料，如有来自作者在英国大学多年研究生教学的课程，有来自大量发表于IEEE和IET的论文，以及来自一些与海上风力发电密切相关的研究项目，如英国工程和自然科学研究委员会（EPSRC）资助的SUPERGEN Wind Technologies项目，亦如英国能源技术研究院（ETI）资助的Helmwind项目。作者就William Leithead教授在上述研究项目所给予的强有力和持续的指导与支持深表感谢。作者特别感谢John O. Tande先生和Kjetil Uhlen教授，感谢他们通过挪威海上风力发电技术研究中心（NOWITECH）提供的支持和协助。作者还要感谢Giddani O. A. Kalcon博士在第4章中在电压源换流器高压直流（VSC－HVDC）输电方面对本书的贡献，并要感谢Nolan Caliao博士很慷慨地允许将他博士论文的材料纳入第3章。作者还想借此机会致谢Gustavo Quinonez－Varela博士和Ryan Tumilty博士，以感谢他们在准备此书稿中参与的有益讨论，并就William Ross先生、Alexander Giles先生、Edward Corr先生和Philip Morris先生在文稿校对和Kamila Nieradzinska女士在制图等方面所做的工作表示感谢。

Olimpo Anaya－Lara，David Campos－Gaona，Edgar Moreno－Goytia，Grain Adam

作者简介

Olimpo Anaya - Lara 目前就职于英国斯特拉思克莱德大学（University of Strathclyde）能源与环境学院，任准教授（reader）。在其职业生涯中，他成功地在电力电子设备、控制系统设计以及具有高风电穿透率的电力系统控制方面进行了研究。作为欧洲能源研究联盟（EERA）联合风能项目（JP Wind）所属的风电并网子项目的一名主要参与人，Anaya - Lara 博士目前在领导英国斯特拉思克莱德大学参与推进此子项目。受挪威船级社资助，他曾于2010—2011 年前往挪威科技大学，任风电领域的访问教授之职。他曾是国际能源署附件二十一“电力系统用风电场动态模型”和附件二十三“海上风能技术开发”的成员。他是 IEEE 与 IET 会员，已出版了3 部专著，并在国际期刊和会议上合计发表了超过140 篇论文。

David Campos - Gaona 毕业于墨西哥莫雷利亚技术学院（Instituto Tecnológico de Morelia），获博士学位。他目前在该学院担任博士后研究员。他在有同行评议的期刊和会议上发表或合作发表有论文，并担任 IEEE 和 Wiley 期刊论文的审稿人。他的研究兴趣为风电并网和高压直流输电中电力电子设备的控制。

Edgar Moreno - Goytia 现任墨西哥莫雷利亚技术学院电气工程研究生院教授。他目前的研究兴趣包括电力电子技术在电网中的应用［高压直流输电、柔性交流输电系统（FACTS）和电子电力变压器］、直流电网开发、大型风电系统和其他新能源并网。他主持了许多相关的研究项目，并已在国际期刊和会议上发表了20 余篇论文。他是 IEEE 和 IET 会员。

Grain Adam 分别于1998 年和2002 年获得位于喀土穆的苏丹科技大学（Sudan University of Science and Technology）电机和电力系统优等一级本科学位和硕士学位，并于2007 年获得英国斯特拉思克莱德大学电力电子专业博士学位。目前，他就职于英国斯特拉思克莱德大学电子与电气工程系，其研究兴趣包括多电平换流器、电机、电力系统控制与稳定性。

缩略语与物理量符号

AC	Alternating Current 交流电
AFC	Active Flow Control 流场主动控制
AVR	Automatic Voltage Regulator 自动电压调节器
CB	Circuit Breaker 断路器
CC	Current Control 电流控制
CCC	Capacitor – Commutated Converter 电容换相换流器
CIA	Constant – Ignition Angle 恒定导通角
CM	Condition Monitoring 状态监测
CSC	Current Source Converter 电流源换流器
DC	Direct Current 直流电
DFIG	Doubly – Fed Induction Generator 双馈感应发电机
DG	Distributed Generation 分布式发电
EMF	ElectroMotive Force 电动势
ESCR	Effective Short – Circuit Ratio 有效短路比
ESR	Equivalent Series Resistance 等效串联电阻
FACTS	Flexible Alternating Current Transmission System 柔性交流输电系统
FC	Flying Capacitor 飞跨电容
FCL	Fault – Current Limiter 故障电流限制器
FRC	Fully – Rated Converter 全功率换流器
FRT	Fault Ride – Through 故障穿越
FSIG	Fixed – Speed Induction Generator 定速感应发电机
GIL	Gas – Insulated Line 空气绝缘导线
GIT	Gas – Insulated Transformer 空气绝缘变压器
GPS	Global Positioning System 全球定位系统
GSC	Grid – Side Converter 网侧换流器
GTO	Gate Turn – Off thyristor 门极关断晶闸管
GW	Giga – Watt 十亿瓦
hp	horse power 英马力
HTS	High – Temperature Superconducting 高温超导
HTSC	High – Temperature Superconducting Cable 高温超导导线
HV	High Voltage 高压
HVAC	High – Voltage Alternating Current 高压交流
HVDC	High – Voltage Direct Current 高压直流
IG	Induction Generator 感应发电机

IGBT	Insulated – Gate Bipolar Transistor	绝缘栅双极型晶体管
IMC	Internal Model Control	内模控制
IPC	Individual Pitch Control	独立变桨控制
LCC	Line – Commutated Converter	电网换相换流器
LVRT	Low – Voltage Ride – Through	低电压故障穿越
MIMO	Multiple – Input Multiple – Output	多输入多输出
MTDC	Multi – Terminal DC	多端直流
MVA	Mega Volt – Ampere	兆伏安
MW	Mega Watt	兆瓦
NIST	National Institute of Standards and Technology	美国标准与技术研究院
NSC	Network – Side Converter	网侧换流器
ODE	Ordinary Differential Equation	常微分方程
O&M	Operation & Maintenance	运行与维护
PCC	Point – of Common Coupling	公共连接点
PD	Phase Disposition	相移
PDC	Power system oscillations Damping Controller	电力系统振荡阻尼控制器
POD	Phase Opposition Disposition	反相
PI	Proportional Integral	比例积分
PLL	Phase Lock Loop	锁相环
PM	Permanent Magnet	永磁
PMSG	Permanent Magnet Synchronous Generator	永磁同步发电机
PMU	Phasor Measurement Unit	相角测量仪
PWM	Pulse Width Modulation	脉宽调制
PSS	Power System Stabiliser	电力系统稳定器
pu	per unit	标幺值
RF	Radio Frequency	射频
RMS	Root – Mean Square	有效值
rpm	revolutions per minute	转/分钟
RSC	Rotor – Side Converter	转子侧换流器
SCADA	Supervisory Control And Data Acquistition	监控与数据采集
SCIG	Squirrel – Cage Induction Generator	笼型感应发电机
SCR	Silicon – Controlled – Rectifier	晶闸管
SISO	Single Input Single Output	单输入单输出
SMES	Superconducting Magnetic Energy Storage	超导磁能储能
STATCOM	Static Synchronous Compensator	静止同步补偿器
SVC	Static Var Compensator	静止无功补偿器
TCR	Thyristor – Controlled Reactor	晶闸管控制电抗器
TSC	Thyristor – Switched Capacitor	晶闸管控制电容器
TSO	Transmission System Operator	输电系统运营商

UHF Ultra High Frequency 超高频
var volt - ampere reactive 伏 - 安无功
VCO Voltage - Controlled Oscillator 压控振荡器
VDCOL Voltage - Dependent Current - Order Limit 低压限流单元
VPP Virtual Power Plant 虚拟电站
VSC Voltage - Source Converter 电压源换流器
WAMS Wide - Area Measurement System 广域测量系统
WT Wind Turbine 风电机组
WTG Wind Turbine Generator 风力发电机
XLPE Cross - Linked PolyEthylene 交联聚乙烯

第 1 章中使用的符号

P_{air} 气流功率
ρ 空气密度
A 转子的扫略面积（m^2）
v 上风处自由风速（m/s）
C_p 功率系数
$P_{wind\ turbine}$ 风轮转子捕获的功率
λ 叶尖速比
ω 转子角速度
R 转子叶尖半径
V_m 年平均风速
V_{dc} 直流电压

第 2 章中使用的符号

v_{as}，v_{bs}，v_{cs} 定子 abc 相电压
r_{as}，r_{bs}，r_{cs} 定子 abc 相电阻
i_{as}，i_{bs}，i_{cs} 定子 abc 相电流
ψ_{as}，ψ_{bs}，ψ_{cs} 定子 abc 相磁链
v_{ar}，v_{br}，v_{cr} 转子 abc 相电压
r_{ar}，r_{br}，r_{cr} 转子 abc 相电阻
i_{ar}，i_{br}，i_{cr} 转子 abc 相电流
ψ_{ar}，ψ_{br}，ψ_{cr} 转子 abc 相磁链
$[L_{IG}]$ 感应发电机电感矩阵
L_{ms} 定子磁化电感
L_{ls} 定子漏电感
L_m 磁化电感
L_{lr} 转子漏电感
N_s 定子绕组有效匝数

N_r	转子绕组有效匝数
μ_0	真空磁导率
r_a	感应发电机空气隙半径
l	电机的有效长度
Θ_{dq}	感应发电机中旋转坐标系的直轴（d 轴）与定子 a 相轴线之间的夹角
ω_{dq}	dq0 旋转坐标系的角速度
i_{ds}，i_{qs}，i_{0s}	定子电流的 dq0 分量
v_{ds}，v_{qs}，v_{0s}	定子电压的 dq0 分量
ψ_{ds}，ψ_{qs}，ψ_{0s}	定子磁链的 dq0 分量
i_{dr}，i_{qr}，i_{0r}	转子电流的 dq0 分量
v_{dr}，v_{qr}，v_{0r}	转子电压的 dq0 分量
ψ_{dr}，ψ_{qr}，ψ_{0r}	转子磁链的 dq0 分量
S_{dq0}	感应发电机在 dq0 旋转坐标系的瞬时功率
T_e	电磁转矩
T_{shaft}	机械系统上来自转轴的转矩
J_g	发电机的转动惯量
ω_t	风力发电机（风轮）的角速度
J_t	风力发电机的转动惯量
$T_{torsion}$	转轴弹性
$T_{damping}$	转轴阻尼转矩
θ_t	风力发电机转子角度
θ_r	感应发电机转子角度
K_{tot}	转轴转矩系数
D	转轴阻尼系数
S_{B2B}	背靠背换流器功率等级
v_{dc}	背靠背换流器直流电压值
r_{cb}	撬棒电阻
Q_1，Q_2，Q_3，Q_4，Q_5，Q_6	电压源换流器的 IGBT
D_1，D_2，D_3，D_4，D_5，D_6	电压源换流器的反并联二极管
Q_s	感应发电机无功功率
ω_s	同步角速度
ω_r	转子角速度
J	风力发电机与发电机的总转动惯量
C	直流侧电容
$'$	折算到定子侧的量
r	电压源换流器与电网之间的电阻
L	电压源换流器与电网之间的电感
pwm	脉宽调制信号

d_a，d_b，d_c	a、b、c 相占空比
m_a，m_b，m_c	a、b、c 相调制信号
W	电容存储的能量
L_s	定子自感
L_r	转子自感
P_{gsc}	网侧换流器有功功率
Q_{gsc}	网侧换流器无功功率
$P_x(s)$	受控对象
$K_x(s)$	比例积分控制器
Kp_x，Ki_x	比例与积分增益
$l_x(s)$	开环增益
$B_x(s)$	闭环传递函数
τ_x	闭环时间常数
G_x	内环反馈回路增益
$M_x(s)$	带内环反馈回路增益的受控对象
$\rightarrow$	空间矢量标示
T_s	定子时间常数
T_r	转子时间常数
u	电压跌落幅度
t_0^-，t_0^+	故障发生前和发生后时刻
$\vec{v}_1,\vec{v}_2,\vec{v}_0$	交流电压的正序、负序和零序分量
s_ω^+，s_ω^-	正序与负序转差速度
T_e^+，T_e^-	正序与负序电磁转矩
$s_{\omega max}$	感应发电机最高速度
P_r	转子有功功率
P_{ag}	气隙功率
$P'(s)$	受控对象模型
$G(s)$	内模控制器
$L(s)$	内模控制器滤波器
$M_x(s)$	具有内部反馈环增益的受控对象模型
a_x	内模控制器滤波器带宽
$F_x(s)$	传统控制器形式的二自由度内模控制器
l_m	模型不确定
η	控制器性能
$\bar{\omega}$	标幺化控制系统输入

第 3 章中使用的符号

Over_	标幺化变量

b	基值
ϕ_s	定子磁通
ϕ_r	转子磁通
i_{ds}，i_{qs}	dq 轴定子电流
v_{ds}，v_{qs}	dq 轴定子电压
ψ_{ds}，ψ_{qs}	dq 轴定子磁链
T_e	电磁转矩
T_m	机械转矩
P_e	电磁功率
P_m	机械功率
Q	无功功率
ω_b	基值同步速
ω_s	同步速
ω_r	转速
J	转动惯量
H	标幺化的转动惯量常数
K	转轴刚度
f	系统频率
C	电容
i_f	励磁电流
i_{kd}，i_{kq1}，i_{kq2}	阻尼绕组的 dq 轴电流
L_{lkd}，L_{lkq}	阻尼绕组的 dq 轴漏感
L_{md}，L_{mq}	dq 轴互感
L_{lf}	励磁绕组的漏感
L_{ls}	定子绕组漏感
r_s	定子绕组电阻
r_f	励磁绕组电阻
r_{kd}，r_{kq1}，r_{kq2}	阻尼绕组 dq 轴电阻
v_{fd}	励磁电压
v_{kd}，v_{kq1}，v_{kq2}	阻尼绕组 dq 轴电压分量
ψ_f	励磁绕组匝链磁链
ψ_{kd}，ψ_{kq1}，ψ_{kq2}	阻尼绕组匝链磁链的 dq 轴分量
δ_r	转子角度
C_s	同步功率系数
C_d	阻尼功率系数
i_{dr}，i_{qr}	转子电流 dq 轴分量
v_{dr}，v_{qr}	转子电压 dq 轴分量
ψ_{dr}，ψ_{qr}	转子磁链 dq 轴分量
e_d，e_q	反电动势 dq 轴分量

L_m	定转子绕组互感
X_m	励磁电抗
L_r，L_s	定转子绕组自感
X_r，X_s	定转子电抗
L_{lr}	转子绕组漏感
L_{ls}	定子绕组漏感
r_r	转子绕组电阻
r_s	定子绕组电阻
s	感应发电机转差率
p	极数

第4章中使用的符号

S	三相对称短路水平
P_{dc}	额定直流功率
Q_C	在额定直流功率下的三相基波无功功率（Mvar）
γ	熄弧角度
α	延时角度
I_m	电流裕度
τ	直流电容时间常数
C	电容值
X_T	变压器漏感
R_T	变压器绕组电阻
X_F	平滑电感电抗
V_{dc}	电压源换流器直流电压
R_{dc}	直流链电阻
L_{dc}	直流链电感
δ	系统交流电源与电压源换流器之间的相角差
θ_s	系统交流电压与流入或流出换流器电流之间的相角差
θ_c	电压源换流器电压与交流电流之间的相角差
x1	送端
x2	受端
P	有功功率
v_{sa}，v_{sb}，v_{sc}	交流电源三相电压
i_{sa}，i_{sb}，i_{sc}	交流电源与电压源换流器之间流过的电流
v_{ca}，v_{cb}，v_{cc}	电压源换流器端口三相电压
i_{ca}，i_{cb}，i_{cc}	流过电压源换流器端口的电流
L_t	耦合变压器电感
R_F	耦合电抗器电阻
L_F	耦合电抗器电感
I_{dc}	直流链电流

i_{sd}，i_{sq}	系统交流电源与电压源换流器之间流过电流的 dq 轴分量
v_{sd}，v_{sq}	系统交流电源电压的 dq 轴分量
ω	同步速
M	调制比
θ	换流器相角
Q	无功功率
B	晶闸管控制电抗器电纳
Q_{SVC}	静止无功补偿器功率触发角
X_{SVC}	静止无功补偿器有效电抗
X_{TCR}	晶闸管控制电抗器基频等效电抗
X_L	晶闸管控制电抗器电感电抗
σ	晶闸管控制电抗器导通角
V_{VSC}	静止同步补偿器电压
δ	静止同步补偿器角度

第 5 章中使用的符号

GS - VSC	网侧换流器
B_G	公共连接点交流电压
B_{WF1}	风电场交流电压
P_g	风电场有功功率
Q_g	风电场无功功率
P_g^*	风电场有功功率参考值
Q_g^*	风电场无功功率参考值
G	交流电网
WF - VSC	风电场侧换流器
VSC	电压源换流器
V_{dc}	电压源换流器直流电压
P	电压源换流器有功功率

第 6 章中使用的符号

I_{pickup}	过电流保护动作电流
I_{max}	最大负载电流
I_{scmin}	最小短路电流
v_{dc_sc}	相间故障期间高压直流链的等效直流电压
i_{dc_sc}	相间故障期间高压直流链的等效直流电流
C，L_{dc}，r_{dc}	相间故障期间高压直流链的等效电容、电感和电阻
v'_{dc_sc}	单相接地故障期间高压直流链的等效直流电压
i'_{dc_sc}	单相接地故障期间高压直流链的等效直流电流
C'，L'_{dc}，r'_{dc}	单相接地故障期间高压直流链的等效电容、电感和电阻
r_f	高压直流链单相接地故障时的接地电阻

目　　录

第 1 章 海上风力发电系统

1.1 背景

随着架设陆上风力发电机的施工限制越来越多，将风力发电机竖立在海上变得越来越有吸引力（如在英国）（The Crown State，2011）。截至 2012 年中期，全球范围内已安装有 4620MW 海上风电，约占所有风电装机容量的 2%。全球超过 90% 当前安装的海上风电位于北海、波罗的海和爱尔兰海，以及英吉利海峡。其余海上风电装机容量主要集中在中国沿海的两个示范项目上。依据一项更乐观的预测，到 2020 年全世界将总共安装 80GW 的海上风电，其中 3/4 将来自欧洲（GWEC，2013）。

目前所有安装的海上风力发电机离海岸都相对比较近，并使用成熟的陆上风力发电机技术。然而，最新的海上风电安装地点距离陆地的距离非常远，风电场集群将被布置在适合风能采集的地点，如英国的多格浅滩（Dogger Bank）和德国湾（German Bight）(见图 1.1)(European Union，2011)。在这些地点的海水深度超过 30m。

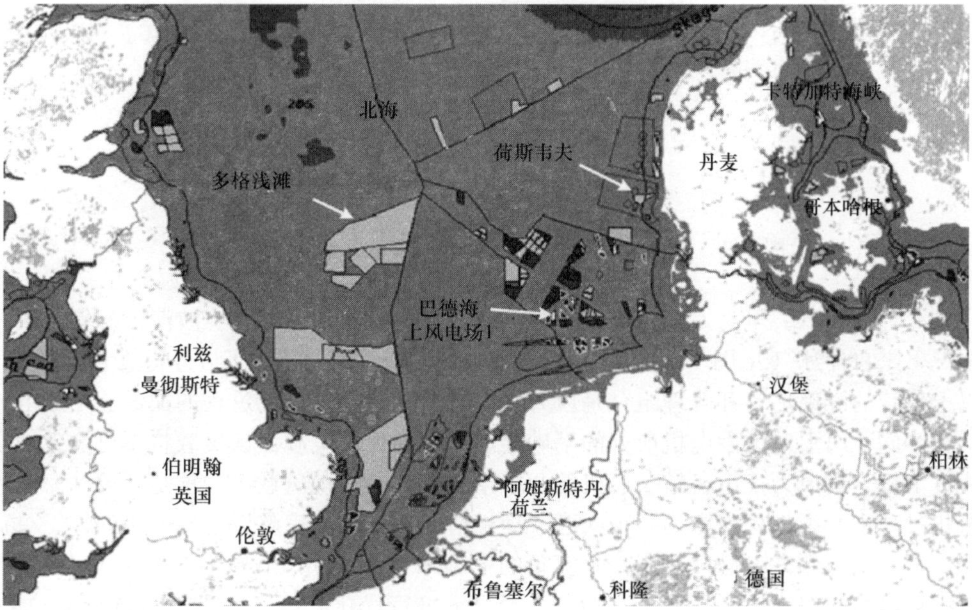

图 1.1 欧洲在运行、在建和规划中的海上风电场（来自 www.4coffshore.com/offshorewind）

1.2 典型子系统

一个海上风电场内的典型子系统构成可见图 1.2。粗略看，该系统与陆上风电场所包含的要素完全一样。然而，风力发电机运行环境的差异也会造成所在风电场的差异。例如，考虑到海况可能会很恶劣，从而无法进行风力发电机的维修，这就需要使得海上风力发电机必须很可靠，无须进行频繁维修。这项需求意味着海上风力发电机的设计和控制与陆上风力发电机存在差别，需保证其性能最佳，同时成本最低（German Energy Agency，2010）。

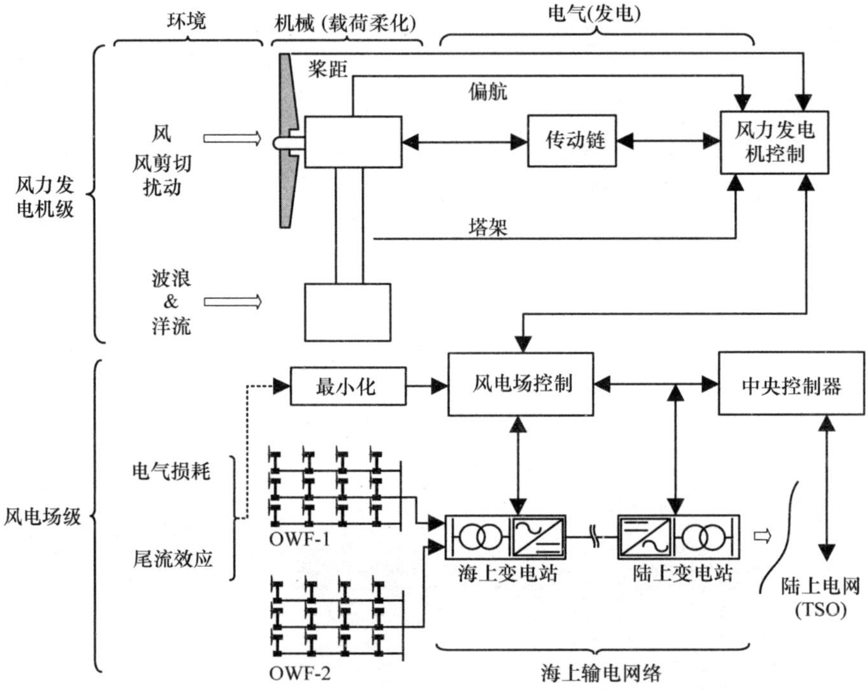

图 1.2　海上风电场中的子系统（Anaya－Lara 等，2013）

在海上环境下，风力发电机所承受的负载来自各个方面，如风、波浪、海流，或在一些情况下来自浮冰（见图 1.3），这就使得海上风力发电机的设计与分析变得尤为困难。对以上负载的准确估计和合理组合是风力发电机及其控制器设计过程的关键。与陆上风力发电机不同，海上风力发电机所处的基础会承受水动力学负载。该负载将不可避免地在某种程度上耦合到风力发电机转子、机舱和塔架所承受的气动负载上。这是在设计海上风力发电机过程中必须额外考虑的一个问题。理想情况下，构成完整风力发电机的转子/机舱、塔架、水下结构和基础必须使用一个完备的模型来进行分析（Nielsen，2006）。开发新型的海上风电机组概念、考虑在不利的海上工况下进行优化，以及改进的运行与维护策略，都对海上风电极为关键。此外，风力发电机控制思想必须保持一致，并将风力发电机视为一个完整的动态元件，时刻牢记必须在机械性能与功率输出效率间取得平衡（Anaya－Lara 等，2013）。

在风电场级别上，风力发电机阵列和集电器（electrical collector，或称“汇集器”）必须依据不同的风电场位置分别进行设计，以达到电力损耗与尾流效应之间的平衡。在电力

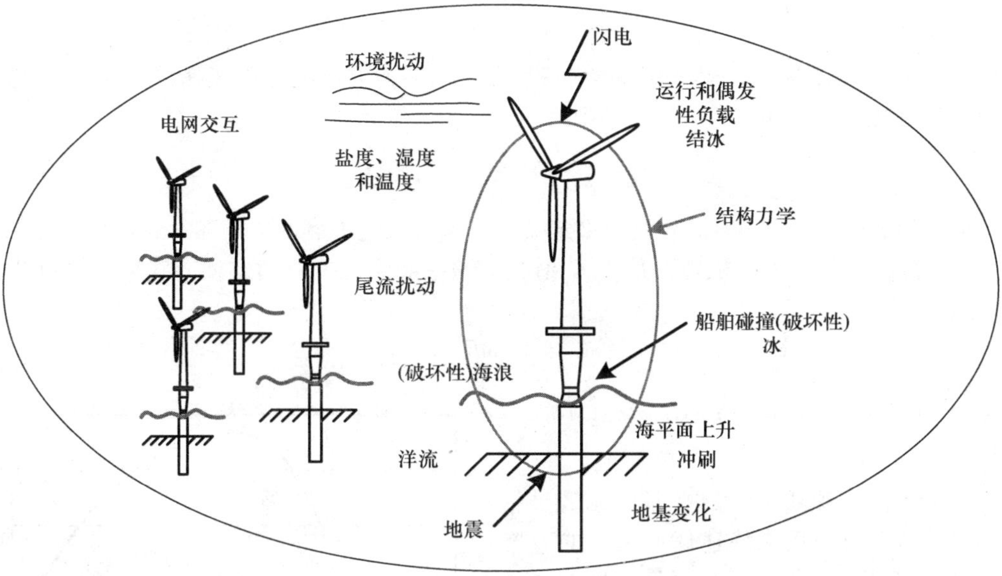

图 1.3　底端固定型海上风力发电机所受的各种冲击（Fischer，2006）

系统问题的研究中，风电场通常可以用集总风力发电机模型及其控制器来代替。然而，为了获得更好的风力发电机阵列设计方案，有必要使用更详细的风电场模型进行等效，以便于充分利用风力发电机协调控制与运行的能力。只有开发可靠、低成本的海上电网进行电能汇集、传输并与陆上电网连接，同时满足电网导则，才能充分发挥出海上风电场的巨大潜力。电力电子设备（如 HVDC 和 FACTS）以及它们控制性能的强化将在实现上述目标的过程中发挥根本性的作用。

1.3　风力发电机技术

1.3.1　基础知识

通过风力驱动发电机，风力发电机发出电力（Fox 等，2007；Anaya - Lara 等，2009）。风流经叶片时会产生升力，从而对风轮施加旋转的力。旋转的叶片转动主轴，该主轴经齿轮箱升速，使得转速与发电机的转速匹配。发电机利用磁场将机械能再转化为电能。输出电能进入升压变压器，将发电机端口的电压抬升至合适的值，以便与电力集电系统连接。

风力发电机从叶片的扫略面积内获取动能（见图 1.4）。

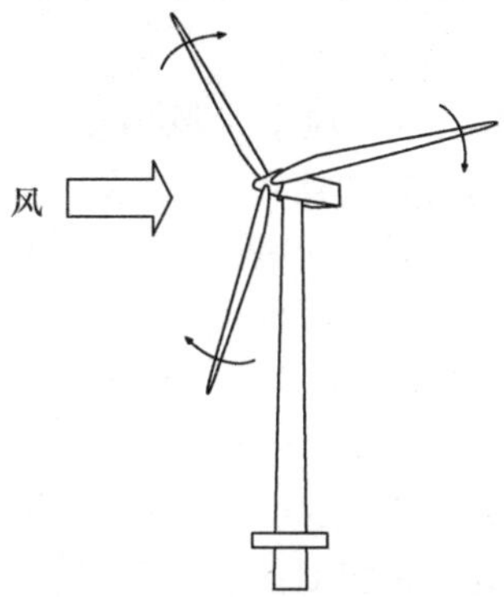

图 1.4　水平轴风力发电机

气流的功率为（Burton 等，2001；Manwell 等，2002）

$$P_{\text{air}} = \frac{1}{2}\rho A v^3 \tag{1.1}$$

式中，ρ 为空气密度；A 为转子的扫略面积（m^2）；v 为上风处自由风速（m/s）。传递到风力发电机转子上的功率为气流功率乘以功率系数 C_p：

$$P_{\text{wind turbine}} = C_p P_{\text{air}} = \frac{1}{2}\rho A v^3 C_p \tag{1.2}$$

C_p的最大值由贝茨（Betz）极限来定义，即风力发电机最多从气流中获得59.3%的功率。而实际上，风力发电机转子最大 C_p值在25%~45%之间。为方便，我们定义叶尖速比 λ 为

$$\lambda = \frac{\omega R}{v} \tag{1.3}$$

式中，ω 为转子角速度；R 为转子叶尖半径。

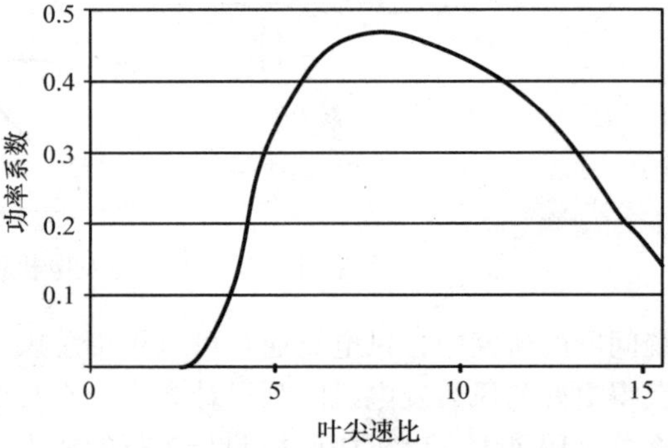

图 1.5　功率系数 - 叶尖速比关系图（C_p/λ）

叶尖速比 λ 和功率系数 C_p都为无量纲的量，所以可以用来描述任何尺寸的风力发电机转子。由图 1.5 可见，最大的功率系数仅仅出现在某一个叶尖速比值上。这就意味着对定速风力发电机而言，仅仅在某一个风速下风力发电机才能够获得最大效率。因此，风力发电机需要变速运行的一个依据就是其能在一系列的风速下都以最佳 C_p运行。

风力发电机在不同风速下的输出功率可以很方便地用其功率曲线来进行描述。功率曲线给出了在静态下风力发电机的电功率输出与在轮毂高度处风速的函数关系。图 1.6 为一台 2MW 风力发电机的功率曲线。

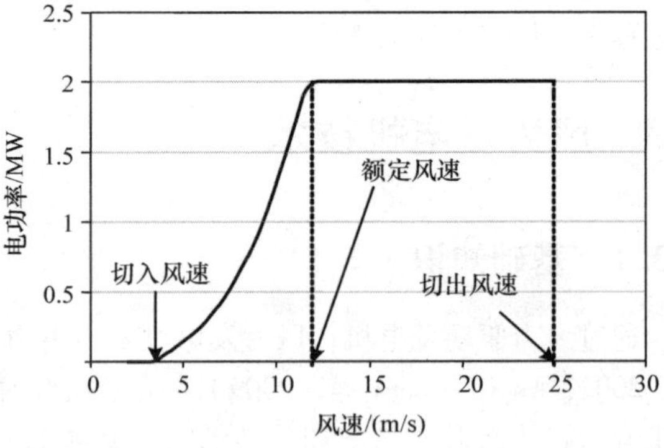

图 1.6　一台 2MW 风力发电机的功率曲线

在风速轴上，功率曲线有三个重要的点：

1）切入风速：风力发电机能够开始输出有功功率的最低风速。

2）额定风速：达到风力发电机额定输出功率时的风速。

3）切出风速：允许风力发电机输出有功功率的最高风速（通常受限于工程负载和安全约束）。

在切入风速（4~5m/s）以下，由于风速太低而无法输出可用的电功率，此时风力发电机处于关机状态。当风速高于切入风速时，风力发电机开始发出电能；虽然功率系数 C_p会变化，但输出功率大体按照与风速成三次方的关系随风速增加而增加，直至达到额定

风速，为 11 ~ 12m/s。在额定风速以上，具有空气动力学特性的转子会限制从风中捕获的机械能，以此降低传动链上的机械载荷。所以，一般在超过 25m/s 的高风速下，风力发电机通常都会关机。风力发电机的切入风速、额定风速和切出风速的数值由设计人员根据典型的风况并在最大能量采集与机械载荷控制之间取得平衡后才可以确定（Anaya - Lara 等，2009）。

1.3.2 构架

图 1.7 给出了几种主要的风力发电机的拓扑结构，主要可以分为定速风力发电机（A 类）和变速风力发电机（B、C、D 类）（Tande 等，2007；Fox 等，2007）。

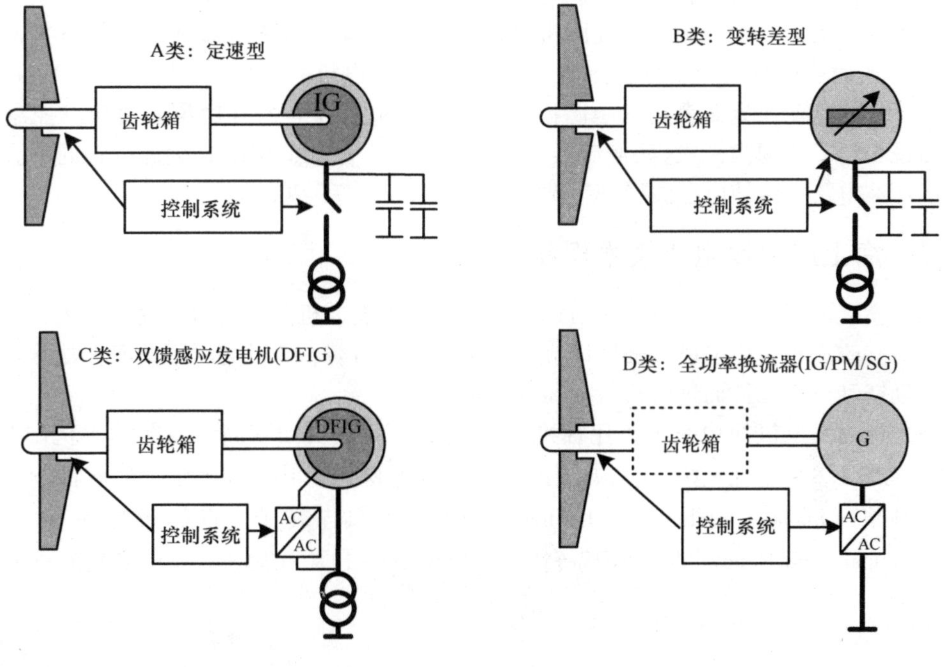

图 1.7 风力发电机拓扑概览（Tande 等，2007）

1.3.2.1 定速风电机组

定速风力发电机（图 1.7 中 A 类风力发电机）利用三相笼型感应发电机（SCIG）发电，该发电机由风力发电机通过齿轮箱驱动，输出则通过一台升压变压器和电网相连。这样，感应发电机的转速几乎恒定，仅仅与同步速相差一个转差（典型值为 1%）速度。感应发电机的无功功率消耗通过一个电容器组来提供，其中还用到软起动器来限制风力发电机起动时的浪涌电流。在额定风速以上至切出风速，风力发电机的输出功率通过自然的空气动力失速或主动变桨来进行限制。现代的定速风电机组通常配置有电容器，为了进行快速的无功功率补偿控制，这些电容器通过电力电子开关以分段方式连接。可以使用静止无功功率补偿器（SVC）来将无功功率交换控制为某个值（如在单位功率因数时为零），或者像其他大型发电厂一样通过设置下垂特性来参与电压控制（Tande 等，2007）。

1.3.2.2 变速风电机组

风力发电机变速运行可以提高效率并增强功率控制能力。变速运行的实现方式可以通过调节感应发电机的转子电阻，即转差控制（图 1.7 中 B 类），或者通过置于发电机与电网之间的电力电子变频器（图 1.7 中 C、D 类）来实现。变转差控制方法可以带来约 10% 的速度变化，而使用变频器则可以获得更宽的变速范围。所有的变速风力发电机都能产生很小的功率波动，特别是在额定风速以上运行时。同时，这些变速风力发电机也能够实现风力发电机的平滑起动。

关于电能质量，三种变速风力发电机之间的根本差别在于 B 类风力发电机没有电力电子换流器，因此像定速风电机组一样不具有无功功率调节能力，而 C、D 类风力发电机带电力电子换流器从而具备无功功率调节功能。而 C、D 类风力发电机无功功率调节能力也存在差异，因为 C 类双馈感应发电机（DFIG）的换流器功率等级通常为发电机额定功率的 30%，而非如 D 类全功率换流器（FRC）风力发电机的 100%。大多生产 C、D 类风电机组厂家的网侧换流器都是电压源换流器，可以进行独立的有功与无功功率控制（在换流器视在功率范围内）。这些换流器基于快速的晶体管，如 IGBT；因此，它们不会产生太大的谐波电流，致使电压波形产生严重畸变（Tande 等，2007）。

1.3.3 海上风力发电机技术现状

当前安装的海上风力发电机是由标准的陆上风力发电机为适应海况而进行重大改进而来的。这些改进包括增强塔架强度以应付波浪的额外负载，以及为了不使海上盐雾接触核心的传动链和电气元件而进行机舱加压和环境控制。

海上风力发电机的功率等级比标准的陆上风力发电机功率高，当前功率范围为 2 ~ 5MW（见图 1.8）。目前这一代的典型海上风力发电机为三叶片水平轴、偏航控制、主动变桨距顺桨（blade - pitch - to - feather）控制、上风向转子，直径通常为 80 ~ 130m（E. On Climate and Renewables，2012）。由于更少像陆上风力发电机那样受到元件和安装

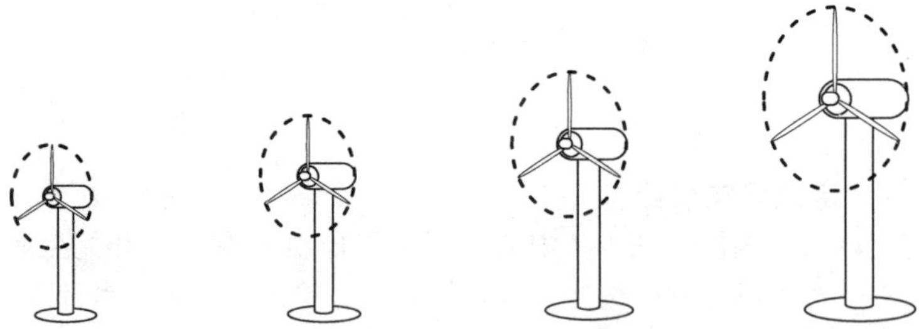

项目	Scroby Sands	Rφdsand Ⅱ	Robin Rigg	Alpha Ventus
风力发电机类型	C 类	D 类	C 类	C、D 类
机舱高度	60 m	68 m	80 m	90 m
转子直径	80 m	93 m	90 m	126m/116m
功率	2 MW	2.3 MW	3 MW	5 MW
风力发电机台数	30	90	60	12

图 1.8　海上风电机组的发展（E. On Climate and Renewables，2012）

设备的运输的制约，海上风力发电机的尺寸通常比较大。此外，对于给定的项目地点，更大的风力发电机也有助于获取更多的能量（Dolan 等，2009）。开发超大型风力发电机的一个关键问题在于物理定理不允许某些元件再增加尺寸，除非发生根本的技术变革。

在陆上风力发电机上，传动链通常是围绕着一个模块化、定传动比的三级齿轮箱进行设计的，其中行星级处于低速侧，而螺旋齿轮级（helical stage）处于高速侧。海上风力发电机的塔架高度在相同输出功率的前提下比陆上风力发电机的要矮，这是由于海上的风剪切现象（风速随着高度方向的变化）不如陆上明显，这就降低了通过提高塔架高度带来的风能捕获潜力（Dolan 等，2009）。

1.4 海上输电网

新近的研究提出了许多关于欧洲一体化输电网（Supergrid，超级电网）方面的建议，通过该电网，许多位于北海的海上新风电场将实现互联，并将与主要的负荷中心连接（见图1.9）。从长期看，更好的互联可以促进实现新能源发电带来的益处。来自可再生能源的能量，如风能，本身是变化的，即它们的输出能量是变化并难以预测的。如果来自不同地理区域的风电场连接到同一个输电系统，再加上来自太阳能与水电的输入，那么可再生能源的电能输出将会变得更平滑，并更易于预测。

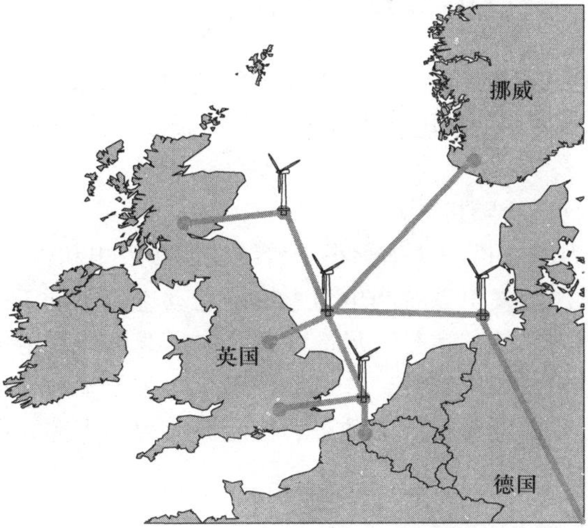

图1.9 超级电网第一期（来源：www.friendsofthesupergrid.eu）

可以预计，在超级电网的开发过程中，将会有许多风电场通过复杂的互联构成风电场集群和风力发电站。作为一个例子图1.10绘出了理想情况下各平台互联的简化原理图，包括风力发电、石油与天然气平台和各地陆上电网之间的连接（Anaya - Lara 等，2011）。

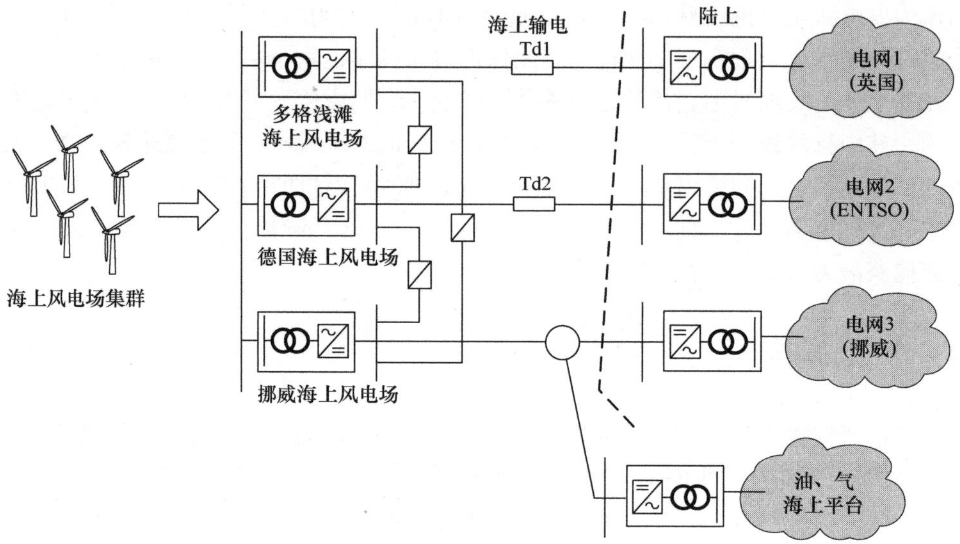

图1.10　简化的海上电网连接图（Td表示传输距离）（Anaya－Lara等，2011）

1.5　对电力系统运行的影响

在风力发电与传统的同步发电之间存在显著的差别（Slootweg，2003），现罗列如下：

1）风力发电机中所使用的发电技术通常基于换流器，这与同步发电系统中使用的技术不同。

2）风不受控，而且还会随机波动。

3）典型的单台风力发电机的功率远小于传统的同步发电机的功率。

基于以上的差别，风力发电系统与电力系统的互动也将不同于同步发电系统，并且会在不同的范围内影响电力系统的运行。局部变化，如母线电压和电能质量变化，仅仅发生在电气上临近风力发电机或风电场处，并可能仅仅是归因于某一台风力发电机或某一个风电场。系统范围的变化，如电力系统的动态、稳定性与频率支撑，则会全面地改变电力系统的行为（UCTE，2004）。

1.5.1　电力系统动态与稳定

定速风力发电机中的笼型感应发电机当转子飞车后会导致电压崩溃。在故障期间（电网电压跌落），由于源自风力的机械功率与提供给电网的电功率之间不平衡，感应发电机转子会加速。当故障清除后，这类发电机需要吸收无功功率，从而进一步抑制电网电压恢复。如果电网电压不迅速恢复，风力发电机将继续升速并消耗大量无功功率。这最终会导致电压不稳定和转速不稳定。在同步发电机中，通过增加励磁机提供的无功功率输出，可以在低电网电压故障期间以及故障结束后支撑电压恢复，而笼型感应发电机则更易抑制电压恢复（Anaya－Lara等，2009）。

对变速风力发电机而言，电力电子器件对出现在电网电压下降时的过电流非常敏感，这会严重影响电力系统的稳定运行。如果变速风力发电机在系统中的穿透率很高，并在电网电压出现较小的跌落就脱网的话，则很小的电压跌落就会导致大面积的发电不足（generation deficit）。这类电压跌落可能是如由输电网的故障所引起。为了预防这类脱网故障发生，电网公司与输电系统运营商要求风力发电机具备故障穿越能力，并能够耐受一定程度的电压跌落水平和跌落时间而不发生脱网。当在远端电网发生故障时，以上对风力发电机的要求可以防止大量的风电脱网。

1.5.2 无功功率与电压支撑

输电网的电压主要是由无功功率潮流与输电网上的电感的相互作用来决定的。定速感应发电机吸收无功功率，以维持其磁场，并且无法直接控制无功功率潮流。所以，对于定速感应发电机而言，其支持电网电压的唯一手段就是通过使用并联补偿器来减少对电网无功功率的需求。变速风力发电机能够控制无功功率，并可以支撑电网电压。在许多情况下，对风电场的公共连接点的无功功率和电压控制可以通过使用无功补偿装置来实现，如静止无功补偿器（SVC）或静止同步补偿器（STATCOM）。

1.5.3 频率支撑

可以预见，风电将会不断增长，相应地，输电系统运营商的一个潜在的关切在于当电网系统的频率发生突变时，风电场是否有能力提供动态频率支撑（见图 1.11）。发电机组提供动态频率支撑时，发电机的有功功率必须随着系统频率的变化而增加或减少。因此，为了对系统频率过低时做出响应，有必要对风力发电机进行降载操作，以便为增加有功功率留有余量。定速风力发电机可以通过控制桨距角，使得通过叶片捕获的风能外溢一部分来实现降载。变速风力发电机通过把工作状态选择在偏离最大功率曲线来进行降载，也同样可以为系统频率控制留下备份（Anaya - Lara 等，2009）。

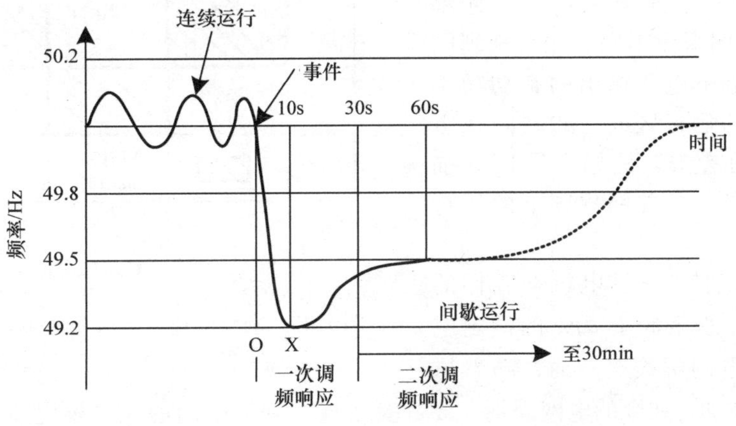

图 1.11 英国和威尔士的频率控制（Erinmez 等，1999）

1.5.4 风力发电机惯量响应

当频率发生变化时，定速感应风力发电机与同步发电机的响应方式类似。当频率下跌时，感应发电机开始减速。这就导致其动能转化为电能，从而增加功率输出。当频率上升时，情况也是一样的。对双馈感应风力发电机而言，在传统控制方式下，根据预先设定的转矩-转速关系，控制系统在转子上施加一个反向转矩。这个控制过程与电力系统的频率解耦，因此对系统惯量没有贡献。

当有大量的双馈或全功率风力发电机介入电网时，系统的旋转惯量将减小，如图1.11中的OX阶段所示，系统频率将快速下跌。所以，必须设法在这些风力发电机中恢复惯量响应的效果。一种可能的思路是通过修改控制行为来模拟惯量响应。由这些发电机提供的模拟的惯量响应可以称为快速一次响应（也称“虚拟”惯量或“合成”惯量）。

1.6 风电并网规则

并网规则定义了发电和负荷连接到电网上时必须满足的要求，以确保输电系统和（或）配电系统高效、安全和经济地运行（Anaya-Lara 等，2009）。并网规则指定了电厂必须满足的强制最低技术要求，以及需额外提供的支撑条件，以便维持秒级功率平衡，并达到规定的电能质量指标，同时保障供电的安全性。通过市场机制，输电系统运营商和电厂运营商之间就电厂所必须提供的额外支撑服务达成一致。并网条例一般集中在公共电力系统和新电源的连接点处。这对风电场的并网极为重要，因为并网规则定义的是在风电场并网点而不是风力发电机出口的要求。

并网规则还限定了发电厂在规定的频率与电压区间内能够输出电能的大小和持续时间。图1.12定义了一个典型要求，其中电压 $V_1 \sim V_4$ 以及频率 $f_1 \sim f_4$ 依每个国家而不同。并网规则同时定义了稳态下电厂输出的有功功率与无功功率的运行区间，此区间在每个国家也存在差异。例如，图1.13描述了英国和爱尔兰并网规则下的运行区间。

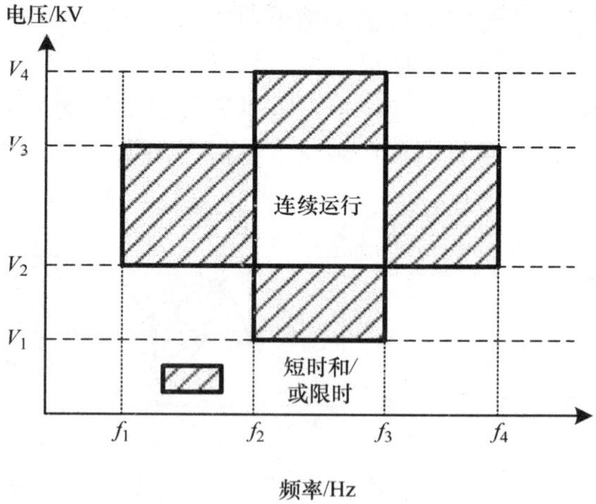

图1.12 典型的连续运行和降额运行区间图（根据英国和爱尔兰并网规则）

一般仅要求风力发电机在它们的端口剩余电压跌至低于20%的额定电压时就将从电网解裂。然而，随着风电穿透率的增加，如今的电网规则一般都要求连接到输电网的风力发电机具备故障穿越（FRT）——或称低电压穿越（LVRT）——的能力。图1.14绘出了大多数电网运营商要求风力发电机能够承受的电压。当由于电网故障引起系统电压下跌时，仅当系统电压足够低并处于图中阴影部分时风力发电机才被允许脱网。

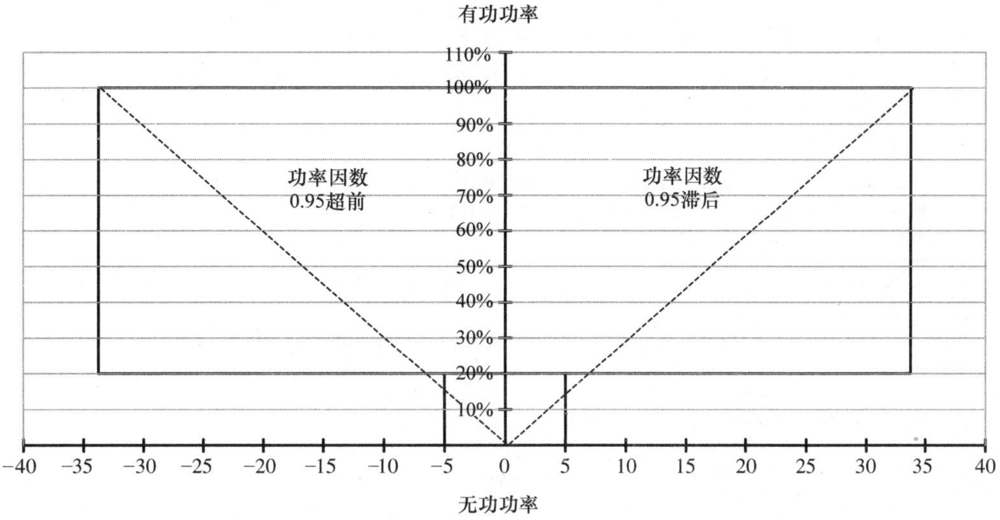

图 1.13　典型的稳态运行区间图（根据英国和爱尔兰并网规则）

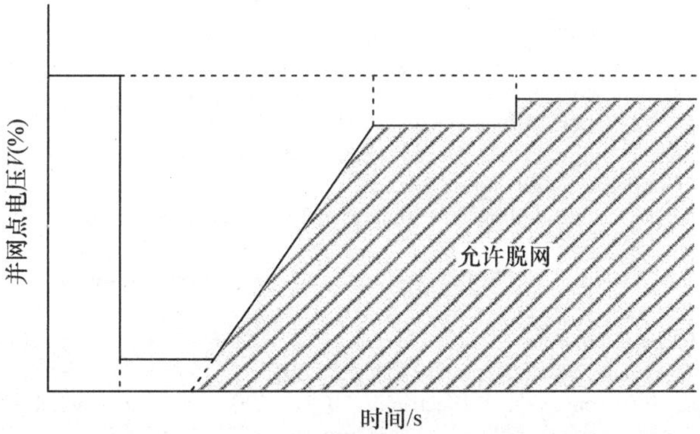

图 1.14　典型的故障穿越能力曲线图（根据英国和爱尔兰并网规则）

在北海将部署大规模的海上风力发电机，这些风力发电机将极可能来自不同的厂家，所以这些风力发电机的设计也将不同，具有不同的技术指标和性能特点。可以预见，由于技术上的差异以及海上网络的复杂性，这些未来的海上风电系统将与传统、相对较简单的现有电网存在显著的差别。因此，建立合适的并网规则以满足如此多的变量将是一个艰难挑战，需要认真应对。

致谢

本章的 1.3.1 节、1.5 节和 1.6 节的内容来自发表于 2009 年的书籍，作者为 Anaya - Lara 等。

参考文献

Anaya-Lara, O., Jenkins, N., Ekanayake, J. *et al.* (2009) *Wind Generation Systems – Modelling and Control*, Wiley, ISBN 0-470-71433-6.

Anaya-Lara, O., Kalcon, G., Adam, G. *et al.* (2011) North Sea Offshore Networks Basic Connection Schemes: Dynamic Performance Assessment, EPE Wind Chapter 2011, Trondheim, Norway.

Anaya-Lara, O., Tande, J.O., Uhlen, K. and Adaramola, M. (2013) Control Challenges and Possibilities for Offshore Wind Farms, SINTEF Report, TR A7258, ISBN: 978-82-594-3604-7.

Burton, T., Sharpe, D., Jenkins, N. and Bossanyi, E. (2001) *Wind Energy Handbook*, John Wiley & Sons, Ltd, Chichester, ISBN 10: 0471489972.

Dolan, D., Jha, A., Gur, T. *et al.* (2009) *Comparative Study of Offshore Wind Turbine Generators (OWTG) Standards*, MMI Engineering, Oakland, CA.

E.ON Climate and Renewables (2012) E.ON Offshore Wind Energy Factbook, www.eon.com, last accessed: 4 September 2013.

Erinmez, I.A., Bickers, D.O., Wood, G.F. and Hung, W.W. (1999) NGC Experience with frequency control in England and Wales – Provision of frequency response by generator. IEEE PES Winter Meeting.

European Union (2011) European Wind Energy Technology Platform (TPWind): Strategic Research Agenda/Market Development Strategy from 2008 to 2030, www.windplatform.eu, last accessed: 17 December 2013.

Fischer, T.A. (2006) Load mitigation of an offshore wind turbine by optimisation of aerodynamic damping and vibration control. MSc. Thesis, DTU, July, 2006.

Fox, B., Flynn, D., Bryans, L. *et al.* (2007) Wind Power Integration: Connection and System Operational Aspects. IET Power and Energy Series 50, ISBN: 10: 0863414494.

German Energy Agency (2010) DENA Study, Planning of the Grid Integration of Wind Energy in Germany Onshore and Offshore up to the year 2020, www.dena.de, last accessed: 17 December 2013.

GWEC (2013) Global Offshore: Current Status and Future Prospects, www.gwec.net, last accessed: 4 September 2013.

Manwell, J.F., McGowan, J.G. and Rogers, A.L. (2002) *Wind Energy Explained: Theory, Design and Application*, John Wiley & Sons, Ltd., Chichester, ISBN: 10: 0471499722.

Nielsen, F.G. (2006) Specialist Committee V.4, "Ocean wind and wave energy utilisation," 16th International Ship and Offshore Structures Congress, Southampton, UK.

Slootweg, J.G. (2003) Wind power: Modelling and impacts on power system dynamics. PhD Thesis, Technical University of Delft.

Tande, J.O., Di Marzio, G. and Uhlen, K. (2007) System requirements for wind power plants, SINTEF TR A6586, available at www.sintef.no/wind.

The Crown State (2011) Round 3 Offshore Wind Farm Connection Study, Version 1, National Grid, The Crown Estate, www.thecrownstate.co.uk, last accessed: 20 February 2013.

Union for the Co-ordination of Transmission of Electricity, UCTE (2004) Integrating wind power in the European power systems: prerequisites for successful and organic growth. UCTE Position Paper.

第 2 章　双馈感应风力发电机

2.1　介绍

2009 年由欧洲风能协会撰写的一份技术报告对 1MW 以上 29 个品牌共 95 款风力发电机进行了调研，结果显示绝大多数（72 款）使用了变速调节技术（Paul Gardner，2009）。变速风力发电机能够在正常的风速下跟踪最大风能，并可以在一定程度上降低由间断性的风速突变引起的机械载荷。

双馈感应风力发电机（DFIG）在 1.5MW 等级以上机组的市场上占据了主导地位。风力发电机的定子绕组通过风力发电机变压器与交流电网直接相连，同时转子绕组通过集电环以及背靠背换流器与电网连接。该换流器与交流电网的功率交换取决于发电机的工作点和期望对双馈感应发电机的转速与无功功率所进行的控制。背靠背换流器部分地将网侧的电频率与转子侧的机械频率进行了解耦，从而实现风力发电机的变速运行。当背靠背换流器的额定功率为机组额定功率的 30% 左右时，双馈感应风力发电机的变速范围约为同步速的 ±30%。图 2.1 给出了一台双馈感应风力发电机的原理图和主要部件。

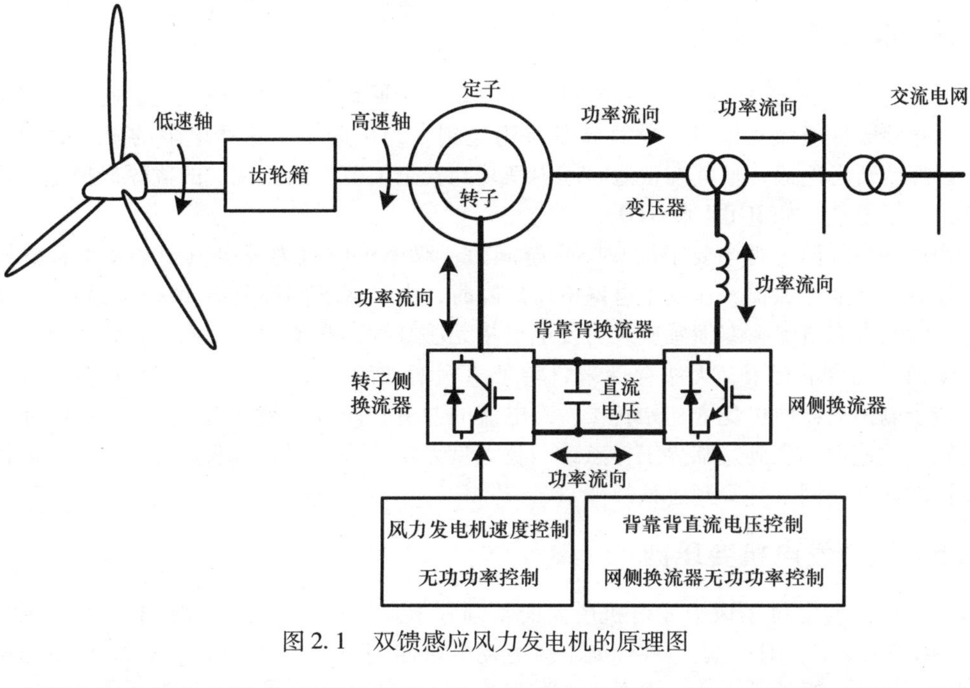

图 2.1　双馈感应风力发电机的原理图

本章的剩余部分将详述双馈感应风力发电机的主要部件（Manwell 等，2010；Nelson，2009）。

2.1.1 感应发电机（IG）

该感应发电机为圆柱形转子，并具有集电环。通常，必须通过调整定转子的绕组匝数比从而获得一个较低的转子电流幅值，以便于和背靠背换流器的电流额定值匹配。

2.1.2 背靠背换流器

背靠背换流器由两台电压源换流器（VSC）构成，分别为转子侧换流器（RSC）和网侧换流器（GSC），这两台换流器由共同的直流母线连接在一起。转子侧换流器与转子绕组相连，而网侧换流器通过耦合电抗器与电网连接。通过控制转子电流，转子侧换流器能够控制风力发电机的转速和无功功率消耗。网侧换流器主要控制背靠背换流器的直流母线电压维持恒定（对转子侧换流器的正确运行至关重要），同时，也可向电网提供一定的无功功率。两台换流器的拓扑使得能量可以双向流动，因此可将背靠背换流器视为一台感应发电机的转子转差功率回馈装置（即将转子绕组中产生的功率回馈到电网，否则这部分功率将以热的形式消耗在绕组中）。

2.1.3 齿轮箱

齿轮箱的作用是将低速的风力发电机转子提速，以和发电机的转速匹配。齿轮箱的速度比取决于许多因素，例如额定风速和发电机的极数，等等。例如，某台 5MW 风力发电机的额定风速为 11m/s，其齿轮箱的速度比约为 1∶90（Jonkman，2006）。

2.1.4 撬棒保护

撬棒可以保护背靠背换流器在电网故障时在转子回路中引起的过电流。此时，撬棒保护可以把转子侧换流器断开，并将转子绕组连到一组电阻上。这些电阻的阻值必须足够大，以抑制暂态电流，使其在很短时间内恢复到安全值范围内。现代的撬棒保护电路都使用电力电子器件，如 IGBT 或 GTO。

为了满足并网规则中要求的故障穿越能力，双馈感应风力发电机中必须配备撬棒保护。如果没有撬棒保护，在发生电网电压故障时，由于转子侧换流器无法承受转子上出现的非常大的瞬态电流，双馈感应风力发电机将无法继续连在电网上。而且，背靠背换流器的直流回路也容量有限，无法存储来自转子急剧增加的能量。但是，如果使用了撬棒保护，转子侧换流器便可免受初始转子暂态电流的冲击，而且，额外增加的转子电阻允许发电机暂时过速而不会到达临界工作点或消耗大量无功功率。因此，双馈感应风力发电机就可以仍然连在电网上并穿越过该故障。

2.1.5 风力发电机变压器

该变压器通常位于风力发电机塔筒的基础之上。低压侧电压通常介于 575 ~ 690V 之间，频率 50Hz 或 60Hz（虽然现代海上风力发电机使用更高的电压水平）。这些电压被升压到风电场集电系统的电压水平，如 33kV。

2.2　双馈感应风力发电机的结构和数学建模

2.2.1　感应发电机在 abc 坐标系下的模型

图 2.2 所示为感应发电机的等效电路。发电机可由六个回路来描述：三个为定子回路，三个为转子回路。每个回路由一个自感和五个互感构成。在这一章建模的过程中我们使用电动机惯例来表示功率和电流。

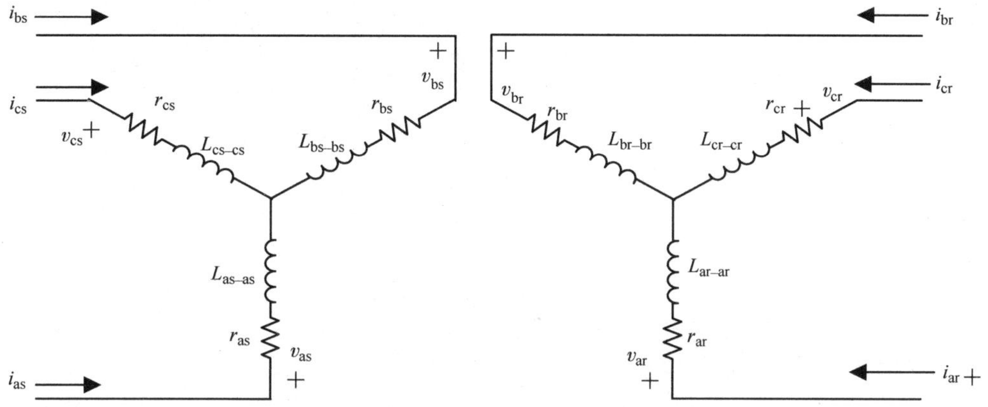

图 2.2　感应发电机的等效电路

转子与定子的自感以及它们各自之间的互感即定子各相间互感与转子各相间互感与转子位置无关。仅仅定转子之间的互感依赖于转子位置，如图 2.3 所示。

感应发电机在 abc 坐标系下的电压方程如下：

$$\left.\begin{aligned} v_{as} &= r_{as} i_{as} + \frac{d}{dt}\psi_{as} \\ v_{bs} &= r_{bs} i_{bs} + \frac{d}{dt}\psi_{bs} \\ v_{cs} &= r_{cs} i_{cs} + \frac{d}{dt}\psi_{cs} \end{aligned}\right\} \tag{2.1}$$

$$\left.\begin{aligned} v_{ar} &= r_{ar} i_{ar} + \frac{d}{dt}\psi_{ar} \\ v_{br} &= r_{br} i_{br} + \frac{d}{dt}\psi_{br} \\ v_{cr} &= r_{cr} i_{cr} + \frac{d}{dt}\psi_{cr} \end{aligned}\right\} \tag{2.2}$$

式中，v_{as}、v_{bs}、v_{cs}、r_{as}、r_{bs}、r_{cs}、i_{as}、i_{bs}、i_{cs}、ψ_{as}、ψ_{bs}、ψ_{cs}为定子 a、b、c 相的电压、电阻和磁链；v_{ar}、v_{br}、v_{cr}、r_{ar}、r_{br}、r_{cr}、i_{ar}、i_{br}、i_{cr}、ψ_{ar}、ψ_{br}、ψ_{cr}分别为转子 a、b、c 相的电压、电阻和磁链。

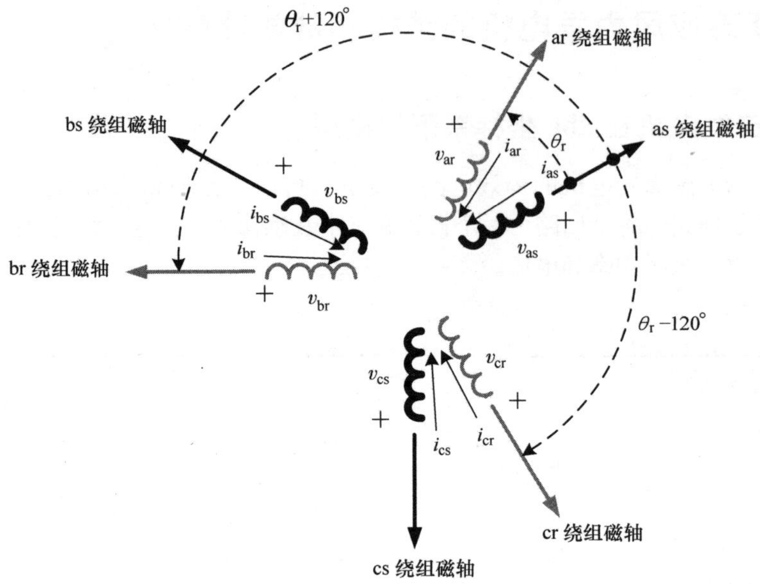

图 2.3　感应发电机的磁轴

如果定子和转子电路三相平衡，那么下列关系成立：

$$\left.\begin{aligned} v_{as} &= v_{bs} = v_{cs} = v_s \\ r_{as} &= r_{bs} = r_{cs} = r_s \\ i_{as} &= i_{bs} = i_{cs} = i_s \\ v_{ar} &= v_{br} = v_{cr} = v_r \\ r_{ar} &= r_{br} = r_{cr} = r_r \\ i_{ar} &= i_{br} = i_{cr} = i_r \end{aligned}\right\} \tag{2.3}$$

感应发电机的磁链可以由下式定义：

$$[\psi_{as},\psi_{bs},\psi_{cs},\psi_{ar},\psi_{br},\psi_{cr}]^{T} = \boldsymbol{L}_{IG}[i_{a_s},i_{b_s},i_{c_s},i_{a_r},i_{b_r},i_{c_r}]^{T} \tag{2.4}$$

式中，$\boldsymbol{L}_{IG}$为感应发电机的电感矩阵，定义如下：

$$[\boldsymbol{L}_{IG}] = \begin{pmatrix} L_{as-as} & L_{as-bs} & L_{as-cs} & L_{as-ar} & L_{as-br} & L_{as-cr} \\ L_{as-bs} & L_{bs-bs} & L_{bs-cs} & L_{bs-ar} & L_{bs-br} & L_{bs-cr} \\ L_{as-cs} & L_{bs-cs} & L_{cs-cs} & L_{cs-ar} & L_{cs-br} & L_{cs-cr} \\ L_{as-ar} & L_{bs-ar} & L_{cs-as} & L_{as-ar} & L_{ar-br} & L_{ar-cr} \\ L_{as-br} & L_{bs-br} & L_{cs-br} & L_{ar-br} & L_{br-br} & L_{br-cr} \\ L_{as-cr} & L_{bs-cs} & L_{cs-cr} & L_{ar-cr} & L_{br-cr} & L_{cr-cr} \end{pmatrix} \tag{2.5}$$

式中，L 的下标分别表示定子和转子相的自感或互感。例如，电感 L_{as-cr}表示定子 a 相和转子 c 相之间的互感。为了获得式（2.5）中的电感矩阵，我们必须计算感应发电机绕组之间的磁链。

可以利用绕组的结构参数（即空间分布、匝数、铁心材料、气隙高度、电机长度以及磁路方程）来计算感应发电机的磁链，但这些内容超出了本书的范畴；然而，给出定义磁链的磁路方程还是很有意义的，因为通过这些方程，我们可以计算相关的电感。

考虑绕组在铁心中正弦分布，感应发电机定子 a 相绕组中由穿过气隙的差分磁通（differential flux）而匝链的总磁链定义如下（Novotny，Lipo，1996）：

$$\psi_{as}=\mu_0 N_{as}^2 i_{as}\left(\frac{rl}{g}\right)\left(\frac{\pi}{4}\right) \tag{2.6}$$

式中，μ_0为真空中的磁导率［等于$4\pi\times10^{-7}$Wb/(A·m)］；N_{as}为 a 相绕组的有效串联匝数；r为气隙处的圆周半径；l为电机的有效长度（即磁极所覆盖区域的轴向长度）；g为空气隙的高度。

因此，当已知ψ_{as}时，可得 a 相绕组的励磁电感为

$$L_{mas}=\frac{\psi_{as}}{i_{as}}=\mu_0 N_{as}^2\left(\frac{rl}{g}\right)\left(\frac{\pi}{4}\right) \tag{2.7}$$

感应发电机的其余绕组中也会匝链由定子 a 相绕组电流产生的磁通，产生互感磁链。如果定子三相绕组对称，并且每相有效匝数为N_s，则有

$$L_{mas}=L_{mbs}=L_{mcs}=L_{ms} \tag{2.8}$$

感应发电机的其余定转子绕组中也会匝链由 a 相绕组电流产生的磁通，产生互感磁链。如对定子 b 相绕组，由 a 相绕组电流而匝链的磁链为

$$\psi_{as-bs}=\mu_0 N_{as}N_{bs} i_{as}\left(\frac{rl}{g}\right)\left(\frac{\pi}{4}\right)\cos(\beta) \tag{2.9}$$

式中，N_{bs}为定子 b 相绕组的有效串联匝数；β为定子 a、b 相磁轴的相位差（°）。所以，在给定磁链ψ_{as-bs}，且$\beta=120°$时，定子 b 相绕组的励磁电感为（即定子 a、b 相绕组之间的互感为）

$$L_{mas-bs}=\frac{\psi_{as-bs}}{i_{as}}=-\mu_0 N_{as}N_{bs}\left(\frac{rl}{g}\right)\left(\frac{\pi}{8}\right) \tag{2.10}$$

此外，已知定子各相绕组中的电流幅值相同，绕组匝数也一致，且$\cos120°=\cos(-120°)$，那么分别由定子 a、b、c 相绕组电流引起的 a、b、c 相绕组之间的互感可以由（2.9）式计算得

$$L_{mas-mbs-mcs}=L_{mbs-mas-mcs}=L_{mcs-mbs-mas}=-\frac{L_{ms}}{2} \tag{2.11}$$

考虑到转子各回路也对称，且每相有效串联匝数为N_r，转子绕组的励磁电感和互感可以从式（2.7）和式（2.10）很方便地计算得到（只需将N_{as}用N_r代替），即

$$L_{mar}=L_{mbr}=L_{mcr}=L_{mr}=\mu_0 N_r^2\left(\frac{rl}{g}\right)\left(\frac{\pi}{4}\right)=\left(\frac{N_r}{N_s}\right)^2 L_{mr} \tag{2.12}$$

$$L_{mar-mbr-mcr}=L_{mbr-mar-mcr}=L_{mcr-mbr-mar}=-\frac{L_{mr}}{2}=-\left(\frac{N_r}{N_s}\right)^2\frac{L_{ms}}{2} \tag{2.13}$$

在式（2.12）和式（2.13）中可以发现，如果绕组匝数比N_r/N_s已知，那么转子的励磁电感和自感可以用定子的互感来表达；这可以有效地降低电感矩阵中的变量个数。

接下去我们将求取当定子 a 相绕组中流过电流时，在定子 a 相和转子 a 相绕组中产生的互感磁链。利用式（2.9），并考虑到定子 a 相磁轴与转子 a 相磁轴的角度差 θ_r（°），那么互感磁链 ψ_{as-ar}可以用下式计算：

$$\psi_{as-ar}=\mu_0 N_s N_r i_{as}\left(\frac{rl}{g}\right)\left(\frac{\pi}{4}\right)\cos(\theta_r) \tag{2.14}$$

因此，从转子 a 相中匝链的磁链 Ψ_{as-ar}可以得到互感为

$$L_{as-ar}=\mu_0 N_s N_r\left(\frac{rl}{g}\right)\left(\frac{\pi}{4}\right)\cos(\theta_r)=\left(\frac{N_r}{N_s}\right)L_{ms}\cos(\theta_r) \tag{2.15}$$

已知三相转子电路和三相定子电路分别对称，可以证明，三相定子和三相转子之间的互感为

$$L_{as-ar}=L_{bs-br}=L_{cs-cr}=L_{ar-as}=L_{br-bs}=L_{cr-cs}=\left(\frac{N_r}{N_s}\right)L_{ms}\cos(\theta_r) \tag{2.16}$$

其余的定子和转子绕组之间的互感不能直接用式（2.16）来计算，它们仍然是转子位置以及定转子绕组磁轴夹角之间的函数，可以表示为

$$L_{as-br}=L_{bs-cr}=L_{cs-ar}=L_{ar-bs}=L_{br-cs}=L_{cr-as}=\left(\frac{N_r}{N_s}\right)L_{ms}\cos(\theta_r+120°) \tag{2.17}$$

$$L_{as-cr}=L_{bs-ar}=L_{cs-br}=L_{ar-cs}=L_{br-as}=L_{cr-bs}=\left(\frac{N_r}{N_s}\right)L_{ms}\cos(\theta_r-120°) \tag{2.18}$$

最后，我们还必须计及不匝链感应发电机不同相绕组的磁通。这些磁通或者在定子槽中闭合，或者通过空气隙闭合，或者仅仅匝链电机的端部绕组。这些磁通被称为漏磁通，相应的电感被称为漏电感。在等效电路中漏电感体现为定子和转子的串联电感。这样，定转子 abc 相绕组的总电感可以由下式来表达：

$$\begin{aligned} L_{as-as}&=L_{bs-bs}=L_{cs-cs}=L_{ls}+L_{ms} \\ L_{ar-ar}&=L_{br-br}=L_{cr-cr}=L_{lr}+\left(\frac{N_r}{N_s}\right)^2 L_{ms} \end{aligned} \tag{2.19}$$

式中，L_{ls}和 L_{lr}分别为由定转子相漏磁通引起的定转子漏感。

故，基于式（2.7）、式（2.8）、式（2.11）~式（2.13）、式（2.15）~式（2.19），$\boldsymbol{L}_{IG}$可以用下式表示：

$$[\boldsymbol{L}_{IG}]=$$

$$\begin{bmatrix} L_{ls}+L_{ms} & -L_{ms}/s & -L_{ms}/2 \\ -L_{ms}/2 & L_{ls}+L_{ms} & -L_{ms}/2 \\ -L_{ms}/2 & -L_{ms}/2 & L_{ls}+L_{ms} \\ \left(\frac{N_r}{N_s}\right)L_{ms}\cos\theta & \left(\frac{N_r}{N_s}\right)L_{ms}\cos(\theta_r-120°) & \left(\frac{N_r}{N_s}\right)L_{ms}\cos(\theta_r+120°) \\ \left(\frac{N_r}{N_s}\right)L_{ms}\cos(\theta_r+120°) & \left(\frac{N_r}{N_s}\right)L_{ms}\cos\theta_r & \left(\frac{N_r}{N_s}\right)L_{ms}\cos(\theta_r-120°) \\ \left(\frac{N_r}{N_s}\right)L_{ms}\cos(\theta_r-120°) & \left(\frac{N_r}{N_s}\right)L_{ms}\cos(\theta_r+120°) & \left(\frac{N_r}{N_s}\right)L_{ms}\cos\theta_r \end{bmatrix}$$

$$
\left.\begin{matrix}
\left(\frac{N_r}{N_s}\right)L_{ms}\cos\theta_r & \left(\frac{N_r}{N_s}\right)L_{ms}\cos(\theta_r+120°) & \left(\frac{N_r}{N_s}\right)L_{ms}\cos(\theta_r-120°) \\
\left(\frac{N_r}{N_s}\right)L_{ms}\cos(\theta_r+120°) & \left(\frac{N_r}{N_s}\right)L_{ms}\cos\theta & \left(\frac{N_r}{N_s}\right)L_{ms}\cos(\theta_r+120°) \\
\left(\frac{N_r}{N_s}\right)L_{ms}\cos(\theta_r+120°) & \left(\frac{N_r}{N_s}\right)L_{ms}\cos(\theta_r-120°) & \left(\frac{N_r}{N_s}\right)L_{ms}\cos\theta \\
L_{lr}+\left(\frac{N_r}{N_s}\right)^2L_{ms} & -\left(\frac{N_r}{N_s}\right)^2L_{ms}/2 & -\left(\frac{N_r}{N_s}\right)^2L_{ms}/2 \\
-\left(\frac{N_r}{N_s}\right)^2L_{ms}/2 & L_{lr}+\left(\frac{N_r}{N_s}\right)^2L_{ms} & -\left(\frac{N_r}{N_s}\right)^2L_{ms}/2 \\
-\left(\frac{N_r}{N_s}\right)^2L_{ms}/2 & -\left(\frac{N_r}{N_s}\right)^2L_{ms}/2 & L_{lr}+\left(\frac{N_r}{N_s}\right)^2L_{ms}
\end{matrix}\right] \tag{2.20}
$$

最后，感应发电机端口输出的电功率为

$$
[\boldsymbol{I}]^{\mathrm{T}}[\boldsymbol{V}]=[\boldsymbol{I}]^{\mathrm{T}}[\boldsymbol{R}][\boldsymbol{I}]+\frac{\mathrm{d}}{\mathrm{d}t}([\boldsymbol{L}_{\mathrm{IG}}][\boldsymbol{I}])=[\boldsymbol{I}]^{\mathrm{T}}[\boldsymbol{R}][\boldsymbol{I}]+\frac{\partial}{\partial\theta_r}([\boldsymbol{L}_{\mathrm{IG}}][\boldsymbol{I}])\cdot\frac{\partial\theta_r}{\partial t}
+\frac{\partial}{\partial[\boldsymbol{I}]}([\boldsymbol{L}_{\mathrm{IG}}][\boldsymbol{I}])\cdot\frac{\partial[\boldsymbol{I}]}{\partial t} \tag{2.21}
$$

式中，$[\boldsymbol{V}]$、$[\boldsymbol{I}]$ 和 $[\boldsymbol{R}]$ 为感应发电机的六项电压、电流和电阻矢量。

解式（2.21）中的偏微分，可得下面的方程：

$$
[\boldsymbol{I}]^{\mathrm{T}}[\boldsymbol{V}]=[\boldsymbol{I}]^{\mathrm{T}}[\boldsymbol{R}][\boldsymbol{I}]+\frac{\mathrm{d}}{\mathrm{d}t}\left(\frac{1}{2}[\boldsymbol{L}_{\mathrm{IG}}][\boldsymbol{I}][\boldsymbol{I}]^{\mathrm{T}}\right)+\frac{1}{2}[\boldsymbol{I}]^{\mathrm{T}}\frac{\mathrm{d}}{\mathrm{d}\theta_r}[\boldsymbol{L}_{\mathrm{IG}}][\boldsymbol{I}]\omega_r \tag{2.22}
$$

式（2.22）等号右边的第一项为绕组的铜耗；第二项为绕组中所存储的能量的变化率。第三项代表转化为机械功的速率，也称机电功率。机电转矩 T_e 可以由机电功率除以感应发电机的机械速度得到（Boldea 等，2001）：

$$
T_e=\frac{p_g}{2}\frac{1}{2}[\boldsymbol{I}]^{\mathrm{T}}\frac{\mathrm{d}}{\mathrm{d}\theta_r}[\boldsymbol{L}_{\mathrm{IG}}][\boldsymbol{I}] \tag{2.23}
$$

式中，p_g 为感应发电机的极对数。

2.2.2　感应发电机在 dq0 坐标系下的模型

在 abc 坐标系下详细仿真感应发电机的模型需要解一个 7 阶模型（当忽略转子速度的动态方程时）。此外，在每一步进行积分时，都需要计算每个转子电角度下的电感矩阵及其导数。这构成了很大的计算负担，并且不利于在此模型基础上建立双馈感应发电机的控制律。

为了降低计算量，同时简化控制器设计和对感应发电机的分析，我们使用一种 abc 到 dq0 坐标系的变换（也被称为 Park 变换，由 Robert H. Park 于 1929 年首次提出）。该变换将一个三相时域信号从静止坐标系 abc 变换到包括垂直的两相 dq 和一个零序分量的旋转坐标系上。该 dq0 坐标系的 q 轴设定为超前 d 轴 90°。对感应发电机而言，dq0 坐标系的旋转角速度既可以选择为同步速，也可以为转子速度；这样，就可以在数学上把任何与

dq0 坐标系转速相同的电压、电流和磁通矢量视为直流的空间分布。因此，任何三相平衡的交流量都可以变换为两个直流量和一个零序分量，从而可以简化感应发电机控制律的计算与发电机的分析。dq0 变换还可以用来表示任何相间（无论是否对称）的暂态事件（Ong，1998）。图 2.4 所示为将 dq0 变换运用到一个三相函数的情况，其中 θ_{dq} 为旋转坐标系的 d 轴与三相系统的 a 轴的夹角，ω 为三相 abc 系统的角速度，ω_{dq} 是 dq0 旋转坐标系的角速度。

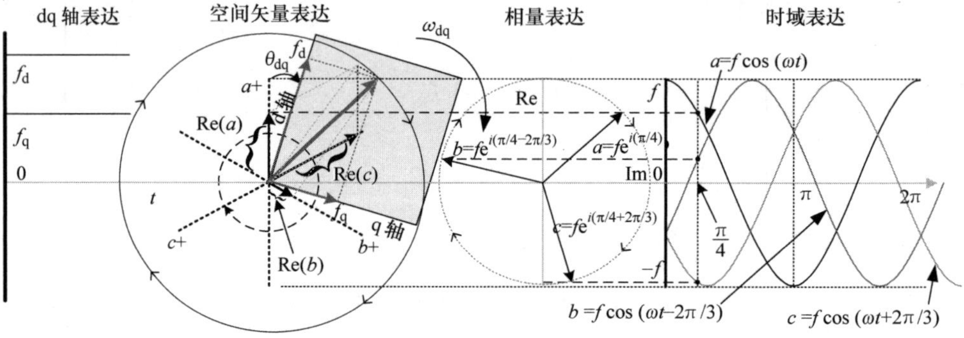

图 2.4　将 dq0 变换运用到一个三相函数的情况

θ_{dq} 是 ω_{dq} 以及初始值 $\theta_{dq}(0)$ 的函数：

$$\theta_{dq} = \int_0^t \omega_{dq}(t)\,dt + \theta_{dq}(0) \tag{2.24}$$

利用式（2.25）可以把一个三相系统变换到 dq0 坐标系统。

$$T_{dq0} = \frac{2}{3}\begin{bmatrix} \cos\theta_{dq} & \cos\left(\theta_{dq} - \frac{2\pi}{3}\right) & \cos\left(\theta_{dq} + \frac{2\pi}{3}\right) \\ \sin\theta_{dq} & \sin\left(\theta_{dq} - \frac{2\pi}{3}\right) & \sin\left(\theta_{dq} + \frac{2\pi}{3}\right) \\ \frac{1}{2} & \frac{1}{2} & \frac{1}{2} \end{bmatrix} \tag{2.25}$$

为方便起见，假设 dq0 坐标系的旋转速度与系统电角速度相等，即 $\omega_{dq} = \omega_s$，且 $\theta_{dq}(0) = 0$，则可以得到在 dq0 坐标系下的电压和磁链方程：

$$v_{ds} = r_s i_{ds} + \frac{d\psi_{ds}}{dt} - \omega_s \psi_{qs} \tag{2.26}$$

$$v_{qs} = r_s i_{qs} + \frac{d\psi_{qs}}{dt} + \omega_s \psi_{ds} \tag{2.27}$$

$$v_{0s} = \frac{d\psi_0}{dt} + r_s i_{0s} \tag{2.28}$$

$$v_{dr} = r_r i_{dr} + \frac{d\psi_{dr}}{dt} - (\omega_s - \omega_r)\psi_{qr} \tag{2.29}$$

$$v_{qr} = r_r i_{qr} + \frac{d\psi_{qr}}{dt} + (\omega_s - \omega_r)\psi_{dr} \tag{2.30}$$

$$v_{0r} = \frac{d\psi_{0r}}{dt} + r_r i_{0r} \tag{2.31}$$

式中，v_{ds}、v_{qs}和v_{0s}为定子电压的 dq0 分量；v_{dr}、v_{qr}和v_{0r}为转子电压的 dq0 分量；i_{ds}、i_{qs}和i_{0s}为定子电流的 dq0 分量；i_{dr}、i_{qr}和i_{0r}为转子电流的 dq0 分量；ψ_{ds}、ψ_{qs}和ψ_{0s}为定子磁链的 dq0 分量；ψ_{dr}、ψ_{qr}和ψ_{0r}为转子磁链的 dq0 分量。

通常我们对感应发电机建模时，都将转子侧的变量折算到定子侧。对感应发电机的 dq0 变量而言，折算过程可以由下式来完成：

$$\left.\begin{aligned}
&v'_{dr} = \frac{N_s}{N_r}v_{dr}, v'_{qr} = \frac{N_s}{N_r}v_{qr}, v'_{0r} = \frac{N_s}{N_r}v_{0r} \\
&\psi'_{dr} = \frac{N_s}{N_r}\psi_{dr}, \psi'_{qr} = \frac{N_s}{N_r}\psi_{qr}, \psi'_{0r} = \frac{N_s}{N_r}\psi_{0r} \\
&i'_{dr} = \frac{N_r}{N_s}i_{dr}, i'_{qr} = \frac{N_r}{N_s}i_{qr}, i'_{0r} = \frac{N_r}{N_s}i_{0r} \\
&L'_{lr} = \left(\frac{N_s}{N_r}\right)^2 L_{lr}, r'_r = \left(\frac{N_s}{N_r}\right)^2 r_r
\end{aligned}\right\} \tag{2.32}$$

式中，带撇号（′）的量表示折算到定子边后的转子量。这样，将 T_{dq0} 运用到［$\boldsymbol{L}_{IG}$］后，在 dq0 坐标系下的感应发电机磁链方程可以表达为

$$\begin{bmatrix}\psi_{ds}\\ \psi_{qs}\\ \psi_{0s}\\ \psi'_{dr}\\ \psi'_{qr}\\ \psi'_{0r}\end{bmatrix} = \begin{bmatrix} L_{ls}+L_m & 0 & 0 & L_m & 0 & 0\\ 0 & L_{ls}+L_m & 0 & 0 & L_m & 0\\ 0 & 0 & L_{ls}+L_m & 0 & 0 & 0\\ L_m & 0 & 0 & L'_{lr}+L_m & 0 & 0\\ 0 & L_m & 0 & 0 & L'_{lr}+L_m & 0\\ 0 & 0 & 0 & 0 & 0 & L'_{lr}+L_m \end{bmatrix}\begin{bmatrix}i_{ds}\\ i_{qs}\\ i_{0s}\\ i'_{dr}\\ i'_{qr}\\ i'_{0r}\end{bmatrix} \tag{2.33}$$

式中，L_m为励磁电感，定义为

$$L_m = \frac{3}{2}L_{ms} \tag{2.34}$$

必须注意到，在 dq0 坐标系中表达时，式（2.33）中感应发电机的电感矩阵与转子位置无关。这就意味着在计算感应发电机模型的时候，计算时间可以大幅地降低，这是因为［$\boldsymbol{L}_{IG}$］仅需计算一次，而不需要每一步积分都进行计算。

在 dq 坐标系下感应发电机的瞬时功率可由下式计算得到：

$$S_{dq0} = v_{qs}i_{qs} + v_{ds}i_{ds} + v'_{dr}i'_{dr} + v'_{qr}i'_{qr} + v_{0s}i_{0s} + v'_{0r}i'_{0r} \tag{2.35}$$

$$\begin{aligned}
S_{dq0} = &\frac{3}{2}\left(i_{qs}\frac{d}{dt}\psi_{qs} + i_{ds}\frac{d}{dt}\psi_{ds} + i'_{qr}\frac{d}{dt}\psi'_{qr} + i'_{dr}\frac{d}{dt}\psi'_{dr} + i'_{0s}\frac{d}{dt}\psi'_{0s} + i'_{0r}\frac{d}{dt}\psi'_{0r}\right) + \\
&\frac{3}{2}(i_{ds}^2 + i_{qs}^2 + i_{0s}^2)r_s + \frac{3}{2}(i'^2_{dr} + i'^2_{qr} + i'^2_{0r})r'_r + \frac{3}{2}(i'_{dr}\psi'_{qr} - i'_{qr}\psi'_{dr})\omega_r + \\
&\frac{3}{2}(-i'_{dr}\psi'_{qr} + i'_{qr}\psi'_{dr} - i_{ds}\psi_{qs} + i_{qs}\psi_{ds})\omega_s
\end{aligned} \tag{2.36}$$

在式（2.36）中，$id\psi/dt$ 代表储存在绕组中磁场能量的变化率。i^2r 表示绕组上的铜耗。$\omega\psi i$ 表示机电功率。机电转矩 T_e 可以由机电功率除以感应发电机的机械转速而得

到，即

$$T_e = \left(\frac{3}{2}\right)\left(\frac{p_g}{2\omega_r}\right)[(i'_{dr}\psi'_{qr} - i'_{qr}\psi'_{dr})\omega_r + (i'_{qr}\psi'_{dr} - i'_{dr}\psi'_{qr} + i_{qs}\psi_{ds} - i_{ds}\psi_{qs})\omega_s] \tag{2.37}$$

由式（2.33），我们可以得到下面的关系：

$$i_{qs}\psi_{ds} - i_{ds}\psi_{qs} = -i'_{qr}\psi'_{dr} + i'_{dr}\psi'_{qr} \tag{2.38}$$

参考式（2.38），T_e的表达式可以简化为

$$\begin{aligned} T_e &= \left(\frac{3}{2}\right)\left(\frac{p_g}{2}\right)(i'_{dr}\psi'_{qr} - i'_{qr}\psi'_{dr}) \\ &= \left(\frac{3}{2}\right)\left(\frac{p_g}{2}\right)(i_{qs}\psi_{ds} - i_{ds}\psi_{qs}) \\ &= \left(\frac{3}{2}\right)\left(\frac{p_g}{2}\right)L_m(i'_{dr}i_{qs} - i'_{qr}i_{ds}) \end{aligned} \tag{2.39}$$

在推导定转子电压、电流和磁通时我们把零序分量也包含在内，使得我们可以对三相系统运用完整的 dq0 变换。然而，对于特定的双馈感应风力发电机的绕组联结形式（即在定子绕组或转子绕组与电源之间按照三线三角形或星形联结），受物理上的限制，无论相间是否平衡，零序分量都为零（Novotny 和 Lipo，1996；Ong，1998）。因此，感应发电机的 6 阶 dq0 模型可以简化为一个 4 阶系统而不会失真。本书中为控制器设计和分析而采用的感应发电机简化 4 阶模型由下列方程构成：

$$v_{ds} = r_s i_{ds} + \frac{d\psi_{ds}}{dt} - \omega_s\psi_{qs} \tag{2.40}$$

$$v_{qs} = r_s i_{qs} + \frac{d\psi_{qs}}{dt} + \omega_s\psi_{ds} \tag{2.41}$$

$$v'_{dr} = r'_r i'_{dr} + \frac{d\psi'_{qr}}{dt} - (\omega_s - \omega_r)\psi'_{qr} \tag{2.42}$$

$$v'_{qr} = r'_r i'_{qr} + \frac{d\psi'_{qr}}{dt} + (\omega_s - \omega_r)\psi'_{dr} \tag{2.43}$$

$$\psi_{qs} = L_{ls}i_{qs} + L_m(i_{qs} + i'_{qr}) \tag{2.44}$$

$$\psi_{ds} = L_{ls}i_{ds} + L_m(i_{ds} + i'_{dr}) \tag{2.45}$$

$$\psi'_{qr} = L'_{lr}i'_{qr} + L_m(i_{qs} + i'_{qr}) \tag{2.46}$$

$$\psi'_{dr} = L'_{lr}i'_{dr} + L_m(i_{ds} + i'_{dr}) \tag{2.47}$$

$$T_e = \left(\frac{3}{2}\right)\left(\frac{p_g}{2}\right)L_m(i'_{dr}i_{qs} - i'_{qr}i_{ds}) \tag{2.48}$$

2.2.3 机械系统

在一些文献中，双馈感应风力发电机的机械系统在建模时被视为包含了风力发电机和发电机转子质量的单质量块模型，即得到一个一阶模型（为便于计算）。但是，如果考虑连接感应发电机转子与风力发电机的转轴的刚度，即使用二质量块模型，我们就能得到更准确的结果。这是因为与单质量块模型相比，当转轴的刚度非足够大时［例如，低于 0.3pu 转矩/rad（Akhmatov，2003）］，二质量块模型在暂态时会表现出非常明显的差异。

若双馈感应风力发电机转轴的硬度很低，从而适用二质量块模型（Akhmatov，2003；

SHIMA 等，2008），则该模型可以由图 2.5 来描述。

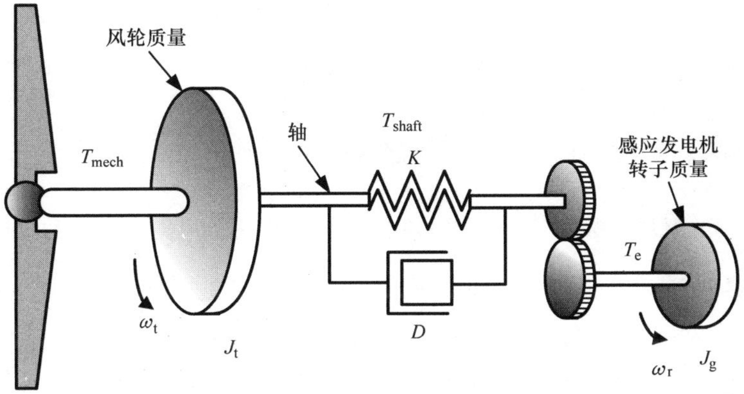

图 2.5　双馈感应风力发电机机械系统的原理图

感应发电机转速定义为（Ackermann，2012）

$$\frac{d\omega_r}{dt}=\frac{1}{J_g}(T_e-T_{shaft}) \tag{2.49}$$

式中，ω_r是感应发电机的角速度（rad/s）；T_e是感应发电机的电磁转矩（N·m）；T_{shaft}是连接发电机与风力发电机转子的转轴上的转矩（N·m）；J_g是感应发电机的转动惯量(kg·m^2)。

风力发电机的转速可以由下式决定：

$$\frac{d\omega_t}{dt}=\frac{1}{J_t}(T_{mech}-T_{shaft}) \tag{2.50}$$

式中，T_{mech}是从风力发电机产生的机械转矩（N·m）；J_t是风力发电机的转动惯量（kg·m^2）。

转轴的转矩由下式给定：

$$T_{shaft}=T_{torsion}+T_{damping} \tag{2.51}$$

式中，$T_{torsion}$是转轴的弹性力矩；$T_{damping}$是转轴的阻尼力矩。

$T_{torsion}$是风力发电机转子角度 θ_t和感应发电机转子角度 θ_r(rad) 的函数。

以上两个角度由下列式子确定：

$$\frac{d\theta_r}{dt}=\omega_r \tag{2.52}$$

$$\frac{d\theta_t}{dt}=\omega_t \tag{2.53}$$

基于上面两个式子，弹性力矩可以表达为

$$T_{torsion}=K_{tot}(\theta_t-\theta_r) \tag{2.54}$$

式中，K_{tot}是转轴的扭转常数（N·m/rad），也就是机械系统中轴的有效刚度。K_{tot}可以视为发电机转轴的刚度 K_r与风力发电机转子刚度 K_t的并联：

$$K_{tot}=K_t\parallel K_r=\left(\frac{1}{K_t}+\frac{1}{K_r}\right)^{-1} \tag{2.55}$$

转轴的刚度 K（N·m/rad）可以利用下式来计算得到：

$$K=\frac{\pi G r_{\text{shaft}}^{4}}{2l_{\text{shaft}}} \tag{2.56}$$

式中，G 为转轴所使用材料的剪切弹性系数［钢为 80GN/m^2（Hearn，1997）］；l_{shaft} 为转轴长度（m）；r_{shaft} 为转轴半径（m）。

T_{damping} 与风力发电机转速 ω_t 和感应发电机转子转速 ω_r 的关系如下：

$$T_{\text{damping}}=D(\omega_t-\omega_r) \tag{2.57}$$

式中，D 为转轴的阻尼系数［N·m/(rad/s)］，同时作用于风力发电机和感应发电机上。

2.2.4 撬棒保护

当双馈感应发电机端口附近发生故障时，导致的一系列的后果使得有必要采取额外的措施来保护双馈感应发电机的背靠背换流器（Pannell 等，2010）。

1）定子电压突降导致暂态电流尖峰（包括暂态直流分量）。

2）由于定转子绕组之间存在磁耦合以及磁通守恒原理，转子中将产生暂态电流，并叠加在稳态分量上，从而使得转子中的瞬态电流可以达到其额定值的 2～3 倍。这些电流会流入转子侧换流器。

3）流过转子侧换流器的大电流使得背靠背换流器的直流电压上升，如果超过设计值，将会损坏电容。而且，网侧换流器在电网故障时将直流回路的能量传输到交流电网的能力降低，给直流电容充电的能量无法输送至交流网络，无法使直流电压维持在限值以内。

4）由于转子侧换流器的功率处理能力 S_{B2B} 约为双馈感应发电机额定功率的 0.3pu，无法承受来自转子的暂态电流。这使得转子侧换流器成为双馈感应发电机中对故障最敏感的部分，并会快速地与转子断开连接，以保护换流器中的元器件。因此，撬棒保护系统会监测转子电流 i_r 和背靠背换流器直流环节电压 v_{dc}。如果其中任何一个量超过预设值，撬棒保护就会被触发。限值通常可以设为 $i'_r<2$pu，$v_{dc}<1.3$pu（Petersson，2005；Pannell 等，2010）。

撬棒保护将转子侧换流器与转子回路断开连接，并用外加的撬棒电阻 r_{cb} 把转子回路短路。我们需要合理确定 r_{cb} 的大小，使得 i'_r 和 T_e 得到抑制，为此，r_{cb} 一般需要不小于 10 倍的 r'_r。r_{cb} 的典型值在 0.5～1.5pu 范围内（Hansen 等，2007）。

通过 r_{cb} 短接转子绕组的效果相当于将式（2.29）和式（2.30）的转子电压方程变为

$$0=(r'_r+r_{cb})i'_{dr}+\frac{d\psi'_{dr}}{dt}-(\omega_s-\omega_r)\psi'_{qr} \tag{2.58}$$

$$0=(r'_r+r_{cb})i'_{qr}+\frac{d\psi'_{qr}}{dt}+(\omega_s-\omega_r)\psi'_{dr} \tag{2.59}$$

图 2.6 给出了撬棒保护控制器的触发逻辑。转子电流幅值和 v_{dc} 幅值分别与各自的阈值 i_{th} 和 v_{th} 比较，当任何一个条件为真时，撬棒保护信号动作，同时，单稳触发器产生一个持续时间为 t_{cr} 的撬棒触发信号（Pannell 等，2010；Campos - Gaona 等，2013）。

撬棒保护电路可以使用三相全桥整流器与一个开关器件构成，如 GTO 或IGBT，电路与转子和转子侧换流器之间的端口并联，如图 2.7 所示。

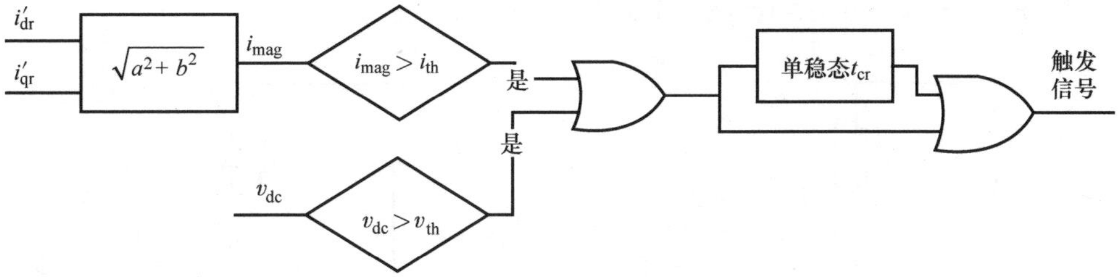

图 2.6　撬棒保护的触发逻辑

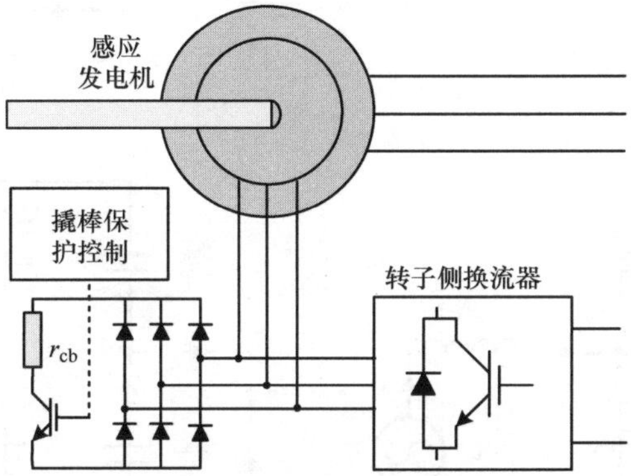

图 2.7　撬棒保护电路与转子和转子侧换流器之间的端口并联

2.2.5　双馈感应发电机背靠背换流器的建模

图 2.8 所示为一台基于 IGBT 的两电平背靠背换流器，其中 Q_x1、d_x1 和 Q_x2、d_x2 分别代表图中电路 1 和电路 2 的 IGBT 与反并联二极管。这个电压源型变流器电路可以四象限运行（即任何时刻功率流向可以改变）。需注意，每相的桥臂由两套 IGBT - 二极管构成，并与直流回路并联。

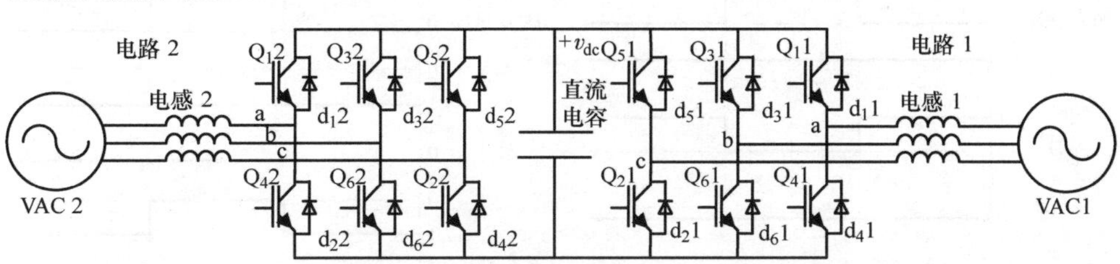

图 2.8　基于 IGBT 的背靠背换流器

IGBT 的开关模式（与相关的反并联二极管一起）可以在换流器端口输出一个特定电压，并在换流器与交流电源间建立持续的电流流动。这个电流既可以是从换流器流向交流电源（正向），也可以是从交流电源流向换流器（负相）。图 2.9 可以用来分析图 2.8 中电路 1 在电流为正和负两种情况下 a 相的电压和电流情况。为分析方便，假设直流回路中存在公共点 o，将直流母线电压 v_{dc} 两等分。这个点也与交流电压源的中性点相连。IGBT

的触发脉冲、电路 1 的电压与电流波形如图 2.10 所示。

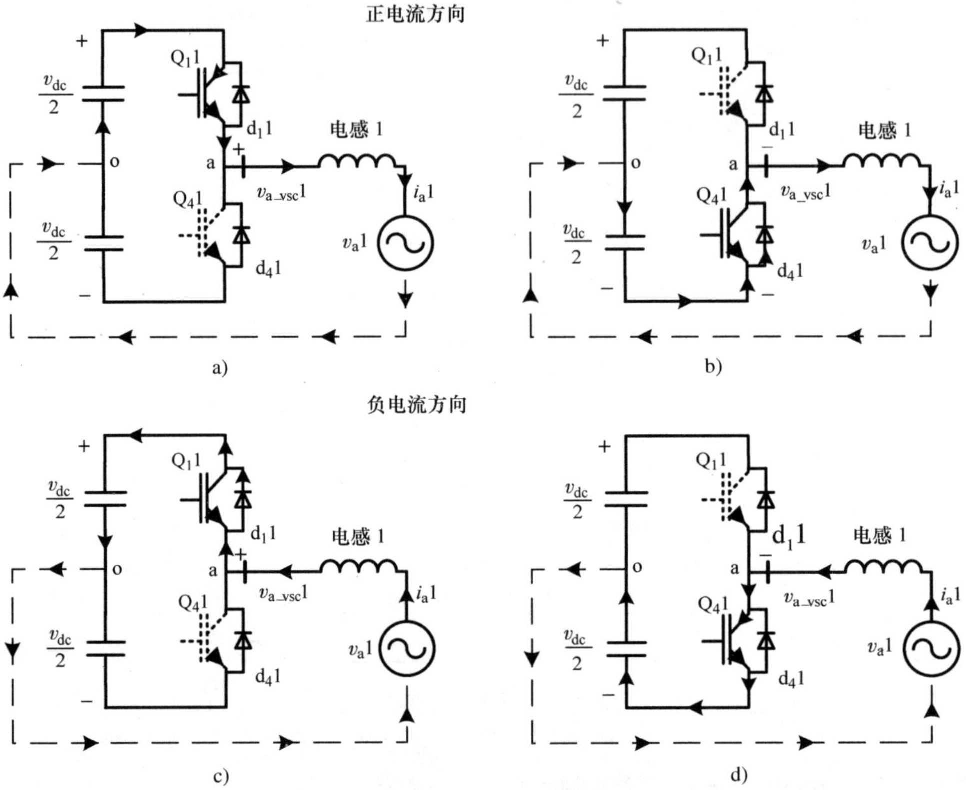

图 2.9　电路 1 的 a 相电流路径

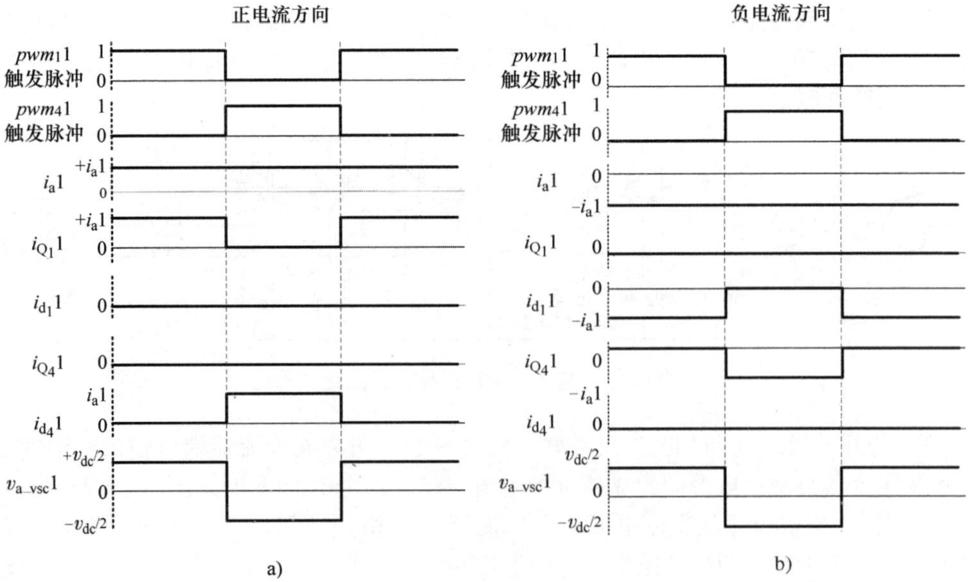

图 2.10　电路 1 的 IGBT 的触发脉冲、电压与电流波形

如图 2.10a、b 所示，IGBT4 的触发脉冲 $pwm_4 1$ 与 IGBT1 的触发脉冲 $pwm_1 1$ 相位相反，这是为了避免直流端发生短路；此外，换流器电压 $v_{a\_vsc}1$ 的极性取决于当前导通的 IGBT，而与电流方向无关（即当 $pwm_1 1=1$ 时 $v_{a\_vsc}1=v_{dc}/2$，$pwm_1 4=1$ 时 $v_{a\_vsc}1=-v_{dc}/2$）。换流器与交流电源间的电流 $i_a 1$ 不变。若电流 $i_a 1$ 为正，当 $pwm_1 1=1$ 时它流过 $Q_1 1$（见图 2.9a 和图 2.10a 的电流 $i_{Q_1}1$），或者当 $pwm_4 1=1$ 时经过 $d_4 1$（见图 2.9b 和 2.10a 的电流 $i_{d_4}1$）。若电流 $i_a 1$ 为负，当 $pwm_1 1=1$ 时它流过 $d_1 1$（见图 2.9c 和图 2.10a 的电流 $i_{d_1}1$），或者当 $pwm_4 1=1$ 时经过 $Q_4 1$（见图 2.9d 和 2.10b 的电流 $i_{Q_4}1$）[㊀]。为了构成三相电路，可以将触发脉冲在相位上平移从而得到换流器的 bc 相电压。每相电流流动方式与上述 $i_a 1$ 的方式相似。

背靠背换流器的效率在 94% ~98% 之间（Blaabjerg 等，1995）。因此，经常把 IGBT 的符号用理想开关来代替，如图 2.11 所示，其中，两套 IGBT－二极管对分别用单个理想开关代替，可以连到母线电压正端或负端。

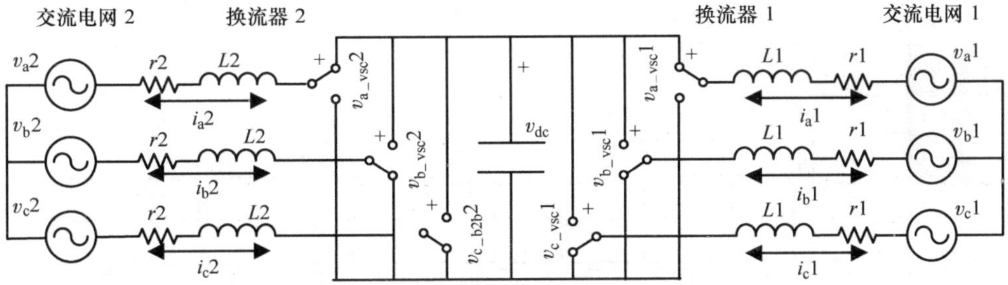

图 2.11　背靠背换流器的理想开关模型

图 2.11 中换流器 1 的电压方程可以通过分析由该换流器与交流电网 1 构成的电路得到（此方法对图 2.11 中换流器 1、2 都适用）。对对称三相系统，换流器的电压方程可表达如下：

$$
\begin{aligned}
v_a1 &= r1 i_a1 + L1\frac{di_a1}{dt} + v_{a\_vsc} = r1 i_a1 + L1\frac{di_a1}{dt} + v_{dc}\frac{2s_a1 - s_b1 - s_c1}{3}\\
v_b1 &= r1 i_b1 + L1\frac{di_b1}{dt} + v_{b\_vsc} = r1 i_b1 + L1\frac{di_b1}{dt} + v_{dc}\frac{-s_a1 + 2s_b1 - s_c1}{3}\\
v_c1 &= r1 i_c1 + L1\frac{di_c1}{dt} + v_{c\_vsc} = r1 i_c1 + L1\frac{di_c1}{dt} + v_{dc}\frac{-s_a1 - s_b1 + 2s_c1}{3}
\end{aligned}
\tag{2.60}
$$

式中，v_a1、v_b1、v_c1 是交流电网 1 的 a、b、c 相电压；i_a1、i_b1、i_c1 是交流电网 1 与换流器 1 之间流过的 a、b、c 相电压；$v_{a\_vsc}1$、$v_{b\_vsc}1$、$v_{c\_vsc}1$ 是换流器 1 端口的 a、b、c 相电压；$r1$ 和 $L1$ 是在换流器 1 和交流电网 1 之间的电阻和电感；s_a1、s_b1、s_c1 表示换流器每相开关的位置，取为 0 或 1。当 $s_x1=1$ 时，交流电网 1 的 x 相输出接到直流电容的正端。

2.2.6　电力电子换流器的平均值模型

前一节所述的电压源换流器的开关模型描述了换流器的静态和动态行为，包括电压与

㊀ 需要注意，IGBT 开通时并不一定导通电流，仅当施加开通指令，且电流从集电极到发射极方向流动时才算导通，否则，电流从互补的 IGBT 的反并联二极管上流过。

电流较慢的动态过程和高频分量（由开关过程引起）。然而，对于控制和分析而言，通常我们并不需要知道高频分量。这是因为控制环一般呈现低通滤波器特性，因此对测量或控制变量中的高频成分并不敏感。相应地，一般我们在控制器设计时仅需使用变量的平均值而非瞬时值（Yazdani 等，2010a）。经过这样处理，为了便于控制器设计，我们就仅仅考虑交流动态基波成分，这样计算负担就会降低。

若假设 IGBT 的开关频率至少为交流电网频率的 10 倍，那么这个开关动作可以以占空比 d（即 IGBT 开通的时间比例）为平均值来代替。

为了证明上述结论，考虑图 2.12 中 IGBT6 的 PWM 信号 $pwm_6(t)$，该图给出了三相 PWM 策略下 6 脉波的模式（关于 PWM 的策略详见附录 A）。

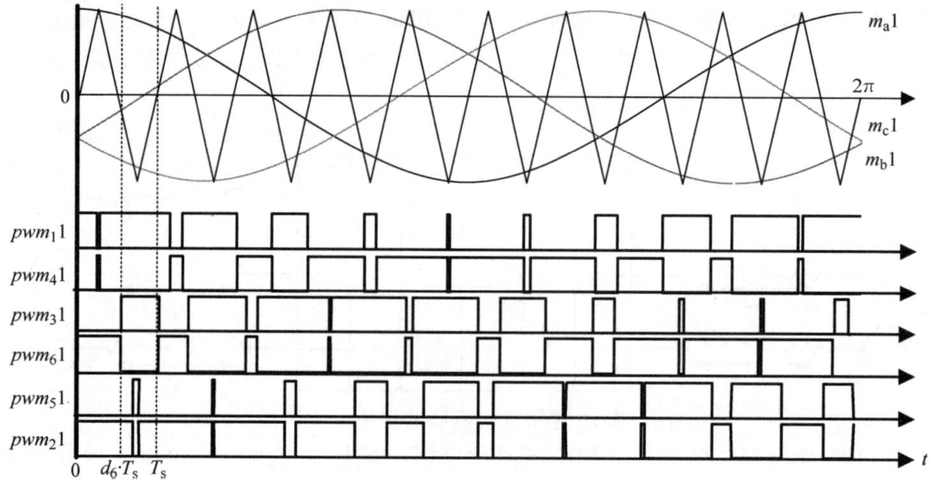

图 2.12　换流器 1 的 PWM 信号

波形的平均值由下式算得：

$$a_61 = \frac{1}{T_s}\int_0^{T_s} pwm_6(t)\,dt \tag{2.61}$$

式中，a_61 为 pwm_61 的平均值；T_s为载波（图中三角波）周期。由于 pwm_6在 $0 < t < d_6 \cdot T_s$ 期间等于 1，而在 $d_6 \cdot T_s < t < T_s$期间等于 0，故式（2.61）等效为

$$a_61 = \frac{1}{T_s}\left(\int_0^{d \cdot T_s} 1(t)\,dt + \int_{d_6 \cdot T_s}^{T_s} 0(t)\,dt\right) = \frac{d_6 \cdot T_s}{T_s} = d_6 \tag{2.62}$$

从式（2.62）可见，波形 pwm_61 的平均值完全取决于 d_6。类似的分析也可以运用与该换流器的任意其他 PWM 信号；这样，仅需把式（2.60）中的电压瞬时值用它们的平均值代替，就可以获得下列方程：

$$\begin{aligned} v_a1 &= r1i_a1 + L_1\frac{di_a1}{dt} + v_{dc}\frac{2d_a - d_b - d_c}{3} \\ v_b1 &= r1i_b1 + L_1\frac{di_b1}{dt} + v_{dc}\frac{-d_a + 2d_b - d_c}{3} \\ v_c1 &= r1i_c1 + L_1\frac{di_c1}{dt} + v_{dc}\frac{-d_a - d_b + 2d_c}{3} \end{aligned} \tag{2.63}$$

式中，d_a、d_b、d_c分别为电路 1 中 abc 三相的 IGBT 占空比。进一步分析可知，占空比和调制信号的关系如下：

$$d=\frac{m+1}{2} \tag{2.64}$$

因此，式（2.63）可以用各自的调制信号来表达，为

$$\begin{aligned}
v_a1&=r1i_a1+L_1\frac{\mathrm{d}i_a1}{\mathrm{d}t}+v_{dc}\left(\frac{1}{3}m_a1-\frac{1}{6}m_b1-\frac{1}{6}m_c1\right)\\
v_b1&=r1i_b1+L_1\frac{\mathrm{d}i_b1}{\mathrm{d}t}+v_{dc}\left(-\frac{1}{6}m_a1+\frac{1}{3}m_b1-\frac{1}{6}m_c1\right)\\
v_c1&=r1i_c1+L_1\frac{\mathrm{d}i_c1}{\mathrm{d}t}+v_{dc}\left(-\frac{1}{6}m_a1-\frac{1}{6}m_b1+\frac{1}{3}m_c1\right)
\end{aligned} \tag{2.65}$$

且当调制信号为一组三相平衡交流指令时，式（2.65）可以进一步简化，得

$$\begin{aligned}
v_a1&=r1i_a1+L_1\frac{\mathrm{d}i_a1}{\mathrm{d}t}+\frac{v_{dc}}{2}m_a1\\
v_b1&=r1i_b1+L_1\frac{\mathrm{d}i_b1}{\mathrm{d}t}+\frac{v_{dc}}{2}m_b1\\
v_c1&=r1i_c1+L_1\frac{\mathrm{d}i_c1}{\mathrm{d}t}+\frac{v_{dc}}{2}m_c1
\end{aligned} \tag{2.66}$$

式（2.66）还可以在 dq 轴表达。如将式（2.25）中的变换矩阵 T_{dq0} 运用到（2.66）中，那么图 2.11 所示换流器 1 的电压和电流满足下列关系：

$$\begin{aligned}
v_d1&=r1i_d1+L_1\frac{\mathrm{d}i_d1}{\mathrm{d}t}-\omega_sL_1i_q1+\frac{v_{dc}}{2}m_d1\\
v_q1&=r1i_q1+L_1\frac{\mathrm{d}i_q1}{\mathrm{d}t}+\omega_sL_1i_d1+\frac{v_{dc}}{2}m_q1
\end{aligned} \tag{2.67}$$

借助式（2.67）来表达电压源换流器的电压和电流对控制器的设计非常有利。这是由于电压源换流器和电网之间的有功和无功功率可以分别由电流的 d 轴和 q 轴分量来独立控制（详见 2.3.5 节）。还有，通过利用直流量来表达电压源换流器的电压和电流，我们仅需构建简单的、能够跟踪直流指令的控制器；这就避免了使用能够跟踪正弦指令的控制器，这类控制器的补偿环节和闭环环节在复杂性和带宽上都需要增加才可能实现无延时的信号跟踪。

2.2.7　直流回路

背靠背换流器直流电容中储存的能量 W 可以由下式给定：

$$W=\frac{1}{2}Cv_{dc}^2 \tag{2.68}$$

式中，C 为回路中的电容值；W 是从交流电网经换流器流向直流回路的功率，或从直流回路经换流器流向交流电网的功率的函数：

$$\frac{\mathrm{d}W}{\mathrm{d}t}=\frac{1}{2}C\frac{\mathrm{d}v_{dc}^2}{\mathrm{d}t}=-P_1-P_2 \tag{2.69}$$

式中，P_1 和 P_2 是换流器 1 和 2 从交流电网吸收或发送到交流电网的功率。因此，直流回

路电压的波动方程为

$$\frac{\mathrm{d}v_{\mathrm{dc}}^{2}}{\mathrm{d}t}=\frac{2(-P_{1}-P_{2})}{C} \tag{2.70}$$

2.3 双馈感应风力发电机的控制

双馈感应风力发电机的主要控制变量包括双馈感应风力发电机转速（ω_{r}）、双馈感应风力发电机无功功率（Q_{s}）、背靠背换流器的直流电压（v_{dc}）和网侧换流器无功功率（Q_{gsc}）。这些变量的控制可依次通过控制在转子侧换流器与转子绕组之间流过电流的直轴和交轴分量（i'_{dr}，i'_{qr}）以及在网侧换流器与电网间流通电流的直轴和交轴分量（$i_{\mathrm{d\_gsc}}$，$i_{\mathrm{q\_gsc}}$）来达成。相应地，通过控制转子侧换流器电压的直轴和交轴电压（v'_{dr}，v'_{qr}）和网侧换流器直轴和交轴电压（$v_{\mathrm{d\_gsc}}$，$v_{\mathrm{q\_gsc}}$），就可以控制这些电流。图 2.13 给出了一台双馈感应风力发电机的控制回路框图。

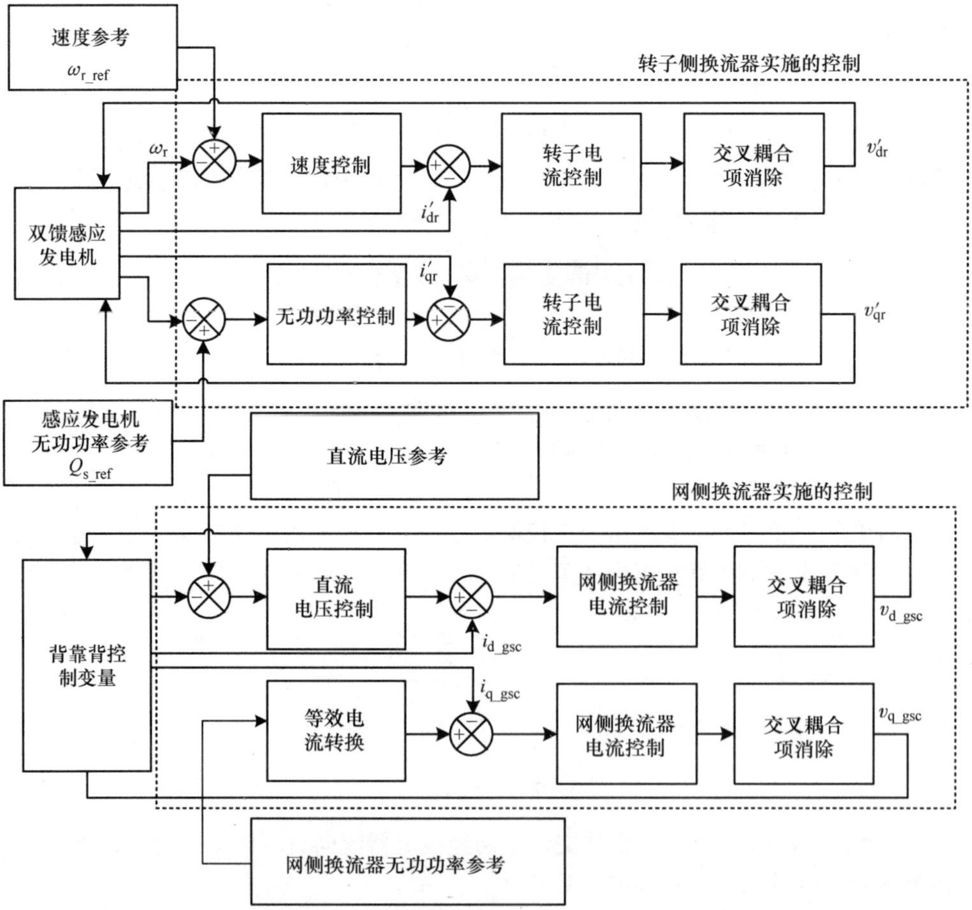

图 2.13　双馈感应风力发电机控制回路

2.3.1　转速 PI 控制

从式（2.49）可知，为实现双馈感应风力发电机的转速控制，我们需要实时地修改感应发电机产生的 T_e。如果对双馈感应风力发电机转子电流的控制在 dq0 坐标系上进行，那么因为 T_e 几乎完全取决于单个电流变量，其控制将变得非常简单。该电流变量可以独立地通过转子侧换流器进行控制。

在以同步速旋转的参考坐标系上表达定子电压的 dq0 分量，并使 d 轴分量与电网电压重合（在 $t=0$s 时，d 轴与定子[⊖] a 相重合），q 轴在旋转方向上超前 d 轴 90°，如图 2.14 所示。因此，下列关系成立：

$$v_{ds}=v_s \tag{2.71}$$

$$v_{qs}=0 \tag{2.72}$$

式中，v_s 为定子电压的幅值。

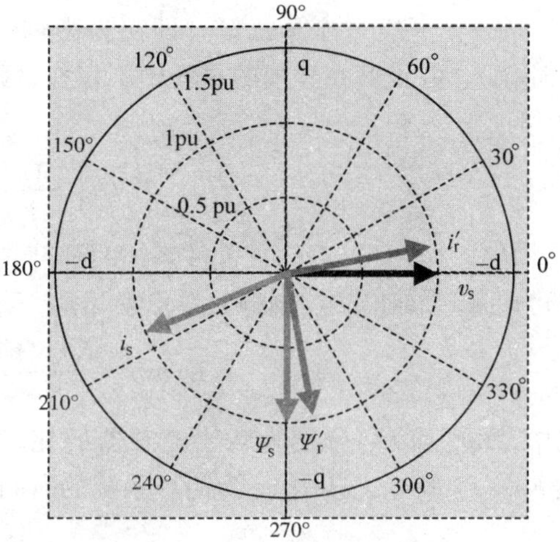

图 2.14　感应发电机的空间矢量

定子磁链滞后定子电压 90°，其 dq 分量如下：

$$\psi_{ds}=0 \tag{2.73}$$

$$\psi_{qs}=-\psi_s \tag{2.74}$$

式中，ψ_s 为定子磁链幅值。

从式（2.73）可得

$$\frac{d\psi_{ds}}{dt}=0 \tag{2.75}$$

此外，因为定子磁链是由定子电压来维持的，而在稳态下，定子电压的幅值、频率和相位可视为不变，所以定子磁链在稳态下也可以视为基本不变（Boldea，2006）。故有

$$\psi_{qs}=const\rightarrow\frac{d\psi_{qs}}{dt}\approx 0 \tag{2.76}$$

现在，将在 dq0 坐标系上定义 T_e 的公式，式（2.39）中的变量用式（2.73）和式（2.74）代替，可得下列关系：

$$T_e=-\left(\frac{3}{2}\right)\left(\frac{p_g}{2}\right)(i_{ds}\psi_{qs}) \tag{2.77}$$

式（2.77）表明 T_e 与 i_{ds} 直接成正比，而 i_{ds} 又可以通过式（2.45）的磁链方程和式（2.73）与 i'_{dr} 关联。则 i_{ds} 与 i'_{dr} 之间的关系如下：

$$i_{ds}=\frac{-L_m i'_{dr}}{L_{ls}+L_m} \tag{2.78}$$

最后，将式（2.78）代入式（2.77），可得到如下电磁转矩的表达式：

$$T_e=-\left(\frac{3}{2}\right)\left(\frac{p_g}{2}\right)\left(\frac{-L_m\psi_{qs}}{L_{ls}+L_m}\right)i'_{dr} \tag{2.79}$$

⊖ 原文为转子。——译者注

在确定了 i'_{dr}和 T_e的关系后，转速的 PI 控制器设计可以依据下列推导进行。

考虑集中质量模型，双馈感应风力发电机的机械系统可以定义如下：

$$J\frac{d}{dt}\omega_r = T_e - T_{mech} - B_m\omega_r \tag{2.80}$$

式中，J 是感应发电机和风力发电机转子的集中质量块的转动惯量（$kg \cdot m^2$）；B_m 是阻尼系数[$N \cdot m/(rad/s)$]。

将 T_{mech} 视为一个干扰量（即视为影响传递函数的不受控的外部信号，仅能通过控制器补偿），并设其在建模的过程中不存在，则用拉普拉斯算子 s 表示的从 T_e 到 ω_r 的传递函数为

$$P_\omega(s) = \frac{\omega_r(s)}{T_e(s)} = -\frac{1}{Js + B_m} \tag{2.81}$$

从式（2.81）可知，机械系统的开环传递函数有一个稳定的极点，$-B_m/J$。这个极点可以通过转速 PI 控制器的零点来相消，该控制器为

$$K_\omega(s) = \frac{Kp_\omega s + Ki_\omega}{s} = \frac{Kp_\omega}{s}\left(s + \frac{Ki_\omega}{Kp_\omega}\right) \tag{2.82}$$

式中，Kp_ω 和 Ki_ω 分别为转速控制器的比例和积分系数。因此，如果取 $Ki_\omega/Kp_\omega = B_m/J$，且 $Kp_\omega/J = 1/\tau_\omega$，其中 τ_ω 为闭环系统的时间常数，那么控制器开环增益为

$$\ell_\omega(s) = K_\omega(s)P_\omega(s) = \left(\frac{Kp_\omega}{Js}\right)\frac{\left(s + \dfrac{Ki_\omega}{Kp_\omega}\right)}{\left(s + \dfrac{B_m}{J}\right)} = \frac{1}{\tau_\omega s} \tag{2.83}$$

并且闭环传递函数为

$$B_m(s) = \frac{\omega_{r\_}ref(s)}{\omega_r} = \frac{K_\omega(s)P_\omega(s)}{1 + K_\omega(s)P_\omega(s)} = \frac{\dfrac{1}{\tau_\omega s}}{1 + \dfrac{1}{\tau_\omega s}} = \frac{1}{\tau_\omega s + 1} \tag{2.84}$$

为单位增益的一阶传递函数。τ_ω 可以根据需要的速度闭环响应来进行选择。

2.3.2 双馈感应风力发电机无功功率的 PI 控制

双馈感应风力发电机在 dq0 坐标系下的无功功率方程由下式给定：

$$Q_s = \frac{3}{2}(v_{ds}i_{qs} - v_{qs}i_{ds}) \tag{2.85}$$

将式（2.71）和式（2.72）代入式（2.85），可将 Q_s表达式简化为

$$Q_s = \frac{3}{2}v_{ds}i_{qs} \tag{2.86}$$

式（2.86）表明 Q_s 直接与 i_{qs}成正比，而该电流与 i'_{qr} 的关系可以通过磁链方程（2.44）和式（2.74）得到，即

$$i_{qs} = \frac{\psi_{qs} - L_m i'_{qr}}{L_{ls} + L_m} \tag{2.87}$$

最后，将式（2.87）代入式（2.86），得到 Q_s的表达式为

$$Q_s = \frac{3}{2}\left[v_{ds}\left(\frac{\psi_{qs} - L_m i'_{qr}}{L_{ls} + L_m}\right)\right] \tag{2.88}$$

i'_{qr}和 Q_s 的关系确定后，我们就可以设计无功功率控制器。

以 Q_s 为输入，i'_{qr}为输出的函数关系如下：

$$i'_{qr} = \frac{2}{3}Q_s\left(\frac{L_{ls} + L_m}{v_{ds}\psi_{qs} - L_m v_{ds}}\right) \rightarrow \frac{i'_{qr}}{Q_s} = P_{Q_s} = \frac{2}{3}\left(\frac{L_{ls} + L_m}{v_{ds}\psi_{qs} - L_m v_{ds}}\right) \tag{2.89}$$

假设 v_{ds}和 ψ_{qs}为常数并可以被测量或估计，那么它们的值就可以被置入无功功率控制器中。这样，i'_{qr}和 Q_s 的关系其实是直接成正比，并且可以直接以此根据期望的 Q_s 求取 i'_{qr}。然而，为了补偿估计 ω_{qs}时可能产生的误差，可以在 Q_s 的控制函数基础上增加一个积分项。所以，Q_s 的控制器最终如下：

$$K_Q(s) = \frac{3}{2}\frac{Ki_Q}{s}\left[\frac{v_{ds}(\psi_{qs} - L_m)}{L_{ls} + L_m}\right] \tag{2.90}$$

式中，Ki_Q 是无功功率控制器的积分系数。若取 $Ki_Q = 1/\tau_Q$，其中 τ_Q 是闭环系统的时间常数，那么开环控制器的增益为

$$\ell_Q(s) = K_Q(s)P_Q = \frac{3}{2}\frac{Ki_Q}{s}\left[\frac{v_{ds}(\psi_{qs} - L_m)}{L_{ls} + L_m}\right]\frac{2}{3}\left[\frac{L_{ls} + L_m}{v_{ds}(\psi_{qs} - L_m)}\right] = \frac{1}{\tau_Q s} \tag{2.91}$$

且闭环传递函数为

$$B_Q(s) = \frac{Q_s\_ref(s)}{Q_s} = \frac{K_Q(s)P_Q(s)}{1 + K_Q(s)P_Q(s)} = \frac{\frac{1}{\tau_Q s}}{1 + \frac{1}{\tau_Q s}} = \frac{1}{\tau_Q s + 1} \tag{2.92}$$

为单位增益的一阶传递函数。τ_Q 的选择可以依据期望的闭环系统的响应速度而定。建议 τ_Q 可设为 i'_{qr}控制回路响应时间的 10 倍。

2.3.3　转子电流的 PI 控制

转子电路在 dq 参考坐标系下的电压方程在式（2.42）和式（2.43）中已给出。如果满足下列三个条件，控制转子电流的传递函数可以被简化为类似的表达式：

1）ψ'_{dr}和 ψ'_{qr}为转子电流在 dq 坐标系下的分量。

2）定子磁通的 dq 分量的微分都为零，如式（2.75）和式（2.76）所示。

3）关联 v'_{dr}和 ψ'_{qr}，以及关联 v'_{qr}和 ψ'_{dr}的交叉耦合项[即式(2.42)的$[\omega_s(t) - \omega_r(t)]\psi'_{qr}$和式(2.43)的$[\omega_s(t) - \omega_r(t)]\psi'_{dr}$]被视为干扰，在推导转子电流控制器的过程中不存在。这些干扰可以通过控制方法来进行数值补偿，如图 2.15 所示。

为简化计，令 $L'_r = L'_{lr} + L_m$ 且 $L_s = L_{ls} + L_m$，则转子电压方程可以表达为

$$v'_{dr} = r'_r i'_{dr} + \frac{d}{dt}\left[\frac{(L'_r i'_{dr} L_s - L_m^2 i'_{dr})}{L_s}\right] \tag{2.93}$$

$$v'_{qr} = r'_r i'_{qr} + \frac{d}{dt}\left(\frac{L_m\psi_{qs}}{L_s}\right) + \frac{d}{dt}\left[\frac{(L'_r i'_{qr} L_s - L_m^2 i'_{qr})}{L_s}\right] = r'_r i'_{qr} + \frac{d}{dt}\left[\frac{(L'_r i'_{qr} L_s - L_m^2 i'_{qr})}{L_s}\right] \tag{2.94}$$

因此，由式（2.93）、式（2.94），dq 坐标系下电流至电压的传递函数定义为

$$\frac{i'_{dr}(s)}{v'_{dr}(s)}=\frac{i'_{qr}(s)}{v'_{qr}(s)}=\frac{i'_{r}(s)}{v'_{r}(s)}=P_{r}(s)=\frac{L_{s}}{s(L'_{r}L_{s}-L_{m}^{2})+r'_{r}L_{s}} \tag{2.95}$$

从式（2.95）可见开环系统有一个稳定的极点 $-r'_{r}L_{s}/(L_{r}L_{s}-L_{m}^{2})$。该极点可以被转子电流 PI 控制器的零点消除，该控制器定义为

$$K_{r}(s)=\frac{Kp_{r}s+Ki_{r}}{s}=\frac{Kp_{r}}{s}\left(s+\frac{Ki_{r}}{Kp_{r}}\right) \tag{2.96}$$

式中，Kp_{r} 和 Ki_{r} 分别为转子电流控制器的比例和积分系数。故若使 $Ki_{r}/Kp_{r}=r'_{r}L_{s}/(L'_{r}L_{s}-L_{m}^{2})$，同时使 $Kp_{r}L_{s}/(L'_{r}L_{s}-L_{m}^{2})=1/\tau_{r}$，其中 τ_{r} 为转子电流闭环系统的时间常数，那么开环控制器的增益为

$$\ell_{r}(s)=K_{r}(s)P_{r}(s)=\left(\frac{Kp_{r}L_{s}}{(L'_{r}L_{s}-L_{m}^{2})s}\right)\frac{\left(s+\dfrac{Ki_{r}}{Kp_{r}}\right)}{\left(s+\dfrac{r'_{r}L_{s}}{(L'_{r}L_{s}-L_{m}^{2})}\right)}=\frac{1}{\tau_{r}s} \tag{2.97}$$

而闭环传递函数为

$$B_{r}(s)=\frac{i'_{r}\_ref(s)}{i'_{r}}=\frac{K_{r}(s)P_{r}}{1+K_{r}(s)P_{r}}=\frac{\dfrac{1}{\tau_{r}s}}{1+\dfrac{1}{\tau_{r}s}}=\frac{1}{\tau_{r}s+1} \tag{2.98}$$

为单位增益的一阶传递函数。τ_{r} 的选择取决于期望的闭环系统的响应速度。需要注意，此控制器的最快响应速度受限于转子侧换流器的响应速度，该速度通常介于 0.5 ~ 2ms 之间。

图 2.15 所示为转子侧换流器控制器的原理框图。

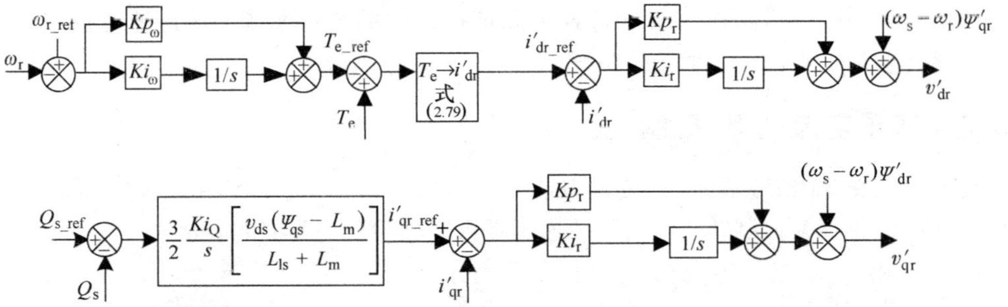

图 2.15 转子侧换流器控制器的原理框图

2.3.4 直流电压的 PI 控制

式（2.70）给出了描述直流电容电压的动态方程。对双馈感应风力发电机而言，流入转子侧换流器的有功功率等于转子侧的有功功率 P_{r}，等于

$$P_{r}=\frac{3}{2}(v'_{dr}i'_{dr}+v'_{qr}i'_{qr}) \tag{2.99}$$

且网侧换流器的有功功率 P_{gsc} 定义为

$$P_{gsc}=\frac{3}{2}(v_{d}i_{d\_gsc}+v_{q}i_{q\_gsc}) \tag{2.100}$$

式中，v_d 和 v_q 为电网电压的 dq 分量；i_{d_gsc} 和 i_{q_gsc} 为网侧换流器电流的 dq 分量。

使用以同步速旋转的参考坐标系来表示电网电压的 dq0 分量，并将 d 轴分量定向在电网电压的 a 相，则式（2.100）可以简化为

$$P_{gsc}=\frac{3}{2}v_d i_{d\_gsc} \tag{2.101}$$

可见，可以通过控制 i_{d_gsc} 来控制 P_{gsc}，这是因为 v_d 可以视为常数（见图 2.16）。

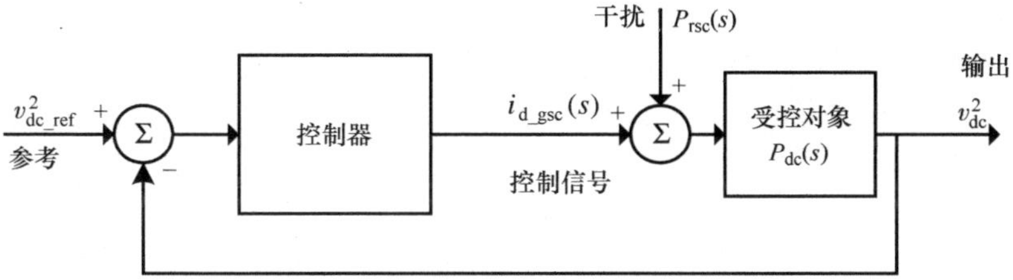

图 2.16　含干扰的 v_{dc} 控制环框图

如果转子侧换流器消耗或提供的能量可视为干扰，且在控制系统的建模过程中不存在，那么根据式（2.70）和式（2.101）得到从 i_{d_gsc} 到 v_{dc} 的传递函数可定义如下：

$$\frac{v_{dc}^2(s)}{i_{d\_gsc}(s)}=P_{dc}(s)=-\frac{3v_{d\_gsc}}{Cs} \tag{2.102}$$

从式（2.102）可见 $P_{dc}(s)$ 在原点有一个极点，这使得其对干扰很敏感。如我们希望控制 v_{dc} 到稳定值而干扰又较大（如由于故障 P_r 发生突变），则上述情况会影响到控制效果，这是因为尽管 $P_{dc}(s)$ 由快速的闭环系统控制，干扰的抑制（或阻尼）很大程度上是由受控对象的动态决定的。这是因为在决定系统如何响应干扰时控制器并不起任何作用（另一方面，当参考值变换时，控制器的延时加上系统的自然惯性将会阻碍系统对参考值变化的响应，使其无法突变）。为达到快速的参考值跟踪，通常需要大幅度的控制器参数调试，当然，如果不需要抑制干扰，这就不是一个问题。然而，如果系统的确受到未知负载的突然干扰，能进行参考值跟踪的控制器通常会过度响应，从而使系统变量发生不必要的振荡。

为了提高 $P_{dc}(s)$ 的扰动抑制能力，在控制器设计时可以增加一个附加的控制环，以提高受控对象的自然响应速度。该控制环旨在将受控对象的极点从零向复平面的左侧移动（即负实轴方向）。附加的控制环如图 2.17 所示。通过增加一个反馈环路，如图 2.17 所示，改进的被控对象的传递函数 $M_{dc}(s)$ 为

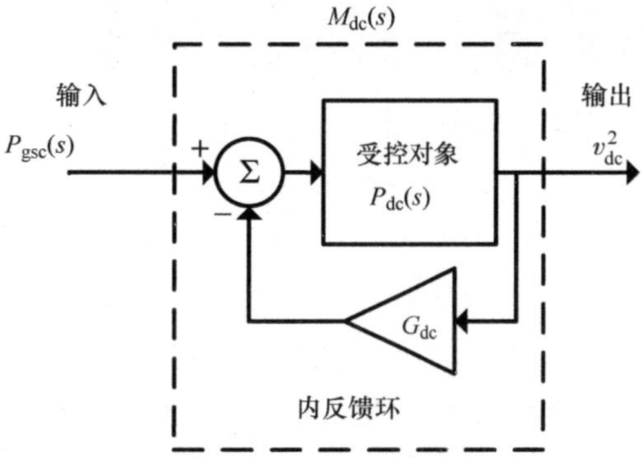

图 2.17　运用内反馈回路来提高直流电压受控对象的扰动抑制能力

$$\frac{v_{dc}^2(s)}{P_{gsc}(s)}=M_{dc}(s)=-\frac{P_{dc}(s)}{1+P_{dc}(s)G_{dc}}=-\frac{3v_d}{Cs+3v_d G_{dc}} \tag{2.103}$$

由式（2.103）可见，内反馈回路人为增加的极点位于 $3v_{\mathrm{d}}G_{\mathrm{dc}}/C$[㊀]。该值可以根据受控对象所需的响应速度来选定。G_{dc}越大，受控对象的响应越快。这可以解释为更好的干扰抑制能力（Ottersten，2003）。一些控制器设计者将受控对象的动态设为和控制器的响应时间一致，并相应求取 G_{dc}。这个流程在2.6.4节中进行了详细说明。

内反馈环路的实施可以通过使得控制器的电流控制信号等于下式来进行：

$$i_{\mathrm{d\_gsc}}(s)=i'_{\mathrm{d\_gsc}}(s)-G_{\mathrm{dc}}v_{\mathrm{dc}}^{2} \tag{2.104}$$

式中，$i'_{\mathrm{d_gsc}}(s)$为控制器输出。

一旦直流电压受控对象增加了内反馈环，由于直流电压受控对象有一个稳定的极点 $-3v_{\mathrm{d}}G_{\mathrm{dc}}/C$[㊁]，因此控制器的设计可以利用零-极点相消的方式来进行。这个极点可以被直流电压[㊂]PI控制器的零点来消除，该控制器定义为

$$K_{\mathrm{dc}}(s)=\frac{Kp_{\mathrm{dc}}s+Ki_{\mathrm{dc}}}{s}=\frac{Kp_{\mathrm{dc}}}{s}\left(s+\frac{Ki_{\mathrm{dc}}}{Kp_{\mathrm{dc}}}\right) \tag{2.105}$$

式中，Kp_{dc}和 Ki_{dc}为直流电压控制器的比例和积分系数。因此，若取$Ki_{\mathrm{dc}}/Kp_{\mathrm{dc}}=3v_{\mathrm{d}}G_{\mathrm{dc}}/C$，且 $3Kp_{\mathrm{dc}}v_{\mathrm{d}}/C=1/\tau_{\mathrm{dc}}$，其中 τ_{dc}是直流电压闭环控制系统的时间常数，那么控制器的开环增益为

$$\ell_{\mathrm{dc}}(s)=K_{\mathrm{dc}}(s)M_{\mathrm{dc}}(s)=\left(\frac{3Kp_{\mathrm{dc}}v_{\mathrm{d}}}{Cs}\right)\frac{\left(s+\dfrac{Ki_{\mathrm{dc}}}{Kp_{\mathrm{dc}}}\right)}{\left(s+\dfrac{3v_{\mathrm{d}}G_{\mathrm{dc}}}{C}\right)}=\frac{1}{\tau_{\mathrm{dc}}s} \tag{2.106}$$

且闭环传递函数为

$$B_{\mathrm{dc}}(s)=\frac{v_{\mathrm{dc}\_}^{2}ref(s)}{v_{\mathrm{dc}}^{2}}=\frac{K_{\mathrm{dc}}(s)M_{\mathrm{dc}}(s)}{1+K_{\mathrm{dc}}(s)M_{\mathrm{dc}}(s)}=\frac{\dfrac{1}{\tau_{\mathrm{r}}s}}{1+\dfrac{1}{\tau_{\mathrm{r}}s}}=\frac{1}{\tau_{\mathrm{r}}s+1} \tag{2.107}$$

为单位增益的一阶传递函数。τ_{dc}可以根据期望的闭环系统的响应速度来选定。建议将 τ_{dc}的值设为比 $i_{\mathrm{d_gsc}}$的控制系统的时间常数大10倍。

2.3.5 网侧换流器电流的PI控制

定义网侧换流器电流的dq分量的方程如下：

$$\begin{aligned}v_{\mathrm{d}}&=ri_{\mathrm{d\_gsc}}+L\frac{\mathrm{d}}{\mathrm{d}t}i_{\mathrm{d\_gsc}}-\omega_{\mathrm{s}}(t)Li_{\mathrm{q\_gsc}}+v_{\mathrm{d\_gsc}}\\ v_{\mathrm{q}}&=ri_{\mathrm{q\_gsc}}+L\frac{\mathrm{d}}{\mathrm{d}t}i_{\mathrm{q\_gsc}}+\omega_{\mathrm{s}}(t)Li_{\mathrm{d\_gsc}}+v_{\mathrm{q\_gsc}}\end{aligned} \tag{2.108}$$

式中，r和L分别为网侧换流器和电网之间的等效电阻和电感；$v_{\mathrm{d_gsc}}$和 $v_{\mathrm{q_gsc}}$为网侧换流器所产生电压的dq分量。此外，网侧换流器消耗或提供的无功功率可以表达为

$$Q_{\mathrm{gsc}}=\frac{3}{2}(v_{\mathrm{d}}i_{\mathrm{q\_gsc}}-v_{\mathrm{q}}i_{\mathrm{d\_gsc}})=-\frac{3}{2}v_{\mathrm{d}}i_{\mathrm{q\_gsc}} \tag{2.109}$$

㊀ 原文为 $3v_{\mathrm{d}}G_{\mathrm{dc}}$。——译者注

㊁ 原文为 $-3v_{\mathrm{d}}G_{\mathrm{dc}}$。——译者注

㊂ 原文为转子速度。——译者注

如果将交叉耦合项$[\omega_s Li_{q_gsc}(t)$和$\omega_s Li_{d_gsc}(t)]$和电网电压分量（v_d和v_q）视为扰动，并在推导i_{gsc}控制器的过程中予以忽略，那么控制网侧换流器的dq电流的系统传递函数将可以被简化。这些扰动可以在控制策略中进行数学上的补偿，如图2.18所示。因此，网侧换流器在dq坐标下的电流－电压的函数关系如下：

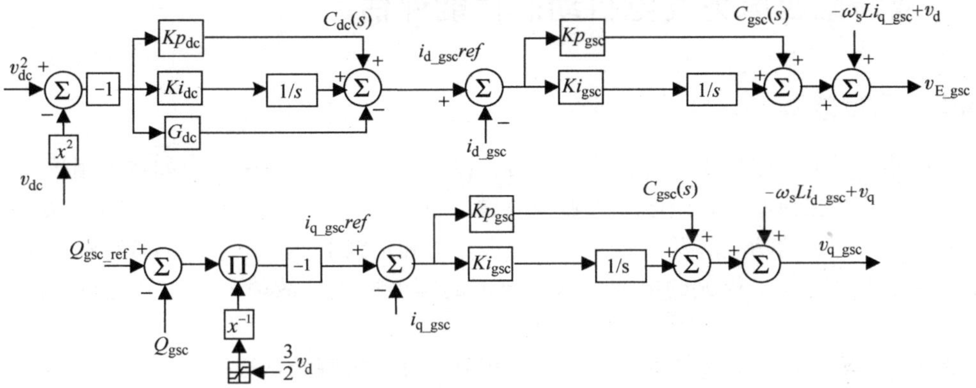

图2.18　网侧换流器控制器的原理图

$$\frac{i_{d\_gsc}(s)}{v_{d\_gsc}(s)}=\frac{i_{q\_gsc}(s)}{v_{q\_gsc}(s)}=\frac{i_{gsc}(s)}{v_{gsc}(s)}=P_{gsc}(s)=\frac{1}{Ls+r} \tag{2.110}$$

从式（2.110）[㊀]可见，网侧换流器的开环电流系统有一个稳定的极点，位于$-r/L$。该极点可以被网侧换流器的电流PI控制器的零点对消，定义为

$$K_{gsc}(s)=\frac{Kp_{gsc}s+Ki_{gsc}}{s}=\frac{Kp_{gsc}}{s}\left(s+\frac{Ki_{gsc}}{Kp_{gsc}}\right) \tag{2.111}$$

式中，Kp_{gsc}和Ki_{gsc}是电流[㊁]控制器的比例和积分增益。所以，若取$Ki_{gsc}/Kp_{gsc}=r/L$，且$Kp_{gsc}/L=1/\tau_{gsc}$，其中τ_{gsc}是闭环系统的时间常数，则开环控制器的增益等于

$$\ell_{gsc}(s)=K_{gsc}(s)P_{gsc}(s)=\left(\frac{Kp_{gsc}}{Ls}\right)\frac{\left(s+\frac{Ki_{\omega}}{Kp_{\omega}}\right)}{\left(s+\frac{r}{L}\right)}=\frac{1}{\tau_{gsc}s} \tag{2.112}$$

而闭环传递函数为

$$B_{gsc}(s)=\frac{i_{gsc\_}ref(s)}{i_{gsc}}=\frac{K_{gsc}(s)P_{gsc}(s)}{1+K_{gsc}(s)P_{gsc}(s)}=\frac{\frac{1}{\tau_{gsc}s}}{1+\frac{1}{\tau_{gsc}s}}=\frac{1}{\tau_{gsc}s+1} \tag{2.113}$$

为一个单位增益的一阶传递函数。τ_{gsc}的取值依据期望的闭环系统的响应速度而定。这个控制器的响应速度受限于网侧换流器的响应速度，通常介于0.5～2ms之间（Yazdani等，2010b）。

由式（2.109）可见，由于v_d被认为是常数，网侧换流器消耗的无功功率可以通过i_{q_gsc}

㊀　原文为式（2.111）。——译者注

㊁　原文为转速。——译者注

按比例地控制。因此，没有必要使用闭环控制器来设置 Q_{gsc}，而仅仅需要将期望的 Q_{gsc} 换算到等效的 i_{q_gsc} 就可以了，如图 2.18 所示。

2.4 双馈感应风力发电机动态性能评估

2.4.1 三相故障

双馈感应风力发电机需要与激励源连接，以在定子上感应出磁场。如在三相故障中出现的情形一样失去该激励，则电机气隙中的磁场也会完全消失。这会导致电磁转矩下降，从而使得产生的有功功率降低。然而，在稳态运行和达到上述状态之间的暂态过程中，在定子和转子上会感应出很大的电流。这些电流的幅值取决于故障的性质和运行时的转差速度。

为了计算定子的故障电流幅值，下面分析靠近发电机侧的三相故障。故障时的暂态电流可以从描述感应发电机的动态方程推导得到。为简化，令 $L'_r = L'_{lr} + L_m$，且 $L_s = L_{ls} + L_m$，则用空间矢量表达时这些动态方程为

$$\vec{v}_s = r'_s \vec{i}_r + \frac{d\vec{\psi}_s}{dt} + j\omega_s \vec{\psi}_s \tag{2.114}$$

$$\vec{v}'_r = r_r \vec{i}'_r + \frac{d\vec{\psi}'_r}{dt} + j(\omega_s - \omega_r)\vec{\psi}'_r \tag{2.115}$$

$$\vec{\psi}_s = L_s \vec{i}_s + L_m \vec{i}'_r \tag{2.116}$$

$$\vec{\psi}'_r = L'_r \vec{i}'_r + L_m \vec{i}_s \tag{2.117}$$

式中，$\vec{v}_s$、$\vec{v}'_r$、$\vec{i}_s$、$\vec{i}'_r$、$\vec{\psi}_s$ 和 $\vec{\psi}'_r$ 分别为感应发电机定子和转子电压、电流和磁链的空间矢量（所有量折算到定子侧）。

由式（2.116）和式（2.117），$\vec{i}_s$ 和 $\vec{i}'_r$ 可以由磁链来表达，即

$$\vec{i}_s = \frac{\vec{\psi}_s}{L_s - \dfrac{L_m^2}{L'_r}} - \left(\frac{L_m}{L'_r}\right)\frac{\vec{\psi}'_r}{L_s - \dfrac{L_m^2}{L'_r}} \tag{2.118}$$

$$\vec{i}'_r = \frac{\vec{\psi}'_r}{L'_r - \dfrac{L_m^2}{L_s}} - \left(\frac{L_m}{L_s}\right)\frac{\vec{\psi}_s}{L'_r - \dfrac{L_m^2}{L_s}} \tag{2.119}$$

或

$$\vec{i}_s = \frac{\vec{\psi}_s}{L_{ts}} - (k_r)\frac{\vec{\psi}'_r}{L_{ts}} \tag{2.120}$$

$$\vec{i}'_r = \frac{\vec{\psi}'_r}{L_{tr}} - (k_s)\frac{\vec{\psi}_s}{L_{tr}} \tag{2.121}$$

式中，$L_{ts} = L_s - L_m^2/L'_r$ 与 $L_{tr} = L'_r - L_m^2/L_{ls}$ 为定、转子的瞬态电感。定、转子的耦合系数分

别为 $K_s = L_m / L_s$ 和 $K_r = L_m / L'_r$（Erlich 等，2007）。

在稳态运行时，感应发电机的定、转子磁链可以通过电机的稳态方程计算得到。计算这些稳态磁链有助于我们确定故障时的暂态电流。暂态电流将暂态过程中出现的两个稳态量，即故障前的稳态量与故障后的稳态量联系在一起。为了理解如何计算暂态电流，我们有必要回顾一下如何解常微分方程组（ODE）；所以这里对其解法作简要介绍。ODE 的解可以分为两部分：特解和通解。特解为满足微分方程的某一个定点，含唯一的常数 c 和满足微分方程的积分曲线。对感应发电机而言，这就意味着在给定电压下求解式（2.114）和式（2.115），求得稳态下的电流。通解可以通过将齐次微分方程的解加上特解得到。齐次方程中的独立项和它们的微分项被设为零。齐次方程的解就是暂态电流，仅仅满足齐次微分方程；所以对在故障过程中产生的暂态电流的研究可以单独于电流的稳态分量来进行。

需要求解的微分方程为式（2.114）。为计算方便，若变换到转子参考坐标系下，式（2.114）变为

$$\vec{v}_s = r_s \vec{i}_s + \frac{d\vec{\psi}_s}{dt} \tag{2.122}$$

假设转子电流为零，我们可以求解式（2.122）。我们将在后面再考虑转子电流的影响。转子电流为零时，式（2.116）变为

$$\vec{\psi}_s = L_{ts} \vec{i}_s \tag{2.123}$$

$$\vec{i}_s = \frac{\vec{\psi}_s}{L_{ts}} \tag{2.124}$$

齐次微分方程可以通过将式（2.124）代入式（2.122）并设独立项为零（即 $\vec{v}_s = 0$）而得到，即

$$\frac{d\vec{\psi}_s}{dt} = -\frac{r_s}{L_{ts}} \vec{\psi}_s \tag{2.125}$$

式（2.125）的解为

$$\vec{\psi}_{s,0} = \vec{\psi}_{s\_initial} e^{-t r_s / L_{ts}} \tag{2.126}$$

式中，t 是时间。重复上述过程，假设定子电流为零，转子磁链的齐次解为

$$\vec{\psi}'_{r,0} = \vec{\psi}'_{r\_initial} e^{-t r'_r / L_{tr}} \tag{2.127}$$

式中，$\vec{\psi}_{s\_initial}$ 和 $\vec{\psi}'_{r\_initial}$ 为 $\vec{\psi}_s$ 和 $\vec{\psi}'_r$ 的初始值，可以从定、转子电压方程的稳态方程得到。考虑在同步旋转坐标系下，定、转子电压方程的稳态方程由下面各式给定：

$$v_{as} e^{j\omega_s t} = r_s i_{bs} e^{j\omega_s t} + j\omega_s \psi_{as} e^{j\omega_s t} \tag{2.128}$$

$$v_{bs} e^{j\omega_s t - 3\pi/2} = r_s i_{bs} e^{j\omega_s t - 3\pi/2} + j\omega_s \psi_{bs} e^{j\omega_s t - 3\pi/2} \tag{2.129}$$

$$v_{cs} e^{j\omega_s t + 3\pi/2} = r_s i_{cs} e^{j\omega_s t + 3\pi/2} + j\omega_s \psi_{cs} e^{j\omega_s t + 3\pi/2} \tag{2.130}$$

$$v'_{ar} e^{j s_\omega \omega_s t} = r'_r i'_{ar} e^{j s_\omega \omega_s t} + j s_\omega \omega_s \psi'_{ar} e^{j s_\omega \omega_s t} \tag{2.131}$$

$$v'_{br} e^{j s_\omega \omega_s t - 3\pi/2} = r'_r i'_{br} e^{j s_\omega \omega_s t - 3\pi/2} + j s_\omega \omega_s \psi'_{br} e^{j s_\omega \omega_s t - 3\pi/2} \tag{2.132}$$

$$v'_{cr} e^{j s_\omega \omega_s t + 3\pi/2} = r'_r i'_{cr} e^{j s_\omega \omega_s t + 3\pi/2} + j s_\omega \omega_s \psi'_{cr} e^{j s_\omega \omega_s t + 3\pi/2} \tag{2.133}$$

式中，$s_\omega=(\omega_s-\omega_r)/\omega_s$，为感应发电机的转差率。

依据下面的流程，我们可以把 i_{as}[㊀]和其他相的定子电流计算出来。

忽略定、转子绕组损耗（即 $r_s=0$ 且 $r'_r=0$），则在稳态下 ψ_{as} 和 ψ'_{ar} 可以表达为

$$\psi_{as}e^{j\omega_s t}=\frac{v_{as}e^{j\omega_s t}}{j\omega_s}=\psi_{as\_initial} \tag{2.134}$$

$$\psi'_{ar}e^{js_\omega\omega_s t}=\frac{v'_{ar}e^{js_\omega\omega_s t}}{js_\omega\omega_s}=\psi'_{ar\_initial} \tag{2.135}$$

既然我们已经获得了 a 相的稳态定、转子磁链，它们可以被用来计算出在故障时的暂态电流。这是因为尽管每相绕组中的电流在故障时变化更加剧烈，根据磁链不变原理，在短路时刻这些电流一起维持磁链不变。此外，由于在故障时刻定、转子视为短路，定、转子磁链都维持不变。很明显，定子磁链不会维持太久，相反，它将以定子时间常数进行衰减。

式（2.135）表明 ψ'_{ar} 是转子电压的函数。在稳态下这是正确的；然而，当三相故障发生时，ψ'_{ar} 也受到静止（不旋转）的定子磁链的影响。当定子短路故障发生时，绕组中感应出的暂态电流 i_{as} 将对转子磁场去磁。因为转子磁链也需维持不变，所以转子 a 相中将感应出暂态电流 i'_{ar}，以平衡 i_{as} 的去磁作用。暂态 i'_{ar} 由于无法得到外加于转子的电压的支撑（撬棒起动，转子侧换流器与转子回路断开），会以转子时间常数的速度衰减；同时，它叠加到转子电流的稳态分量上。暂态 i'_{ar} 产生一个暂态的 ψ'_{ar}，该磁链可以从式（2.116）、式（2.117）和式（2.120）计算得到。为了计算暂态 ψ'_{ar}，首先假设不存在稳态的转子电流。稳态转子电流产生的转子磁链对暂态定子电流的影响将在后面再引入；基于叠加原理，我们可以进行这样的处理。

所以，仅由 i_{as} 产生的 ψ'_{ar} 等于

$$\psi'_{ar}(i'_{as})e^{j\omega_s t}=i_{as}e^{j\omega_s t}L_m=\frac{L_m}{L_s}\frac{v_{as}e^{j\omega_s t}}{j\omega_s}=k_s\frac{v_{as}e^{j\omega_s t}}{j\omega_s} \tag{2.136}$$

现在我们考虑稳态下由转子电压产生的 ψ'_{ar}，借助式（2.135），可由下式计算：

$$\psi'_{ar}e^{js_\omega\omega_s t}=\frac{v'_{ar}e^{js_\omega\omega_s t}}{js_\omega\omega_s} \tag{2.137}$$

i_{as} 产生的 ψ'_{ar} 和 i'_{ar} 产生的 ψ'_{ar} 互相叠加。利用式（2.136）和式（2.137）我们可以得到在故障期间的 ψ'_{ar}，然后将 ψ'_{ar} 代入式（2.120）[㊁]，可以获得暂态 i_{as} 的表达式。这样，在故障期间定子 a 相电流的暂态峰值 $i_{as,0}$ 表达式如下：

$$i_{as,0}=\frac{\sqrt{2}\psi_{as,0}}{L_{ts}}-(k_r)\frac{\sqrt{2}\psi'_{ar,0}}{L_{ts}} \tag{2.138}$$

式中，$\psi_{as,0}$ 与 $\psi'_{ar,0}$ 为故障时 a 相定、转子磁链，可定义为

$$\psi_{as,0}=\frac{v_{as}}{j\omega_s} \tag{2.139}$$

$$\psi'_{ar,0}=k_s\frac{v_{as}e^{j\omega_s t}}{j\omega_s}+\frac{v'_{ar}e^{js_\omega\omega_s t}}{js_\omega\omega_s}e^{j(1-s_\omega)\omega_s t} \tag{2.140}$$

㊀ 原文为 i_{sa}。——译者注

㊁ 原文为式（2.121）。——译者注

式（2.140）中的右边第一项对应由定子电流产生的转子磁链，而第二项对应由转子侧换流器所提供的电压所维持的稳态转子电流产生的转子磁链。转子侧换流器电压的角频率为 $s_\omega \omega_s$（即感应出的 a 相转子电流的角频率）。转子电流生成的转子磁通以 $(1-s_\omega)\omega_s$ 的速度旋转。这使得从定子上观察时，无论转轴的机械转速是多少，转子电流产生的转子磁通总是以 ω_s 的速度旋转。这是感应电机的一个特点。

现在在 $t=0$ 时刻施加三相短路故障，则从式（2.126）、式（2.127）、式（2.138）、式（2.139）和式（2.140），我们可以算得定子的瞬态电流如下：

$$i_{as,0}=\frac{\sqrt{2}v_{as}}{j\omega_s L_{ts}}e^{-tr_s/L_{ts}}-(k_r)\left[k_s\frac{\sqrt{2}v_{as}e^{j\omega_s t}}{j\omega_s L_{ts}}+\frac{\sqrt{2}v'_{ar}e^{js_\omega\omega_s t}}{js_\omega\omega_s L_{ts}}e^{j(1-s_\omega)\omega_s t}\right]e^{-tr'_r/L_{tr}} \tag{2.141}$$

式（2.141）[㊀]显示了在故障时刻的定、转子磁链的变化情况。右边第一项对于静止的定子磁链不旋转，而是短暂地产生一个直流电流，该电流以如下时间常数衰减：

$$\frac{r_s}{L_{ts}}=(T_s)^{-1} \tag{2.142}$$

式中，T_s 是定子时间常数。第二项对应由暂态转子磁通产生的定子电流分量；该电流也以一个时间常数减小：

$$\frac{r'_r}{L_{tr}}=(T_r)^{-1} \tag{2.143}$$

式中，T_r 是转子时间常数。

提取式（2.141）中的公共项，并使用之前定义的定、转子耦合系数，定子暂态电流可以表达如下：

$$i_{as,0}=\frac{\sqrt{2}}{jX_{ts}}[v_{as}e^{-t/T_s}-[(v_{as}k_r k_s+v'_{ar}s_\omega^{-1}k_r)e^{j\omega_s t}]e^{-t/T_r}] \tag{2.144}$$

该式可以很好地估计在三相短路下的故障电流。由式（2.144）可见，故障电流的初始幅值主要由定子暂态阻抗的幅值决定。

2.4.2 对称电压跌落故障

发生电压跌落时 ψ_s 非静止，所以需要重新推导暂态 i_s 的公式。如果在 $t=0$ 时刻起把 v_s 用故障前和故障后的值来表达，则定子 a 相电压 v_{as} 可被下式描述：

$$v_{as}=\begin{cases} v_{as}e^{j\omega_s t} & t<0 \\ v_{as}(1-u)e^{j\omega_s t} & t>0 \end{cases} \tag{2.145}$$

式中，u 是电压跌落的幅度。基于式（2.145），ψ_{as} 可以用下式表达：

$$\psi_{as}=\begin{cases} \dfrac{v_{as}e^{j\omega_s t}}{j\omega_s} & t<0 \\ \dfrac{v_{as}(1-u)e^{j\omega_s t}}{j\omega_s} & t\geqslant 0 \end{cases} \tag{2.146}$$

为了求得暂态电流 i_{as}，我们再次借助式（2.126）和式（2.127）所示的齐次方程的

㊀ 原文为式（2.142）。——译者注

解。为了计算在某一个电压跌落下的 $\psi_{\mathrm{as\_initial}}$，首先考虑定子磁链在电压跌落时刻前后必须相等，即

$$\psi_s(t_0^-)=\psi_s(t_0^+) \tag{2.147}$$

观察式（2.146）和式（2.147），我们可以得到 ψ_{as} 的下列表达式：

$$\psi_{\mathrm{as}}(t_0^-)=\psi_{\mathrm{as}}(t_0^+)$$

$$\frac{v_{\mathrm{as}}}{\mathrm{j}\omega_s}\mathrm{e}^{\mathrm{j}\omega_s t}=\frac{v_{\mathrm{as}}(1-u)}{\mathrm{j}\omega_s}\mathrm{e}^{\mathrm{j}\omega_s t}+\vec{\psi}_{\mathrm{as\_trans}} \tag{2.148}$$

式中，$\vec{\psi}_{\mathrm{as\_trans}}$ 为定子 a 相暂态磁链，它在 $\psi_{\mathrm{as}}(t_0^-)$ 和 $\psi_{\mathrm{as}}(t_0^+)$ 之间建立联系，使式（2.147）得以满足。故 $\vec{\psi}_{\mathrm{as\_trans}}$ 具有如下初值：

$$\psi_{\mathrm{as\_initial}}=\frac{uv_{\mathrm{as}}}{\mathrm{j}\omega_s} \tag{2.149}$$

所以，根据式（2.126）和式（2.142），$\vec{\psi}_{\mathrm{as\_trans}}$ 的齐次解为

$$\vec{\psi}_{\mathrm{as\_trans}}=\frac{uv_{\mathrm{as}}}{\mathrm{j}\omega_s}\mathrm{e}^{-t/T_s} \tag{2.150}$$

由式（2.148）和式（2.150），在故障发生时刻及故障发生后 ψ_{as} 的时域表达式为

$$\psi_{\mathrm{as}}(t)=\frac{v_{\mathrm{as}}(1-u)\mathrm{e}^{\mathrm{j}\omega_s t}}{\mathrm{j}\omega_s}+\frac{uv_{\mathrm{as}}}{\mathrm{j}\omega_s}\mathrm{e}^{-\frac{t}{T_s}} \tag{2.151}$$

基于上式，由电压跌落引起的暂态电流 i_{as} 可以依前面处理三相短路故障时的流程进行计算得到。仅由 ψ_{as} 感应的 i_{as} 可通过下式计算：

$$i_{\mathrm{as}}\mathrm{e}^{\mathrm{j}\omega_s t}=\frac{v_{\mathrm{as}}(1-u)\mathrm{e}^{\mathrm{j}\omega_s t}+uv_{\mathrm{as}}\mathrm{e}^{-t/T_s}}{\mathrm{j}\omega_s L_{\mathrm{ts}}} \tag{2.152}$$

因此，仅由定子电流产生的转子磁链的表达式如下式所示：

$$\psi'_{\mathrm{ar}}(i_{\mathrm{as}})\mathrm{e}^{\mathrm{j}\omega_s t}=i_{\mathrm{as}}\mathrm{e}^{\mathrm{j}\omega_s t}L_{\mathrm{m}}=\frac{L_{\mathrm{m}}}{L_{\mathrm{ls}}}\frac{v_{\mathrm{as}}(1-u)\mathrm{e}^{\mathrm{j}\omega_s t}+uv_{\mathrm{as}}\mathrm{e}^{-t/T_s}}{\mathrm{j}\omega_s}=k_s\frac{v_{\mathrm{as}}(1-u)\mathrm{e}^{\mathrm{j}\omega_s t}+uv_{\mathrm{as}}\mathrm{e}^{-t/T_s}}{\mathrm{j}\omega_s} \tag{2.153}$$

将式（2.120）代入式（2.151），并加上由 v'_{ar} 产生的 ψ'_{ar}，在电压跌落下的暂态 i_{as} 可以表达为

$$i_{\mathrm{as},0}=\frac{v_{\mathrm{as}}(1-u)\mathrm{e}^{\mathrm{j}\omega_s t}}{\mathrm{j}\omega_s L_{\mathrm{ts}}}+\frac{uv_{\mathrm{as}}}{\mathrm{j}\omega_s L_{\mathrm{ts}}}\mathrm{e}^{-t/T_s}-(k_r)\times\left[k_s\frac{[v_{\mathrm{as}}(1-u)\mathrm{e}^{\mathrm{j}\omega_s t}+uv_{\mathrm{as}}\mathrm{e}^{t/T_s}]\mathrm{e}^{-t/T_r}}{\mathrm{j}\omega_s L_{\mathrm{ts}}}+\frac{v'_{\mathrm{ar}}}{s_\omega}\mathrm{e}^{\mathrm{j}\omega_s t}\right] \tag{2.154}$$

上式表明，当电压跌落发生时，幅值为 $uv_{\mathrm{as}}/\mathrm{j}\omega_s L'_s$ 的直流量将出现在定子电流中（即上式右边第二项），该电流将以 e^{-t/T_s} 的时间常数衰减，直至达到新的电压值下对应的稳态（上式第一项）。转子磁链也会在定子上感应出部分的直流电流，幅值与定子电压跌落的幅度成正比。

2.4.3　非对称电压跌落故障

对非对称电压跌落故障的研究可以采用对称分量的原理。根据该原理，一个三相系统

可以表达为正序、负序和零序分量的和（Anderson，1995）。因此，定子电压空间矢量可以表示为

$$\vec{v}_s = \vec{v}_1 e^{j\omega_s t} + \vec{v}_2 e^{-j\omega_s t} + \vec{v}_0 \tag{2.155}$$

式中，$\vec{v}_1$、$\vec{v}_2$ 和 $\vec{v}_0$ 分别为 $\vec{v}_s$ 的正序、负序和零序分量。正如对称电压跌落的情形，非对称跌落会在故障开始时产生一个暂态的 ψ_s（齐次方程的解）。该暂态 ψ_s 可以保证在故障前时刻和故障开始时刻的总 ψ_s 维持不变。这样，式（2.126）也可以用来计算非对称跌落下的暂态磁链；然而，磁链 $\vec{\psi}_{s\_initial}$ 不仅取决于故障类型（如单相故障、相间故障等），还取决于故障发生的时刻。

2.4.4　单相对地故障

单相对地故障在定子 a 相上造成电压跌落，则三相电压可以描述如下：

$$\begin{aligned} v_{as} &= v_s(1-u) \\ v_{bs} &= v_s \vec{a}^2 \\ v_{cs} &= v_s \vec{a} \end{aligned} \tag{2.156}$$

式中，$\vec{a} = e^{j(2\pi/3)}$。式（2.156）所示的定子电压对应的各序分量为

$$\begin{bmatrix} \vec{v}_1 \\ \vec{v}_2 \\ \vec{v}_0 \end{bmatrix} = \frac{1}{3}\begin{bmatrix} 1 & \vec{a} & \vec{a}^2 \\ 1 & \vec{a}^2 & \vec{a} \\ 1 & 1 & 1 \end{bmatrix}\begin{bmatrix} v_{as}(1-u) \\ v_{bs}\vec{a}^2 \\ v_{cs}\vec{a} \end{bmatrix} = v_s\begin{bmatrix} 1-u/3 \\ -u/3 \\ -u/3 \end{bmatrix} \tag{2.157}$$

假设感应发电机中的阻抗对称，那么正序电压$\vec{v}_1$产生一个以同步速旋转的磁链，而负序电压$\vec{v}_2$产生一个反方向旋转的磁链。零序电压$\vec{v}_0$不产生任何磁链。所以，稳态磁链 $\vec{\psi}_s$ 仅包含由$\vec{v}_1$和$\vec{v}_2$所产生的磁链，分别为 $\vec{\psi}_{s1}$ 和 $\vec{\psi}_{s2}$。在忽略定子损耗时，这两项磁链可以计算如下：

$$\vec{\psi}_{s1} = \frac{\vec{v}_1 e^{j\omega_s t}}{j\omega_s} \tag{2.158}$$

$$\vec{\psi}_{s2} = \frac{\vec{v}_2 e^{-j\omega_s t}}{-j\omega_s} \tag{2.159}$$

$\vec{\psi}_{s1}$逆时针旋转，$\vec{\psi}_{s2}$顺时针旋转。如果故障发生在 $t=0$ 时刻，瞬态 $\vec{\psi}_s$ 等于零，因为在故障前，$\vec{\psi}_{s1}$和$\vec{\psi}_{s2}$在一条线上，它们的和等于 $\vec{\psi}_s$。则，令 $t=0$，解式(2.147)，可以得到

$$\vec{\psi}_s(t_0^-) = \frac{\vec{v}_s e^{(0)}}{j\omega_s} = \frac{\vec{v}_s}{j\omega_s}$$

$$\vec{\psi}_s(t_0^-) = \vec{\psi}_s(t_0^+) = \vec{\psi}_{s1}(t_0^+) + \vec{\psi}_{s2}(t_0^+)$$

$$\vec{\psi}_s(t_0^+) = \frac{\vec{v}_1 e^{(0)}}{j\omega_s} + \frac{\vec{v}_2 e^{-(0)}}{-j\omega_s} = \frac{v_s(1-u/3)}{j\omega_s} + \frac{v_s(-u/3)}{-j\omega_s}$$

$$\vec{\psi}_s(t_0^+)=\frac{v_s}{j\omega_s} \tag{2.160}$$

如式（2.160）所示，$\vec{\psi}_s$ 的幅值在故障前和在故障刚发生时相等，这意味着此时没有产生暂态磁链 $\vec{\psi}_{s\_trans}$，即符合磁通不变定律。然而，在故障持续到 $t=T/4$ 时，其中 T 为电压基波的周期，$\vec{\psi}_{s\_trans}$ 的初始值达到最大，这是因为 $\vec{\psi}_{s1}$ 和 $\vec{\psi}_{s2}$ 在该特定时刻完全反相。令 $t=T/4$，解式（2.147），可以得到上述结论：

$$\vec{\psi}_s(t_{1/4}^-)=\frac{\vec{v}_s e^{(j\frac{\pi}{2})}}{j\omega_s}=\frac{\vec{v}_s}{\omega_s}$$

$$\vec{\psi}_s(t_{1/4}^-)=\vec{\psi}_s(t_{1/4}^+)=\vec{\psi}_{s1}(t_{1/4}^+)+\vec{\psi}_{s2}(t_{1/4}^+)$$

$$\vec{\psi}_s(t_{1/4}^+)=\frac{\vec{v}_1 e^{(j\frac{\pi}{2})}}{j\omega_s}+\frac{\vec{v}_2 e^{-(j\frac{\pi}{2})}}{-j\omega_s}=\frac{v(1-u/3)(j)}{j\omega_s}+\frac{v(1-u/3)(-j)}{-j\omega_s}$$

$$\vec{\psi}_s(t_{1/4}^+)=\frac{v_s(1-2/3u)}{\omega_s} \tag{2.161}$$

与暂态磁链相关的定子故障电流的推导可以遵循式(2.126)～式(2.144)的计算过程。

2.4.5 相间短路故障

相间短路故障时，$\vec{\psi}_{s\_trans}$ 也取决于故障发生的时刻。故障发生时，三相电压可以表示为（Lopez 等，2008）

$$v_{as}=v_s$$

$$v_{bs}=v_s\left(\vec{a}^2+j\frac{\sqrt{3}}{2}u\right)$$

$$v_{cs}=v_s\left(\vec{a}-j\frac{\sqrt{3}}{2}u\right) \tag{2.162}$$

上式中的各序分量为

$$\begin{bmatrix}\vec{v}_1\\ \vec{v}_2\\ \vec{v}_0\end{bmatrix}=\frac{1}{3}\begin{bmatrix}1 & \vec{a} & \vec{a}^2\\ 1 & \vec{a}^2 & \vec{a}\\ 1 & 1 & 1\end{bmatrix}\begin{bmatrix}v_s\\ v_s\left(\vec{a}^2+j\frac{\sqrt{3}}{2}u\right)\\ v_s\left(\vec{a}-j\frac{\sqrt{3}}{2}u\right)\end{bmatrix}=v_s\begin{bmatrix}1-u/2\\ u/2\\ u/2\end{bmatrix} \tag{2.163}$$

与单相接地故障不同，相间短路故障下的最大磁链 $\vec{\psi}_{s\_trans}$ 发生在 $t=0$ 时刻，该值可以通过令 $t=0$，解式（2.147）得到：

$$\vec{\psi}_s(t_0^-)=\frac{\vec{v}_s e^{(0)}}{j\omega_s}=\frac{\vec{v}_s}{j\omega_s}$$

$$\vec{\psi}_s(t_0^-)=\vec{\psi}_s(t_0^+)=\vec{\psi}_{s1}(t_0^+)+\vec{\psi}_{s2}(t_0^+)$$

$$\vec{\psi}_s(t_0^+) = \frac{\vec{v}_1 e^{(0)}}{j\omega_s} + \frac{\vec{v}_2 e^{-(0)}}{-j\omega_s} = \frac{v_s(1-u/2)}{j\omega_s} + \frac{v_s(u/2)}{-j\omega_s}$$

$$\vec{\psi}_s(t_0^+) = \frac{v_s}{j\omega_s}(1-u) \tag{2.164}$$

相反，在 $t = T/4$ 时刻，相间短路故障下的 $\vec{\psi}_{s\_trans}$ 等于零，令 $t = T/4$，解式（2.147）得到：

$$\vec{\psi}_s(t_{1/4}^-) = \frac{\vec{v}_s e^{\left(j\frac{\pi}{2}\right)}}{j\omega_s} = \frac{\vec{v}_s}{\omega_s}$$

$$\vec{\psi}_s(t_0^-) = \vec{\psi}_s(t_0^+) = \vec{\psi}_{s1}(t_0^+) + \vec{\psi}_{s2}(t_0^+)$$

$$\vec{\psi}_s(t_0^+) = \frac{\vec{v}_1 e^{\left(j\frac{\pi}{2}\right)}}{j\omega_s} + \frac{\vec{v}_2 e^{-\left(j\frac{\pi}{2}\right)}}{-j\omega_s} = \frac{v_s(1-u/2)j}{j\omega_s} + \frac{v_s(u/2)(-j)}{-j\omega_s}$$

$$\vec{\psi}_s(t_0^+) = \frac{v_s}{\omega_s} \tag{2.165}$$

与暂态磁链相关的定子故障电流的推导可以遵循式(2.126)～式(2.144)的计算过程。

2.4.6　对称短路故障下的转矩特性

当电网故障发生时，感应发电机所产生的 T_e 会随着电压跌落幅度增大而减小。展开下式，可以获得电压和 T_e 之间稳态下的关系式：

$$T_e = \frac{3}{\omega_s}\frac{(i'_r)^2 r'_r}{s_\omega} \tag{2.166}$$

用 v_s 表达 i_s，则式（2.166）可以写为

$$T_e = \frac{3}{\omega_s}\frac{r'_r}{s_\omega}\left[\frac{|v_s|^2}{\left(r'_s + \frac{r'_r}{s_\omega}\right)^2 + (X_s + X'_r)^2}\right] \tag{2.167}$$

式中，X_s 是定子电抗；X'_r 为从定子回路上看到的转子电抗。式（2.167）表明感应发电机所产生的 T_e 与供电电压的二次方成正比。这意味着 T_e 比 v_s 下降的速度更快。

在故障期间，产生的机械转矩 T_{mech} 可以视为不变。因此，转速的动态行为可以用感应电机的运动方程描述，在单质量块情况下，为

$$J\frac{d}{dt}\omega_r = T_{mech} - T_e - B_m\omega_r \tag{2.168}$$

$$\omega_r = \frac{1}{J}\int(T_{mech} - T_e - B_m\omega_r)dt + \omega_{r0} \tag{2.169}$$

由式（2.169）[㊀]可见，如果 T_e 比 T_{mech} 小，那么 ω_r 以一定的斜率上升，该斜率与 $T_{mech} - T_e$ 成正比。在此时，ω_r 按照如图 2.19 所示的 $\omega_r \sim T_e$ 曲线增大，同时 T_e 增大，直至临界稳定工作点。如果未达到临界稳定工作点，感应发电机在一个新的稳态下继续运行，T_{mech}

㊀ 原文为式（2.171）。——译者注

和 T_e 重新达到平衡。然而，如果 ω_r 超过了临界稳定工作点，电机将会跑飞，T_e 将急剧降低（则过速保护会被起动）。

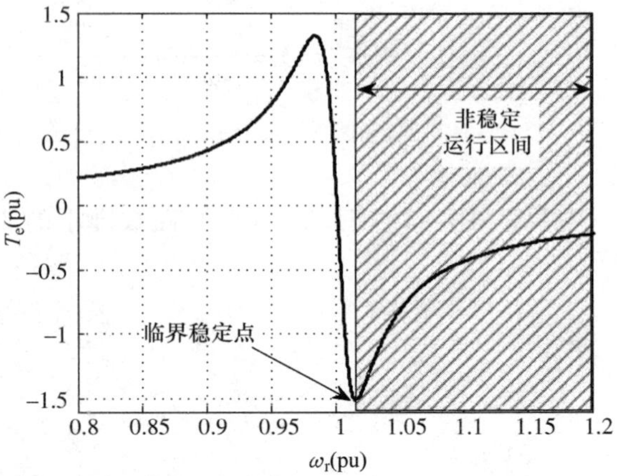

图 2.19　一台 2MW 感应发电机的 ω_r/T_e 曲线

2.4.7　不对称短路故障下的转矩特性

当不对称电网故障发生时，在感应发电机定子和转子回路中会产生正序和负序的电压、磁链和电流分量。正如前面所述，正序定子电压会产生一个以同步速逆时针旋转的气隙磁链，使得转子朝“正向”转动，转差转速为 s_ω^+。转差转速可由下式计算得到：

$$s_\omega^+ = (\omega_s - \omega_r)/\omega_s \tag{2.170}$$

对正序电压 v_1 而言，对应的正序转矩 T_e^+ 与式（2.167）相同；然而，对负序电压 v_2 而言，其产生的气隙磁链以同步速“反方向”（顺时针）旋转。在此情况下，负序转差转速可用下式得到：

$$s_\omega^- = (-\omega_s - \omega_r)/-\omega_s$$
$$s_\omega^- = (2 - s_\omega^+) \tag{2.171}$$

式（2.167）中代入负序电压和负序转差速度，并注意负序电压的同步速为 $-\omega_s$，则负序转矩表达式如下：

$$T_e^- = \frac{3}{-\omega_s}\frac{r'_r}{2-s_\omega^+}\left[\frac{|v_2|^2}{\left(r_s+\frac{r'_r}{2-s_\omega^+}\right)^2+(X_s+X'_r)^2}\right] \tag{2.172}$$

因此，在感应发电机中总的 T_e 可以表示如下：

$$T_e = T_e^+ + T_e^-$$

$$T_e = \frac{3}{\omega_s}\left\{\frac{r'_r}{s_\omega}\left[\frac{|v_1|^2}{\left(r_s+\frac{r'_r}{s_\omega}\right)^2+(X_s+X'_r)^2}\right]-\frac{r'_r}{2-s_\omega^+}\left[\frac{|v_2|^2}{\left(r_s+\frac{r'_r}{2-s_\omega^+}\right)^2+(X_s+X'_r)^2}\right]\right\} \tag{2.173}$$

正序磁链与正序转子电流之间的相互作用产生出一个正序的转矩 T_e^+；同理，负序磁链与负序转子电流之间的相互作用产生出一个负序的转矩 T_e^-。正序磁链与负序电流或负序磁链与正序电流也会生成转矩；但是这些转矩本质上是脉动的。特别地，负序电压和电流的乘积在空间中以 $\omega_s(1-2s_\omega)$ 速度旋转。在转差转速 $-1 \leqslant s_\omega \leqslant 0.5$ 时，该乘积在定子上产生一个正转矩，而在转子上产生一个负转矩；所以，当 $-1 \leqslant s_\omega \leqslant 0.5$ 时，作用于转子上的转矩等于 T_e^+ 与 T_e^- 之差。类似地，当 $0.1 \leqslant s_\omega \leqslant 1$ 时，两个转矩相加。脉动转矩引起振动，从而缩短感应发电机的寿命。

2.4.8　电网故障对感应发电机无功功率消耗的影响

双馈感应风力发电机的转子侧换流器可以改变感应发电机的磁通，从而既可以向感应发电机提供无功功率，也可以让感应发电机发出无功功率。但是，当双馈感应风力发电机经历电网故障时，转子侧换流器被封锁并与转子侧电路解裂，使得感应发电机运行于笼型感应发电机状态，但转子阻抗增加。

通过分析感应发电机稳态电路的等效阻抗（见下式）可知，感应发电机的 Q_S 取决于电机的总阻抗，而该阻抗又取决于 s_ω：

$$Z_{im} = r_s + jX_{ls} + \frac{jX_m\left(\frac{r'_r}{s} + jX'_{lr}\right)}{\frac{r'_r}{s_\omega} + j(X'_{lr} + X_m)} \tag{2.174}$$

式中，Z_{im} 为感应发电机阻抗；X'_{lr} 为从定子端看到的漏抗；X_m 是感应发电机的互电抗（励磁电抗）。用相量表示，感应发电机电流以及其消耗的 Q_s 可以计为

$$i_s e^{j\omega_s t} = \frac{V_s e^{j\omega_s t}}{Z_{im}} \tag{2.175}$$

$$Q_s = 3\mathrm{Im}\{V_s e^{j\omega_s t} i_s e^{j\omega_s t}\} \tag{2.176}$$

从式（2.176）可见，Q_s 与定子无功电流以及电机端口电压的幅值成正比。

图 2.20 给出了电机端口不同电压跌落幅度下 T_e 和 Q_s 的曲线。

图 2.20 表明，即使仅有些许的 ω_r 增加或降低，都可能会导致很大的 Q_s 消耗，并使感应发电机有向临界稳定工作点靠近的危险。无论电网电压故障的大小，上述结论都成立。不进行适当的控制就无法进行故障穿越（FRT）。借助撬棒保护可以在一定程度上增强电机的故障穿越能力。我们将在下面的章节中对有效的撬棒保护能达到的效果、其优点与缺点进行阐述。

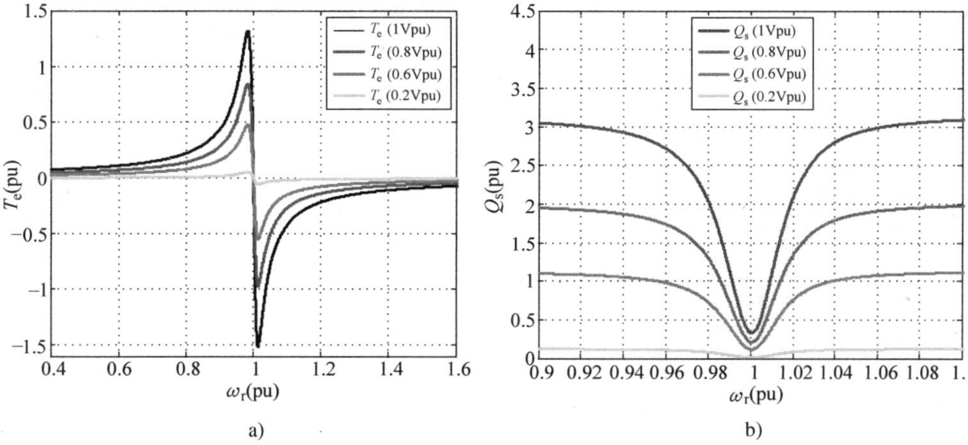

图 2.20　在不同幅值的电压跌落下 T_e 和 Q_s 消耗

2.5 故障穿越能力与电网导则

2.5.1 撬棒保护的利弊

撬棒保护使得转子侧换流器与转子回路断开，并用外部的撬棒电阻 r_{cb} 将转子各相短接。断开转子侧换流器一段时间意味着我们完全丧失对速度 ω_r 和感应发电机无功功率消耗 Q_s 的控制，从而使得感应发电机像一台笼型电机运行，速度变化范围更小，Q_s 消耗更大。然而，r_{cb} 的引入改变了感应发电机的 $\omega_r - T_e$ 关系，和 $\omega_r - Q_s$ 关系。图 2.21a 和 b 显示了在不同的 r_{cb} 下 T_e 和 Q_s 的变化趋势。由图可见，随着 r_{cb} 增大，出于非受控下的感应发电机所允许的最大速度提高，Q_s 的消耗降低（Hansen 等，2007）。因此，借助 r_{cb}，我们可以让感应发电机不超过最大转速限制并运行于暂态的过速状态，或消耗多余的无功功率。上述特点可以让我们在撬棒被去除后恢复控制 ω_r 和 Q_s。r_{cb} 的引入使得转子的暂态电流以更快的时间常数衰减，这可以让转子侧换流器更快地重新接入转子回路。

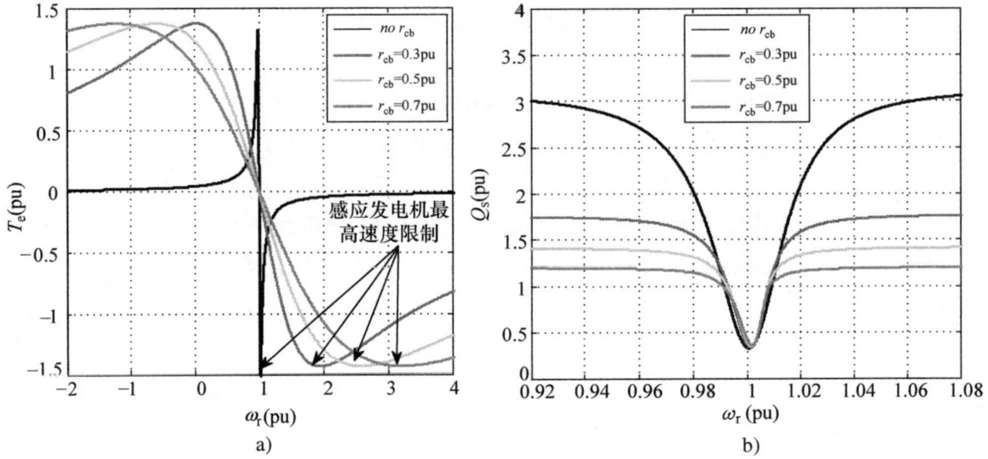

图 2.21 a）不同 r_{cb} 下感应发电机的 $T_e - \omega_r$ 曲线以及 b）不同 r_{cb} 下感应发电机的 $Q_s - \omega_r$ 曲线

当撬棒保护被触发时，转子绕组中感应出的暂态电流因时间常数改变而衰减更快，该时间常数 T_{r_cb} 可定义为

$$\frac{r'_r + r_{cb}}{L_{tr}} = (T_{r\_cb})^{-1} \tag{2.177}$$

基于此，转子侧换流器再投入能更快速，从而能更快地重获对电机的控制。

增大转子阻抗也改变了感应电机的速度 - 转矩特性，使得其最大转速变为

$$\pm s\omega_{max} = \frac{\pm(r'_r + r_{cb})}{(r'_r + r_{cb})^2 + (X_s + X'_r)^2} \tag{2.178}$$

式中，$s\omega_{max}$ 是感应发电机的最大转速。

式（2.178）表明最大转子速度和 r_{cb} 的大小之间存在正比关系。在故障条件下，双馈

感应风力发电机的转速由于 T_e 突然减小而上升。但是，如果撬棒保护起动，感应发电机的最大转速限制可以被拓宽，避免电机进入不稳定区域运行。这可以使双馈感应风力发电机在电网故障期间仍然可以连接到电网上。

此外，在转子回路中串接 r_{cb} 可以降低在转速较高时的无功功率消耗，从而使得感应电机可以继续并在出故障的电网上。

使用撬棒保护的缺点主要是在一定时间内不可避免地对双馈感应风力发电机变量失去控制。这包括对 Q_s 失控。撬棒保护的另一个缺点主要与它对双馈感应风力发电机控制器的不利影响有关，为了在故障期间以及撬棒保护被重复起动时控制器仍能稳定运行，撬棒保护要求控制器具有更高的鲁棒性（Campos - Gaona 等，2013）。

2.5.2　双馈感应风力发电机变量对其故障穿越能力的影响

尽管撬棒保护能够使得感应电机在更长的时间内连接在故障电网上，在故障期间和故障后的一些变量值，如转速和风速，会影响电机的故障穿越能力。这是因为在故障期间，转速随着 T_{mech} 而上升（与主导风速有关），并且，视故障前的转子速度大小，可能令背靠背换流器超出其最大功率处理能力。上述结论可以通过回顾感应电机用气隙功率表达的转子功率的公式后得到，即

$$P_r = s_\omega P_{ag} \tag{2.179}$$

P_{ag} 是穿过气隙的总功率。用标幺值表示，P_r 与 T_e 的关系如下：

$$P_{em} = T_e\omega_r = P_{ag} - P_r \tag{2.180}$$

将 P_{ag} 和 s_ω 代入式（2.180），则 P_r 可以表达为

$$P_r = T_e(\omega_s - \omega_r) \tag{2.181}$$

从式（2.181）可见，如果 $T_e = 1$ pu（即风力发电机工作于额定功率），那么 P_r 与 ω_r 直接成正比。例如，一台额定功率为 0.3pu 的双馈感应风力发电机背靠背换流器在额定转矩下允许转速在同步速上下有 ±0.3pu 的变化。所以，如果故障后的 ω_r 超出了背靠背换流器功率等级限定的转速，双馈感应风力发电机将无法重新对感应电机变量进行控制。相反，过载的转子侧换流器将会触发撬棒保护。

基于上述分析，可以列出与 ω_r 相关并影响故障期间双馈感应风力发电机运行的一系列变量，下面列出其中明显相关的量：

1）电压跌落幅度（影响 T_e 下降幅度，并最终影响 ω_r）。

2）故障持续时间（时间越长，ω_r 超速越多）。

3）故障类型（因为其影响 T_e 的响应）。

4）风速（因其影响故障前后的 T_e 值）。

5）J 的大小以及桨距角控制器的速度（因为它们影响 ω_r 的变化率）。

如 2.4.6 节所述，在故障期间，ω_r 依据 $T_e - T_{mech}$ 的大小加速。一般而言，故障前 ω_r 越大，则故障后 ω_r 也越大。所以，在故障前运行于超同步的双馈感应风力发电机比运行于次同步的更难实现故障穿越。

2.6 提高双馈感应风力发电机故障穿越能力的先进控制策略

2.6.1 二自由度内模控制（IMC）

IMC 技术基于“内模”原理，即在控制结构内包含一个受控对象的模型（Morari 和 Zafiriou，1989）。图 2.22 为在 s 域的 IMC 控制器的结构。

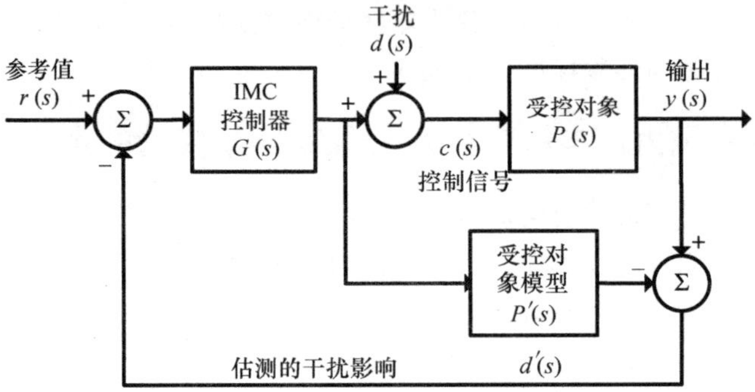

图 2.22 IMC 控制器的结构

对图 2.22 的 IMC 控制器结构进行分析可知，如果受控对象模型 $P'(s) \equiv P(s)$ 代表了真实的受控对象，且不存在扰动项，即 $d'(s)=0$，那么闭环传递函数和开环传递函数其实是相同的。在此情况下，如果 IMC 控制器 $G(s)=P'^{-1}(s)$，则能达到理想的控制效果。然而，在受控对象模型准确（proper）时，这样的理想控制是无法被实际实施的（需要使用不合理的控制器），这是因为实施过程需要在控制中使用纯微分器（即对连续信号进行实时未经滤波的微分，这无法在数字或模拟计算机等物理设备上实现）（Harris 和 Tyreus，1987）。为使控制可实施，在 IMC 中引入了一个低通滤波器 $L(s)$，与 $P'^{-1}(s)$ 串联，使 $G(s)=L(s)P'^{-1}(s)$。$L(s)$ 增加了 $G(s)$ 的极点，其可被设计成保持闭环系统渐进跟踪的特性（即在渐进常输入和阶跃干扰下获得稳态零偏差）。$L(s)$ 通常的形式如下：

$$L(s)=(\alpha\cdot[s+\alpha]^{-1})^{n} \tag{2.182}$$

式中，滤波器的阶数 n 视 $P(s)$ 的阶数而定，而对一阶滤波器而言，α 为滤波器的带宽。这样，当考虑到对被控对象的近似处理，控制输出（controller action）$A(s)$ 为

$$A(s)=G(s)P(s)=L(s)P'^{-1}(s)P(s)=L(s) \tag{2.183}$$

使用这种方法，控制器的参数与模型参数之间建立了唯一并很直观的联系；现在 α 是唯一影响闭环系统响应速度的参数，调节非常方便。另外，在开环情况下，IMC 控制器具有快速准确的跟踪特性，并能保持闭环系统的优点（Haris 和 Tyreus，1987）。很明显，使用滤波器“调偏”（detune）控制器，虽然牺牲了控制性能，但提高了鲁棒性；然而，这种平衡对任何控制系统而言都是必然存在的。尽管如此，如果 $P'(s)$ 很接近 $P(s)$，那么系统可以获得很快的响应速度，同时保持鲁棒稳定；具体详见 2.66 节分析。

如 2.3.4 节，我们可以在 $P(s)$ 环节增加一个内反馈回路，这可以进一步提高 IMC 控制方案的性能。该回路增加了额外的一维自由度（即在主要的参考点设置回路以外，额

外的扰动控制回路），这可以加快受控对象对负载扰动的抑制，尽管使用了 IMC 控制器，受控对象的模型仍由 $P(s)$ 决定。图 2.23 给出了用来控制背靠背换流器的“二自由度 IMC”的控制方案。如图 2.23 所示，增加反馈系数为 G_a 的内反馈环后，$P(s)$ 变为

$$M(s)=P(s)\cdot[1+P(s)G_a]^{-1}=[P^{-1}(s)+G_a]^{-1} \tag{2.184}$$

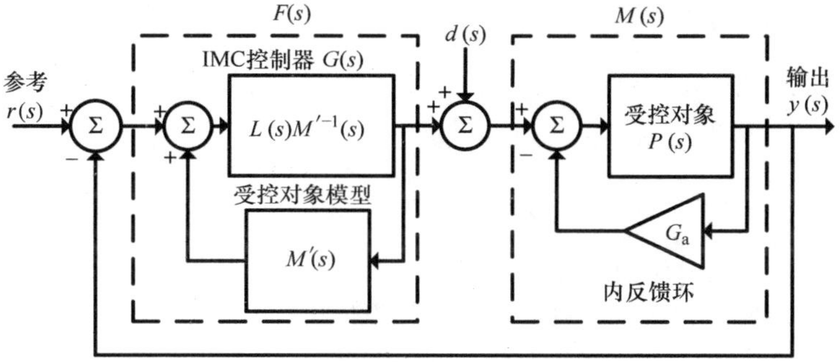

图 2.23　经典形式的二自由度 IMC 控制器

从式（2.184）可见，新的被控对象的传递函数 $M(s)$ 增加了内反馈回路增益 G_a，对低阻尼系统，如双馈感应风力发电机中的直流回路，具有很好的控制效果。

所有背靠背换流器控制的变量都可以用一阶传递函数表示，表明在背靠背换流器中每个 IMC 都用了一个一阶滤波器。这样，图 2.23 中的 $F(s)$ 可以表示为

$$F(s)=\frac{L(s)M'^{-1}(s)}{1-L(s)M'^{-1}(s)M'(s)}=\frac{\alpha}{s}M'^{-1}(s) \tag{2.185}$$

式中，$M'(s)$ 是 $M(s)$ 的数学模型。

背靠背换流器使用式（2.185）所示的控制器方案来控制所有的变量。

通过加入反馈内环而增加的额外一维自由度在不同情况下可以用来匹配被控对象和控制器的动态。这使得被控对象的负载干扰抑制可以做到和控制器一样快。通过这一处理方式，G_a 的极点被设为与从干扰 $d(s)$ 到输出 $y(s)$ 的传递函数中 IMC 控制器的极点相匹配。

$$\frac{y(s)}{d(s)}=\frac{M(s)}{1+F(s)M(s)}=\left(\frac{s}{s+\alpha}\right)\frac{1}{P^{-1}(s)+G_a} \tag{2.186}$$

为得到 G_a 的表达式，我们将式（2.186）简化为下列形式：

$$\frac{y(s)}{d(s)}=\left[\left(\frac{s}{s+\alpha}\right)\frac{K}{s+\alpha}\right]=K\left[\frac{s}{(s+\alpha)^2}\right] \tag{2.187}$$

式中，K 是一个常数。从式（2.187）可见，$d(s)$ 和控制环具有相似的阻尼时间常数。另一方面，α 的选值需要确保 $y(s)$ 的上升时间 t_r。对欠阻尼单极点系统而言，t_r 和 α 的关系可以近似为

$$\alpha\approx0.35/t_r(\text{Hz})\text{或}\alpha\approx2.2/t_r(\text{rad}) \tag{2.188}$$

2.6.2　转速 IMC 控制器

如果增益为 G_ω 的反馈内环被加到转速对象上，我们可以获得如下所示的传递函数：

$$M_\omega(s)=\frac{P_\omega(s)}{1+P_\omega(s)G_\omega}=-\frac{1}{G_\omega+Js+B_m} \tag{2.189}$$

反馈内环加到转速对象上的具体实施办法是让受控对象的输入信号等于

$$T_e(s) = T'_e(s) - \omega_r(s)G_\omega \tag{2.190}$$

式中，T'_e 为 IMC 控制器的输出 $F_\omega(s)$，根据式（2.185）（考虑 T_{mech} 为干扰，在计算速度控制时视为不存在），变为

$$F_\omega(s) = \frac{\alpha_\omega}{s}\left(-\frac{1}{G_\omega + Js + B_m}\right)^{-1} = -\alpha_\omega J - \frac{\alpha_\omega(B_m - G_\omega)}{s} \tag{2.191}$$

式中，α_ω 是速度 ω_r 闭环系统的带宽。

由式（2.191）可以得到控制器的增益为

$$Kp_\omega = -\alpha_\omega J$$
$$Ki_\omega = \alpha_\omega G_\omega - \alpha_\omega B_m \tag{2.192}$$

G_ω 的选择必须使得 $M_\omega(s)$ 的极点与从干扰 $d_\omega(s)$ 到输出 $\omega(s)$ 的传递函数极点相匹配，该传递函数由式（2.186）给定。这样，若选择如下形式的 G_ω：

$$G_\omega = B_m - \alpha_\omega J \tag{2.193}$$

则可得到如下关系：

$$\frac{\omega(s)}{d_\omega(s)} = -\frac{s}{J(\alpha_\omega + s)^2} \tag{2.194}$$

由式（2.194）可见，来自 $d_\omega(s)$ 的干扰受到了具有相同的时间常数的被控对象和控制器的抑制，该时间常数大小取决于 α_ω。图 2.24 给出了双馈感应风力发电机的 IMC 速度控制环。

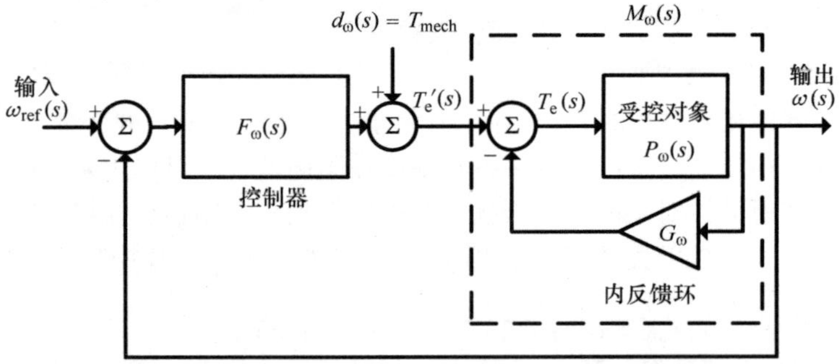

图 2.24 双馈感应风力发电机的 IMC 速度控制环

2.6.3 转子电流 IMC 控制器

如果增益为 G_r 的反馈内环加到转子电流对象上，我们可以得到如下形式的传递函数：

$$M_{ir}(s) = \frac{P_{ir}(s)}{1 + P_{ir}(s)G_r} = \frac{L_s}{r'_r L_s + sL'_r L_s - sL_m^2 + L_s G_r} \tag{2.195}$$

反馈内环的实施可通过修改电流控制对象的输入：

$$v'_r(s) = v''_r(s) - i'_r(s)G_r \tag{2.196}$$

式中，$v''_r(s)$ 是 IMC 控制器 $F_{ir}(s)$ 的输出，可依照式（2.185）得到

$$F_{ir}(s) = \frac{\alpha_r}{s}\left(\frac{L_s}{r'_r L_s + sL'_r L_s - sL_m^2 + L_s G_r}\right)^{-1} = \frac{\alpha_r(L'_r L_s - L_m^2)}{L_s} + \frac{\alpha_r(r'_r L_s + L_s G_r)}{sL_s} \tag{2.197}$$

式中，α_r 是 i'_r 闭环系统的带宽。

从式（2.197），控制器增益的表达式如下：

$$Kp_{ir} = \frac{\alpha_r(L'_r L_s - L_m^2)}{L_s}$$

$$Ki_{ir} = \frac{\alpha_r(r'_r L_s + L_s G_r)}{L_s} \tag{2.198}$$

G_r 的选择原则是使在从扰动量 $d_{ir}(s)$ 到被控对象输出 $i'_r(s)$ 的传递函数中，$M_{ir}(s)$ 与 $F_{ir}(s)$ 的极点能够相互匹配，该传递函数由式（2.186）定义。所以，可以按照如下数值选择 G_r：

$$G_r = (-r'_r L_s + \alpha_r(L'_r L_s - L_m^2))/L_s \tag{2.199}$$

可以发现，$i'_r(s)/d_{ir}(s)$ 等于

$$\frac{i'_r(s)}{d_{ir}(s)} = -\frac{L_s s}{(\alpha_r + s)^2(-L_s L'_r + L_m^2)} \tag{2.200}$$

由式（2.200）可见，来自 $d_{ir}(s)$ 的干扰受到了具有相同的时间常数的被控对象和控制器的抑制，该时间常数大小取决于 α_r。图 2.25 给出了双馈感应风力发电机的 IMC 转子电流控制环。

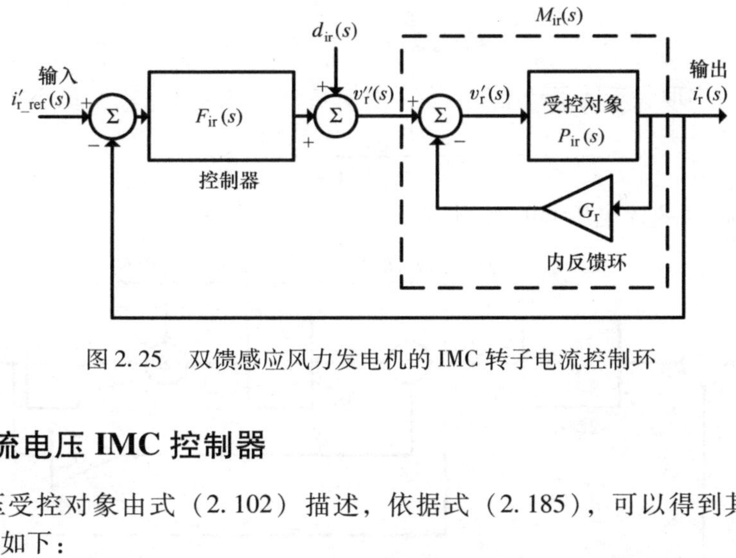

图 2.25　双馈感应风力发电机的 IMC 转子电流控制环

2.6.4　直流电压 IMC 控制器

直流电压受控对象由式（2.102）描述，依据式（2.185），可以得到其 IMC 控制器 $F_{dc}(s)$ 的形式如下：

$$F_{dc}(s) = \frac{\alpha_{dc}}{s}M_{dc}^{-1}(s) = \frac{\alpha_{dc}}{s}\left(-\frac{3v_d}{Cs - 3v_d G_{dc}}\right)^{-1} = -\frac{\alpha_{dc}C}{3v_d} + \frac{\alpha_{dc}G_{dc}}{s} \tag{2.201}$$

式中，α_{dc} 是 v_{dc} 闭环系统的带宽。

从式（2.201），控制器的增益可以表达为

$$Kp_{dc} = -\frac{\alpha_{dc}C}{3v_d}$$

$$Ki_{dc} = \alpha_{dc}G_{dc} \tag{2.202}$$

G_{dc} 的选择原则是使在从扰动量 P_r 到被控对象输出 v_{dc}^2 的传递函数中，$M_{dc}(s)$ 与 $F_{dc}(s)$ 的极点能够相互匹配，该传递函数由式（2.186）定义。故，若选择 G_{dc} 的大小如下：

$$G_{dc} = -\frac{1}{3}\frac{\alpha_{dc}C}{v_d} \tag{2.203}$$

则可以得到 v_{dc}^2/P_r 的关系：

$$\frac{v_{dc}^2(s)}{P_r} = \frac{2s}{(Cs-3v_dG_{dc})(s+\alpha_{dc})} = \frac{2s}{C(s+\alpha_{dc})^2} \tag{2.204}$$

这里我们可以计算合适的 α_{dc}，使得在连接到背靠背换流器上电路发生功率剧增时 v_{dc} 的误差最小。对双馈感应风力发电机而言，在功率剧增下的 v_{dc} 变化（即 $v_{dcmax\_step}^2$）可以以如下方式进行评估，即通过对从扰动量 P_r 到被控对象输出 v_{dc}^2 的传递函数施加一个幅值为 $|P_{r\_max}|$（即转子侧换流器最大能输出的功率）的阶跃输入，该变化在时域下可以表达为（Ottersten，2003）

$$v_{dc\ max\_step}^2(t) = L^{-1}\left\{\frac{2s|P_{r\_max}|}{C(s+\alpha_{dc})^2s}\right\} = \frac{2|P_{r\_max}|}{C}te^{-\alpha_{dc}t} \tag{2.205}$$

为得到最大误差，$v_{dcmax\_step}^2(t)$ 的微分可计算如下：

$$\frac{dv_{dc\ max\_step}^2}{dt} = \frac{2P_{r\_max}}{C}(1-\alpha_{dc}t)e^{-\alpha_w t} \tag{2.206}$$

局部最大值位于 $t=1/\alpha_{dc}$。将该 t 代入式（2.205）可得到 v_{dc}^2 的最大误差为

$$v_{dc\ max\_step}^2 = \frac{2P_{r\_max}}{C\alpha_{dc}}e^{-1} \tag{2.207}$$

$v_{dcmax\_step}^2$ 的方向取决于转子功率的正负。对于某个期望的 $v_{dcmax\_step}^2$，最小的带宽 α_{dc_min} 为

$$\alpha_{dc\_min} = \frac{\pm 2P_{r\_max}}{(\pm v_{dc\ max\_step}^2)(C)}e^{-1}\alpha_{dc} \geqslant \alpha_{dc\_min} \tag{2.208}$$

图 2.26 给出了直流电压 IMC 控制环。

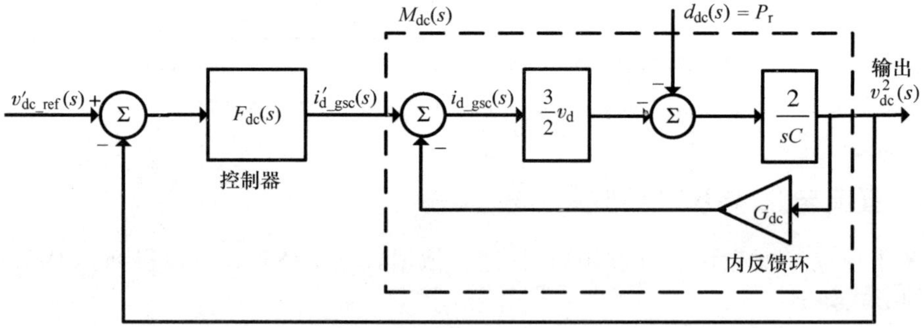

图 2.26 直流电压 IMC 控制环

2.6.5 网侧换流器电流 IMC 控制器

若在网侧换流器电流控制对象上增加增益为 G_{gsc} 的反馈内环，我们会得到下列形式的传递函数：

$$M_{gsc}(s) = \frac{1}{G_{gsc}+Ls+r} \tag{2.209}$$

通过改变控制对象的输入，我们可以实施该反馈内环：

$$v_{gsc}(s)=v'_{gsc}(s)-i_{gsc}(s)G_{gsc} \tag{2.210}$$

式中，$v'_{gsc}(s)$是 IMC 控制器 $F_{gsc}(s)$的输出，根据式（2.185），等于

$$F_{gsc}(s)=\alpha_{gsc}L+\frac{(r+G_{gsc})\alpha_{gsc}}{s} \tag{2.111}$$

式中，α_{gsc}是 i_{gsc}闭环系统的带宽。

根据式（2.211），控制器的增益为

$$\begin{aligned}Kp_{gsc}&=\alpha_{gsc}L\\ Ki_{gsc}&=(r+G_{gsc})\alpha_{gsc}\end{aligned} \tag{2.212}$$

我们可以选择合适的 G_{gsc}，使得在从扰动项 $d_{gsc}(s)$到被控对象输出 $i_{gsc}(s)$的传递函数中 $M_{gsc}(s)$和 $F_{gsc}(s)$的极点匹配，该传递函数由式（2.186）定义。这样，如果我们选择如下 G_{gsc}：

$$G_{gsc}=\alpha_{gsc}L-r \tag{2.213}$$

那么可以得到 $i_{gsc}(s)/d_{gsc}(s)$的关系为

$$\frac{i_{gsc}(s)}{d_{gsc}(s)}=\frac{s}{L(\alpha_{gsc}+s)^2} \tag{2.214}$$

从式（2.214）可见，来自 $d_{gsc}(s)$的扰动受到来自受控对象和控制器的共同抑制，它们具有相同的时间常数，该常数取决于 α_{gsc}。图 2.27 描述了网侧换流器电流 IMC 控制环。

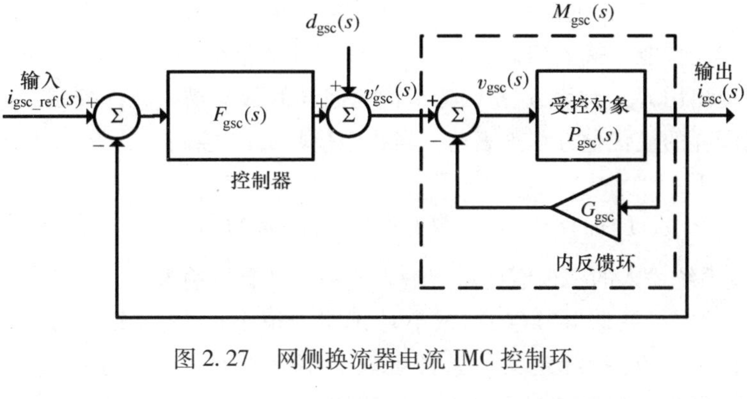

图 2.27　网侧换流器电流 IMC 控制环

2.6.6　双馈感应风力发电机 IMC 控制器的鲁棒性调节

IMC 控制器的带宽越大，则参考信号的衰减越小，对干扰量的抑制效果越好，响应越快。通过分析式（2.183）、式（2.185）并假设受控对象被准确地建模，那么可以发现，当 $\alpha>0$ 时，任何双馈感应风力发电机 IMC 控制环路的闭环极点都位于左半平面；即

$$\frac{F(s)M(s)}{1+F(s)M(s)}=\frac{\alpha/s}{1+\alpha/s}=\frac{\alpha}{s+\alpha} \tag{2.215}$$

这样，内部稳定问题就变得不那么重要，带宽的选择仅仅受限于背靠背换流器的最快响应速度。然而，为了获得鲁棒稳定和良好的性能，α 的选择须遵从鲁棒稳定原理，并服从最优控制的标准。当内模无法避免地失配时，上述结论尤显正确；对双馈感应风力发电机而言，L_m数值不匹配的影响很明显，而 L_{ls} 和 L_{lr} 数值不匹配的影响略微不明显。

2.6.7 鲁棒稳定性原理

鲁棒稳定性原理源自奈奎斯特稳定判据，并考虑在一族受控对象 Π 中的所有对象 P。根据该原理，对受控对象模型 P' 中的任意不确定量 l_m（如线性系统中的参数变化约束、非线性约束、频域约束等），即

$$\Pi=\{P(s):[\,|P(s)-P'(s)|/P'(s)\,]\leqslant l_m(\omega)\} \tag{2.216}$$

式中，Π 具有相同数目的右半平面极点，采用特定的控制器 $G(s)$ 来稳定 $P'(s)$，当且仅当相应的敏感函数 η 满足下列约束时，在该 $G(s)$ 控制器下系统为鲁棒稳定（Morari 和 Zafiriou，1989；Lee 等，1995）：

$$|\eta l_m(\omega)|<1 \quad \forall\omega \tag{2.217}$$

式中，η 在参考信号 $r(s)$ 和输出 $y(s)$ 之间建立联系（即反映控制器的性能），对于如图 2.22 所示的 IMC 结构，并假设受控模型准确无误，则 η 可定义为 $\eta=G(s)P'(s)$。

如 2.6.1 节中所解释，IMC 控制器 $G(s)$ 必须用 $L(s)$ 来调节；所以，可以用式（2.218）定义 $L(s)$ 的约束，其中 s 用 $i\omega$ 替代：

$$|L(i\omega)|<[\,|G(i\omega)P'(i\omega)l_m(\omega)|\,]^{-1} \quad \forall\omega \tag{2.218}$$

为了满足式（2.218）的约束，$|L(i\omega)|$ 可以设计得任意小。然而，这样的约束条件可能会使控制器的性能下降。因此，$L(i\omega)$ 可以用性能指标来修正。对 IMC 控制器而言，有些研究人员提出用 H_∞ 指标，这是因为最优化问题的数学描述允许控制器的稳定要求和鲁棒性能可用同样的最优化方程来表达。当我们检验 IMC 控制器的 H_∞ 指标时，满足鲁棒性指标的条件如下：

$$|G(i\omega)P(i\omega)L(i\omega)l_m(\omega)|+|[1+G(i\omega)P(i\omega)L(i\omega)]^{-1}\cdot\bar{\omega}|<1 \quad \forall\omega \tag{2.219}$$

式中，$\bar{\omega}$ 为控制系统输入的标幺值（特定输入或一系列有界输入）。

从式（2.219）可见，当 $|L(i\omega)|$ 减小时（即 α 很小），式（2.219）的第二项增大，并取决于 $\bar{\omega}$ 的值，由 H_∞ 指标定义的条件可能会不满足。进一步分析式（2.218）和式（2.219）可知，若选择较小的 $|l_m(\omega)|$，则即使较大的 $|L(i\omega)|$（即 α 较大），也不会超过保证鲁棒稳定和规定性能的边界。当 $P(s)=P'(s)$ 时，$l_m(\omega)=0$，且式（2.218）和式（2.219）定义的边界在任何 $\alpha>0$ 时都能够满足。当然，由于相位不确定性，在频率较高时，$l_m(\omega)$ 总是会增大的。因此，某个频率范围是否可控总是受限于模型的约束条件。

参考文献

Ackermann, T. (2012) *Wind Power in Power Systems*, Wiley.

Akhmatov, V. (2003) Analysis of dynamic behaviour of electric power systems with large amount of wind power. PhD thesis, Technical University of Denmark.

Anderson, P.M. (1995) *Analysis of faulted power systems*, IEEE Press.

Blaabjerg, F., Jaeger, U. and Munk-Nielsen, S. 1995. Power losses in PWM-VSI inverter using NPT or PT IGBT devices. *Power Electronics, IEEE transactions on*, **10**, 358–367.

Boldea, I. (2006) 2. *Variable Speed Generators*, Taylor & Francis.

Boldea, I. and Nasar, S.A. (2001) *The Induction Machine Handbook*, Taylor & Francis.

Campos-Gaona, D., Moreno-Goytia, E.L. and Anaya-Lara, O. (2013) Fault ride-through improvement of DFIG-WT by integrating a two-degrees-of-freedom internal model control. *Industrial Electronics, IEEE Transactions on*, **60**, 1133–1145.

Erlich, I., Wrede, H. and Feltes, C. (2007) Dynamic Behavior of DFIG-Based Wind Turbines during Grid Faults. Power Conversion Conference - Nagoya, 2007. PCC '07, 2–5 April 2007, pp. 1195–1200.

Hansen, A.D., Iov, F., Sørensen, P. *et al.* (2007) Dynamic wind turbine models in power system simulation tool DIgSILENT. Risø National Laboratory, Technical University of Denmark.

Harris, T.J. and Tyreus, B.D. (1987) Internal model control. 4. PID controller design. Comments. *Industrial & Engineering Chemistry Research*, **26**, 2161–2162.

Hearn, E.J. (1997) *Mechanics of Materials 2: The Mechanics of Elastic and Plastic Deformation of Solids and Structural Materials*, Elsevier Science.

Lee, T.H., Low, T.S., Al-Mamun, A. and Tan, C.H. (1995) Internal model control (IMC) approach for designing disk drive servo-controller. *Industrial Electronics, IEEE Transactions on*, **42**, 248–256.

Lopez, J., Gubia, E. and Sanchis, P. (2008) Wind turbines based on doubly fed induction generator under asymmetrical voltage dips. *Energy Conversion, IEEE Transactions on* **23**, 321–330.

Manwell, J.F., Mcgowan, J.G. and Rogers, A.L. (2010) *Wind Energy Explained: Theory, Design and Application*, Wiley.

Morari, M. and Zafiriou, E. (1989) *Robust Process Control*, Prentice-Hall, New Jersey.

Nelson, V.C. (2009) *Wind Energy: Renewable Energy and the Environment*, Taylor & Francis.

Novotny, D.W. and Lipo, T.A. (1996) *Vector Control and Dynamics of AC Drives*, Clarendon Press.

Ong, C.-M. (1998) 6.8 Simulation of an induction machine on the stationary reference frame, in *Dynamic Simulations of Electric Machinery: Using MATLAB/SIMULINK*, Prentice Hall PTR.

Ottersten, R. (2003) On the Control od Back-to-Back Converters and Sensorless Induction Machine Drives. PhD Thesis, Chalmers University of Technology.

Pannell, G., Atkinson, D.J. and Zahawi, B. (2010) Minimum-threshold crowbar for a fault-ride-through grid-code-compliant DFIG wind turbine. *Energy Conversion, IEEE Transactions on*, **25**, 750–759.

Paul Gardner, A.G., Lars, F.H., Peter, J. *et al.* (2009) Wind Energy-The facts Part I Tecnology. European Wind Energy Association.

Petersson, A. (2005) Analysis, Modeling and Control of Doubly-Fed Induction Generators for Wind Turbines. PhD Thesis, Chalmers University Of Technology.

Shima, Y., Takahashi, R., Murata, T. *et al.* (2008) Transient stability simulation of wind generator expressed by two-mass model. *Electrical Engineering in Japan*, Vol. 162, pp. 27–37.

Yazdani, A. and Iravani, R. (2010a) 2.5 Converter averaged model, in *Voltage-Souced Converters in Power Systems* (ed. Wiley), Wiley, New Jersey.

Yazdani, A. and Iravani, R. (2010b) 3. Control of half-bridge converter, in *Voltage-Souced Converters in Power Systems* (ed. Wiley), Wiley, New Jersey.

第 3 章　全功率换流风力发电机

3.1　同步电机基础

3.1.1　同步发电机结构

一台同步发电机由励磁线圈和电枢绕组两部分构成。励磁线圈位于转子上，而电枢绕组则在定子上（见图 3.1）。电枢绕组用三相集中绕组表示，励磁线圈流过直流电流，并产生随着转子旋转的磁场，该磁场在电枢绕组中感应出交流电压（Kundur，1994；Anaya－Lara 等，2009）。

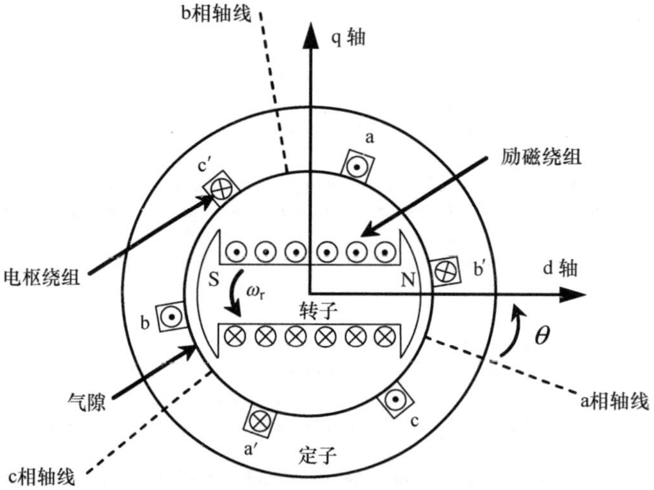

图 3.1　具有一对电励磁磁极的三相同步电机剖面图

转子结构一般分为凸极和隐极两种（见图 3.2）（Ong，1998）。凸极转子大都运用于低速发电机，这些发电机转子的直径－长度比可以设计得比较大，以便容纳高的极数，从而产生额定频率。为了在机械上更适合这种需求，转子凸极采用集中绕组。凸极同步电机通常用在水轮发电机上，此结构与水轮机运行速度慢的特点相匹配。这样的转子通常具有阻尼绕组，这些绕组可以为铜条或黄铜条，内置于极面内。这些导条通过端环连接在一起，类似笼型感应电机的转子，构成短路绕组。这些阻尼绕组是为了抑制速度振荡。

相反地，蒸汽轮机或燃气轮机运行在高速下，它们的发电机转子为圆形（或圆柱形），转子由实心的钢锻件加工而来。这些发电机为二极或四极，励磁绕组分布在转子槽中，这些槽是在实心转子上铣出来的，绕组通过钢制槽契固定。这些发电机通常没有特别的阻尼绕组，但是实心的钢转子为涡流提供了通路，其效果可等同于阻尼绕组。在稳态

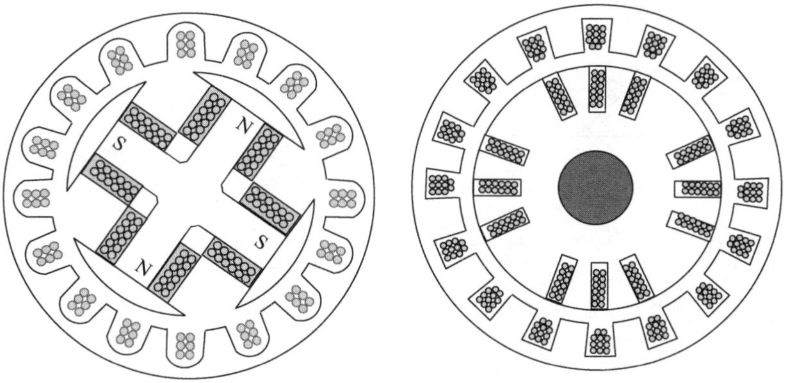

凸极转子　　　圆形转子

图 3.2　凸极和隐极四极同步发电机（Ong，1998）

下，转子上仅仅存在励磁绕组中的直流电流。然而，在动态下，转子表面、槽壁上以及阻尼绕组上都会感应出涡流，从而产生附加阻尼。

3.1.2　同步发电机的气隙磁场

a、b、c 三相集中定子绕组在图 3.1 中由其等效绕组 a－a′、b－b′、c－c′表示。当转子由原动机驱动时，励磁绕组产生的磁场在空间上以同步速 ω_s 旋转。该磁场切割定子导条，从而在三相绕组 a－a′、b－b′、c－c′中产生时间上相差 120°的电压。如果这些绕组与三个相同的负载连接，则生成的三相电流也互差 120°，如图 3.3 所示。这些电流反过来会产生一个磁场。最终的气隙磁场是由定子电流生成的定子磁场 ϕ_s 与励磁绕组生成的转子磁场 ϕ_r 的合成。为了获得稳定的转矩，定、转子磁场必须以同一个速度旋转，该速度为同步速，等于（Kundur，1994）

$$n = \frac{120f}{p_f} \tag{3.1}$$

式中，n 为转速（r/min）；f 为频率（Hz）；p_f 为极数。极数由转子的旋转速度和定子电流的电频率决定。

从图 3.3 可见，当 $t = 0$ 时，a 相电流达到其正最大值（I_m），而 b、c 相电流等于其 1/2的负最大值（$-I_m/2$）。如果每相定子绕组的有效匝数为 N_s，那么 a 相电流产生一个定子磁场分量 ϕ_a，其幅值与安匝数 $N_s I_m$ 成正比，方向为沿 a 相轴线方向（Hindmarsh 和 Renfrew，1996）。类似地，b、c 相电流也产生两个定子磁场分量 ϕ_b 和 ϕ_c，幅值正比于安匝数 $N_s I_m/2$，方向为沿 b、c 相轴线方向。在 $t = 0$ 时刻这三个磁场以及合成的磁场的波形如图 3.4a 所示。在 $t = t_1$ 时刻，a、b 相电流产生两个磁场，其幅值与安匝数 $N_s I_m/2$ 成正比，并沿 a、b 相轴线方向，而 c 相电流产生的磁场幅值与安匝数 $N_s I_m$ 成正比，并沿 c 相轴线方向。这样，在 $t = t_1$ 时刻，合成的定子磁场就移动了 $\pi/3$，如图 3.4b 所示。同样地，在 $t = t_2$ 时刻，合成的定子磁场再移动 $\pi/3$，如图 3.4c 所示。

从图 3.4 可见，在两个时间段 $t_1 - 0 = \pi/3\omega_s$ 和 $t_2 - t_1 = \pi/3\omega_s$ 内，定子磁场都转过了 $\pi/3$ 角度。也就是说，磁场以同步速 ω_s 旋转。定子磁场的峰值正比于 $3N_s I_m/2$。

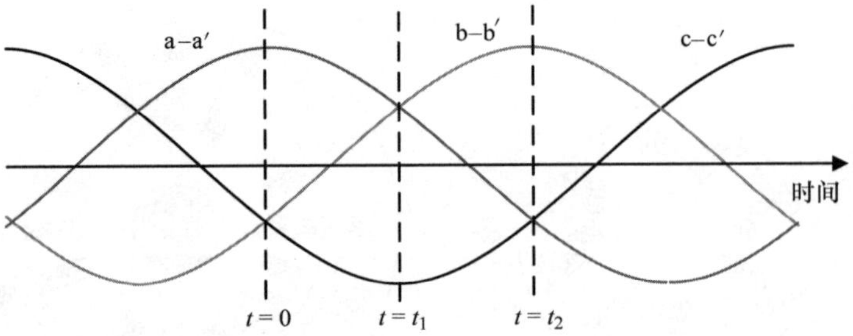

图 3.3　定子绕组 a－a′、b－b′、c－c′中的三相电流波形

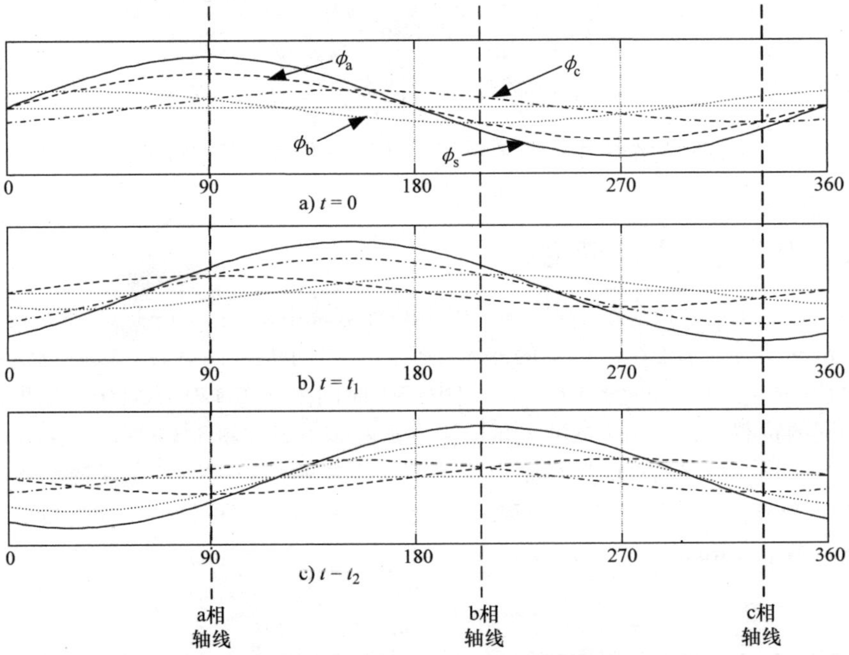

图 3.4　由三相定子绕组中电流产生的定子磁场波形（Anaya－Lara 等，2009）

定子磁场 ϕ_s 的一个分量与转子磁场 ϕ_r 的一个分量在气隙中耦合。气隙中合成磁场最终等于这两部分磁场分量的矢量和。未参与合成气隙磁场的剩余磁场分量被称为漏磁通。

3.1.2.1　同步发电机线圈的表示方法

考虑三个线圈 a、b 和 c，每个线圈上流过直流电流，大小分别为 $I_m\cos 0 = I_m$，$I_m\cos(0-2\pi/3) = -I_m/2$，$I_m\cos(0-4\pi/3) = -I_m/2$。如图 3.5a 所示，它们以 ω_s 的速度旋转。这三相绕组产生的磁场幅值与 $3N_sI_m/2$ 成正比，方向与线圈 a 的轴线方向相同。随着时间推移，合成磁场的幅值不变，但以同步速 ω_s 旋转。所以，同步电机的定子可以用此三线圈结构来类比，这些线圈中通过直流电，并以同步速旋转。

为了定义二相系统，我们选择二个正交的线圈，其中一个置于 d 轴，即与转子励磁绕组轴线同向，另一个线圈置于 q 轴，超前 d 轴 90°（见图 3.5b）。

把由三相绕组产生的幅值为 ϕ_s、方向与 a 相轴线重合的合成磁场分解到 d、q 轴，可

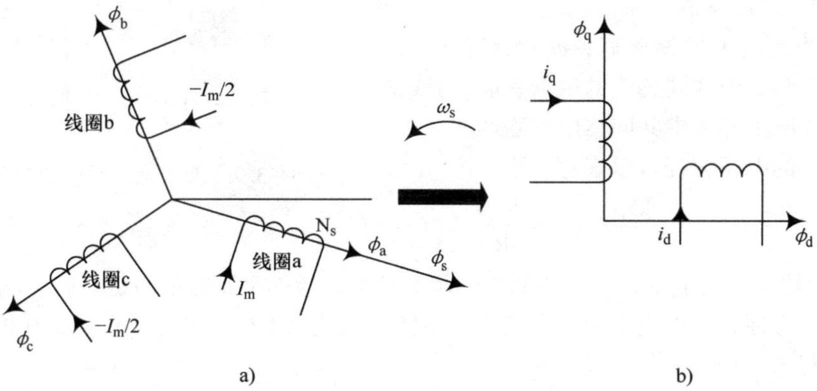

图 3.5　三相到二相变换：a）三线圈表示法；b）二线圈表示法。三个线圈中，在 $t=0$ 时刻，各相线圈的轴线分别与各相的轴线重合

以得到式（3.2）和式（3.3）：

$$\phi_d = \phi_s \cos\theta \tag{3.2}$$

$$\phi_q = -\phi_s \sin\theta \tag{3.3}$$

如果二相绕组的每相串联匝数为 N'，从式（3.2）和式（3.3）可以推导出相应的电流关系，即

$$N' i_d = \frac{3}{2} N_s I_m \cos\theta \tag{3.4}$$

$$N' i_q = -\frac{3}{2} N_s I_m \sin\theta \tag{3.5}$$

N_s/N'的比值依不同作者，可以为 2/3 或者为 $\sqrt{2/3}$（Fitzgerald 等，1992；Kundur，1994；Krause 等，2002）。如果选择 N_s/N' 的比值为 $\sqrt{2/3}$，在 dq 坐标系下计算的功率与在 abc 坐标系下计算的功率相等，因此称之为功率不变的 dq 坐标变换。相反，如果 N_s/N' 的比值为 2/3，dq 坐标变换是等幅变换。在这章中，我们采用 $N_s/N' = \sqrt{2/3}$。

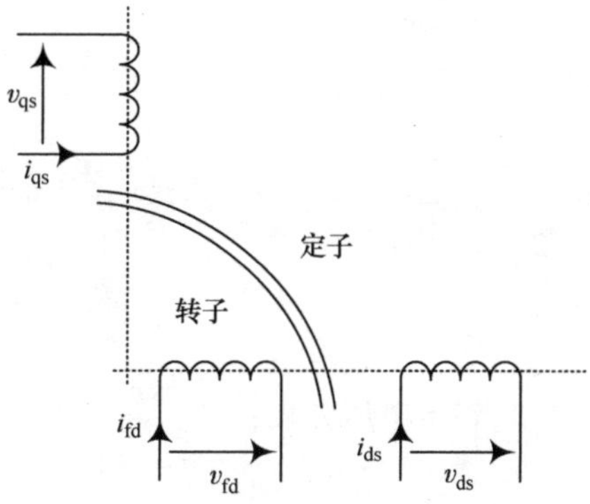

图 3.6　同步发电机的二线圈表示法

对于一个位于以同步速旋转的平台上（同步旋转坐标系）的观察者而言，同步发电机的磁通可以用三个静止的线圈来描述，其中二个线圈代表定子磁场，另一个代表转子磁场（见图 3.6）。定子 dq 线圈上分别流过直流电流 $\sqrt{3/2}I_m\cos\theta$ 和 $-\sqrt{3/2}I_m\sin\theta$，而转子线圈上流过直流励磁电流。

3.1.2.2　耦合静止线圈

考虑如图 3.7 所示的两个耦合静止线圈。线圈 1 中匝链的磁通可以表示为（Krause 等，2002）

$$\phi_1 = \phi_{l1} + \phi_{m1} + \phi_{m2} \tag{3.6}$$

式中，ϕ_{l1}为线圈 1 的漏磁通；ϕ_{m1}为线圈 1 中电流在线圈 1 和 2 中共同感应的磁通；ϕ_{m2}为线圈 2 中电流在线圈 1 和 2 中共同感应的磁通。

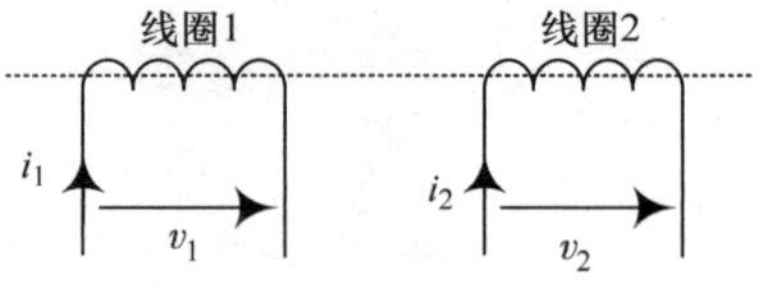

图 3.7 两个互相耦合的静止线圈

线圈 1 的电压方程可以表达如下：

$$v_1 = r_1 i_1 + N_1 \frac{d\phi_1}{dt} = r_1 i_1 + \frac{d\psi_1}{dt} \tag{3.7}$$

式中，r_1为线圈 1 的电阻；N_1为线圈 1 的匝数；ψ_1为线圈 1 匝链的磁链（$\psi_1 = N_1\phi_1$）。

为建模方便，可以用电感和电流表达磁链。从式（3.6）和式（3.7），线圈 1 匝链的磁链可以写为（Krause 等，2002）

$$\psi_1 = L_{l1} i_1 + L_m i_1 + L_m i_2 \tag{3.8}$$

式中，L_{l1}为线圈 1 的漏电感；L_m 为线圈 1 和 2 之间的互电感。$L_{l1} + L_m$ 与线圈 1 相关，通常称为自感，而 L_m 通常称为互感。

定义同步发电机电压方程的自感和互感随着角度 θ 变化，亦即随时间变化。然而，在同步旋转坐标系下，定转子磁通都视为静止。这样，磁链与电感也为常数。

3.2 同步发电机 dq 坐标系模型

式(3.9) ~ 式(3.14)给出了发电机定、转子在 dq 坐标系下的模型方程，其中 d 轴与励磁矢量方向一致，q 轴方向沿电机旋转方向超前 d 轴 90°（Kundur，1994；Krause 等，2002；Anaya - Lara 等，2009）。推导这些方程时，假设三相电流对称。

1）定子电压方程：

$$v_{ds} = -r_s i_{ds} - \omega_s \psi_{qs} + \frac{d\psi_{ds}}{dt} \tag{3.9}$$

$$v_{qs} = -r_s i_{qs} + \omega_s \psi_{ds} + \frac{d\psi_{qs}}{dt} \tag{3.10}$$

2）定子磁链方程：

$$\psi_{ds} = -L_{ls} i_{ds} + L_{md}(-i_{ds} + i_f) \tag{3.11}$$

$$\psi_{qs} = -L_{ls} i_{qs} + L_{mq}(-i_{qs}) \tag{3.12}$$

3）转子电压方程：

$$v_f = r_f i_f + \frac{d\psi_f}{dt} \tag{3.13}$$

4）转子磁链方程：

$$\psi_f = L_{lf} i_f + L_{md}(-i_{ds} + i_f) \tag{3.14}$$

式（3.9）和式（3.10）所示的电压方程与二相静止线圈的电压方程（3.7）非常类似。然而，这些方程中还包含了额外转速项。该项来自至同步旋转坐标系的坐标变换，并被称为“转速电压”（因为由空间的磁链变化引起）（Kundur，1994；Krause 等，2002）。“转速电压”未出现在转子电压方程中，这是由于在同步旋转坐标系下，励磁线圈是静止的。

为了得到标幺化的电压方程，考虑式（3.9）。将式（3.9）两边同除以基值 Z_b，其中 $Z_b=V_b/I_b=\omega_b L_b$：

$$\frac{v_{ds}}{Z_b}=-\frac{r_s}{Z_b}i_{ds}-\frac{\omega_s\psi_{qs}}{Z_b}+\frac{1}{Z_b}\frac{d\psi_{ds}}{dt}$$
$$\frac{v_{ds}}{V_b}=-\frac{r_s}{Z_b}\frac{i_{ds}}{I_b}-\frac{\omega_s}{\omega_b}\frac{\psi_{qs}}{I_b L_b}+\frac{1}{\omega_b}\frac{d(\psi_{ds}/I_b L_b)}{dt} \tag{3.15}$$

由于磁链的基值取为 $\psi_b=I_b L_b$，那么式（3.15）可以表达为

$$\bar{v}_{ds}=-\bar{r}_s\bar{i}_{ds}-\bar{\omega}_s\bar{\psi}_{qs}+\frac{1}{\omega_b}\frac{d\bar{\psi}_{ds}}{dt} \tag{3.16}$$

式中，标幺值用上划线表示。式（3.16）中，除时间（s）和角频率基值（rad/s）外，其他量都已标幺化。

类似地，式(3.17)~式(3.22)给出了同步发电机在dq域标幺化后的方程。

1）定子电压方程：

$$\bar{v}_{ds}=-\bar{r}_s\bar{i}_{ds}-\bar{\omega}_s\bar{\psi}_{qs}+\frac{1}{\omega_b}\frac{d\bar{\psi}_{ds}}{dt} \tag{3.17}$$

$$\bar{v}_{qs}=-\bar{r}_s\bar{i}_{qs}+\bar{\omega}_s\bar{\psi}_{ds}+\frac{1}{\omega_b}\frac{d\bar{\psi}_{qs}}{dt} \tag{3.18}$$

2）定子磁链方程：

$$\bar{\psi}_{ds}=-\bar{L}_{ls}\bar{i}_{ds}+\bar{L}_{md}(-\bar{i}_{ds}+\bar{i}_f) \tag{3.19}$$
$$\bar{\psi}_{qs}=-\bar{L}_{ls}\bar{i}_{qs}+\bar{L}_{mq}(\bar{i}_{qs}) \tag{3.20}$$

3）转子电压方程：

$$\bar{v}_f=\bar{r}_f\bar{i}_f+\frac{1}{\omega_b}\frac{d\bar{\psi}_f}{dt} \tag{3.21}$$

4）转子磁链方程：

$$\bar{\psi}_f=\bar{L}_{lf}\bar{i}_f+\bar{L}_{md}(-\bar{i}_{ds}+\bar{i}_f) \tag{3.22}$$

当同步发电机流过不平衡电流时，零序电流分量$\bar{i}_{0s}$也应该考虑。在此条件下，还需要加入下列方程：

$$\bar{v}_{0s}=-\bar{r}_s\bar{i}_{0s}+\frac{1}{\omega_b}\frac{d\bar{\psi}_{0s}}{dt} \tag{3.23}$$

$$\bar{\psi}_{0s}=-\bar{L}_{ls}\bar{i}_{0s} \tag{3.24}$$

发电机的电磁转矩等于定子磁链与定子电流的叉乘：

$$\bar{T}_e=\bar{\psi}_{ds}\cdot\bar{i}_{qs}-\bar{\psi}_{qs}\cdot\bar{i}_{ds} \tag{3.25}$$

3.2.1 稳态运行

在稳态下，式（3.17）、式（3.18）和式（3.21）中的d/dt项都为零。因为$\bar{L}_d=\bar{L}_{ls}+\bar{L}_{md}$，$\bar{L}_q=\bar{L}_{ls}+\bar{L}_{mq}$，且$\bar{L}_f=\bar{L}_{lf}+\bar{L}_{md}$，所以式(3.17)~式(3.22)可以简化如下：

1）定子电压方程：

$$\bar{v}_{ds}=-\bar{r}_s\bar{i}_{ds}-\bar{\omega}_s\bar{\psi}_{qs} \tag{3.26}$$

$$\bar{v}_{qs} = -\bar{r}_s\bar{i}_{qs} + \bar{\omega}_s\bar{\psi}_{ds} \tag{3.27}$$

2）定子磁链方程：

$$\bar{\psi}_{ds} = -\bar{L}_{ds}\bar{i}_{ds} + \bar{L}_{md}\bar{i}_f \tag{3.28}$$

$$\bar{\psi}_{qs} = -\bar{L}_{qs}\bar{i}_{qs} \tag{3.29}$$

3）转子电压方程：

$$\bar{v}_f = \bar{r}_f\bar{i}_f \tag{3.30}$$

4）转子磁链方程：

$$\bar{\psi}_f = \bar{L}_{lf}\bar{i}_f - \bar{L}_{md}\bar{i}_{ds} \tag{3.31}$$

将式（3.28）和式（3.29）中的磁链项代入式（3.26）和式（3.27），可以得到下面二个方程：

$$\bar{v}_{ds} = -\bar{r}_s\bar{i}_{ds} + \bar{\omega}_s\bar{L}_{qs}\bar{i}_{qs} = -\bar{r}_s\bar{i}_{ds} + \bar{X}_{qs}\bar{i}_{qs} \tag{3.32}$$

$$\bar{v}_{qs} = -\bar{r}_s\bar{i}_{qs} - \bar{\omega}_s\bar{L}_{ds}\bar{i}_{ds} + \bar{\omega}_s\bar{L}_{md}\bar{i}_f = -\bar{r}_s\bar{i}_{qs} - \bar{X}_{ds}\bar{i}_{ds} + \bar{\omega}_s\bar{L}_{md}\bar{i}_f \tag{3.33}$$

式中，$\bar{X}_{qs} = \bar{\omega}_s\bar{L}_{qs}$，且$\bar{X}_{ds} = \bar{\omega}_s\bar{L}_{ds}$。

定义$\bar{E}_{fd} = \bar{\omega}_s\bar{L}_{md}\bar{v}_f/\bar{r}_f$，从式（3.33），$\bar{i}_f$ 可用$\bar{v}_f/\bar{r}_f$ 代替，则

$$\bar{v}_{qs} = -\bar{r}_s\bar{i}_{qs} - \bar{X}_{ds}\bar{i}_{ds} + \bar{E}_{fd} \tag{3.34}$$

电枢端电压方程可以表达为$\bar{E}_t = \bar{v}_{ds} + \mathrm{j}\,\bar{v}_{qs}$，并且从式（3.32）和式（3.34），我们可以得到同步电机的下列稳态方程：

$$\bar{E}_t = \bar{v}_{ds} + \mathrm{j}\,\bar{v}_{qs} = -\bar{r}_s(\bar{i}_{ds} + \mathrm{j}\,\bar{i}_{qs}) + (\bar{X}_{qs}\bar{i}_{qs} - \mathrm{j}\,\bar{X}_{ds}\bar{i}_{ds}) + \mathrm{j}\,\bar{E}_{fd} \tag{3.35}$$

如果忽略凸极性，则有$\bar{X}_{qs} = \bar{X}_{ds} = \bar{X}_s$，且$\bar{i}_t = \bar{i}_{ds} + \mathrm{j}\,\bar{i}_{qs}$，式（3.35）可以简化为

$$\begin{aligned}\bar{E}_t &= -\bar{r}_s\bar{i}_t + \bar{X}_s(\bar{i}_{qs} - \mathrm{j}\,\bar{i}_{ds}) + \mathrm{j}\,\bar{E}_{fd}\\ &= -\bar{r}_s\bar{i}_t + \bar{X}_s(-\mathrm{j}^2\,\bar{i}_{qs} - \mathrm{j}\,\bar{i}_{ds}) + \mathrm{j}\,\bar{E}_{fd}\\ &= -(\bar{r}_s + \mathrm{j}\,\bar{X}_s)\bar{i}_t + \mathrm{j}\,\bar{E}_{fd}\end{aligned} \tag{3.36}$$

式（3.36）就是同步电机的稳态方程，并可以用如图 3.8a 所示的相量图和图 3.8b 所示的等效电路来表示。

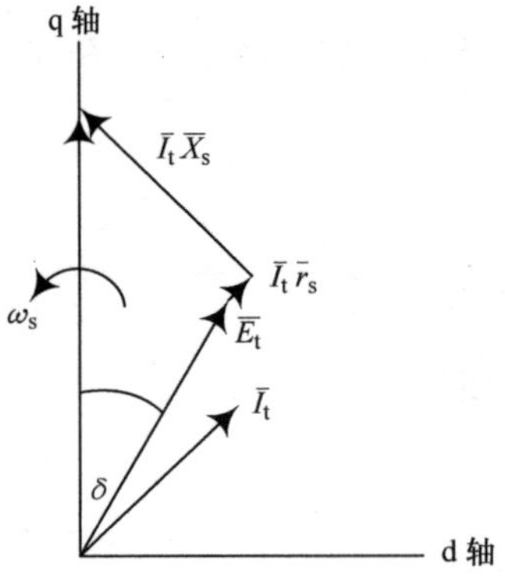

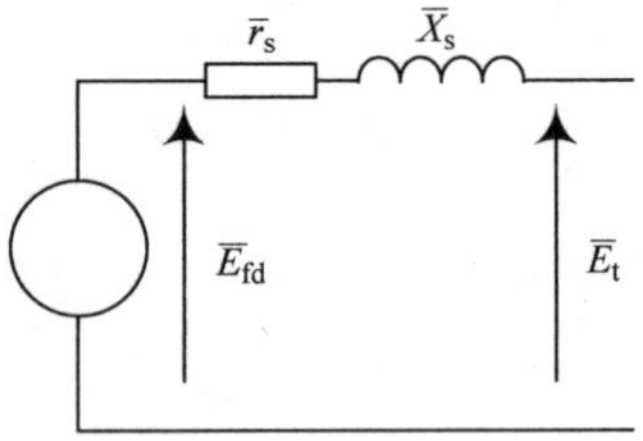

图 3.8　稳态运行时的相量图和等效电路图

3.2.2　带阻尼绕组的同步发电机

无论是凸极还是隐极，这类发电机的转子上都安装有额外的铜条，这些铜条穿过转子，为阻尼电流提供通路。阻尼绕组中的电流与气隙磁通互相作用并产生一个阻尼转矩，以抑制暂态扰动引起的转子振荡。阻尼绕组中的电流可以分解为二个分量。在极面下的阻尼电流构成了 d 轴阻尼电流，而在二个极面之间的阻尼电流构成 q 轴阻尼电流。在如图 3.9 所示的发电机模型中，这些电流在二套闭合回路中流通：一套绕组产生的磁通与励磁磁通同向，位于 d 轴，另一套电流产生的磁通方向与 q 轴一致。在简化的同步发电机模型中，q 轴仅仅含有一阻尼绕组，但是通常情况下 q 轴包括二套阻尼绕组，kq_1 和 kq_2，如图 3.9 所示。尽管凸极和隐极发电机中的阻尼绕组都可以用图 3.9 中的电路图表示，这两种电机对应的阻尼绕组的电路参数却存在很大的差别。

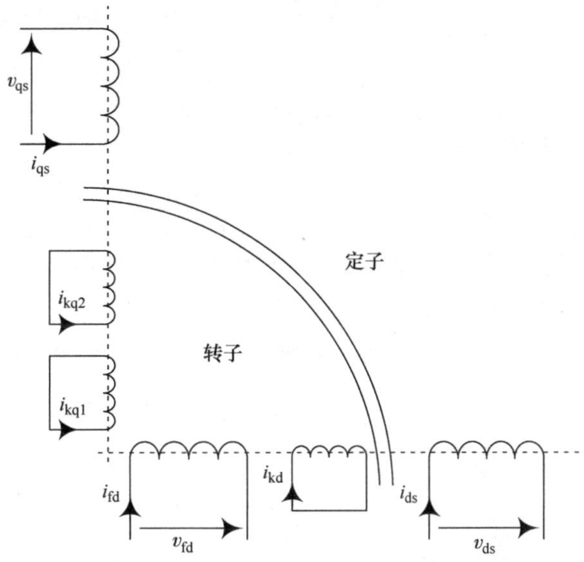

图 3.9　一个同步发电机的定子和转子电路

考虑阻尼绕组后在 dq 坐标系下同步发电机的方程如下。

1）定子电压方程：

$$\bar{v}_{ds} = -\bar{r}_s\bar{i}_{ds} - \bar{\omega}_s\bar{\psi}_{qs} + \frac{1}{\omega_b}\frac{d\bar{\psi}_{ds}}{dt} \tag{3.37}$$

$$\bar{v}_{qs} = -\bar{r}_s\bar{i}_{qs} + \bar{\omega}_s\bar{\psi}_{ds} + \frac{1}{\omega_b}\frac{d\bar{\psi}_{qs}}{dt} \tag{3.38}$$

2）定子磁链方程：

$$\bar{\psi}_{ds} = -\bar{L}_{ls}\bar{i}_{ds} + \bar{\psi}_{md} \tag{3.39}$$

$$\bar{\psi}_{qs} = -\bar{L}_{ls}\bar{i}_{qs} + \bar{\psi}_{mq} \tag{3.40}$$

3）转子电压方程：

$$\bar{v}_{fd} = \bar{r}_{fd}\bar{i}_{fd} + \frac{1}{\omega_b}\frac{d\bar{\psi}_{fd}}{dt} \tag{3.41}$$

$$\bar{v}_{kd} = \bar{r}_{kd}\bar{i}_{kd} + \frac{1}{\omega_b}\frac{d\bar{\psi}_{kd}}{dt} \tag{3.42}$$

$$\bar{v}_{kq1} = \bar{r}_{kq1}\bar{i}_{kq1} + \frac{1}{\omega_b}\frac{d\bar{\psi}_{kq1}}{dt} \tag{3.43}$$

$$\bar{v}_{kq2} = \bar{r}_{kq2}\bar{i}_{kq2} + \frac{1}{\omega_b}\frac{d\bar{\psi}_{kq2}}{dt} \tag{3.44}$$

4）转子磁链方程：

$$\overline{\psi}_{fd}=\overline{L}_{lfd}\overline{i}_{fd}+\overline{\psi}_{md} \tag{3.45}$$

$$\overline{\psi}_{kd}=\overline{L}_{lkd}\overline{i}_{kd}+\overline{\psi}_{md} \tag{3.46}$$

$$\overline{\psi}_{kq1}=\overline{L}_{lkq1}\overline{i}_{kq1}+\overline{\psi}_{mq} \tag{3.47}$$

$$\overline{\psi}_{kq2}=\overline{L}_{lkq2}\overline{i}_{kq2}+\overline{\psi}_{mq} \tag{3.48}$$

其中

$$\overline{\psi}_{md}=\overline{L}_{md}(-\overline{i}_{ds}+\overline{i}_{fd}+\overline{i}_{kd})$$

$$\overline{\psi}_{mq}=\overline{L}_{mq}(-\overline{i}_{qs}+\overline{i}_{kq1}+\overline{i}_{kq2})$$

式（3.37）和式（3.38）以及式(3.41)~式(3.44)是用电流和磁链来表达。磁链与电流彼此相关联。

从式（3.39）、式（3.40）、式(3.45)~式(3.48)可以得到用磁链表示的电流，如下：

$$\overline{i}_{ds}=-\frac{1}{\overline{L}_{ls}}(\overline{\psi}_{ds}-\overline{\psi}_{md}) \tag{3.49}$$

$$\overline{i}_{qs}=-\frac{1}{\overline{L}_{ls}}(\overline{\psi}_{qs}-\overline{\psi}_{mq}) \tag{3.50}$$

$$\overline{i}_{fd}=\frac{1}{\overline{L}_{lfd}}(\overline{\psi}_{fd}-\overline{\psi}_{md}) \tag{3.51}$$

$$\overline{i}_{kd}=\frac{1}{\overline{L}_{lkd}}(\overline{\psi}_{kd}-\overline{\psi}_{md}) \tag{3.52}$$

$$\overline{i}_{kq1}=\frac{1}{\overline{L}_{lkq1}}(\overline{\psi}_{kq1}-\overline{\psi}_{mq}) \tag{3.53}$$

$$\overline{i}_{kq2}=\frac{1}{\overline{L}_{lkq2}}(\overline{\psi}_{kq2}-\overline{\psi}_{mq}) \tag{3.54}$$

同步发电机的全阶模型包含了定子暂态、转子暂态以及阻尼绕组方程。下列微分方程可以从式（3.37）、式（3.38）、式（3.50）和式（3.51）直接得到：

$$\frac{d\overline{\psi}_{ds}}{dt}=\omega_b\left[\overline{v}_{ds}+\overline{\omega}_s\overline{\psi}_{qs}+\frac{\overline{r}_s}{\overline{L}_{ls}}(\overline{\psi}_{md}-\overline{\psi}_{ds})\right] \tag{3.55}$$

$$\frac{d\overline{\psi}_{qs}}{dt}=\omega_b\left[\overline{v}_{qs}-\overline{\omega}_s\overline{\psi}_{ds}+\frac{\overline{r}_s}{\overline{L}_{ls}}(\overline{\psi}_{mq}-\overline{\psi}_{qs})\right] \tag{3.56}$$

包含 q 轴二个阻尼绕组方程和 d 轴一个阻尼绕组方程的转子动态方程如下所示［可从式(3.41)~式(3.44)和式(3.51)~式(3.54)得到］：

$$\frac{d\overline{\psi}_{fd}}{dt}=\omega_b\left[\frac{\overline{r}_{fd}}{\overline{L}_{md}}\overline{e}_{xfd}+\frac{\overline{r}_{fd}}{\overline{L}_{lfd}}(\overline{\psi}_{md}-\overline{\psi}_{fd})\right] \tag{3.57}$$

$$\frac{d\overline{\psi}_{kd}}{dt}=\omega_b\left[\overline{v}_{kd}+\frac{\overline{r}_{kd}}{\overline{L}_{lkd}}(\overline{\psi}_{md}-\overline{\psi}_{kd})\right] \tag{3.58}$$

$$\frac{d\overline{\psi}_{kq1}}{dt}=\omega_b\left[\overline{v}_{kq1}+\frac{\overline{r}_{kq1}}{\overline{L}_{lkq1}}(\overline{\psi}_{mq}-\overline{\psi}_{kq1})\right] \tag{3.59}$$

$$\frac{\mathrm{d}\,\overline{\psi}_{\mathrm{kq2}}}{\mathrm{d}t}=\omega_{\mathrm{b}}\left[\overline{v}_{\mathrm{kq2}}+\frac{\overline{r}_{\mathrm{kq2}}}{\overline{L}_{\mathrm{lkq2}}}(\overline{\psi}_{\mathrm{mq}}-\overline{\psi}_{\mathrm{kq2}})\right] \tag{3.60}$$

式（3.57）给出了发电机的励磁动态方程，其中$\overline{e}_{\mathrm{xfd}}=\overline{L}_{\mathrm{md}}\cdot\overline{i}_{\mathrm{rfd}}$表示发电机在基速 ω_{b} 下的励磁电压。

如果定子中存在零序电流，则下列方程必须要考虑在内：

$$\frac{\mathrm{d}\,\overline{\psi}_{0\mathrm{s}}}{\mathrm{d}t}=\omega_{\mathrm{b}}\left(\overline{v}_{0\mathrm{s}}-\frac{\overline{r}_{\mathrm{s}}}{\overline{L}_{\mathrm{ls}}}\overline{\psi}_{0\mathrm{s}}\right) \tag{3.61}$$

如忽略式（3.55）、式（3.56）以及式（3.61）所描述的定子暂态，则我们可以得到发电机的降阶模型：

$$\overline{\psi}_{\mathrm{ds}}=\frac{1}{\overline{\omega}_{\mathrm{s}}}\left[\overline{v}_{\mathrm{qs}}+\frac{\overline{r}_{\mathrm{s}}}{\overline{L}_{\mathrm{ls}}}(\overline{\psi}_{\mathrm{mq}}-\overline{\psi}_{\mathrm{qs}})\right] \tag{3.62}$$

$$\overline{\psi}_{\mathrm{qs}}=-\frac{1}{\overline{\omega}_{\mathrm{s}}}\left[\overline{v}_{\mathrm{ds}}+\frac{\overline{r}_{\mathrm{s}}}{\overline{L}_{\mathrm{ls}}}(\overline{\psi}_{\mathrm{md}}-\overline{\psi}_{\mathrm{ds}})\right] \tag{3.63}$$

$$\overline{\psi}_{0\mathrm{s}}=\frac{\overline{L}_{\mathrm{ls}}}{\overline{r}_{\mathrm{s}}}\overline{v}_{0\mathrm{s}} \tag{3.64}$$

3.3　大型同步发电机的控制

一个大型的电力系统包括大量的发电机和负载，它们之间通过输电线和配电线相连。连到电力系统的负载具有不同的特性，并随时间连续变化。为了使电力系统能在限定的条件（电压与频率）下运行，并使系统在扰动下能保持稳定，大型发电机不但需要进行单台独立控制还需要在总体上进行集中控制。图 3.10 给出了在一台同步发电机中包含的各种控制（Kundur，1994）。这些功能模块执行二个基本的控制动作：无功功率/电压控制和有功功率/频率控制（Anaya – Lara 等，2009）。

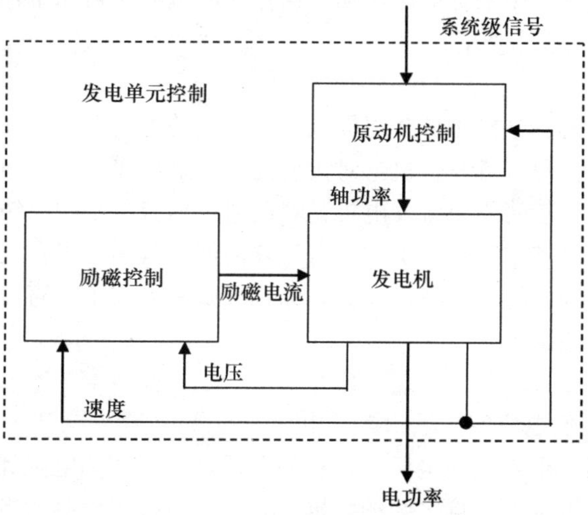

图 3.10　同步发电机控制（Kundur，1994；Anaya – Lara 等，2009）

3.3.1 励磁控制

当电力系统状态变化时，无功和有功功率的需求会发生变化。在重载下，输电系统和负载都会吸收无功功率，因此同步发电机需要向电网注入无功功率。在轻载下，由于输电线的容性占主导，同步发电机需要吸收无功功率。对同步发电机无功功率的不同需求可以通过调节励磁电压来达成。励磁系统完成电压自动调节这一基本功能。同时，它还具备一些其他保护功能，以使电机和其他设备能够在它们的安全范围内运行。图 3.11 给出了一个励磁控制系统的框图。

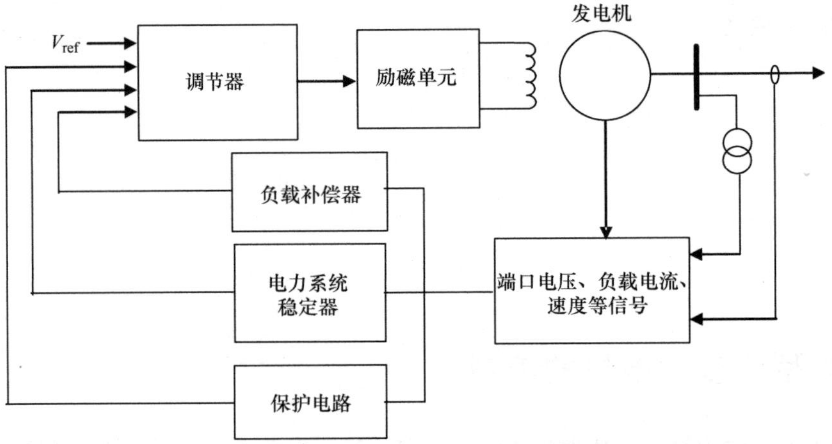

图 3.11　一个励磁控制系统的框图

1. 调节器

同步发电机利用一套自动电压调节器（AVR）来使发电机定子端电压逼近预设值。如果由于无功功率需求上升而使发电机端电压下降，则 AVR 会检测到发电机端电压变化，并发一个信号至励磁机以使励磁电压增加。这样发电机的无功功率输出就会相应增加，从而使电机端电压恢复至其起始值。

2. 励磁机

励磁机的功能是为发电机磁链绕组提供一个可调的直流电流。在小功率的同步发电机中，该励磁机可以是一台直流发电机。对大型同步发电机而言，受换向问题约束而无法使用直流发电机，因此一般使用交流发电机，然后通过整流器给励磁绕组供电。静止式励磁系统也获得广泛运用。该系统包含了一个可控整流器，其输入来自发电机输出端，这种励磁系统具备快速励磁控制能力。在上述提到的几种励磁方式中，直流电源通过集电环接入到同步发电机的励磁绕组上。

3. 负载补偿器

AVR 通常仅控制发电机定子输出端的电压。在 AVR 环外构建一个额外的控制环可以控制位于电网远端某一个点上的电压。负载补偿器具有可调的电阻和电抗，用以模拟在发电机端口和实际受控电压所在点之间的阻抗。利用该阻抗和检测的电流可以计算得到电压降，并将其加到发电机输出端的参考电压上。

4. 电力系统稳定器

电力系统稳定器（PSS）的基本功能是为了在发电机转子发生振荡时通过控制励磁来增加阻尼。通常我们还使用转轴速度、发电机输出端频率和功率作为辅助的电力系统稳定器输入信号来控制励磁。

3.3.2　原动机控制

发电机原动机控制系统能够通过调节并网发电机的输出功率来匹配有功指令和电网负载。例如，当电网负载增加时，发电机会受到更大的制动转矩作用而减速。转速下跌会被每个参与调节的原动机控制器检测到，并用于增加其有功功率输出。每台发电机的输出功率的变化由其原动机调节器的下垂曲线的设置来确定。4% 的下垂设置意味着 4% 的速度变化会导致 100% 的发电机输出功率变化。在稳态下，电网上的所有发电机都运行于相同的频率，同时这个频率决定了每台发电机原动机的转速。因此，在电网的负载增加后，电网的频率将会下跌，直至电网上的调频发电机产生的输出功率变化与电网负载的变化匹配为止。图 3.12 给出了一个原动机功率控制环的基本构成。图 3.13 为下垂特性示意图。通过改变负载参考点 P_{ref}，我们可以修改发电机原动机的特性，使得在任何期望的输出功率下都能使发电机输出参考频率（50Hz 或 60Hz）。换言之，图 3.13 的曲线可以进行垂直方向的移动。

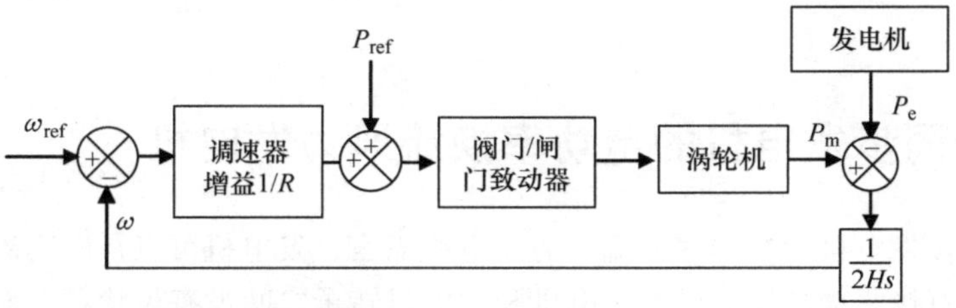

图 3.12　转速调节系统框图（Wood，1996；Anaya - Lara 等，2009）

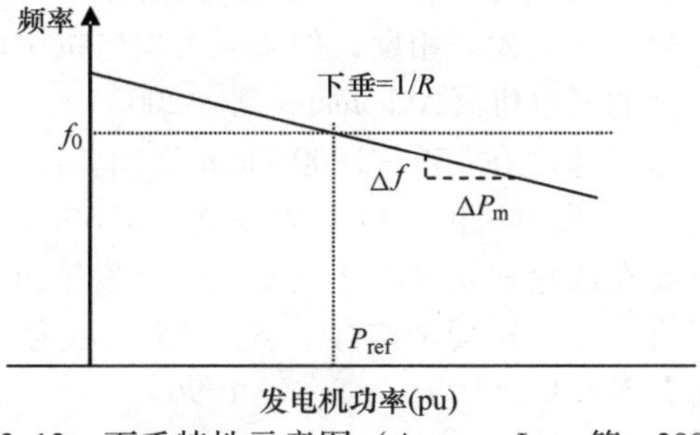

图 3.13　下垂特性示意图（Anaya - Lara 等，2009）

3.4　全功率换流风力发电机

近年来，配备全功率换流器的风力发电机获得了越来越多的关注，该风力发电机框图如图 3.14 所示（Fox 等，2007；Anaya - Lara 等，2009）。这类风力发电机可以配有增速齿轮箱，也有的取消了增速齿轮箱。发电机形式多种多样，例如可以为异步发电机、传统同

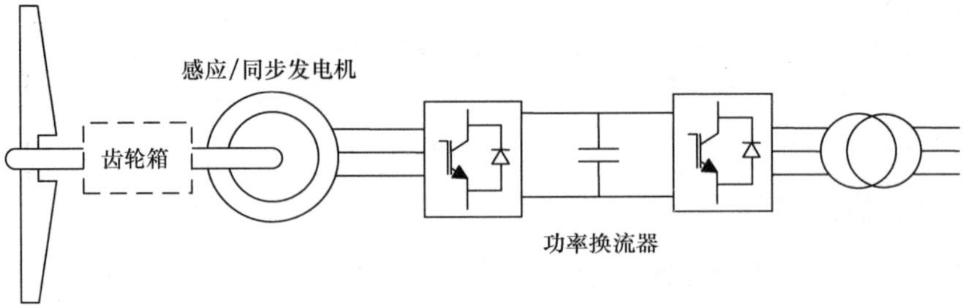

图 3.14　全功率换流风力发电机的典型结构
（Fox 等，2007；Anaya - Lara 等，2009）

步发电机以及永磁同步发电机等。因为来自风力发电机的所有功率都通过功率换流器传输，发电机的特性以及动态被有效地与电网进行隔离。这样，发电机的电频率可以随着风速变化而变化，而电网的频率不变，这就实现了风力发电机的变速运行。这类风力发电机的功率换流器的功率等级与发电机的功率等级相匹配。

换流器可以有多种多样的形式。尽管发电机侧换流器（GSC）可以为二极管不可控整流器或为 PWM 电压源换流器，典型的网侧换流器（NSC）还是 PWM 电压源换流器。风力发电机所使用的功率换流器的类型很大程度上决定了发电机以及对流向电网的功率的控制策略。

3.5　基于同步发电机的全功率换流风力发电机

对基于同步发电机的全功率换流风力发电机而言，发电机可以是电励磁，也可以是永磁励磁。如为直接驱动结构，风力发电机和发电机转子之间没有齿轮箱，而是安装在同一条轴上，同时这种发电机需为低速运行而特别设计，具有很高的极数。直接驱动的同步发电机由于极数高，因此一般尺寸很大。相反，如果风力发电机中使用齿轮箱，那么我们可以用一台尺寸更小、极数低的发电机（Akhomatov 等，2003）。

如今，如果发电机的运行速度在 750～1800r/min 之间，几乎所有的风力发电机都使用标准的发电机（4 极）。风力发电机的速度一般在 20～60r/min，远低于发电机转速。所以在传统的风电机组中都要在风轮和发电机之间安装一台齿轮箱。另一种方案是使用低速发电机。这样发电机可以直接与风轮同轴连接。图 3.15 所示为一台传统风力发电机以及一台直驱风力发电机的传动系统原理图（Grauers，1996）。

由于能降低传动系统损耗以及降低噪声，在一些运用场合中直驱风力发电机是更好的选择（Grauers，1996）。传统风力发电机与直驱风力发电机所用的发电机的一个重要区别在于直驱发电机由于速度低，必须能输出很大的额定转矩。这个差异非常重要，因为低速发电机的尺寸和损耗取决于额定转矩，而非额定功率。500kW、30r/min 的风力发电机中所用的直驱发电机的转矩与 50MW、3000r/min 汽轮发电机的额定转矩相等。由于额定转矩大，直驱发电机通常比传统的发电机更重、效率更低。为提升效率并降低有效部件重量，直驱发电机的直径通常都设计得比较大。

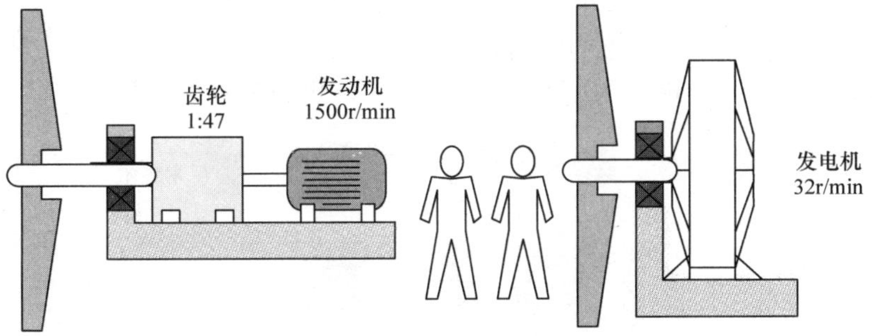

图 3.15　传统风力发电机传动系统（左图）和直驱风力发电机传动系统（右图）（Grauers，1996）

3.5.1　永磁同步发电机

与其他的同步电机一样，永磁同步发电机（PMSG）中磁场围绕绕组旋转，从而产生电能。此时，当磁场切割绕组上导体时，导体上会感应出电动势。永磁同步发电机上的旋转磁场产生自转子，该转子由铁心（通常为铁）和永磁体构成，而永磁体可以通过粘贴固定或者放置于铁心内部。图 3.16 为几种典型的永磁同步发电机的截面图（Hanselman，2006）。

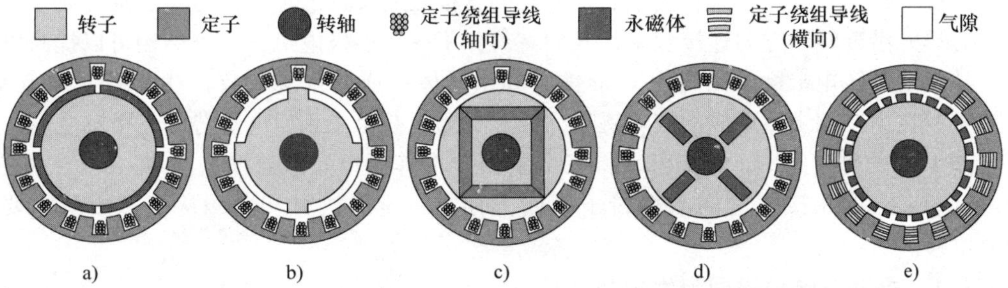

图 3.16　不同永磁同步发电机的截面图：a）表面贴永磁体式；b）嵌入式表面贴永磁体式[㊀]；c）内置式永磁式；d）嵌入式（辐条状）永磁式；e）横向磁通永磁式

如图 3.16 所示，转子截面可以为各种形式，具体取决于永磁同步发电机的使用场合。转子类型 a）和 b）通常出现于电动机中。转子类型 c）更适用于高速场合，因为矩形磁钢完全被安放在转子内，在机械上可以更好地受到保护，从而不被离心力破坏。这种磁钢布置方式还能产生额外的磁阻转矩。转子类型 d）起聚磁的作用，这是因为永磁体的表面积超过了转子表面积；在使用铁氧体永磁时，这种布置方式可以获得更好的电机性能。这种磁钢布置方式也能产生额外的磁阻转矩。转子类型 e）为横向磁通永磁结构电机，此类电机在低速大转矩的无齿轮箱（直驱）风电系统中具有优势。此图中发电机仅为单相结构，定子线圈绕成环性（相对转轴为横向），转子表面为一系列永磁体。

图 3.17 为一台横向磁通永磁同步发电机的垂直截面和横向截面图，以及一段定子铁

㊀ 原图 b 有误。——译者注

心的立体截面图。从图3.17b）和c）可见，环形的定子线圈被定子上C形铁心所包围，这些铁心产生一个二极、变磁阻的结构。这二个极位于铁心的两端，并与安装在转子表面极性交替变化的永磁阵列相对，从而在定子铁心中产生一个交变的磁通。

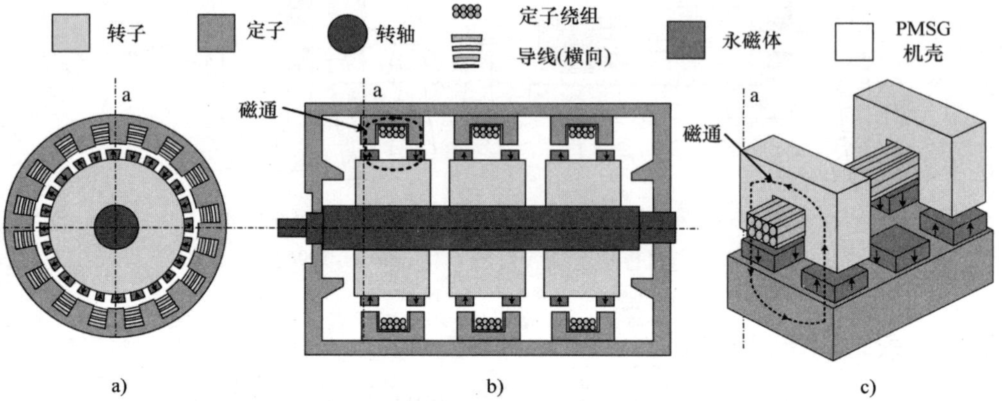

图3.17　a）横向磁通永磁同步发电机径向截面图；b）横向磁通永磁同步发电机横向截面图；c）横向磁通永磁同步发电机a相部分立体截面图

横向磁通永磁同步发电机的特点是在某一时刻所有永磁体N极的磁通都进入环形定子，然后当转子转过一个永磁极距后，所有的S极磁通又进入定子。这样，通过把多个C形铁心单元沿着转动方向连接起来，我们就得到了一台多极电机，这种结构可以提高电负载，从而增加转矩密度。因为由C形铁心和永磁体构成的系统仅仅产生单相反电动势，所以不存在由二相绕组形成的旋转磁场。因此，为了获得三相反电动势和三个独立且电角度互差120°的交变磁场，我们可以将三个单相C形阵列单元沿着横向叠在一起，并使每个阵列单元上的永磁体之间沿着转子表面都存在一定的机械转角，从而形成所需要的120°位移。

3.5.1.1　永磁与电励磁同步发电机对比

同步电机能够在其转子上产生励磁。这种激励可以来自载流导体，也可以来自永磁体（PM）。绕线转子同步电机相对永磁同步电机具有一个优点：其励磁电流可以调节，这样就可以独立于负载电流而控制输出电压。这个特点就解释了为何大多数定速、并网型的水力或汽轮发电机都使用绕线式而不是永磁式的转子。风力发电机中的同步发电机大都通过换流器并网，所以空载输出电压可控的特性并非非常重要（Anaya - Lara等，2009）。

绕线转子相对永磁转子通常都更重、体积更大（特别是对短距同步发电机而言）。而且，电励磁同步发电机在转子绕组上会产生额外的损耗。尽管在永磁体上也会由于涡流而产生一些损耗，但是这些损耗通常比电励磁转子绕组上的铜耗要低得多。随着极数增加，这些铜耗也会相应上升。

3.5.2　基于永磁同步发电机的全功率换流风力发电机

永磁励磁避免了绕线转子同步发电机中对励磁电流供电需求，也消除了在感应发电机中对无功功率补偿装置的需求，而且也取消了集电环（Chen等，1998）。图3.18给出了发电机侧换流器为不可控整流的一种发电方式。直流升压电路用来稳定直流链电压，而网侧换流器（PWM VSC）控制发电机运行。网侧换流器可以用功角控制技术来控制，也可以用基于在电压定向的 dq 平面上定义的电流控制器来进行控制（Fox 等，2007；Anaya - Lara 等，2009）。

图 3.19 所示为基于永磁同步发电机和背靠背换流器的风电机组拓扑。在这种结构中，发电机侧换流器调节发电机的运行，而网侧换流器则通过向电网输出有功功率来控制直流链电压。

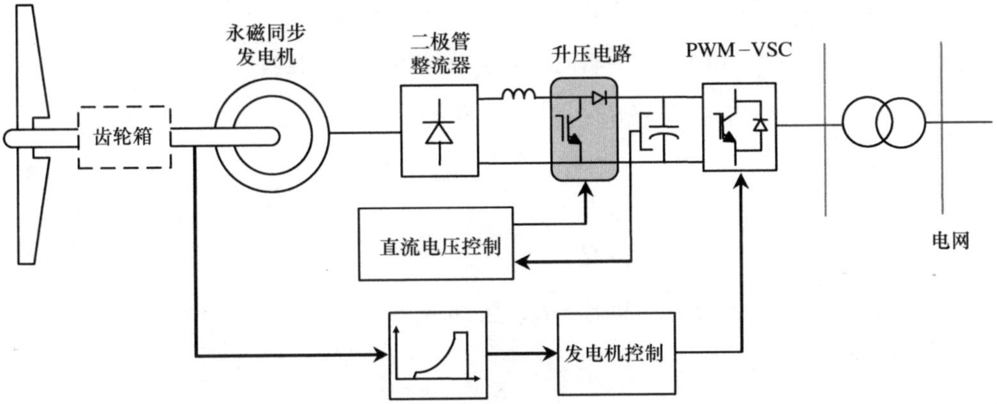

图 3.18　带不可控整流器的永磁同步发电机（Fox 等，2007；Anaya - Lara 等，2009）

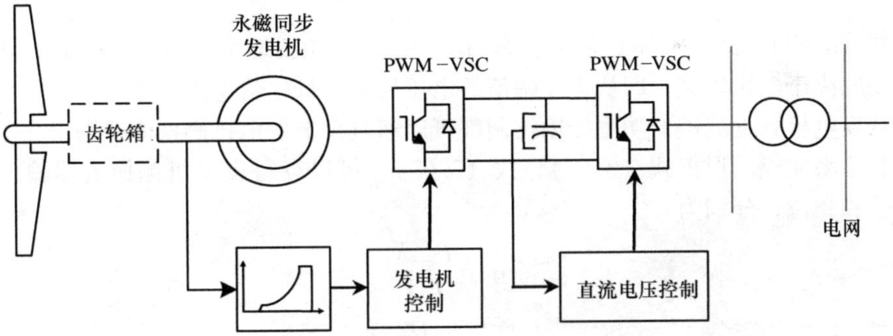

图 3.19　带背靠背电压源换流器的永磁同步发电机（Fox 等，2007；Anaya - Lara 等，2009）

3.5.3　发电机侧换流器控制

发电机侧换流器控制风力发电机的运行，下面介绍两种控制技术，即负载角控制和矢量控制。

3.5.3.1　负载角控制技术

负载角控制技术利用稳态潮流方程（Kundur，1994；Fox 等，2007；Anaya - Lara 等，2009），并基于此确定发电机与直流链之间有功和无功功率的流动。参考图 3.20，E_g代表发电机反电动势的幅值，X_g为发电机同步电抗，V_t为换流器输出端电压幅值，α_g为电压 E_g

和 V_t的相位差。

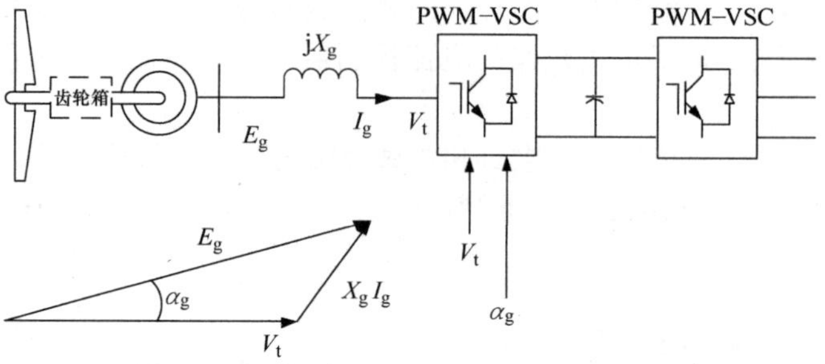

图 3.20　一台同步风力发电机的负载角控制

在稳态下，有功和无功功率潮流可以定义如下：

$$P = \frac{E_g V_t}{X_g} \sin\alpha_g \tag{3.65}$$

$$Q = \frac{E_g^2 - E_g V_t \cos\alpha_g}{X_g} \tag{3.66}$$

由于负载角 α_g通常比较小，$\sin\alpha_g \approx \alpha_g$，且 $\cos\alpha_g \approx 1$。则，式（3.65）、式（3.66）可以进一步简化为

$$P = \frac{E_g V_t}{X_g} \alpha_g \tag{3.67}$$

$$Q = \frac{E_g^2 - E_g V_t}{X_g} \tag{3.68}$$

从式（3.67）、式（3.68）可见，有功功率的传输主要取决于相角 α_g。而无功功率的传输主要取决于电压幅值，即从更高幅值的电压处向更低幅值电压处输送。发电机的运行控制和从发电机到直流链的功率传输控制都可以通过调节发电机侧换流器输出交流电压的幅值和相位来完成。根据式（3.67）、式（3.68），可以算得发电机侧换流器输出交流电压的幅值和相位，分别为

$$\alpha_g = \frac{P_{gref} X_g}{E_g V_t} \tag{3.69}$$

$$V_t = E_g - \frac{Q_{gref} X_g}{E_g} \tag{3.70}$$

式中，P_{gref}为需要从发电机输送到直流链的有功功率参考值；Q_{gref}为无功功率参考值。

有功功率参考值 P_{gref}根据最大功率跟踪曲线上的某一个发电机转速 ω_r确定。由于为永磁发电机，定子上并不需要磁化电流，所以无功功率参考值可以设为零，$Q_{gref} = 0$（即 V_t和 E_g幅值相等）。图 3.21 为负载角控制的方案图。

负载角控制的最大优点在于其简单。但是，这种方法忽略了发电机的动态，所以在瞬态运行条件下可能不是很有效（Fox 等，2007；Anaya - Lara 等，2009）。

3.5.3.2　矢量控制技术

矢量控制技术基于同步发电机在 dq 坐标系下的动态模型。dq 坐标系的 d 轴与转子（磁场）的磁轴重合。在矢量控制中，$\bar{i}_{ds_{ref}}$ 设为零，而$\bar{i}_{qs_{ref}}$ 从式（3.25）得到。从式

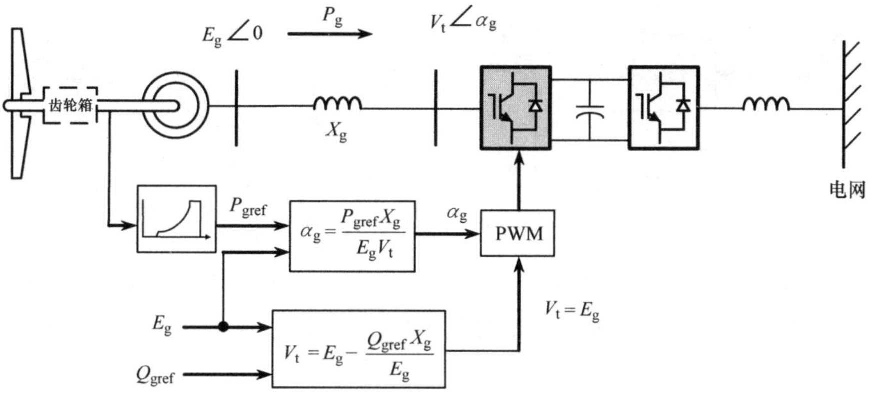

图 3.21　发电机侧换流器的负载角控制

（3.25）和式（3.28），且$\bar{i}_{ds}=0$，我们可以得到下列关系：

$$\bar{T}_e=\bar{\psi}_{ds}\bar{i}_{qs} \tag{3.71}$$

$$\bar{\psi}_{ds}=\bar{L}_{md}\bar{i}_f \tag{3.72}$$

若定义$\bar{L}_{md}\bar{i}_f=\bar{\psi}_{fd}$，并将式（3.72）中的$\bar{\psi}_{ds}$代入式（3.71），可得

$$\bar{T}_e=\bar{\psi}_{fd}\bar{i}_{qs} \tag{3.73}$$

由式（3.73）可知，对于某一个给定的参考转矩$\bar{T}_{sp}$，我们有

$$\bar{i}_{qs_{ref}}=\frac{\bar{T}_{sp}}{\bar{\psi}_{fd}} \tag{3.74}$$

一旦控制器确定了参考电流$\bar{i}_{qs_{ref}}$和$\bar{i}_{ds_{ref}}$，相应的电压幅值可以从式（3.32）和式（3.34）计算得到：

$$\bar{v}_{ds}=-\bar{r}_s\bar{i}_{ds}+\bar{X}_{qs}\bar{i}_{qs} \tag{3.75}$$

$$\bar{v}_{qs}=-\bar{r}_s\bar{i}_{qs}-\bar{X}_{ds}\bar{i}_{ds}+\bar{E}_{fd} \tag{3.76}$$

我们利用 PI 控制器来调节参考电流和实际电流之间的误差，这些电流值与式（3.75）和式（3.76）中等号右边的$\bar{r}_s$项相关。如图 3.22 所示，除了 PI 控制器输出，参考电压中还增加了附加项，这是为了消除交叉耦合的影响。

参考电流$\bar{i}_{ds_{ref}}$的值在发电机运行于基速以下时被设为零，而当发电机运行于基速以上时，$\bar{i}_{ds_{ref}}$被设为某个负值，目的是对励磁磁链起一定的去磁作用。参考电流$\bar{i}_{qs_{ref}}$的大小由转矩方程来确定。发电机矢量控制的实施框图如图 3.23 所示。

转矩控制在 q 轴进行，而发电机的磁化控制在 d 轴实施。q 轴定子电流的参考值$\bar{i}_{qs_{ref}}$从式（3.74）计算得到，然后和实际值$\bar{i}_{qs}$进行比较。这二者的误差输入到一个 PI 控制器中，该控制器的输出为控制发电机侧换流器所需的 q 轴电压$\bar{v}_{qs}$。为了获得所需的 d 轴电压$\bar{v}_{ds}$，我们比较定子 d 轴电流参考值$\bar{i}_{ds_{ref}}$和实际值$\bar{i}_{ds}$，并将二者的误差送入一个 PI 控制器进行处理。对永磁同步发电机而言，d 轴电流参考值$\bar{i}_{ds_{ref}}$可以设为零（Fox 等，2007；Anaya - Lara 等，2009）。

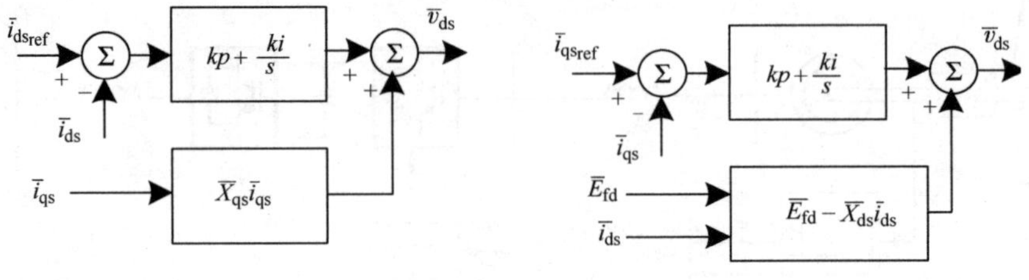

图 3.22　矢量控制策略框图：a）磁化电流环（d 轴）；b）转矩电流环（q 轴）

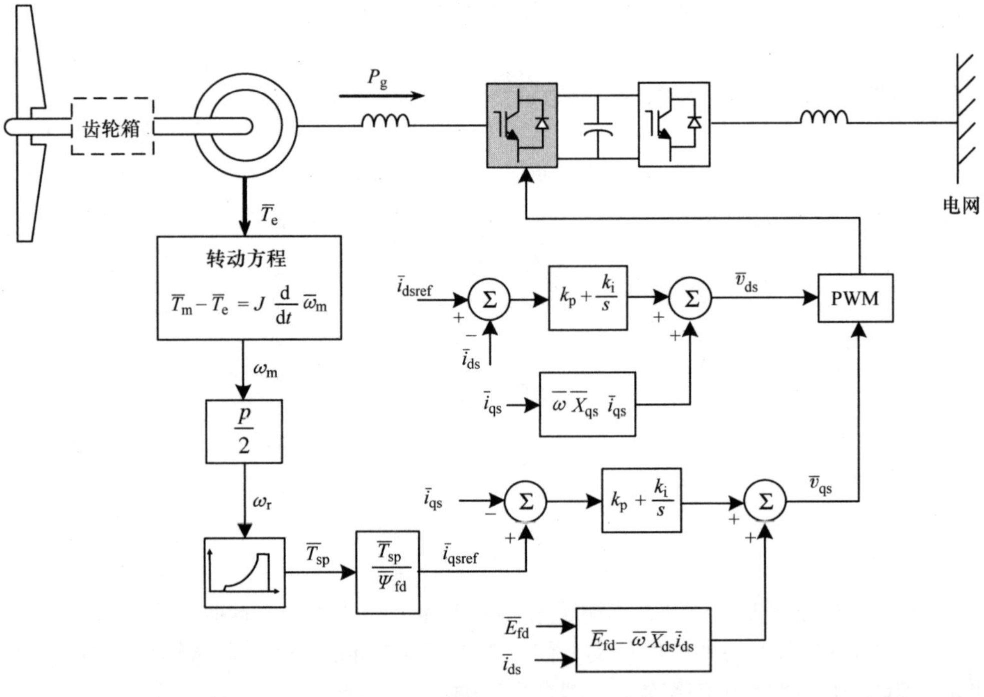

图 3.23　发电机侧换流器的矢量控制框图（Fox 等，2007；Anaya – Lara 等，2009）

3.5.4　直流链建模

在仿真研究中，需要传输到电网的有功功率的参考值 P_{gref} 可以借助图 3.24 所示的直流链的动态关系得到（Fox 等，2007；Anaya – Lara 等，2009）。图 3.24 说明了直流链的功率平衡情况，即

$$P_C = P_g - P_{net} \tag{3.77}$$

式中，P_C 为直流链电容吸收的功率；P_g 为发电机输出的功率（并输出至直流链）；而 P_{net} 为从直流链输送至电网的有功功率。

电容吸收的有功功率可以表达为

$$P_C = V_{DC} \cdot I_{DC} = V_{DC} \cdot C\frac{dV_{dc}}{dt} \qquad (3.78)$$

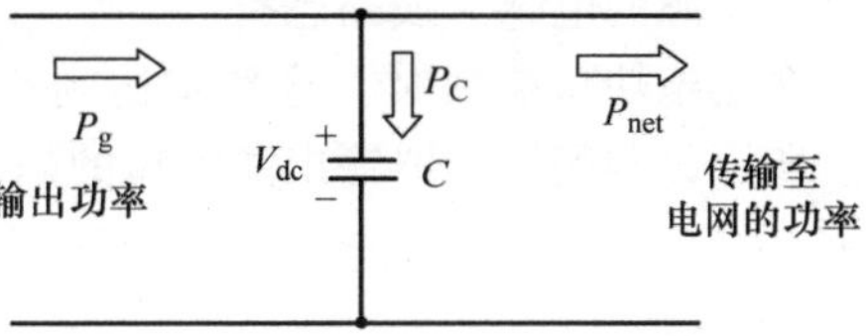

图 3.24　直流链的有功功率潮流

从式（3.78），我们得到直流链电压，即

$$P_C = V_{dc} \cdot C\frac{dV_{dc}}{dt} = \frac{C}{2} \cdot 2 \cdot V_{dc}\frac{dV_{dc}}{dt} = \frac{C}{2} \cdot \frac{dV_{dc}^2}{dt} \qquad (3.79)$$

整理式（3.79），并对式子两边积分，得

$$V_{dc}^2 = \frac{2}{C}\int P_C dt \qquad (3.80)$$

则

$$V_{dc} = \sqrt{\frac{2}{C}\int P_C dt} \qquad (3.81)$$

将式（3.77）中的P_C代入式（3.81），那么V_{dc}可以用发电机输出功率P_g和输送到电网的功率P_{net}来表达，即

$$V_{dc} = \sqrt{\frac{2}{C}\int (P_g - P_{net})dt} \qquad (3.82)$$

从式（3.82）我们可以算得V_{dc}的实际值。传输到电网的有功功率参考值$P_{net_{ref}}$可以通过比较直流链实际电压V_{dc}与直流电压参考值$V_{dc_{ref}}$的误差得到。这二个信号的误差经过一个 PI 控制器处理后产生一个有功功率参考值$P_{net_{ref}}$，流程如图 3.25 所示。需要注意，在实际物理系统中，直流链实际电压V_{dc}是通过传感器测量得到的。

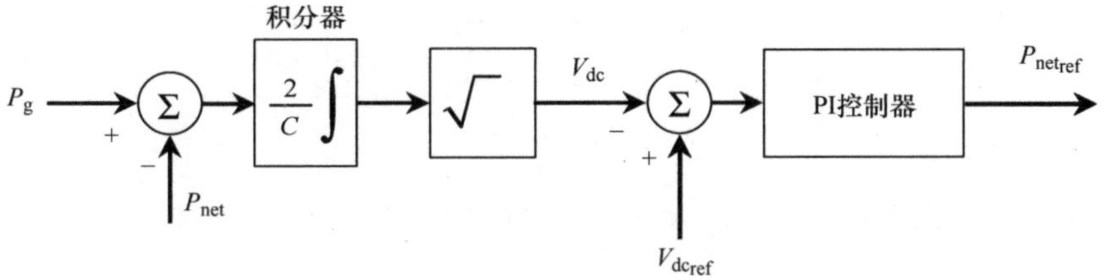

图 3.25　有功功率参考值$P_{net_{ref}}$的计算流程图（适合仿真研究用）

3.5.5　网侧换流器控制

网侧换流器的主要功能是向电网输出有功功率，目的则是使直流链电压水平维持在其参考值上。此外，控制器必须允许换流器和电网之间进行无功功率交换，这在某些运用中是必须具备的一项功能。

3.5.5.1　功角控制技术

一种控制网侧换流器的方法也称为功角控制技术，其中，网侧换流器视为送端$V_{VSC}\angle\delta$，而电网则视为受端$V_{net}\angle 0$。因为电网电压已知，所以选其为参考，则功角为正。连接这二个源的电感为线路感抗 X_{net}。

在实施功角控制时，若希望达到单位功率因数，则可以将无功功率参考值$Q_{net_{ref}}$设为零。所以，网侧换流器输出端电压的幅值 V_{VSC}和角度 δ 可以通过下列公式算得：

$$\delta = \frac{P_{net_{ref}} X_{net}}{V_{VSC} V_{net}} \tag{3.83}$$

$$V_{VSC} = V_{net} + \frac{Q_{net_{ref}} X_{net}}{V_{VSC}};\ Q_{net_{ref}} = 0 \tag{3.84}$$

从式（3.83）和式（3.84），我们可以得到网侧换流器输出电压的幅值 V_{VSC}和角度 δ，分别为

$$V_{VSC} = g(Q_{net_{ref}}, V_{net}, \delta) = \frac{V_{VSC}\cos\delta + \sqrt{(V_{net}\cos\delta)^2 + 4\cdot(Q_{net_{ref}}/3)\cdot X_{net}}}{2} \tag{3.85}$$

$$\delta = f(P_{net_{ref}},\ V_{net}) = \sin^{-1}\left(\frac{P_{net_{ref}} X_{net}}{3V_{VSC} V_{net}}\right) \tag{3.86}$$

式（3.85）为一个二元二次方程，可以用来求解 V_{VSC}，其中仅仅有一个解是合理的。图 3.26 为功角控制技术实现框图。直流链电压参考值$V_{dc_{ref}}$和实际（或测量）电压 V_{dc}经过比较后，其误差被送入一个 PI 控制器处理。两个 PI 调解器的输出$P_{net_{ref}}$、$Q_{net_{ref}}$可以用来计算网侧换流器输出电压的幅值和相角。

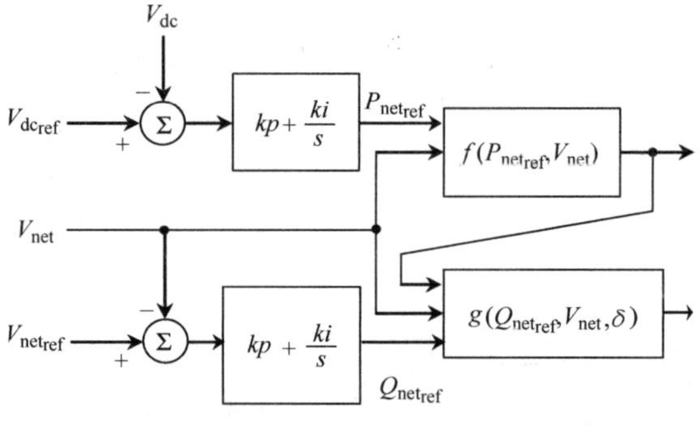

图 3.26　基于功角控制技术的有功和无功功率控制框图

3.5.5.2　矢量控制技术

图 3.27 给出了网侧换流器基于矢量控制的框图。图中通过对 q 轴电流控制来使直流链电压值稳定，而并网处电压通过 d 轴电流调节进行控制。初始电流参考值首先在电压 V_{net}的 dq 坐标系下进行确定，其中该电压矢量和此坐标系的 q 轴重合。然后，这二个电流参考值被变换到电网参考坐标系（network reference frame），并和实际的电流值进行比较。电流误差送入 PI 控制器，控制器的输出再加上解耦项，以消除 dq 轴之间的耦合；最后，再加上电压 V_{net}的 dq 轴分量，便得到在电网参考坐标系下网侧换流器端口期望输出的电压分量。

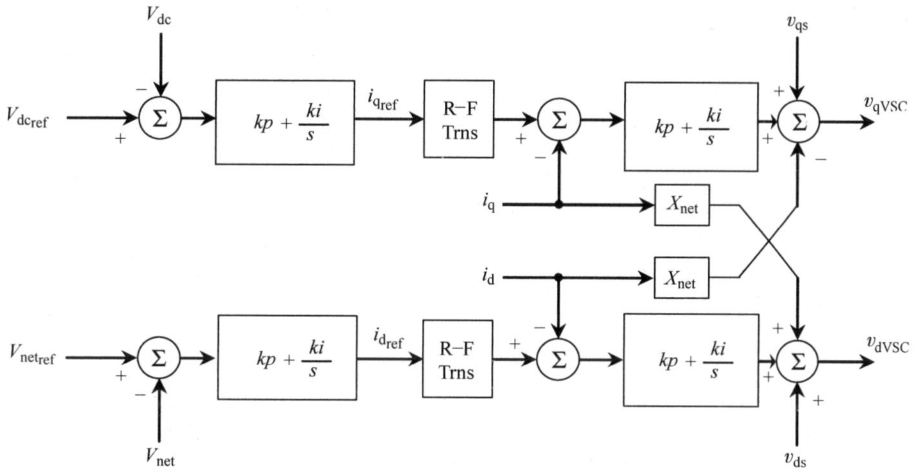

图 3.27　dq 坐标系下的网侧换流器控制框图

3.6　基于笼型感应发电机的全功率换流风力发电机

图 3.28 给出了基于感应发电机的全功率换流风力发电机结构框图（Caliao，2008）（下面所有的电量都以标幺值表示，除非有特别声明）。发电机侧换流器的控制策略为基于转子磁链定向的矢量控制策略。网侧换流器则用负载角控制或矢量控制（Vas，1990；Krause 等，2002；Caliao，2008；Anaya－Lara 等 2009）。

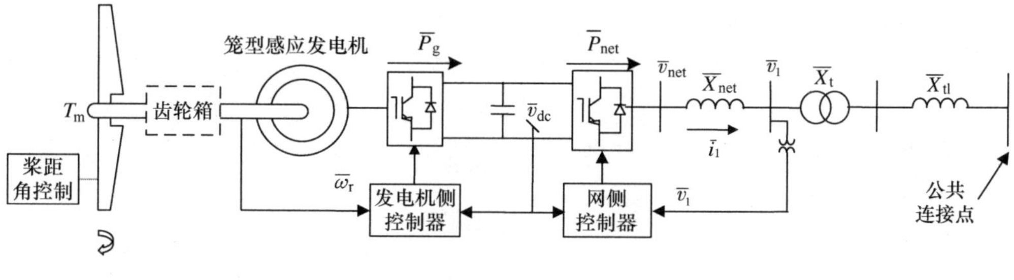

图 3.28　基于感应发电机的全功率换流风力发电机结构框图（Caliao，2008）

3.6.1　全功率换流感应风力发电机的控制

在 dq 坐标系并标幺化的感应电机的动态方程如下（Kundur，1994；Ackermann，2005；Anaya－Lara 等，2009），这些方程用来设计网侧换流器的控制器：

1）电压方程：

$$\overline{v}_{ds}=-\overline{r}_s\overline{i}_{ds}-\overline{\omega}_s\overline{\psi}_{qs}+\frac{1}{\omega_b}\frac{d\overline{\psi}_{ds}}{dt} \tag{3.87}$$

$$\overline{v}_{qs}=-\overline{r}_s\overline{i}_{qs}+\overline{\omega}_s\overline{\psi}_{ds}+\frac{1}{\omega_b}\frac{d\overline{\psi}_{qs}}{dt} \tag{3.88}$$

$$\bar{v}_{dr}=\bar{r}_r\bar{i}_{dr}-s\,\bar{\omega}_s\bar{\psi}_{qr}+\frac{1}{\omega_b}\frac{d\bar{\psi}_{dr}}{dt} \tag{3.89}$$

$$\bar{v}_{qr}=\bar{r}_r\bar{i}_{qr}+s\,\bar{\omega}_s\bar{\psi}_{dr}+\frac{1}{\omega_b}\frac{d\bar{\psi}_{qr}}{dt} \tag{3.90}$$

2）磁链方程：

$$\bar{\psi}_{ds}=-\bar{L}_{ss}\bar{i}_{ds}+\bar{L}_m\bar{i}_{dr} \tag{3.91}$$

$$\bar{\psi}_{qs}=-\bar{L}_{ss}\bar{i}_{qs}+\bar{L}_m\bar{i}_{qr} \tag{3.92}$$

$$\bar{\psi}_{dr}=\bar{L}_{rr}\bar{i}_{dr}-\bar{L}_m\bar{i}_{ds} \tag{3.93}$$

$$\bar{\psi}_{qr}=\bar{L}_{rr}\bar{i}_{qr}-\bar{L}_m\bar{i}_{qs} \tag{3.94}$$

式中，$\bar{L}_{ss}=\bar{L}_s+\bar{L}_m$，$\bar{L}_{rr}=\bar{L}_r+\bar{L}_m$。

3）暂态电抗后的 dq 轴电压：

$$\bar{e}_d=-\frac{\bar{\omega}_s\bar{L}_m}{\bar{L}_{rr}}\bar{\psi}_{qr} \tag{3.95}$$

$$\bar{e}_q=\frac{\bar{\omega}_s\bar{L}_m}{\bar{L}_{rr}}\bar{\psi}_{dr} \tag{3.96}$$

4）转矩方程：

$$\bar{T}_e=\frac{\bar{e}_d\bar{i}_{ds}+\bar{e}_q\bar{i}_{qs}}{\bar{\omega}_s} \tag{3.97}$$

5）转子机械方程：

$$2H\frac{d\bar{\omega}_r}{dt}=\bar{T}_m-\bar{T}_e \tag{3.98}$$

发电机侧换流器的控制基于转子磁场定向的矢量控制技术。图 3.29 所示为感应发电机工作于转子磁场定向（$\psi_{qr}=0$）下的矢量图。由图 3.29 可见，转子磁链与 d 轴重合，并以同步速 $\bar{\omega}$ 旋转（Vas，1990；Krause 等，2002）。

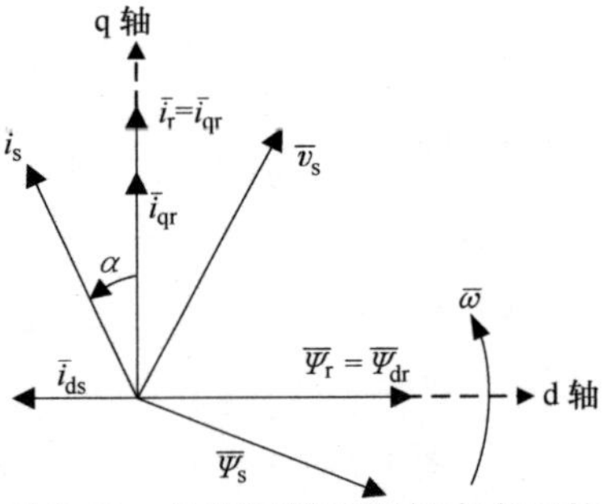

图 3.29　运行于转子磁场定向下的感应发电机矢量图

从式（3.94）可知，$\bar{\psi}_{qr}=\bar{L}_{rr}\bar{i}_{qr}-\bar{L}_m\bar{i}_{qs}=0$；所以，转子电流 $\bar{i}_{qr}$ 等于

$$\bar{i}_{qr}=\frac{\bar{L}_m}{\bar{L}_{rr}}\bar{i}_{qs} \tag{3.99}$$

基于暂态电抗 $\bar{e}_d$ 和 $\bar{e}_q$ 后的 dq 轴电压表达式［式（3.95）和式（3.96）］并由式（3.97），我们可以得到电磁转矩 $\bar{T}_e$ 为

$$\bar{T}_e=\frac{\bar{L}_m}{\bar{L}_{rr}}(-\bar{\psi}_{qr}\bar{i}_{ds}+\bar{\psi}_{dr}\bar{i}_{qs})=\frac{\bar{L}_m}{\bar{L}_{rr}}\bar{\psi}_{dr}\bar{i}_{qs} \tag{3.100}$$

对全功率换流感应发电机而言，因为转子导条短路，所以有 $\bar{v}_{qr}=\bar{v}_{dr}=0$。而且，若 $\bar{\psi}_{qr}=0$，则有 $\frac{d\bar{\psi}_{qr}}{dt}=0$，且若 $\bar{\psi}_{dr}$ 为常数，则有 $\frac{d\bar{\psi}_{dr}}{dt}=0$。这样，式（3.89）和式（3.90）表

达的转子电压方程就可以简化为

$$\bar{v}_{\rm dr}=\bar{r}_{\rm r}\bar{i}_{\rm dr}=0 \tag{3.101}$$

$$\bar{v}_{\rm qr}=\bar{r}_{\rm r}\bar{i}_{\rm qr}+s\,\bar{\omega}_{\rm s}\bar{\psi}_{\rm dr}=0 \tag{3.102}$$

由式（3.102），我们可以得到转差速度为

$$s\,\bar{\omega}_{\rm s}=\frac{\bar{r}_{\rm r}\bar{i}_{\rm qr}}{\bar{\psi}_{\rm dr}} \tag{3.103}$$

将式（3.101）代入式（3.93），我们可以获得下面关系：

$$\bar{\psi}_{\rm dr}=-\bar{L}_{\rm m}\bar{i}_{\rm ds} \tag{3.104}$$

把式（3.104）代入式（3.100）和式（3.103）中，我们可以得到电磁转矩和转差速度的表达式

$$\bar{T}_{\rm e}=-\frac{\bar{L}_{\rm m}^2}{\bar{L}_{\rm rr}}\bar{i}_{\rm ds}\bar{i}_{\rm qs} \tag{3.105}$$

$$s\,\bar{\omega}_{\rm s}=\frac{\bar{r}_{\rm r}}{\bar{L}_{\rm m}}\frac{\bar{i}_{\rm qr}}{\bar{i}_{\rm ds}} \tag{3.106}$$

若将式（3.99）代入式（3.106），则可以得到

$$s\,\bar{\omega}_{\rm s}=\frac{\bar{r}_{\rm r}}{\bar{L}_{\rm m}}\frac{\bar{i}_{\rm qs}}{\bar{i}_{\rm ds}} \tag{3.107}$$

由于$\bar{i}_{\rm dr}=0$，式（3.91）可以进一步简化为

$$\bar{\psi}_{\rm ds}=-\bar{L}_{\rm ss}\bar{i}_{\rm ds} \tag{3.108}$$

将式（3.99）代入式（3.92），则可得下列关系式

$$\bar{\psi}_{\rm qs}=-\bar{L}_{\rm ss}\bar{i}_{\rm qs}+\bar{L}_{\rm m}\frac{\bar{L}_{\rm m}}{\bar{L}_{\rm rr}}\bar{i}_{\rm qs}=-\left(\bar{L}_{\rm ss}-\frac{\bar{L}_{\rm m}^2}{\bar{L}_{\rm rr}}\right)\bar{i}_{\rm qs}=-\bar{L}'\bar{i}_{\rm qs} \tag{3.109}$$

式中，$\bar{L}'=\bar{L}_{\rm ss}-(\bar{L}_{\rm m}^2/\bar{L}_{\rm rr})$。我们将式（3.108）和式（3.109）中的$\bar{\psi}_{\rm ds}$和$\bar{\psi}_{\rm qs}$代入式（3.87）和式（3.88），就可以得到稳态下的定子电压方程

$$\bar{v}_{\rm ds}=-\bar{r}_{\rm s}\bar{i}_{\rm ds}+\bar{\omega}_{\rm s}\bar{L}'\bar{i}_{\rm qs} \tag{3.110}$$

$$\bar{v}_{\rm qs}=-\bar{r}_{\rm s}\bar{i}_{\rm qs}-\bar{\omega}_{\rm s}\bar{L}_{\rm ss}\bar{i}_{\rm ds} \tag{3.111}$$

定子电压$\bar{v}_{\rm ds}$表达式中包含了电压$\bar{\omega}_{\rm s}\bar{L}'\bar{i}_{\rm qs}$项，而定子电压$\bar{v}_{\rm qs}$表达式中包含了电压$-\bar{\omega}_{\rm s}\bar{L}_{\rm ss}\bar{i}_{\rm ds}$项。这两项表示 dq 轴电压和 dq 轴电流之间存在交叉耦合的关系。也就是说，d 轴定子电压受 q 轴定子电流的影响，而 q 轴定子电压受 d 轴定子电流的影响。为了消除这些交叉耦合的不利影响，在控制系统中可加上$\bar{\omega}_{\rm s}\bar{L}'\bar{i}_{\rm qs}$项和$-\bar{\omega}_{\rm s}\bar{L}_{\rm ss}\bar{i}_{\rm ds}$项。这样，$\bar{i}_{\rm ds}$仅受$\bar{v}_{\rm ds}$单独控制，同样，$\bar{i}_{\rm qs}$仅受$\bar{v}_{\rm qs}$单独控制。发电机侧换流器的控制器中的磁通控制和转矩控制的框图如图 3.30 所示。（Caliao，2008；Anaya－Lara 等，2009）。

在磁通控制闭环中，我们通过调节 d 轴定子电流$\bar{i}_{\rm ds}^{\rm ref}$的大小来改变气隙磁通的大小。d 轴定子电流和其实际值进行比较，误差由一个 PI 调节器进行处理。该 PI 调节器的输出和解耦项相加，得到 d 轴定子电压。q 轴定子电流参考值可利用发电机的转矩－转速曲线和式（3.105）得到。然后，该值和其实际值进行比较，误差信号也被送入一个 PI 控制器。控制器输出和解耦项相加，就确定了 q 轴定子电压。

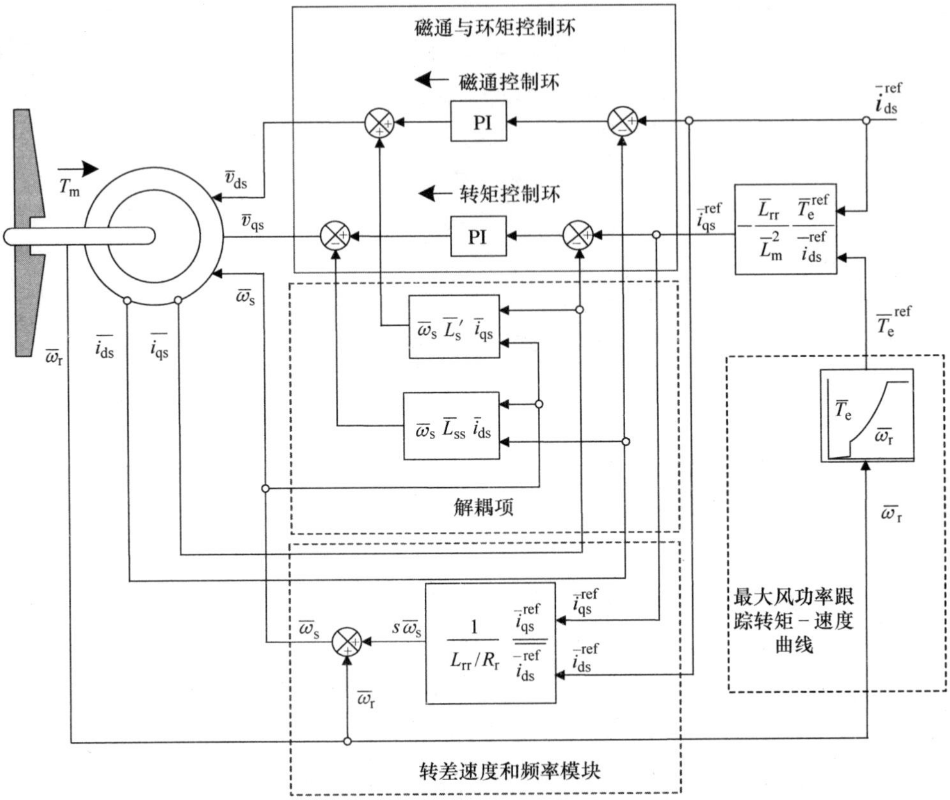

图 3.30　发电机侧换流器基于转子磁场定向控制策略的控制框图
(Caliao, 2008；Anaya－Lara 等，2009)

由图 3.30 可见，发电机端口的频率通过将转速和转差速度相加后得到，如式(3.107) 所示。

在大功率感应电机中定子感抗与定子电阻之比远大于小功率感应电机中的比值(Krause 等，2002)。例如，对运用于风力发电机中的一台 2MW 感应发电机，该比值为 20，而对 3HP 的一台感应电机而言，该比值为 2。这样，由式（3.110）和式（3.111）定义的 PI 控制器就可以化简为

$$\bar{v}_{ds} = \bar{\omega}_s \bar{L}' \bar{i}_{qs} \tag{3.112}$$

$$\bar{v}_{qs} = -\bar{\omega}_s \bar{L}_{ss} \bar{i}_{ds} \tag{3.113}$$

因此，如图 3.31 所示，这二个 PI 控制器可进行简化，不包含解耦项。

网侧换流器的控制已在 3.5.5 节中进行了描述，在此不再赘述。

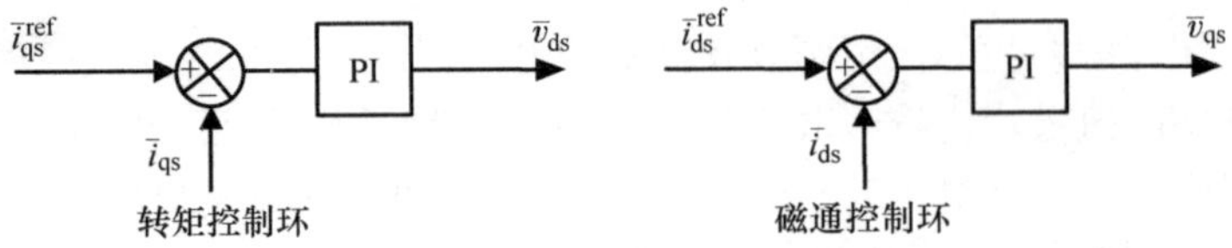

图 3.31　简化的发电机电流控制器

3.7　基于全功率换流风力发电机的电力系统阻尼器

大规模的风电并网将影响电网的阻尼值。网络阻尼不足会导致系统不稳定，其中振荡的频率大都落在机电模式振荡的频率范围内，即 0.1 ~ 2Hz，并发生在同步发电机的转子上。

研究表明风力发电机可以增加对电力系统振荡的阻尼。这种能力在基于定速感应发电机（FSIG）和双馈感应发电机（DFIG）的风力发电机中都已有所体现。全功率换流风力发电机的阻尼功能集成于网侧换流器的控制器中。这样，网侧换流器的控制器就负责支持对电力系统振荡进行阻尼，维持直流链电压稳定，并提供满足电网规范的电压和频率支撑。在对电网进行支撑的同时，全功率换流风力发电机网侧换流器的控制器仍然可使网侧和发电机侧的控制完全解耦。

带电网阻尼控制器的全功率换流风力发电机一般连接到一条单母线上，以该母线来等效大电网。评估控制器性能时可以运用小信号分析和时域仿真等方法。在提供电网阻尼时，换流器中直流链上电容上的电压值也需要同时进行监测，以防过电压发生。

3.7.1　电力系统振荡阻尼控制器

图 3.32 所示为一台连接到用于模拟大电网的单母线上的全功率换流器风电场（FRC - WF）。该电网用集中惯量模型来建模。电网振荡通过在并网点产生一个电压降来触发。网络的扰动引起电网功率和频率的变化。

电网频率的变化作为全功率换流器风电场振荡阻尼控制器（PDC）的输入，该控制器的框图如图 3.33 所示。从图中可见，电网频率的变化量通过一个冲失（wash - out）滤波器，目的是消除稳态下风电场控制对频率变化量本身的影响。然后，滤波后的频率变化量再经过一个调节器，用以调节幅值和相位，从而为电网提供正阻尼。

该冲失滤波器的时间常数选为 20s。相位调节器的时间常数取 $T_1 = 1$，$T_2 = 0.9$。增益取 $K_{PDC} = 1$ 或 2。这些数值是通过观察电网的主导特征根是如何在复平面上变化来确定的。这些取值可以抑制频率约为 1Hz 的局部振荡，这种振荡是由全功率换流器风电场相对大电网的摆动造成的。

图 3.34 给出了在扰动期间电网有功功率的变化量 ΔP_n。当 ΔP_n 位于纵轴的左边时，电网处于稳定状态。这表明电网有功功率的阻尼分量指向纵轴的左边。这样系统就表现为正阻尼。在小扰动下，系统会经历一个阻尼振荡过程。

如果 ΔP_n 位于纵轴的右边，电网将变为不稳定。此时，电网有功功率的阻尼分量指向纵轴的右边。系统就表现为负阻尼。

通过在有功功率的阻尼分量上叠加一个具有正贡献的信号，我们能提高电网的自然阻尼特性。功率振荡阻尼控制器将作用在阻尼分量上，以阻止 ΔP_n 向纵轴的右边移动。此时，阻尼控制器将调节网侧换流器控制器输出的角度（θ），使得 ΔP_n 一直处于纵轴的左边，如图 3.34 所示。

3.7.2　风力发电对电网阻尼的影响

风力发电机对电网阻尼的影响在定速感应风力发电机和全功率换流风力发电机上已有

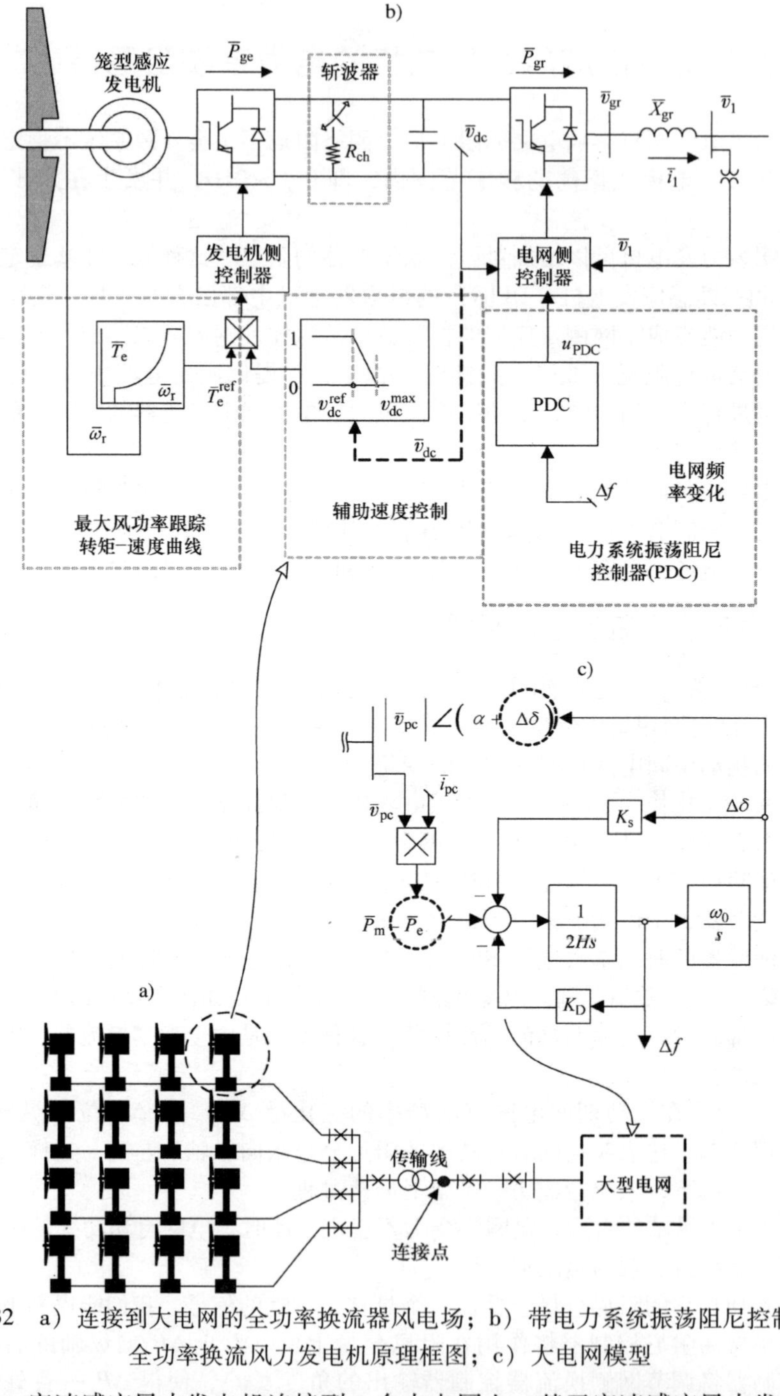

图 3.32　a）连接到大电网的全功率换流器风电场；b）带电力系统振荡阻尼控制器的全功率换流风力发电机原理框图；c）大电网模型

研究。其中，定速感应风力发电机连接到一个大电网上。基于定速感应风力发电机的风电场首先连接到一个大电网上。再将该风电场的发电容量从系统容量的 10% 增加到 15% 和 20% 。然后用全功率换流风力发电机代替风电场中的定速感应风力发电机。同样地，将风电场的发电容量从系统容量的 10% 增加到 15% 和 20% 。初始时，全功率换流风力发电机

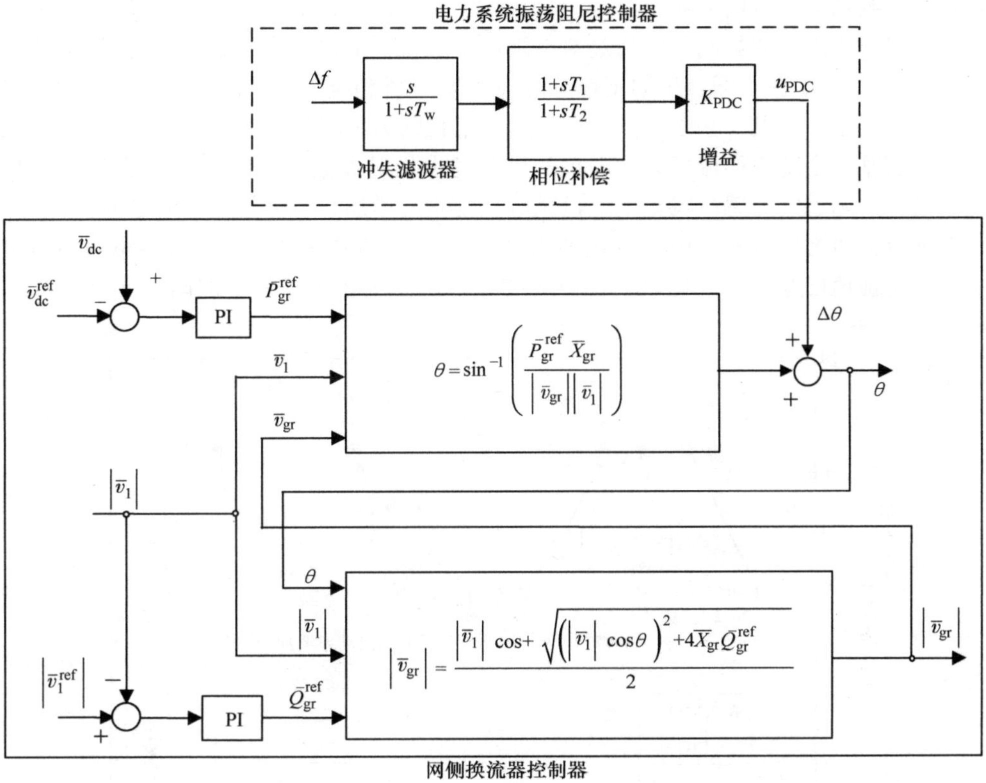

图 3.33　带电力系统振荡阻尼控制器的网侧换流器控制器原理框图

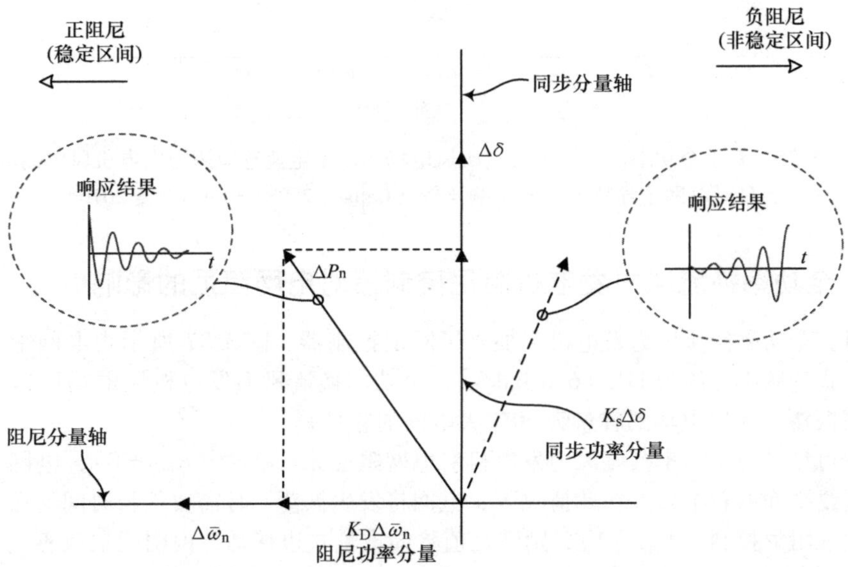

图 3.34　在扰动下电网有功功率的分量（Caliao，2008；Caliao 等，2010）

未配阻尼控制功能。电网的额定容量为21000MVA。定速感应风力发电机和全功率换流风力发电机对电网阻尼的影响可以通过对电网的主导特征值以及阻尼系数的观察来评估。

图3.35给出了在不同容量的定速感应风力发电机和全功率换流风力发电机条件下电网的主导特征根。可见，基于定速感应风力发电机的风电场相对大电网以约1.0Hz的频率在振荡。而基于全功率换流风力发电机的风电场也相对大电网以约1.0Hz的频率在振荡。由图还可见，随着定速感应风力发电机风电场容量的增加，特征值越远离虚轴；相反，随着全功率换流风力发电机风电场容量的增加，特征值向虚轴移动。且当容量为20%电网容量时，特征值已非常接近虚轴。图3.36给出了当风电场容量增加时阻尼系数的变化情况。

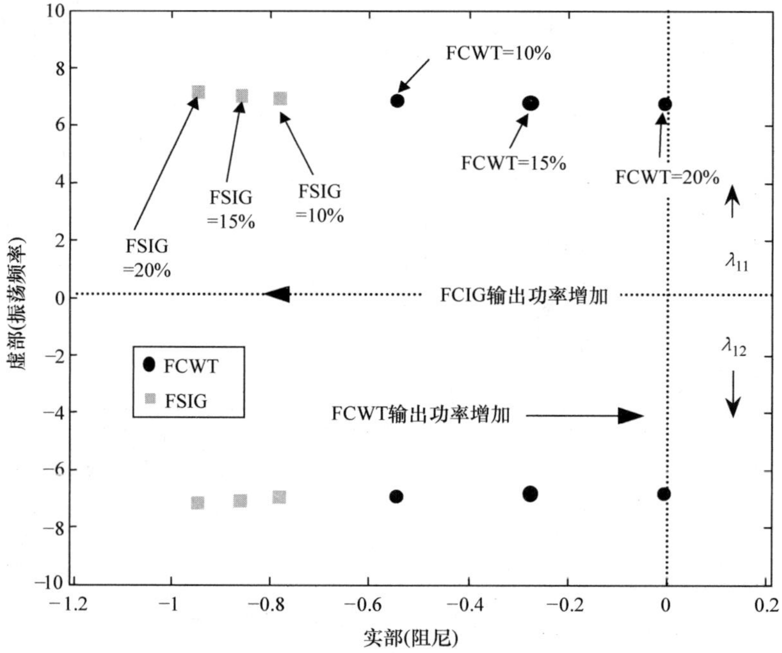

图3.35 基于全功率换流风力发电机风电场和基于定速感应风力发电机风电场的容量对电网主导特征值的影响比较（Caliao，2008；Caliao等，2010）

3.7.3 全功率换流风力发电机阻尼控制器对电网阻尼的影响

此时，全功率换流风力发电机上加入了阻尼控制器。图3.37所示为电网中存在的主导振荡模式的频率，约为1Hz（6.6 rad/s），全功率换流风力发电机风电场以这个频率相对大电网振荡（该风电场的容量为20%大电网的容量）。

由图可见，当全功率换流风力发电机对电网阻尼无贡献时（$K_{PDC}=0$），电网的主导特征值靠近复平面的右半边。在此情况下，电网将发生振荡，且需要很长时间该振荡才能消失。如引入阻尼控制（$K_{PDC}=1$），则特征值将向虚轴左边移动，说明阻尼改善。当K_{PDC}增加到2后，电网的主导特征值进一步向复平面的左半平面移动。

图3.38给出了当并网点电压从1.0pu跌落到0.5pu情况下，时域中网侧换流器电压

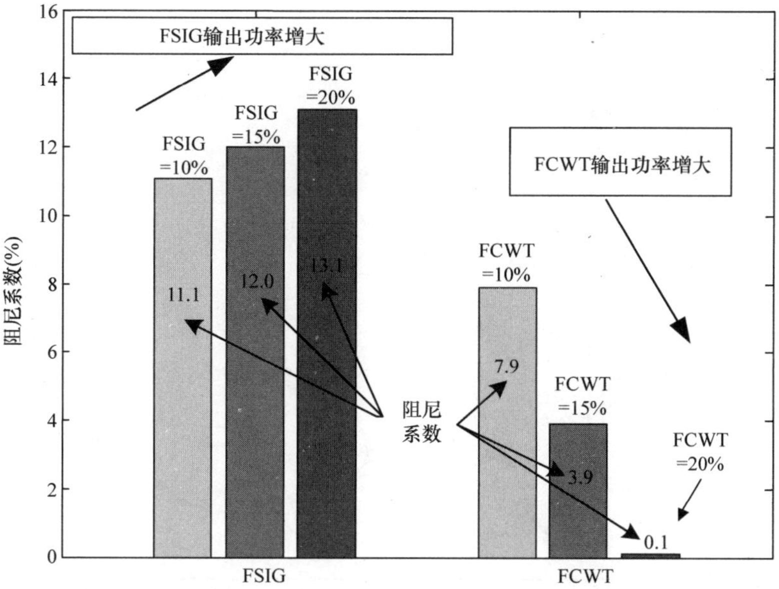

图 3.36　风电场容量增加对电网阻尼系数的影响（Caliao，2008；Caliao 等，2010）

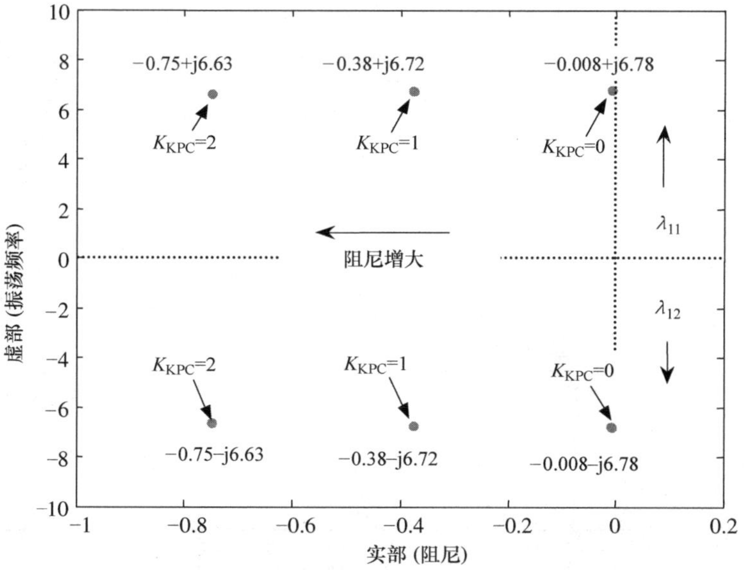

图 3.37　K_{PDC}对电网主导特征值的影响（λ_{11}，λ_{12}）（$K_{PDC}=0$，无阻尼）（Caliao，2008；Caliao 等，2010）

角度、网侧换流器有功功率和直流链电压值。这些结果显示了在不同的K_{PDC}取值时，全功率换流风力发电机对电网阻尼的作用。

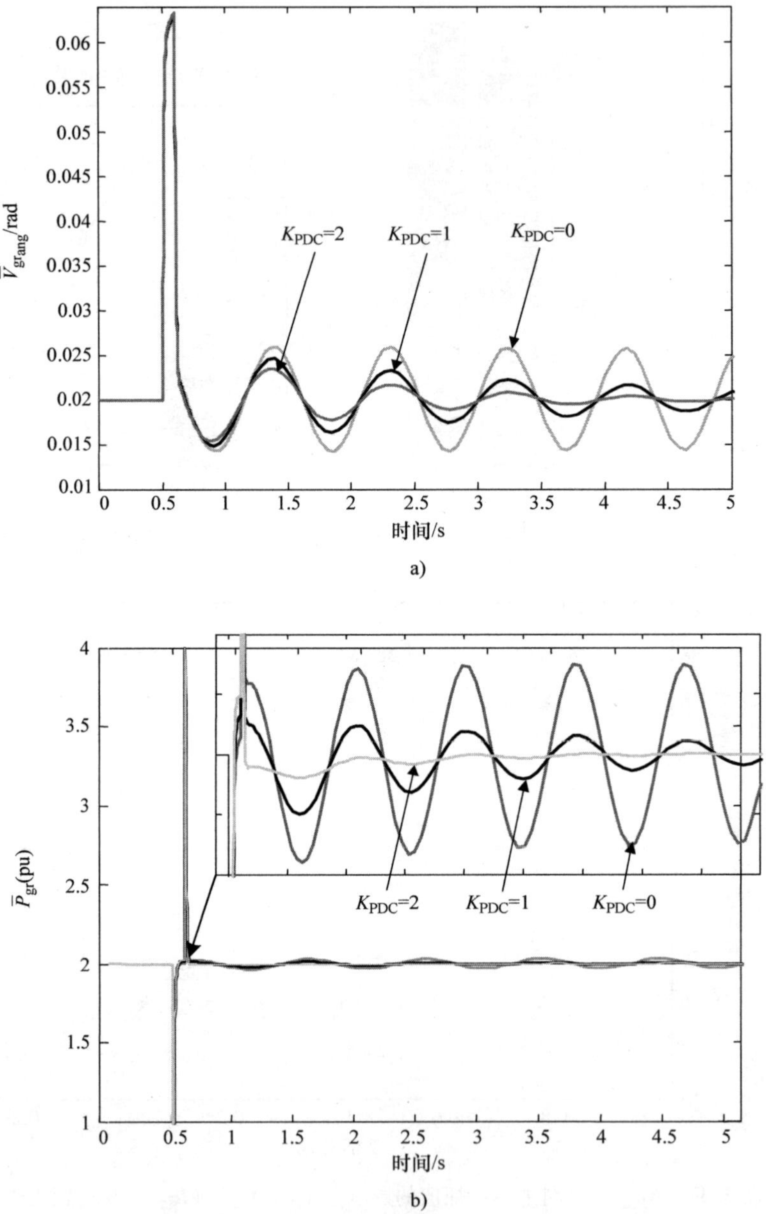

图 3.38　时域下 K_{PDC}对电网主导特征值（λ_{11}，λ_{12}）、网侧换流器电压角度、网侧换流器有功功率和直流链电压变化的影响（$K_{PDC}=0$，无阻尼）（Caliao，2008；Caliao 等，2010）：a）网侧换流器输出电压；b）网侧换流器有功功率

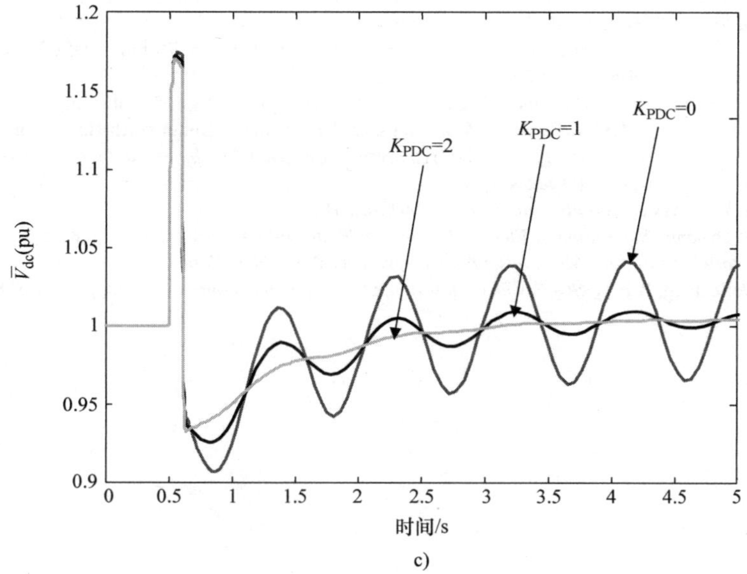

图 3.38　时域下 K_{PDC} 对电网主导特征值（λ_{11}，λ_{12}）、网侧换流器电压角度、网侧换流器有功功率和直流链电压变化的影响（$K_{PDC}=0$，无阻尼）（Caliao，2008；Caliao 等，2010）（续）：c）直流链电压

致谢

本章内容摘自 Anaya - Lara 等于 2009 年出版的书籍。

3.7 节内容基于 Nolan D. Caliao 于 2008 年在曼彻斯特大学完成的博士论文“Modeling and Control of a Fully Rated Converter Wind Turbine”，并获得其使用许可。

参 考 文 献

Ackermann, T. (ed.) (2005) *Wind Power in Power Systems*, Wiley & Sons Ltd.

Akhmatov, V., Nielsen, A.H. and Pedersen, J.K. (2003) Variable-speed wind turbines with multi-pole synchronous permanent magnet generators. Part I: Modelling in dynamic simulation tools. *Wind Engineering*, **27**, 531–548.

Anaya-Lara, O., Jenkins, N., Ekanayake, J. *et al.* (2009) *Wind Generation Systems – Modelling and Control*, Wiley & Sons Ltd, ISBN 0-470-71433-6.

Caliao, N. (2008) Modelling and Control of a Fully-Rated Converter Wind Turbine. PhD Thesis, University of Manchester.

Caliao, N., Ramtharan, G., Ekanayake, J. and Jenkins, N. (2010) Power oscillation damping controller for fully rated converter wind turbines, UPEC.

Chen, Z. and Spooner, E. (1998) Grid interface options for variable-speed permanent-magnet generators. *IEE Proceedings – Electric Power Applications*, **145**(4), 273–283.

Fitzgerald, A.E., Kingsley, C. Jr. and Umans, S.D. (1992) *Electrical Machinery*, McGraw-Hill Series.

Fox, B., Flynn, D., Bryans, L. *et al.* (2007) Wind Power Integration: Connection and System Operational Aspects. *IET Power and Energy Series* **50**, ISBN-10: 0863414494.

Grauers, A. (1996) Design of Direct Driven Permanent Magnet Generators for Wind Turbines. MSc Thesis, Chalmers University of Technology, Rep. No. 292 L.

Hanselman, D. C. (2006) *Brushless Permanent Magnet Motor Design*, Magna Physics Publishing.

Hindmarsh, J. and Renfrew, A. (1996) *Electrical Machines and Drive Systems*, Butterworth-Heinemann.

Krause, P.C., Wasynczuk, O. and Sudhoff, S.D. (2002) *Analysis of Electrical Machinery and Drive Systems*, 2nd edn, IEEE Press, Wiley & Sons, Inc., Piscataway, NJ.

Kundur, P. (1994) *Power System Stability and Control*, McGraw-Hill.

Ong, C.-M. (1998) *Dynamic Simulation of Electric Machinery*, Prentice-Hall, ISBN 0-13-723785-5.

Vas, O. (1990) *Vector Control of AC Machines*, Oxford University Press, New York.

Wood, A.J. and Wollenberg, B.F. (1996) *Power Generation, Operation, and Control*, 2nd edn, Wiley & Sons Ltd.

第 4 章　海上风电场中的电气系统

4.1　典型组件

图 4.1 给出了在一个海上风电场内的典型组件间的连接图。这些组件可以按照风力发电机层面、风电场层面和海上输电系统（或电力系统）层面等进行归类划分（Anaya - Lara 等，2013）。

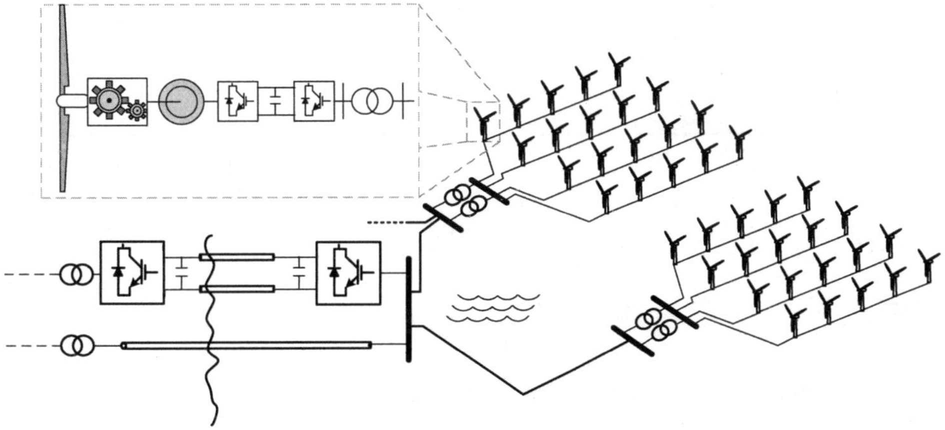

图 4.1　海上风能系统

图 4.2 大致画出了这些子系统的控制边界（Anaya - Lara 等，2013）。一般而言，在不同层面上控制的目标也存在差异，具体如下：

1）风力发电机层面：

① 最大功率捕获；

② 电能质量优化；

③ 电力系统运行支撑；

④ 风力发电机载荷柔化。

2）风电场层面：

① 电能质量优化；

② 尾流效应和电缆损耗最小化。

3）海上输电系统层面：

① 电力系统运行支撑；

② 满足电网规程。

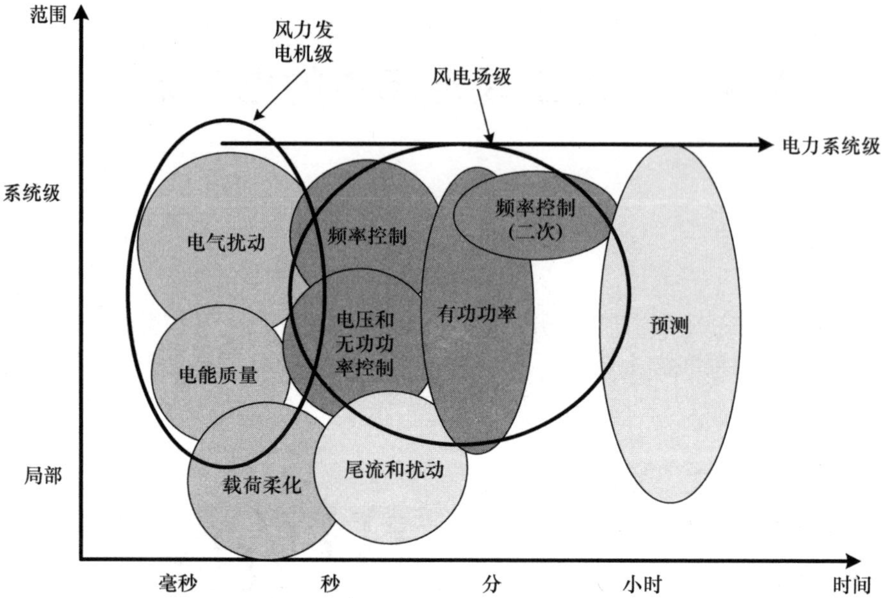

图 4.2 海上风能系统中的控制边界（Anaya - Lara 等，2013）

4.2 海上风力发电机概述

为了最大限度地利用风能潜力，海上风力发电机功率一般都比陆上风力发电机的高，叶片更长，并安装在更高的塔架上（机舱高度可达 130m）。海上风力发电机将会变得多大目前还没有共识，尽管大多数人都认为建造超过 10MW 的风力发电机并没有物理限制。开发超大型风力发电机的一个关键问题在于，如果不从根本上改变所运用的技术，物理尺度律（scaling law）将不允许一些元件再增加尺寸。因此，需要使用新的提高容量的技术，这样才能突破当前 5 ~7MW 风力发电机的设计限制。这其中的一些技术包括：使用各种硬度更高的轻质复合材料，新复合材料的制造方法；重量轻、维护要求低的传动链；重量轻、高速下风向转子；直接驱动发电机；更低转速和更大尺寸的大型齿轮箱和轴承技术（Musial 等，2010）。另外，下面列出了对海上风力发电机的其他需考虑的因素（E. ON Climate and Renewables，2012）：

1）海上风力发电机必须非常可靠耐用，避免昂贵的停机，这是因为有时受制于风况、海况和其他天气条件我们无法抵达这些风力发电机。

2）除了通常的磨损，风力发电机还面临其他的破坏因素，如：

① 盐雾侵蚀；

② 由重机械载荷和更高使用率引起的更大磨损；

③ 影响齿轮箱、发电机、变压器、叶片和输电电缆的故障。

3）海上风力发电机的尺寸和容量已大幅增加。当前，容量高达 7MW 的风力发电机正在测试。

4）在陆上，风力发电机的尺寸通常必须考虑高度和转子直径的限制，而对于海上风力发电机，若安装于开阔海域，则不会遇到上述限制。

5）为在海上快速安装，风力发电机组件需要在陆上进行预装配。其中，最重要的预装配工作是塔筒的叠装。

6）从到达安装地点算起，竖起一台风力发电机至少需要 24h。

4.3　电力汇集器

随着海上风电场容量的增加，设计与其容量相匹配的风电场电力系统就显得非常关键。整个风电场的效率、成本、可靠性和性能很大程度上与风电场电力系统的设计相关（Quinonez Varela 等，2007）。电力汇集器（electrical collector，下面也称“电力汇集网”）的主要功能是汇聚单台风力发电机的功率，并使发电系统的整体效率最佳。依据风电场大小和期望的汇集器的可靠性，一个汇集器可以设计成不同的拓扑。目前的海上风电场使用各种汇集器拓扑，而其他的一些拓扑则还停留在概念研究阶段。图 4.3 给出了四种基本的拓扑结构。

1. 径向设计

图 4.3a 为一种最直接的风电场汇集器布置方式，其中许多风力发电机成串连接到单根的馈线上。每根馈线上所能串接风力发电机的最大数量取决于发电机容量和串上海底电缆的最大容量。这种方案的优点在于控制较容易，且不贵，这是因为总的电缆长度减小，并且越远离汇流母线，电缆的容量可以越低。这种设计最大的缺点是其可靠性差，如一个位于换流站端的一根电缆或一个开关出现故障，则很可能会使所有下游的风力发电机无法输出电能。

2. 单边环形设计

通过增加额外的线缆并为每串上风力发电机功率提供备用通路，环形设计可以克服一些在径向设计中存在的发电安全问题。安全性提高的同时，在一定风力发电机数量的前提下此设计需要更长的电缆，且在串接的回路上电缆的容量需要提高。如图 4.3b 所示，单边环形设计要求在最后一台风力发电机（即 G7）和换流站之间布置一条电缆。当主连接开关（图 4.3b 所示断路器 B1）出现故障时，这条电缆必须能够处理整串风力发电机上的全部功率（如对一串 7 台风力发电机，单台 5MW，则共 35MW）。

3. 双边环形设计

这种设计如图 4.3c 所示（Sanino 等，2006；Quinonez - Varela 等，2007）。在这种布局中，一串上的最后一台风力发电机和下一串上的最后一台风力发电机连接在一起（如图 4.3c 中的 G7 与 G8 相连）。若希望一串上风力发电机的全部输出功率流向另一串，那么后面这串位于换流站末端的电缆必须按照 2 倍风力发电机数量的功率输出来选定。

4. 星形设计

星形设计如图 4.3d 所示，旨在降低电缆容量规格，且由于切除一条电缆仅影响一台风力发电机，从而整体上提高风电场的安全水平。从成本上而言，位于星形中心的风力发电机（如图 4.3d 中 G5）会更高些。

（1）功耗

与功率损失相关的关键因素包括电缆上损失的能量以及电缆运行的功率因数。视不同

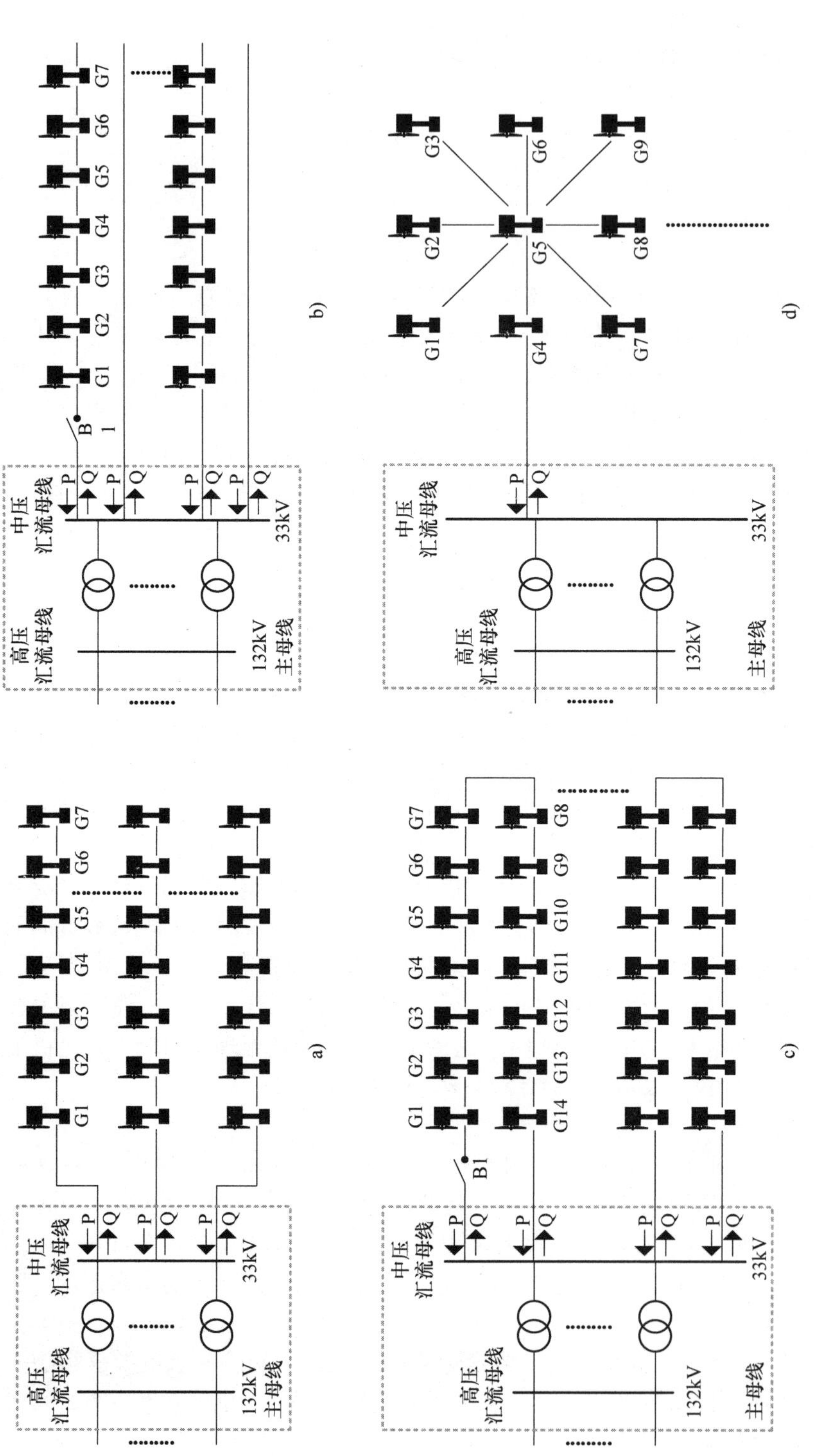

图 4.3 风电场电力汇集器基本设计（Quinonez – Varela 等，2007）

的风力发电机技术，汇集网内可能会产生额外的损耗。

（2）电压水平

在正常的工况下，整个汇集网的电压水平必须在电网导则规定的范围以内。一般情况下，对应的电压水平必须限定在额定电压值（如 33kV）的 ±10% 变化范围内。通过在允许范围内连续调节风电场无功功率或改变换流站变压器触头，电压调节设备应动态地调节母线电压。

（3）冗余

作为在故障或停机维护期间的应急措施，风电场的冗余设计可使得尽可能多的风力发电机维持并网。经验表明维修海上风电场的时间要比维修陆上风电场的时间长得多。如在夏季维修一条出故障的海底电缆的时间预计需 720h，而在冬季，则需要 2160h。

（4）成本

与陆上风电场相比，海上风电场的投资成本和最终的发电成本都要更高。这二类风电场成本的差别主要来自于海底基础、风力发电机安装、海底设施和并网等的费用。一般情况下，汇集网成本在整个风电场成本中所占的比重很小，在采用径向设计的小型风电场中尤其如此。

4.3.1　风电场集群

风电场集群的概念是在风能管理过程中自然产生和发展而来的（Gesino 等，2011）。过去，风力发电机成组后形成风电场，而如今风电场成组后又形成风电场集群。设立这种结构的主要目的是为了允许 TSO 更像传统的发电厂那样管理风电，从而避免风力发电中的固有特性扩大化，如风速波动、风电场分布广以及存在技术各异的发电机，等等。

一个风电场集群是对物理上存在的风电场在逻辑上的归集，这些风电场通过公共点并网。这种结构的主要目的是为了便于像传统发电厂一样对风能进行大规模管理并对风电场进行操作。对风电场集群的合理管理和控制需要先进的调控技术与策略，也离不开高级的风能预测技术。这些高级的控制机制使得风电场集群能为电网运营商提供有功和无功功率控制、风能备用和阻塞管理（可满足当前和未来的电网导则）。

4.4　海上输电系统

海上输电网是为了将海上风能输送到陆上电网。大多当前运行的风电场都是通过高压交流（HVAC）网传输电能，频率为 50Hz 或 60Hz；但是如果传送距离较远，那么高压直流（HVDC）网的成本更低，同时电力损耗也更低。影响输电技术的核心要素是海上风电场到大陆的距离以及输送的功率（Volker 等，2008；CIGRE，2009）。图 4.4 给出了在选择 HVAC 或 HVDC 时所用技术与距离和功率的关系（Ackermann，2005）。

4.4.1　HVAC 输电

HVAC 输电在多数的风电场中都得到运用，它提供了一种简单而经济地将海上风电场连接到陆上电网的方式，但是，这种输电方式的电缆长度受到限制。海上风力发电机汇集网为中压网，一般为 33kV（Hopewell 等，2006），然后在海上变电站，电压水平被进一步

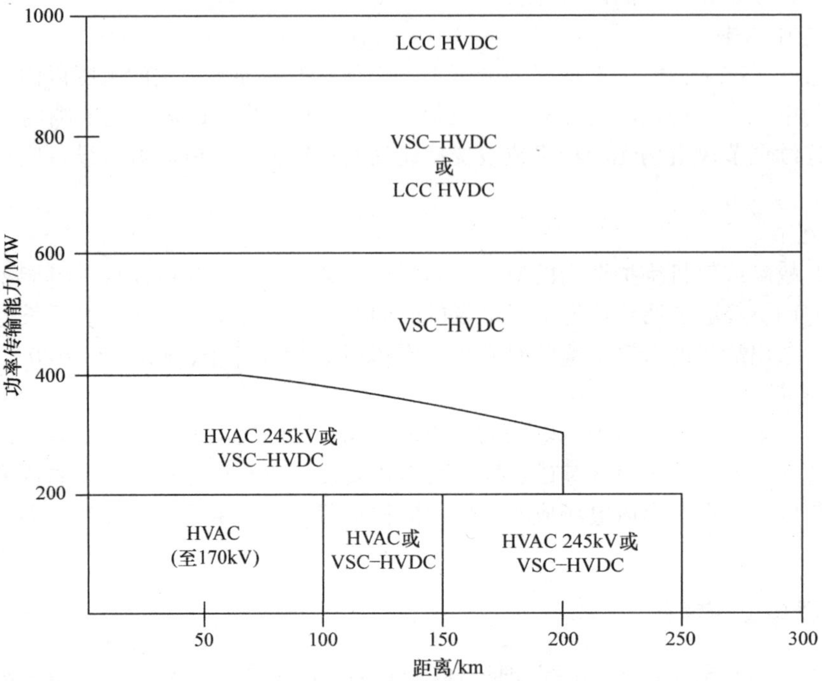

图 4.4 在不同的风电场容量和离岸距离时不同输电技术的选择（Ackermann，2005）

提高到输电电压水平（如 150kV）（Zubiaga 等，2009）。为了提升输电效率和容量，系统中可以加入无功功率补偿装置，如静态同步补偿器（STATCOM）和静态无功功率补偿器（SVC）（Chaudhary 等，2008；Singh 等，2009）。

构成一个海上 HVAC 输电系统的主要组成部分包括（Ackermann，2005）（见图 4.5）：

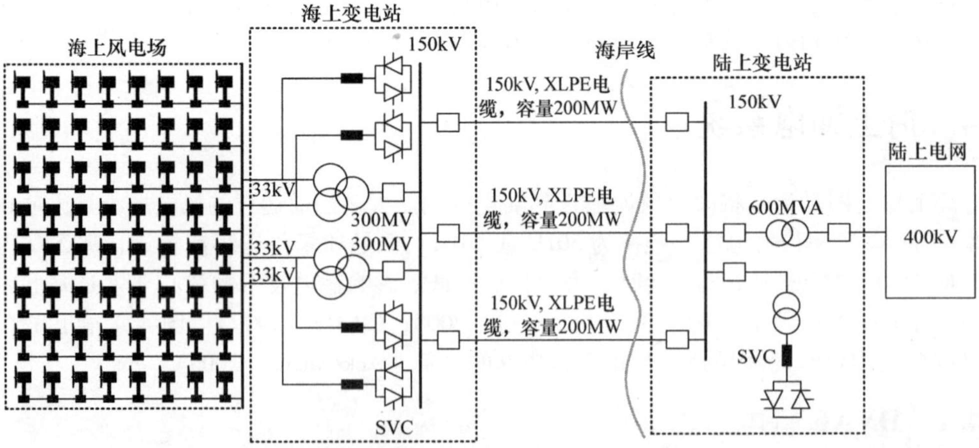

图 4.5 海上风电场和电网通过 HVAC 连接方式下的基本结构图（Ackermann，2005）

1）海上风电场；

2）海上变电站（升压变压器）；

3）连接到陆上的三芯聚乙烯海底电缆（XPLE）；

4）静止无功功率补偿器；

5）陆上变电站；

6）交流海底电缆。

海上风电场通过 HVAC 输电存在如下一些问题（Bresesti 等，2007）：

1）在长距离下会产生大量损耗，且在电缆二段都需要大型的无功功率补偿装置。

2）风电场与电网同步耦合，风电场上的任何故障都会影响到电网，反之亦然。

3）电缆的高电容值可能会改变电压波形。

位于离英格兰塞恩特（Thanet）海岸 12km 远的塞恩特风电场是通过 HVAC 并网的最大的海上风电场，于 2010 年 9 月开始发电（塞恩特海上风电有限公司，2005）。该风电场面积为 35km^2，平均水深 20 ~ 25m。总共有 100 台单台 3MW 风力发电机，总发电容量 300MW。塞恩特风电场的汇集网电压为 33kV，在海上变电站，电压被抬升至 132kV。

4.4.2　HVDC 输电

目前在全世界范围内运行的 HVDC 输电系统使用两种不同类型的换流器：

1）电流源换流器（CSC），使用电网换流开关器件（晶闸管）。

2）电压源换流器（VSC），使用自换流开关器件，如 IGBT、MOSFET 和 GTO。

取决于换流站的功能和位置，HVDC 呈现形式各异的拓扑结构。这些拓扑具有通用性，对电流源和电压源变流器都适用（Agelidis 等，2006；Floureztzou 等，2009）。

（1）单极 HVDC 输电系统

在单极结构中，二个换流器通过一条极线相连，可以用正或负的直流电压。图 4.6a 中，仅安装了一条绝缘导线，而大地或海为电流提供回路。另一种方案是用金属回线来提供电流回路。

（2）双极 HVDC 输电系统

双极结构包括二个单极系统，其中一个为正极性而另一个为负极性，如图 4.6b 所示。每一端的二个换流器额定电压相等，在直流侧串联在一起。一般情况下二个极上流过的电流相等，对地电流可以忽略不计。在使用架空线输电的场合双极结构运用得最为广泛，这是由于安装额外的一条极导线在经济上有优势。万一一个极出现故障，功率可以继续在另一个极上传输，从而提高了系统可靠性。

（3）同极 HVDC 输电系统

如图 4.6c 所示，在同极结构中，有二条或更多的导线充当负极，这些导线可以和大地一起或和金属回线一起构成电流回路。由于二个极是并联运行，同极结构可以降低绝缘成本，但是存在大地的回流电流是其主要的缺点。

（4）背靠背 HVDC 输电系统

这种结构是一种连接二个异步交流系统时常用的拓扑。二个换流站位于同一地点，因此不需要传输线或电缆。图 4.6d 所示为基于背靠背 HVDC 输电系统的框图。二个互联的电力系统的额定频率可以相同也可以不同。

（5）多端 HVDC 输电系统

在这种拓扑中，存在二个或更多的端口；但实际上目前还未见端口数超过三个。多端系统通常可以区分为串联和并联结构，如图 4.6e 和图 4.6f 所示。为了在不同换流站之间进行控制和通信，多端结构非常复杂，对电流源换流器而言尤其如此。

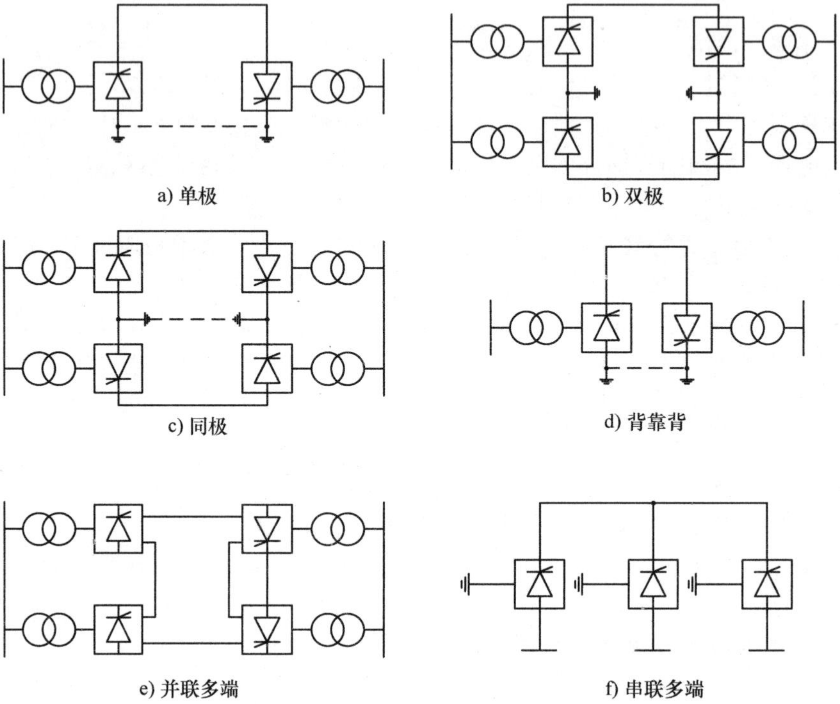

图 4.6　不同的 HVDC 电路结构原理图（Agelidis 等，2006；Flourentzou 等，2009）

4.4.3　CSC－HVDC 输电

经典的电流源换流器技术成熟，有利于大体积、长距离的电力传输。目前多数现存的直流输电系统都基于此项技术（Arrillaga 和 Watson，2007）。表 4.1 归纳了利用 CSC－HVDC 输电技术建设的最新项目。第一个经典的 HVDC 输电系统于 1954 年建成。它使用带汞弧阀的电网换相换流器（LCC）。进一步的发展发生在 1960 年，用半导体晶闸管替代汞弧阀。如今基于晶闸管的换流器已经成为直流换流站的标准设备。在整流或换流过程中，电流源型变流器总是吸收无功功率，所以需要进行无功功率补偿。

传统的 HVDC 输电系统的运行主要受到电网强度的影响，这是因为 HVDC 可以被视为具有电压和负载角的特殊负载。系统的强度可以通过短路比（SCR）或母线等效阻抗来衡量。根据 IEEE 标准 1204－1997（IEEE，1997），系统 SCR 和有效短路比（ESCR）可以定义如下：

$$\mathrm{SCR}=\frac{S}{P_{\mathrm{dc}}} \tag{4.1}$$

$$\mathrm{ESCR}=\frac{S-Q_{\mathrm{C}}}{P_{\mathrm{dc}}} \tag{4.2}$$

式中，S 是交流系统当换流器端口电压为额定电压（1.0pu）时在换流器端口处发生对称三相短路时的容量（MVA）；P_{dc}则是端口额定直流功率（MW）；Q_C是在额定 P_{dc}和额定端口电压时三相基波无功功率（Mvar）。系统包括了交流滤波器和并联电容器组。系统的强度可以按照如下进行划分：

1）若 SCR > 3 或 ESCR > 2.5，称为强系统；

2）若 3 > SCR > 2 或 2.5 > ESCR > 1.5，称为弱系统；

3）若 SCR < 2 或 ESCR < 1.5，则称为极弱系统（SCR 很小）。

基于电流源换流器技术的 HVDC 输电系统可以用电网换相换流器（LCC）也可以用电容换相换流器（CCC）。

表 4.1　现存（或在建）基于电流源换流器技术的 HVDC 输电系统实例

项目	容量/MW	直流电压/kV	距离/km	运营年份
Sumatra – Java（印尼）	3000	±500	700（电缆）	2013
Madeira（巴西）	3150	±600	2500（架空线）	2012
Xianjiaba – Shanghai（中国）	6400	±800	2071（架空线）	2011
SAPEI（意大利）	1000	±500	435（架空线）	2010
Outaouais（加拿大）	1250	±175	0	2009
NorNed（挪威 – 荷兰）	600	±500	2×580	2008
Neptune（美国）	660	±550	105（电缆）	2007
Three Gorges – Shanghai（中国）	3000	±500	1060（架空线）	2006
Vizag Ⅱ（印度）	500	±88	0	2005
Rapid city（美国）	200	±13	0	2003
Moyle（美国）	500	2×250	700（电缆）	2001
SwePol（瑞典 – 波兰）	600	±450	245（电缆）	2000
Welch Monticello（美国）	600	450	0	1998
Chandrapur – Ramagundum	1000	2×205	0	1997
Kontek（丹麦 – 德国）	600	400	119(架空线)+52(电缆)	1995
Sakuma（日本）	300	±125	0	1993
Hydro Quebec（加拿大 – 美国）	2250	±450	1100（架空线）	1991
Vindhyachal（印度）	500	2×69.7	0	1989
Zhoushan（中国）	50	100	12(架空线)+42(电缆)	1987
Cross Channel 2（英国 – 法国）	2000	±450	72（电缆）	1986
Highgate（美国）	200	±56	0	1985
Chateauguay（加拿大 – 美国）	1000	2×140	0	1984

4.4.3.1　电网换相换流器（LCC）

电流源换流器中的电流仅能单方向流动，但是通过使直流电压极性反转，可以实现功率反向流动。在直流端串接一个大的直流电感，可以使直流电流更平滑。电流源换流器当触发角小于 90°时，工作于整流器状态；而当触发角大于 90°时，工作于逆变器状态。在换流站中基本的换流器模块就是众所周知的 6 脉冲晶闸管桥式结构或 12 脉冲晶闸管桥式结构。对 6 脉冲晶闸管桥式结构，电流谐波的最低次数为 5 次和 7 次；而对 12 脉冲晶闸管桥式结构而言，最低次数为 11 次和 13 次（Kundur，1994；Arrillaga，1998）。图 4.7 给出了一台电网换相换流器的原理图。

4.4.3.1.1　LCC – HVDC 控制系统

LCC – HVDC 输电系统中控制系统的主要功能是控制发送端换流器和接受端换流器的功率流动，并保护设备免受过电流或过电压的冲击。LCC – HVDC 控制系统应具备的基本功能如下（Kundur，1994；IEEE Guide，1997；Rashid，2001；Agelidis 等，2006；

Flourentzou 等，2009）：

1）限制最大电流：在整流器中利用恒流控制来保护换流阀。

2）维持最大直流电压：在逆变器侧实施恒电压控制，减少传输线和换流阀中损耗。

3）将每个换流器端各自的交流无功功率需求维持在低水平。这意味着通过使用最小的触发角使换流器的运行角（operating angle）维持在一个尽可能低的值上。

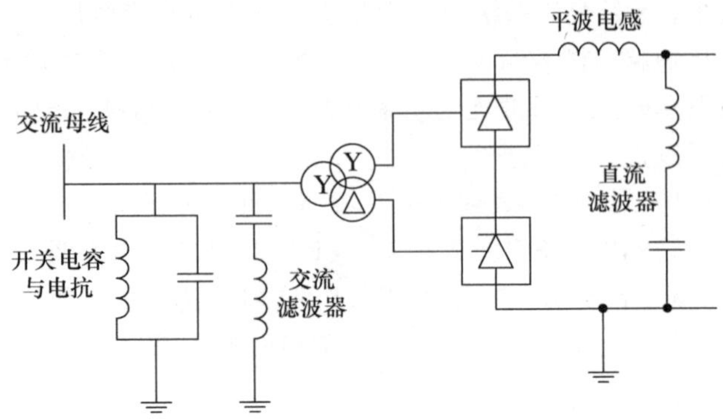

图 4.7　电网换相换流器的原理图

4）防止逆变器换相失败，从而提高传输系统的稳定性。

理解 HVDC 输电的控制原理最好的办法是研究如图 4.8 所示的电压－电流特性（Kundur，1994）。这些特性解释了在直流线路上进行功率流控制时稳态下直流电压和直流电流之间的关系。

在稳态下，逆变器的控制系统通过保持恒定的熄弧角（γ）来维持直流电压。在此情况下，直流电压下垂随着直流电流增加而增加，如图 4.8 中 *DXFE* 线所示，并由式（4.3）给定：

$$V_{dc}=\frac{3\sqrt{2}}{\pi}V_{1-1}\cos\gamma-\frac{3I_{dc}\omega L_c}{\pi} \tag{4.3}$$

如图中直线 *GF* 所示，逆变器可运行于恒定直流电压下，即灭弧角必须超出其最小值（总被设为 18°）。如果逆变器工作于恒定电压或恒定灭弧角，那么整流器正常情况下工作于 *BXZR* 直线段，并通过改变延迟角 α 来使直流电流恒定。延迟角 α 不能低于其最小预设值（总为 5°）。若 α 达到了最小值，那么整流器将运行于最小恒定触发角模式，如直线 *AB* 所示，且定义为

$$V_{dc}=\frac{3\sqrt{2}}{\pi}V_{1-1}\cos\alpha-\frac{3I_{dc}\omega L_c}{\pi} \tag{4.4}$$

整流阀的热容量有限，因此无法承载大电流；所以需要设置一个最大电流限制，用于保护整流阀。整流器中还需要设置一个 I_{dc} 最小值，这是为了维持一个最小电流，从而避免整流阀电流降至晶闸管的维持电流以下而造成直流电流消失。HVDC 输电系统的工作点由图中点 *X* 或点 *Z* 来表示（即整流器和逆变器特性曲线的交点）。借助换流变压器调压抽头，系统可以运行于工作点。对整流器而言，通过变压器的调压抽头调节可使延迟角 α 处于其正常运行范围，以满足恒定电流设置 I_{ref} 的要求。对逆变器而言，通过变压器的调压抽头调节可满足期望的灭弧角控制值。

逆变器的另一种工作模式是恒电流模式，如线段 *DGN* 所示。逆变器的电流指令通常比整流器的电流指令小一些，这个电流差 I_m 大约为 10%。为防止由于直流电流中存在谐波而引起整流器和逆变器的交互作用，此电流差需要设定得足够大。当 α 达到了最小值时，逆变器的电流控制开始启动。若出于任何原因，如换流电压太低，从而使线段 *AB* 落

在点 X 或点 Z 下方，则工作点将移至线段 DGN 上某一点，这种情况下，逆变器将控制直流电流，而整流器将控制直流电压。

在低电压条件下，控制器不可能将直流电流维持在期望值。交流电压降低将导致无功功率消耗增加、直流电压降低，这些问题将增加换流失败的风险。当电压跌落至某个预设值以下时，低电压电流限制（VDCOL）被用来减小直流电流。在图 4.8 中，对整流器而言，VDCOL 由线段 RST 表示；而对逆变器而言，则由线段 JN 表示。为防止逆变器工作于整流状态而导致功率倒流，我们需要强制设定一个最小 α 值，典型值为 100°～110°。

4.4.3.1.2　控制系统设计

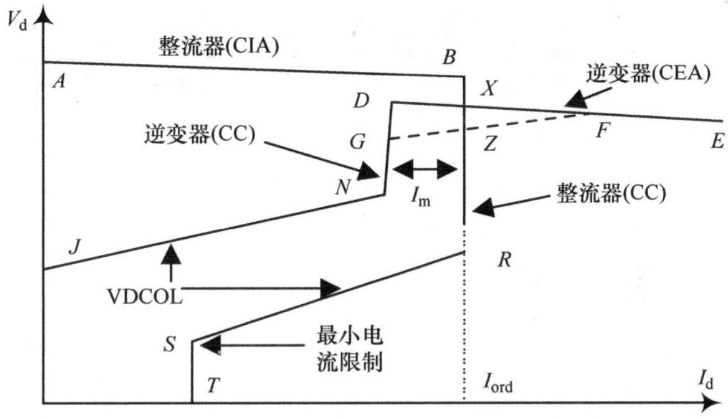

图 4.8　二端 LCC－HVDC 输电系统的 V_d-I_d 特性

通过同步由触发单元发出的触发脉冲可以控制 LCC－HVDC 输电系统中的功率潮流（Iwatta 等，1996）。有许多控制技术可供选择，但是它们都使用一个压控振荡器（VCO），并用一个环形计数器对触发角和换相电压进行解耦。在正常工况下，通过调节延迟角，直至 α 值小于最小限制，整流器工作于恒电流控制（CC）模式，那么整流器将以恒触发角（CIA）运行。

图 4.9 给出了整流器控制系统的原理框图。直流链中流过的实际直流电流与参考值 I_{ord} 进行比较。比较的误差 I_e 经过一个 PI 控制器，此 PI 控制器的输出为 α_{ord}，用来控制 VCO 的频率输出。由 VCO 产生的脉冲系列被输入至环形计数器，该计数器有 6 级或 12 级（依不同换流器类型而定）。在任何时刻仅有一级处于开通状态（ON），因此在一个周期内环形计数器产生时间间隔相等的 6 个或 12 个完整的脉冲。控制系统中运用电流限制来预防直流电流超过某个特定值，以对换流阀提供过电流保护。

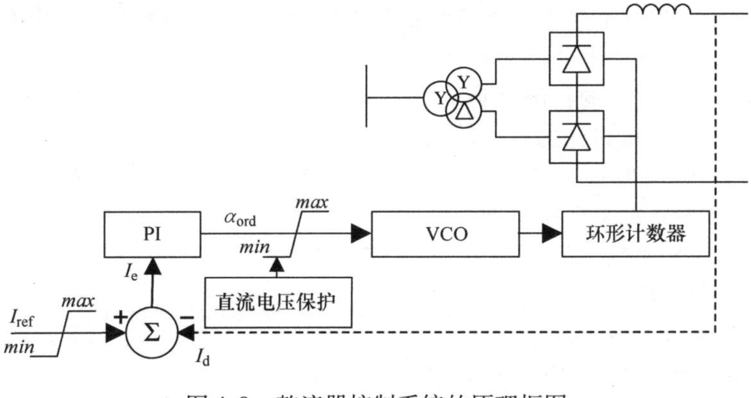

图 4.9　整流器控制系统的原理框图

逆变器的控制系统包括直流电压控制器、灭弧角控制器和电流调节器。控制角选择器负责决定从前面的三个控制器输出中选择期望的控制量。与整流器控制系统类似，逆变器控制系统包括比较器、PI 控制器、VCO 和环形计数器。逆变器控制系统的原理框图如图 4.10 所示。

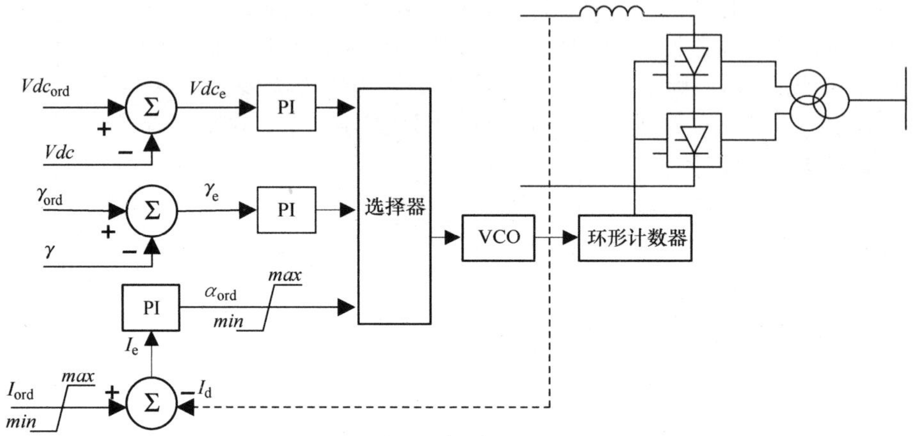

图 4.10　逆变器控制系统的原理框图

LCC - HVDC 输电系统中存在如下一些问题（Kundur，1994；Arrillaga，1998）：

1）为了滤波和协助晶闸管换相，需要大量的无功功率。这导致换流器站的体积很大，引出线很粗。

2）需要起动发电机或同步补偿设备，以提供换流电压或无功功率补偿。

3）产生大量谐波，因此需要使用滤波器。

4）不提供独立的有功和无功功率控制。

5）需要使直流链电压极性反转才能实现潮流反向流动。

6）理论上在直流链需要最少 10% 的功率流动才能保证满意的运行效果。

7）仅适用于连接高短路比的电网。

8）存在换相失效故障。

9）需要复杂的控制策略才可能实现多端结构；因此，端口数量受到限制。

4.4.3.2　电容换相换流器（CCC）

使用电容换相换流器的目的是将 CSC - HVDC 运用于低短路比的系统。图 4.11 所示为一台电容换相换流器的原理图。电容与换流变压器串联，以降低变流器的换相阻抗，从而减小对换流器的无功功率需求。通过增加串联电容值，甚至可以使系统工作于超前角模式（Meisingset 和 Gole，2001）。相对 LCC - HVDC，这种换流器的其他优点在于其能够与弱电网系统相连，并在相近尺寸和成本的条件

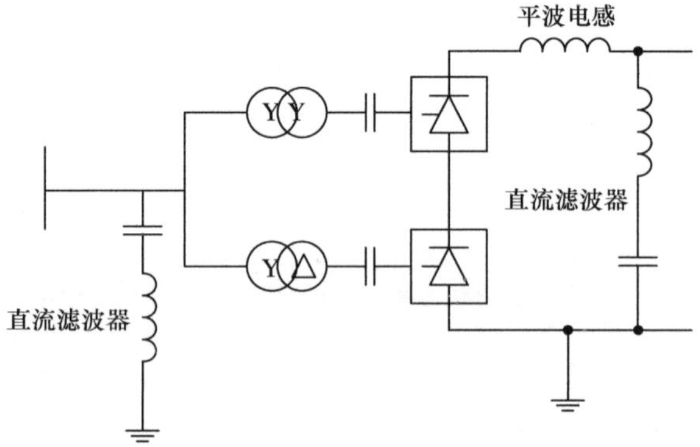

图 4.11　电容换相换流器的原理图

下输送更多功率。降低换相阻抗的负面影响在于其对阀和换相变压器会造成额外的压力（即 di/dt 升高）。

4.4.4　VSC－HVDC 输电

为克服 CSC－HVDC 输电存在的缺点，科研人员推出了基于电压源换流器的高压直流（VSC－HVDC）输电系统。电压源换流器利用可关断半导体器件，如IGBT、GTO 和 IGCT，这些器件能在周波内任意开通或关断。这意味着在电压源换流器中电流可以超前也可滞后交流电网，这样换流器相对所连接的交流电网既可以消耗也可以提供无功功率，无需额外的无功功率补偿装置。下面是电压源换流器技术的一些优点（Bahrman 和 Johnson，2007；Cole 和 Belmans，2009；Flourentzou 等，2009）：

1）在 VSC－HVDC 中，换流器通过脉宽调制（PWM）开关技术进行控制，允许独立控制交流侧电压的幅值和相位。这就使独立控制有功和无功功率成为可能。

2）若设 PWM 的开关频率为 1～2kHz，则足以区分基波电压和边带（sideband）分量，并完全可对开关频率及更高次的谐波进行抑制。这极大地降低了对滤波器的要求。

3）无需翻转直流链电压即可实现反向功率流动。

4）因为电压源换流器能够产生超前和滞后的无功功率，所以换流站在传输有功功率的同时，还能对交流电网提供电压支撑。

5）由于电压源换流器主动控制输出电流，在交流故障期间，VSC－HVDC 对故障电流的贡献被限定在其额定电流或更小的范围内，因此只要交流电网仍然稳定，换流器就可以继续并网运行并对交流电网提供电压支撑。

6）具备“黑起动”能力，即能够对无源电网（dead network）实施起动或对其恢复供电。这个特点使得在一些运用中可以取消起动发电机，如在海上风电场等对体积和成本要求极高的场合。

7）当在两端无需进行有功功率传输时，VSC－HVDC 可以运行于“睡眠模式”（零有功功率），此时，二个换流站被作为独立的 STATCOM 对交流电网电压进行调节。

8）通过有功功率调节，VSC－HVDC 可被控制用来对交流电网提供频率和阻尼的支撑。

4.4.4.1　典型 VSC－HVDC 的构成

一个典型的 VSC－HVDC 输电系统的原理图如图 4.12 所示（Arrillaga，2007；Cole 和 Belmans，2009）。

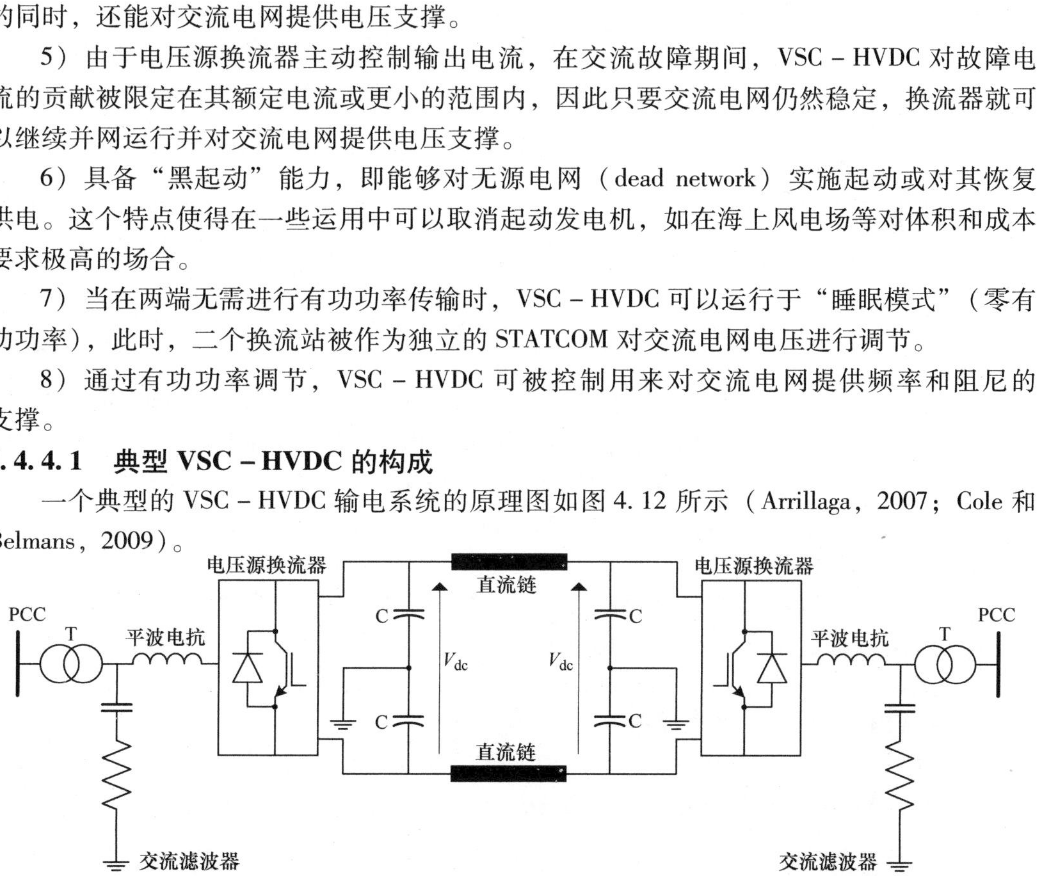

图 4.12　一个典型的 VSC－HVDC 输电系统原理图（Arrillaga，2007；Cole 和 Belmans，2009）

4.4.4.1.1 电压源换流器

电压源换流器使用具有开通和关断能力的开关器件，如带反并联续流二极管的 IGBT。为了达到 HVDC 输电的容量要求，许多开关器件通过串联构成一个单元。如，在 HVDC 输电系统中通常使用3.3kV 的阀。为承受换流器额定电压，串联IGBT的数量必须有一定的冗余，以防某些 IGBT 突然失效。

电压源换流器开关可以通过多种方式构成不同类型的换流器拓扑，如二电平换流器、三电平换流器或多电平换流器（超过三电平），具体内容详见附录 A。

4.4.4.1.2 耦合变压器

在 VSC－HVDC 输电系统中，在平滑电抗和变压器之间需安装交流滤波器。与传统的 HVDC 输电系统中的变压器一样，该变压器不承受谐波电压或直流电压。因此，该变压器为普通类型的变压器即可，无需使用特殊结构。一般地，此变压器的功能如下：

1）将交流系统电压变为适合换流器的合理电压。

2）在换流器和交流系统之间提供一个感抗，可以限制和控制交流电流。

4.4.4.1.3 平滑电抗

通过控制平滑电抗上流过的电流，可以方便地控制有功和无功功率。这些电抗也起了滤波器的作用，降低在电压和电流波形中的谐波成分，并限制短路电流的大小。

4.4.4.1.4 交流谐波滤波器

IGBT 用高频 PWM 技术进行开关，这会在开关频率附件或更高频率上产生谐波。所以，仅需无源低通/高阻[⊖]滤波器即可消除高次谐波分量，以防它们对交流系统设备造成损害，或产生无线或通信干扰。

4.4.4.1.5 直流电容

在两侧的直流端安放了同样大小的电容。这些直流电容的主要目的是在暂态期间维持功率平衡，并减少直流侧的谐波含量。我们可用式（4.5）计算直流电容的容值（Cuiqing 等，2005）：

$$\tau=\frac{0.5CV_{\mathrm{dc}}^{2}}{S_{\mathrm{n}}} \tag{4.5}$$

式中，τ 为时间常数；C 为直流电容的容值；V_{dc}为直流电压；S_{n}为换流器的额定功率。时间常数等于当换流器输入恒定有功功率 S_{n}对电容充电时，电容电压从零上升到额定电压 V_{dc}所需要的时间。为了通过 PWM 获得平滑的正弦电压波形，直流电压须为交流电压有效值的2倍，而如果用3次谐波注入 PWM（Yazdani 和 Iravani，2010），则为1.74倍。

4.4.4.1.6 直流电缆

通常电流电缆采用 XLPE（交联聚乙烯）聚合挤包电缆。聚合电缆因为其机械强度高、柔韧性好、重量轻而最适合运用于 HVDC 输电。绝缘系统为三重挤压成型，即线芯屏蔽层、绝缘层和绝缘屏蔽层同时进行挤压（Weimers，2000；Sood，2004）。

4.4.4.2 VSC－HVDC 稳态模型

图4.12 中的 VSC－HVDC 的交流/直流/交流的等效电路如图4.13 所示（忽略交流滤波器）。为了描述方便，接口变压器用其漏抗 X_{T}与绕组电阻 R_{T}串联来表示，而平滑电抗器

⊖ 原文为高通。——译者注

用其感抗 X_F 表示。v_c 为电压源换流器的输出电压，v_s 为交流网络的端口电压。V_{dc} 为换流器直流电压；L_{dc} 和 R_{dc} 分别为直流链的电感和电阻。

送端和受段的交流系统电压与电流关系可以用图 4.14 中的相量图表达。图中，δ 为交流系统电压和电压源换流器电压相量之间的相位差，θ_s 为交流系统电压相量和流入或流出换流器的电流相量之间的相位差，而 θ_c 为电压源换流器电压相量与交流电流相量之间的相位差。下标“1”和“2”分别表示送端换流站和受端换流站。

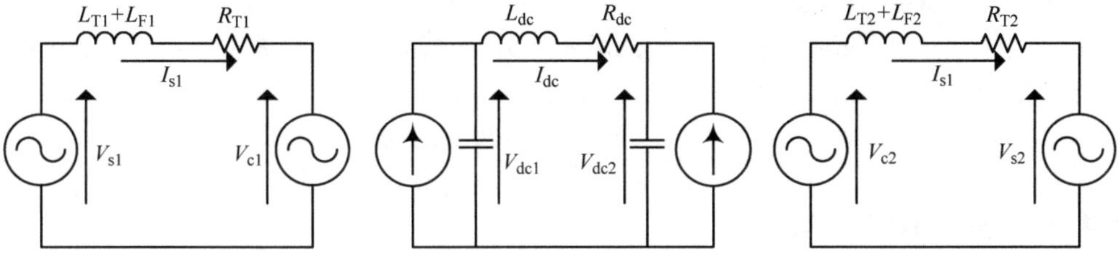

图 4.13　VSC – HVDC 输电系统的等效电路

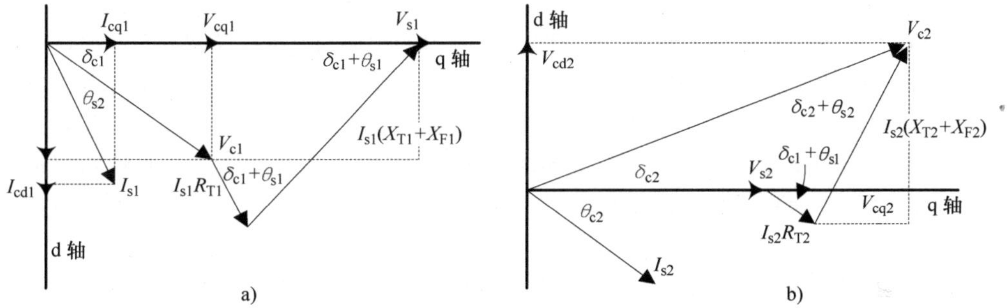

图 4.14　VSC – HVDC 输电系统相量图：a）送端；b）受端

下列公式表达了在基波频率下送端和受端有功功率和无功功率：

$$P_1 = \frac{v_{s1} v_{c1}}{X_{T1} + X_{F1}} \sin\delta_1 \tag{4.6}$$

$$P_2 = \frac{v_{s2} v_{c2}}{X_{T2} + X_{F2}} \sin\delta_2 \tag{4.7}$$

$$Q_{sc1} = \frac{v_{s1}(v_{s1} - v_{c1}\cos\delta_1)}{X_{T1} + X_{F1}} \tag{4.8}$$

$$Q_{sc2} = \frac{v_{s2}(v_{s2} - v_{c2}\cos\delta_2)}{X_{T2} + X_{F2}} \tag{4.9}$$

由图 4.14a（送端电压源换流器工作于整流器模式），我们可以获得如下关系。

电压源换流器端口电压为

$$V_{c1}\cos\delta_1 = V_{s1} - I_{s1}R_{T1}\cos(\theta_1 + \delta_1) - I_{s1}X_{T1}\sin(\theta_1 + \delta_1) \tag{4.10}$$

根据相量图，我们可以得到下面关系：

$$I_{s1}X_{T1}\cos(\theta_1 + \delta_1) - I_{s1}R_{T1}\sin(\theta_1 + \delta_1) = V_{c1}\sin\delta_1 \tag{4.11}$$

运用三角函数并整理，可得负载角为

$$\tan\delta_1 = \frac{I_{s1}X_{T1}\cos\theta_1 - I_{s1}R_{T1}\sin\theta_1}{v_{c1} + I_{s1}X_{T1}\sin\theta_1 + I_{s1}R_{T1}\cos\theta_1} \tag{4.12}$$

电压源换流器端口电流和电压的 dq 分量为

$$I_{sd1} = -I_{s1}\sin(\delta_1 + \theta_1) \quad \& \quad I_{sq1} = I_{s1}\cos(\delta_1 + \theta_1) \tag{4.13}$$

$$v_{cd1} = -V_{c1}\sin\delta_1 \quad \& \quad v_{cq1} = V_{c1}\cos\delta_1 \tag{4.14}$$

类似地，根据图 4.14b，受端（电压源换流器工作于逆变器模式）存在如下关系。

电压源换流器端口电压为

$$V_{c2}\cos\delta_2 = V_{s2} + I_{s2}R_{T2}\cos(\theta_2 + \delta_2) + I_{s2}X_{T2}\sin(\theta_2 + \delta_2) \tag{4.15}$$

负载角为

$$\tan\delta_2 = \frac{I_{s2}X_{T2}\cos\theta_2 - I_{s2}R_{T2}\sin\theta_2}{v_{c2} + I_{s2}X_{T2}\sin\theta_2 + I_{s2}R_{T2}\cos\theta_2} \tag{4.16}$$

4.4.4.3 VSC－HVDC 动态模型

图 4.15 给出了 VSC－HVDC 输电系统典型的基本结构。（v_{sa}，v_{sb}，v_{sc}）表示的交流电压源为在时间上互差 120°的三相理想正弦波。三相电流（i_{sa}，i_{sb}，i_{sc}）为从交流系统流向电压源换流器或向相反方向流动的电流。电压源换流器端口电压和电流分别用（v_{ca}，v_{cb}，v_{cc}）和（i_{ca}，i_{cb}，i_{cc}）表示。R_T与 L_T为耦合变压器的电阻和电感，R_F与 L_F为耦合电抗器的电阻和电感。直流侧用电感 L_{dc}和电阻 R_{dc}串联来建模，而 C、V_{dc}、I_{dc}分别为直流链电容、电压和电流。在图 4.15 中，假设左侧的换流器 VSC_1 工作于整流器模式，将功率从交流侧转换到电压源换流器直流侧。右侧换流器 VSC_2 工作于逆变器模式，并将功率从电压源换流器直流侧变换到交流侧。下标“1”和“2”分别表示送端换流站和受端换流站的变量。

运用基尔霍夫电压定律于图 4.15 中 VSC－HVDC 电路，时间 t 的单位为秒，其他变量用标幺值，那么整流器侧的动态方程如下：

$$\frac{di_{sabc}}{dt} = \frac{R_1}{-L_1}i_{sabc} + \frac{1}{L_1}(v_{sabc} - v_{cabc}) \tag{4.17}$$

式中，$R_1 = R_{T1} + R_{F1}$，且$L_1 = L_{T1} + L_{F1}$。

逆变站的动态方程为

$$\frac{di_{sabc2}}{dt} = -\frac{R_2}{L_2}i_{sabc2} + \frac{1}{L_2}(v_{cabc2} - v_{sabc2}) \tag{4.18}$$

式中，$R_2 = R_{T2} + R_{F2}$，且$L_2 = L_{T2} + L_{F2}$。

为简化控制系统设计，可利用式（4.19）所示的 Park 变换矩阵将三相变量转换到 dq 参考平面：

$$\begin{bmatrix} f_d \\ f_q \\ f_0 \end{bmatrix} = \begin{bmatrix} \cos\theta & \cos\left(\theta - \frac{2\pi}{3}\right) & \cos\left(\theta - \frac{4\pi}{3}\right) \\ \sin\theta & \sin\left(\theta - \frac{2\pi}{3}\right) & \sin\left(\theta - \frac{4\pi}{3}\right) \\ \frac{1}{2} & \frac{1}{2} & \frac{1}{2} \end{bmatrix} \begin{bmatrix} f_a \\ f_b \\ f_c \end{bmatrix} = [T] \begin{bmatrix} f_a \\ f_b \\ f_c \end{bmatrix} \tag{4.19}$$

反 Park 变换矩阵为

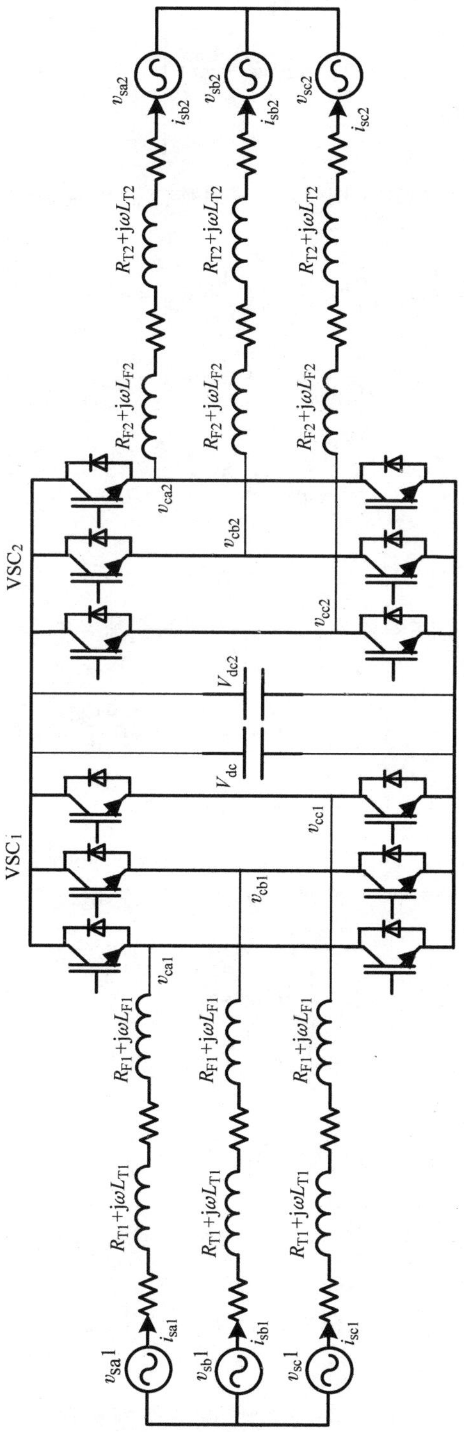

图 4.15　VSC - HVDC 电路

$$\begin{bmatrix} f_{\mathrm{a}} \\ f_{\mathrm{b}} \\ f_{\mathrm{c}} \end{bmatrix} = \begin{bmatrix} \cos\theta & \cos\left(\theta - \frac{2\pi}{3}\right) & \cos\left(\theta - \frac{4\pi}{3}\right) \\ \sin\theta & \sin\left(\theta - \frac{2\pi}{3}\right) & \sin\left(\theta - \frac{4\pi}{3}\right) \\ \frac{1}{2} & \frac{1}{2} & \frac{1}{2} \end{bmatrix}^{-1} \begin{bmatrix} f_{\mathrm{d}} \\ f_{\mathrm{q}} \\ f_0 \end{bmatrix} = [T]^{-1} \begin{bmatrix} f_{\mathrm{d}} \\ f_{\mathrm{q}} \\ f_0 \end{bmatrix} \tag{4.20}$$

对式（4.17）和式（4.18）运用 Park 变换，则整流器侧在 dq 参考平面内的微分方程为

$$\begin{aligned} \frac{\mathrm{d}i_{\mathrm{sd1}}}{\mathrm{d}t} &= -i_{\mathrm{sd1}}\frac{R_1}{L_1} + \omega i_{\mathrm{sq1}} + \frac{1}{L_1}(v_{\mathrm{sd1}} - v_{\mathrm{cd1}}) \\ \frac{\mathrm{d}i_{\mathrm{sq1}}}{\mathrm{d}t} &= -i_{\mathrm{sq1}}\frac{R_1}{L_1} - \omega i_{\mathrm{sd1}} + \frac{1}{L_1}(v_{\mathrm{sd1}} - v_{\mathrm{cd1}}) \end{aligned} \tag{4.21}$$

类似地，逆变器侧有

$$\begin{aligned} \frac{\mathrm{d}i_{\mathrm{sd2}}}{\mathrm{d}t} &= -i_{\mathrm{sd2}}\frac{R_2}{L_2} + \omega i_{\mathrm{sq2}} + \frac{1}{L_2}(v_{\mathrm{cd2}} - v_{\mathrm{sd2}}) \\ \frac{\mathrm{d}i_{\mathrm{sq2}}}{\mathrm{d}t} &= -i_{\mathrm{sq2}}\frac{R_2}{L_2} - \omega i_{\mathrm{sd2}} + \frac{1}{L_2}(v_{\mathrm{cd2}} - v_{\mathrm{sd2}}) \end{aligned} \tag{4.22}$$

若假设换流器上无损耗，则在整流器和逆变器侧的交流与直流端功率平衡方程分别如下：

$$\begin{aligned} V_{\mathrm{dc1}}I_{\mathrm{dc}} &= \frac{3}{2}(v_{\mathrm{cd1}}i_{\mathrm{sd1}} + v_{\mathrm{cq1}}i_{\mathrm{sq1}}) - CV_{\mathrm{dc1}}\frac{\mathrm{d}V_{\mathrm{dc1}}}{\mathrm{d}t} \\ V_{\mathrm{dc2}}I_{\mathrm{dc}} &= \frac{3}{2}(v_{\mathrm{cd1}}i_{\mathrm{sd1}} + v_{\mathrm{cq1}}i_{\mathrm{sq1}}) + CV_{\mathrm{dc2}}\frac{\mathrm{d}V_{\mathrm{dc2}}}{\mathrm{d}t} \end{aligned} \tag{4.23}$$

式（4.21）、式（4.22）和式（4.23）就是 VSC－HVDC 的动态方程。

对使用 SPWM 进行调制的换流器，调制系数 M、直流链电压和交流电压的 dq 分量之间存在下述关系：

$$v_{\mathrm{cd}} = \frac{1}{2}MV_{\mathrm{dc}}\cos\delta \tag{4.24}$$

$$v_{\mathrm{cq}} = \frac{1}{2}MV_{\mathrm{dc}}\sin\delta \tag{4.25}$$

瞬时总功率在时域内可表达为

$$S(t) = v_{\mathrm{a}}(t).\, i_{\mathrm{a}}(t) + v_{\mathrm{b}}(t).\, i_{\mathrm{b}}(t) + v_{\mathrm{c}}(t).\, i_{\mathrm{c}}(t) \tag{4.26}$$

对式（4.26）运用 Park 变换，可以得到

$$p(t) = \frac{3}{2}[v_{\mathrm{d}}(t).\, i_{\mathrm{d}}(t) + v_{\mathrm{q}}(t).\, i_{\mathrm{q}}(t)] \tag{4.27}$$

$$q(t) = \frac{3}{2}[-v_{\mathrm{d}}(t).\, i_{\mathrm{q}}(t) + v_{\mathrm{q}}(t).\, i_{\mathrm{d}}(t)] \tag{4.28}$$

4.4.4.4 VSC－HVDC 控制系统

利用 PWM 技术，电压源换流器的控制器可以调节调制系数 M、换流器相位角 θ，从而获得不同的电压和相移，这样就可以控制有功功率、无功功率、交流电压和直流电压。

为达到期望的控制性能，目前最普遍的方法是运用矢量控制技术来调节 M 和 θ。在计

算调制系数和相角前，矢量控制将三相旋转电压和电流变换到 dq 坐标系下。然后使用锁相环（PLL）与交流三相电压同步。受控变量被强制跟随参考值，从而产生期望的 M 和 θ 值，这些值再通过 PWM 技术控制电压源换流器的开关动作。

电压源换流器的控制系统包括一个内环控制器和一个外环控制器。内环控制器的主要功能是在全范围内控制电流，并保证换流器不会因系统扰动产生的暂态电流而发生过载。外环控制器负责为内环控制器提供参考值。图 4.16 给出了一个电压源换流器控制系统的例子，包括内环控制器、外环控制器和 PLL。

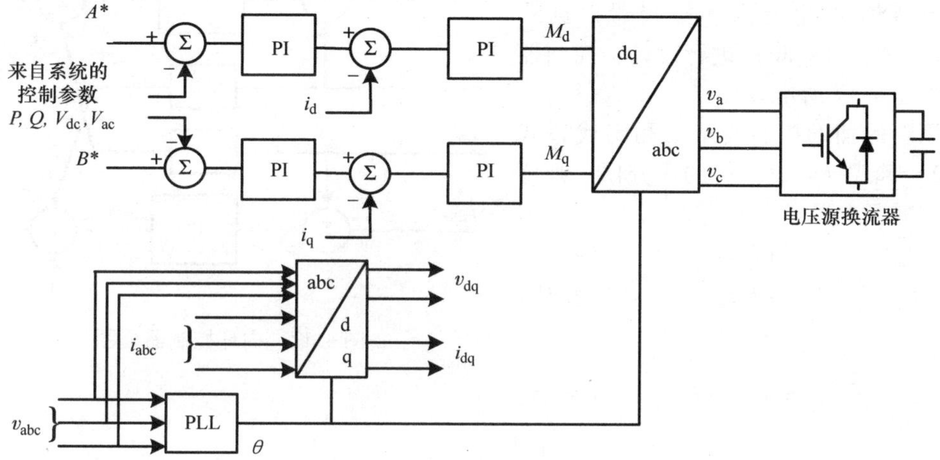

图 4.16　VSC – HVDC 控制系统框图

对电压源换流器的外环控制器而言，有四种可能的控制模式可供选择（Cuiqing 等，2005）：

1）直流电压控制模式；

2）有功功率控制模式；

3）交流电压控制模式；

4）无功功率控制模式。

从上面选择何种控制器施加于电压源换流器（无法同时运用所有的控制器）取决于 VSC – HVDC 的运用场合，但是在所有的情况下都需要有直流电压控制器，以确保送端和受端换流器的功率平衡。在这里，换流器的运行模式为：VSC_2 控制直流电压和 B_2 处的交流电压，而 VSC_1 控制有功功率和 B_1 处的交流电压。

4.4.4.4.1　内环控制器设计

为了设计电流内环控制器，我们对式（4.21）所示的交叉耦合项按如下方式进行解耦（Giddani 等，2009）：

$$v_{sd1} = u_{d1} - \omega L_1 i_{q1} + v_{d1} \tag{4.29}$$

$$v_{sq1} = u_{q1} + \omega L_1 i_{d1} + v_{q1} \tag{4.30}$$

将式（4.29）和式（4.30）代入式（4.21），可得

$$\frac{\mathrm{d}}{\mathrm{d}t}\begin{bmatrix} i_{sd1} \\ i_{sq1} \end{bmatrix} = \begin{bmatrix} -R_1/L_1 & 0 \\ 0 & -R_1/L_1 \end{bmatrix}\begin{bmatrix} i_{sd1} \\ i_{sq1} \end{bmatrix} + \begin{bmatrix} 1/L_1 & 0 \\ 0 & 1/L_1 \end{bmatrix}\begin{bmatrix} u_{d1} \\ u_{q1} \end{bmatrix} \tag{4.31}$$

式中，u_d和u_q为内环控制器产生的变量，用以调节dq轴电流。

u_d和u_q定义为

$$u_{d1} = k_{pi}(i_{d1}^* - i_{d1}) + k_{ii}\int(i_{d1}^* - i_{d1})dt \tag{4.32}$$

$$u_{q1} = k_{pi}(i_{q1}^* - i_{q1}) + k_{ii}\int(i_{q1}^* - i_{q1})dt \tag{4.33}$$

式中，k_{pi}和k_{ii}分别为电流控制器的比例和积分常数，上标＊表示该量为参考值。换流器VSC_1的电流内环控制器根据式（4.29）和式（4.30）进行设计，控制器框图如图4.17所示。

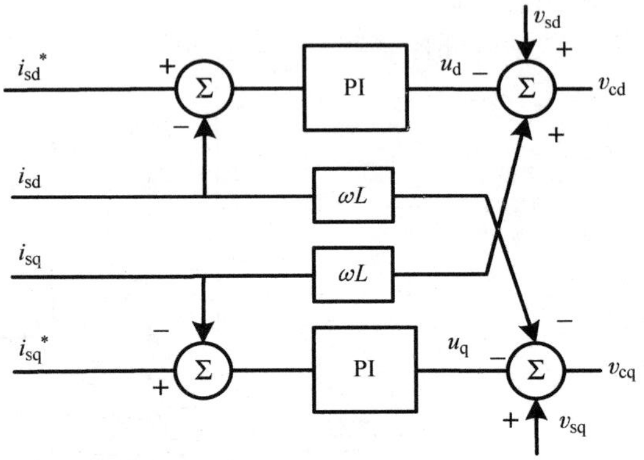

图4.17　内环控制器框图

用新的辅助控制变量z_d和z_q代替式（4.32）和式（4.33）中的积分项，则可以得到如下方程：

$$u_d = k_{pi}(i_{sd}^* - i_{sd}) + k_{ii}z_d \tag{4.34}$$

$$u_q = k_{pi}(i_{sq}^* - i_{sq}) + k_{ii}z_q \tag{4.35}$$

其中

$$\frac{dz_d}{dt} = -i_{sd} + i_{sd}^* \tag{4.36}$$

$$\frac{dz_q}{dt} = -i_{sq} + i_{sq}^* \tag{4.37}$$

将式（4.34）~式（4.37）代入式（4.31），则有

$$\frac{d}{dt}\begin{bmatrix} i_{sd} \\ z_d \\ i_{sq} \\ z_q \end{bmatrix} = \begin{bmatrix} -(R_1+k_{pi})/L_1 & K_{ii}/L_1 & 0 & 0 \\ -1 & 0 & 0 & 0 \\ 0 & 0 & -(R_1+k_{pi})/L_1 & K_{ii}/L_1 \\ 0 & 0 & -1 & 0 \end{bmatrix}\begin{bmatrix} i_{sd} \\ z_d \\ i_{sq} \\ z_q \end{bmatrix} + \begin{bmatrix} K_{pi}/L_1 & 0 \\ 1 & 0 \\ 0 & K_{pi}/L_1 \\ 0 & 1 \end{bmatrix}\begin{bmatrix} i_{sd}^* \\ i_{sq}^* \end{bmatrix} \tag{4.38}$$

由式（4.38），拉普拉斯变换下的dq轴电流可以定义如下：

$$\begin{bmatrix} i_{sd}(s) \\ z_d(s) \\ i_{sq}(s) \\ z_q(s) \end{bmatrix} = \frac{1}{s^2 + \frac{(R_1+K_{pi})}{L_1}s + \frac{K_{ii}}{L_1}}\begin{bmatrix} s & K_{ii}/L_1 & 0 & 0 \\ -1 & s+(R_1+K_{pi})/L_1 & 0 & 0 \\ 0 & 0 & s & K_{ii}/L_1 \\ 0 & 0 & -1 & s+(R_1+K_{pi})/L_1 \end{bmatrix}\begin{bmatrix} i_{sd}^* \\ i_{sq}^* \end{bmatrix} \tag{4.39}$$

这样，电流内环控制器的拉普拉斯传递函数则为

$$G(s) = \frac{\frac{K_{pi}}{L_1}\left(s + \frac{K_{ii}}{K_{pi}}\right)}{s^2 + \frac{(R_1+K_{pi})}{L_1}s + \frac{L_{ii}}{L_1}} \tag{4.40}$$

从式（4.40）分母的电流控制器特征方程可得电流控制器的比例和积分常数

（Douangsyla 等，2004）

$$k_{pi}=2\zeta\omega_n L_1-R_1 \tag{4.41}$$

$$K_{ii}=\omega_n^2 L_1 \tag{4.42}$$

式中，ω_n和ζ分别为自然振荡频率和阻尼系数。这些值的选取必须保证在全部运行范围内的稳定。

4.4.4.4.2　外环控制器设计

外环控制器包括直流电压控制器、交流电压控制器、有功和无功功率控制器以及频率控制器。本节将对以上不同的外环控制器进行阐述。

4.4.4.4.2.1　有功和无功功率控制器

基于式（4.27）和式（4.28），输出到公共连接点（PCC）的有功和无功功率分别为

$$p(t)=\frac{3}{2}[v_{sd}(t)i_{sd}(t)+v_{sq}(t)i_{sq}(t)] \tag{4.43}$$

$$q(t)=\frac{3}{2}[-v_{sd}(t)i_{sq}(t)+v_{sq}(t)i_{sd}(t)] \tag{4.44}$$

其中，v_{sd}和v_{sq}为公共连接点的dq轴电压。在稳态下有$v_{sq}=0$，故式（4.43）和式（4.44）可以表达为

$$p(t)=\frac{3}{2}v_{sd}(t).\,i_{sd}(t) \tag{4.45}$$

$$q(t)=\frac{-3}{2}v_{d}(t).\,i_{q}(t) \tag{4.46}$$

所以，dq轴电流的参考值为

$$i_{sd}^*=\frac{2P^*}{3v_{sd}} \tag{4.47}$$

$$i_{sq}^*=\frac{-2Q^*}{3v_{sd}} \tag{4.48}$$

图4.18给出了有功和无功功率控制器的原理框图。

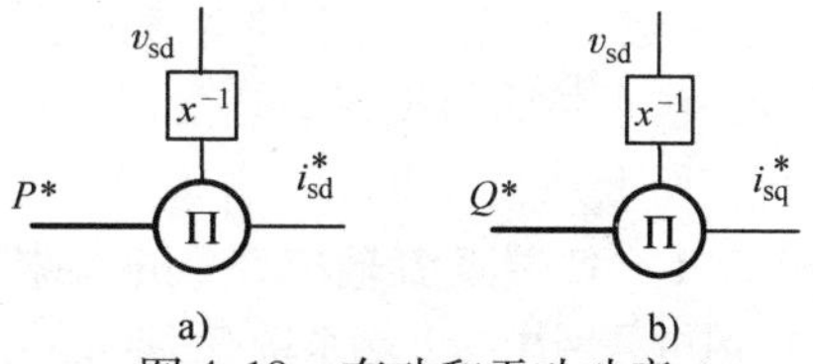

图4.18　有功和无功功率控制器的原理框图

4.4.4.4.2.2　直流和交流电压控制器

在直流电压控制器中，被测的直流电压和参考电压进行比较，误差被送至一个PI控制器，从而生成d轴参考电流（i_{sd}^*）。式（4.49）为直流电压㊀控制器的数学模型：

$$i_{sd}^*=k_{pdc}(V_{dc}^*-V_{dc})+k_{idc}\int(V_{dc}^*-V_{dc})\mathrm{d}t \tag{4.49}$$

同样地，交流电压㊁控制器的数学模型为

$$i_{sq}^*=k_{pac}(V_{ac}^*-V_{ac})+k_{iac}\int(V_{ac}^*-V_{ac})\mathrm{d}t \tag{4.50}$$

式中，k_{pdc}、k_{idc}、k_{pac}、k_{iac}分别为直流电压控制器和交流电压控制器的比例和积分系数。图4.19给出了直流电压和交流电压控制器的原理框图。

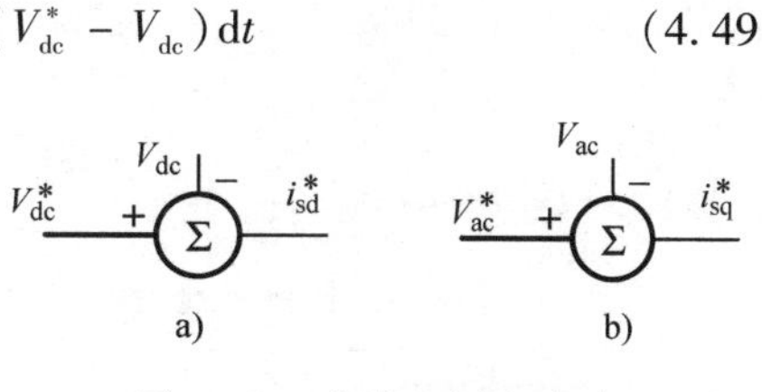

图4.19　直流电压和交流电压控制器的原理框图

㊀ 原文为直流电流。——译者注

㊁ 原文为交流电流。——译者注

4.4.5 多端 VSC – HVDC 网络

虽然大多现有的直流方案都是以点对点方式实现的，CSC – HVDC 或 VSC – HVDC 输电也可以被设置为多端结构。VSC – HVDC 技术似乎可视为多端结构的更合适选择。基于电压源换流器的多端系统能够通过改变直流电流的方向，而无须改变直流电压极性和换流器的运行模式，就能够实现有功功率的反向流动。这就无需像 CSC – HVDC 那样在增加对直流电缆和接口变压器压力的条件下才能实现瞬时功率的逆向流动（Long 等，1990；Weixing 和 Boon Teck，2002；Wulue 等，2006）。

通过对负责有功功率控制的换流器的直接有功功率控制与对负责直流电压控制的换流器的直流电压下垂控制的结合，多端 VSC – HVDC 输电系统中的换流器之间可进行有功功率传输（Lie 等，2008；Adam 等，2009）。这使得多端 VSC – HVDC 输电系统在应对任何源于有功功率不平衡而导致的网络变更（大负载或发电机并网或脱网）和交流故障时能进行更灵活的响应。在换流站之间需要有一个可靠的协调控制系统，此外还需要鲁棒的直流电路断路器，以提高系统从直流故障或换流器损坏故障中恢复的概率。多端 VSC – HVDC 输电系统的其他特点如下（Arrillaga 和 Watson，2007；Adam 等，2009）：

1）提高功率沿期望路径流动的控制灵活性。

2）提高系统可靠性和稳定性。在一个电压源换流器脱网或一条直流链电缆断开的故障期间，可以通过系统的其他路径为功率流动提供新通路；这样，大发电机组脱网的影响就可以被降至最低。

3）适合建立连接不同交流网络以及集成新能源发电的输电系统。直流网上的换流器可以工作于整流器模式或逆变器模式，接受来自直流网上某一节点的功率，或将功率输送至直流网上某一节点。

4.4.5.1 多端直流输电系统的结构

风电并网用的多端系统有不同的构架，差别主要在于电压源换流器的数量以及它们的布置方式（Padiyar，2005；Hongbo 和 Ekstrom，1998；Haileselassie 等，2008；Jiebie 和 Booth，2010）。

图 4.20 给出了二种适合海上风电场并网的多端 VSC – HVDC 结构：双输入 – 单输出结构和双输入 – 双输出结构。潮流控制考虑了功率的流动方向为从风电场到交流电网（无反向功率流动）。

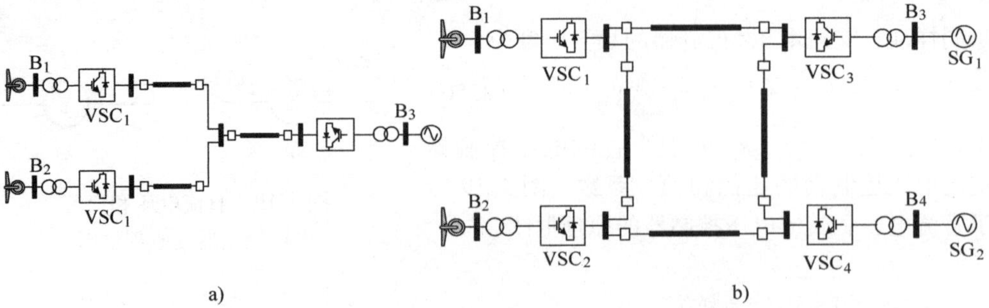

图 4.20 适合海上风电场并网的多端系统的二种可行结构：
a）双输入 – 单输出结构；b）双输入 – 双输出结构

多端 VSC - HVDC 可以用来替代传统的交流传输网，以容纳交流网络间的功率。这种情况下，HVDC 输电系统被用来生成一个大的电力库（power pool），以达到下列目的（Padiyar，2005）：

1）无需使用庞大的储能系统就可使更多可再生能源并入交流电网。

2）在发电机或大负载发生局部脱网期间，提高连接到电力库的交流网络对由此引起的功率和频率不稳定问题的耐受能力。

3）在区域电网之间通过完全的潮流控制实现实时的电力交易。

4）每个换流器站固有的无功功率支持能力，为公共连接点提供电压控制。

5）具备异步运行的灵活性。

图 4.21 给出了一个四端 VSC - HVDC 网络的例子，适合将海上风电连接到不同的国家（即跨国直流网）。

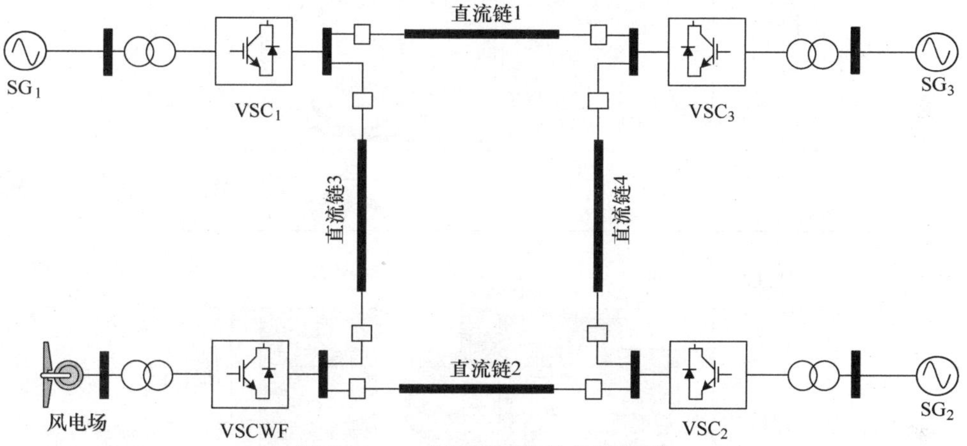

图 4.21　一个四端网络的接线例图

海上油气平台利用位于海上的燃气轮机所发的电能。多端 VSC - HVDC 输电系统可以替代燃气轮机来为油气平台供电，并将海上风电传送至陆上的交流网络（见图 4.22）。在此情况下使用多端直流系统的潜在益处包括降低运行成本、提高系统可靠性并减少 CO_2 排放（Haileselassie 等，2008）。

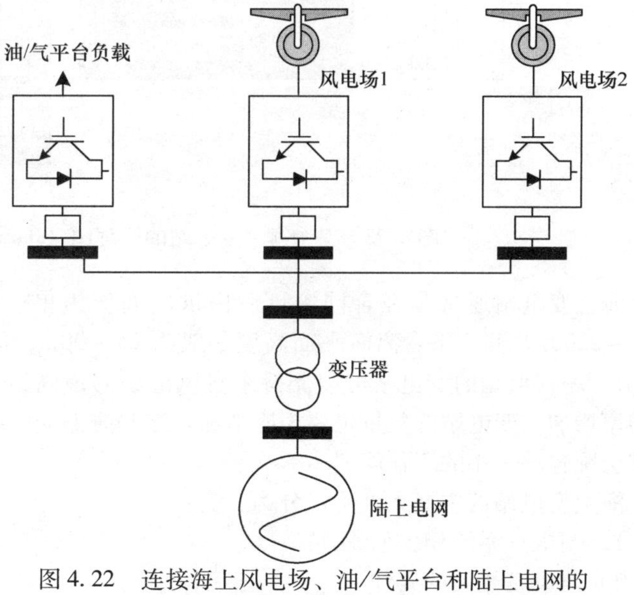

图 4.22　连接海上风电场、油/气平台和陆上电网的多端 HVDC 输电系统（Haileselassie 等，2008）

4.5 海上变电站

电力被传输到陆上电网前，海上变电站将其电压提高。通过用海上变电站提高电压，能够降低电缆进行电力输送时产生的损耗。图 4.23 给出了一个海上变电站的原理图（Bazargan，2007）。

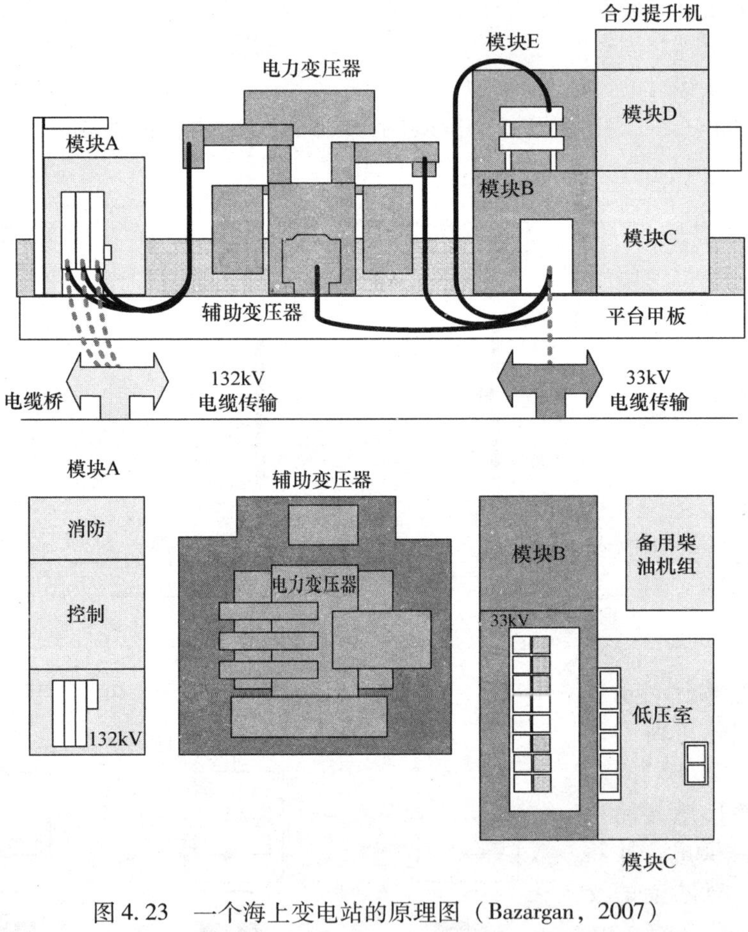

图 4.23　一个海上变电站的原理图（Bazargan，2007）

海上变电站通常是在合同签订后由供应商作为单一组件整体提供的，重量一般在 1800 ~ 2200t 之间。平台离海平面高度一般为 25 ~ 30m，面积为 800 ~ 1200m^2（Bazargan，2007）。一台典型的变电站可以支持来自风电场的最高达 500MW 的输出功率。随着风电场功率增加，变电站的数量也要相应增加。这些海上变电站大都未配备专用维护平台，但内部会配置一个小的工作间。

海上变电站的主要元件可以分为三类：

1）与电气系统相关的元件。

2）与设备相关的元件。

3）与结构相关的元件。

与电气系统相关的元件主要有：

1）海上变电站的主要元件是变压器。变压器根据最佳功率输送要求和损耗最小的要求将电压升高。

2）变电站上的备用柴油发电机在输出电缆中断时将投入运行。

3）开关柜是海上变电站的组成部分，用来区分输出电缆和阵列电缆。

4）如果前向的功率传输是通过 HVDC，那么换流器也安装在海上变电站上。

5）无功功率补偿设备，为实现向岸上电网输送最大功率而提供最佳无功功率补偿［如电抗组、电容组、静止无功功率补偿器（SVC）或静止同步补偿器（STATCOM）］。

6）变电站进行的合理接地，为发生安全灾害或短路故障时提供电气安全保障。

4.6　无功功率补偿设备

4.6.1　静止无功功率补偿器（SVC）

SVC 基于可变并联导纳的工作原理，并运用晶闸管控制器，使得稳定时间仅为数个基波周期。SVC 能够从电网吸收容性或感性电流。通过合理控制等效电抗，我们就能够调节位于 SVC 连接点的电压幅值，以此提高电力系统的性能（Acha 等，2001）。实现一台 SVC 可以有不同的设计方法。图 4.24 给出了二种典型的 SVC 实现原理图，都为连续控制型 SVC，即带固定电容（FC）的晶闸管调节电抗器（TCR）型以及带 TCR 的晶闸管投切电容器组（TSC）型。晶闸管为可控器件，可以实现 TCR 的平滑控制。另一方面，TSC 为快速投切器件，可以实现阶梯状的电压调节效果。

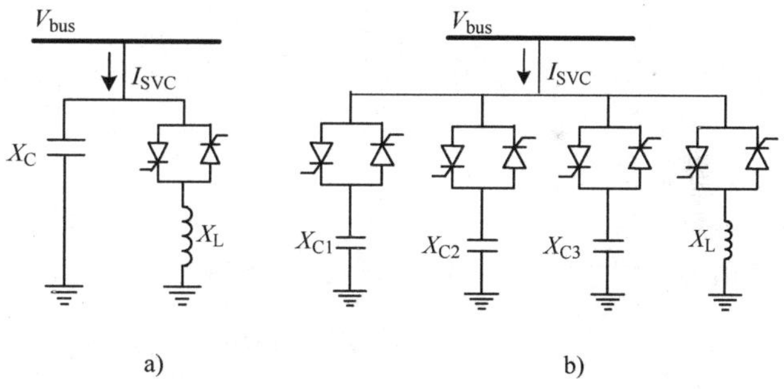

图 4.24　SVC 的典型结构：a）带固定电容的 TCR 型，b）带 TCR 的 TSC 型

当 SVC 工作于电压控制模式下时，若使用 FC/TCR 拓扑，则稳定时间可以几乎快至仅为一个周期。若使用投切器件（TSC/TCR），依不同的 SVC 设置和系统强度，响应时间通常为 30～60μs。要达到如此快的响应速度，需要在特定的网络结构和运行要求下对功率器件的类型和容量以及控制方案进行评估。

图 4.25 给出了一个典型 SVC 运用中的电压控制方案的简化框图（Song 和 Johns，1999；Hingorani 和 Gyugyi，2000）。此控制方案的核心部分包括测量电路、电压调节器、分配器（allocator）、线性化器（lineariser）、TCR 和 TSC 的触发电路。

测量电路对网络上不同点的电压和电流进行测量，为 SVC 的控制和保护提供必要的信息。被测信号需要进行调理，以适合控制系统的其他模块使用。电压调节器进行闭环电压控制，并用一个 PI 生成一个总的 SVC 电纳参考值，以使电压误差最小。当系统包含功

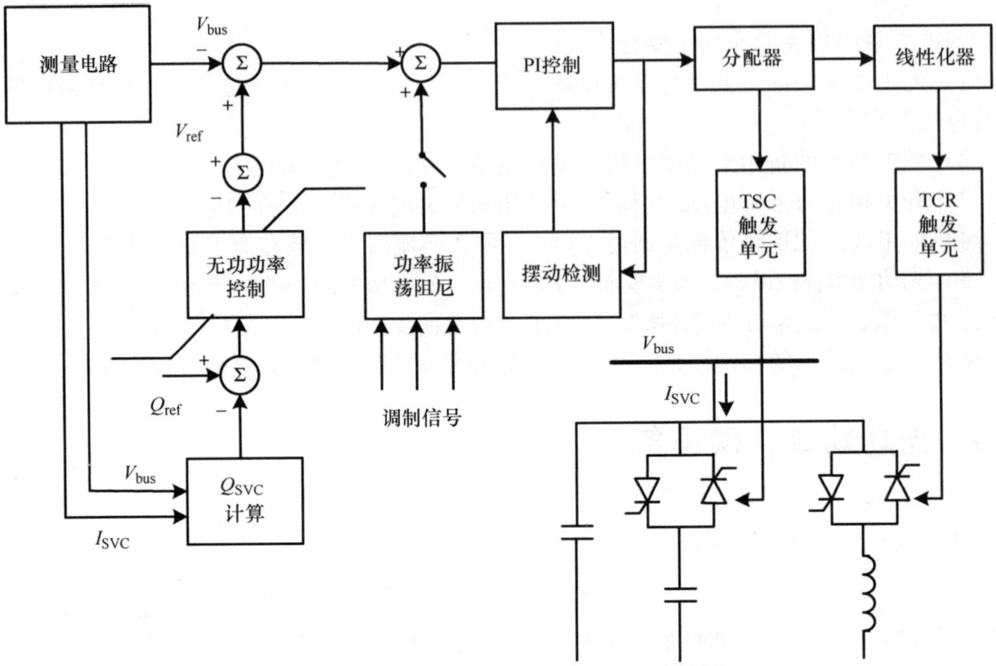

图 4.25　一台典型 SVC 的简化电压控制框图

率振荡阻尼功能时，它作用于电压调节器，衰减电力系统中的低频机电摆动。分配器将来自电压调节器的电纳参考值转换为特定信息，这些信息被处理后就能决定需要开通的无功功率补偿器件组（reactive power banks）和需要的触发角。线性化器将来自分配器的电纳转化为触发角。为了在整个 SVC 运行范围内维持相同的控制响应，角度 α 被确定为电纳参考值的非线性函数。此函数通常以表格形式出现，表格可由式（4.51）计算得到：

$$1-X_L B(\alpha)=\alpha+\frac{\sin(\pi\alpha)}{\pi} \tag{4.51}$$

式中，B（α）是触发角为 α 时 TCR 的电纳。稳定控制器（stability controller）监测电压控制器的运行，包括摆动检测（hunting detection）和增益调节功能。在弱系统运行工况下有可能会发生不稳定运行（发生摆动），这可以被稳定控制器所检测，同时为了使运行稳定，PI 控制器的增益会被减小一半。TSC - TCR 触发单元计算角度 α 并为 TSC 和 TCR 中的晶闸管产生触发脉冲。其他可以加到控制电路中的控制器件包括直流控制器和无功功率控制器。加入这些器件后系统将变得更鲁棒和有效；但是复杂性显著增加。

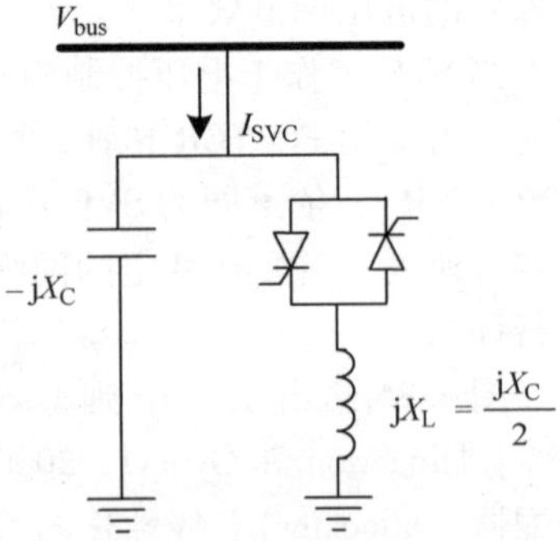

图 4.26　SVC 电容和电感值

图 4.26 显示了 FC/TCR 拓扑 SVC 的电容和电感值。这些值可以针对特定运用根据无功功率补偿的需求 Q_{SVC} 确定，即

$$X_C = \frac{V_{bus}^2}{Q_{SVC}} \tag{4.52}$$

$$X_L = \frac{X_C}{2} \tag{4.53}$$

每台 SVC 都有其各自的无功功率 – 触发角特性关系 Q_{SVC}（α），此关系为感抗和容抗的函数。SVC 的有效电抗 X_{SVC}为触发角 α 的函数，并可以用 TCR 的基波等效电抗 X_{TCR}来计算：

$$X_{TCR} = \frac{\pi X_L}{(\sigma - \sin\sigma)} \tag{4.54}$$

和

$$\sigma = 2(\pi - \alpha) \tag{4.55}$$

式中，X_L为电感的电抗；σ 和 α 分别为晶闸管的导通角和触发角。当 $\alpha = 90°$时，TCR 完全导通，等效电抗 X_{TCR}等于 X_L。当 $\alpha = 180°$时，TCR 被阻断，其等效电抗为无穷大。SVC 总的有效电抗包括 TCR 电抗和容性电抗，由下式确定：

$$X_{SVC} = \frac{X_C X_{TCR}}{X_C + X_{TCR}} \tag{4.56}$$

作为导通角 σ 的函数，又可以表达为

$$X_{SVC} = \frac{\pi X_C X_L}{X_C(\sigma - \sin\sigma) - \pi X_L} \tag{4.57}$$

而若表达为触发角 α 的函数，则为

$$X_{SVC} = \frac{\pi X_C X_L}{X_C[2(\pi - \alpha) + \sin 2\alpha] - \pi X_L} \tag{4.58}$$

基于式（4.58），作为触发角的函数，Q_{SVC}可以利用下面的基本关系式来进行计算：

$$Q_{SVC} = V_{bus}^2 \frac{X_C[2(\pi - \alpha) + \sin 2\alpha] - \pi X_L}{\pi X_C X_L} \tag{4.59}$$

4.6.2　静止同步补偿器（STATCOM）

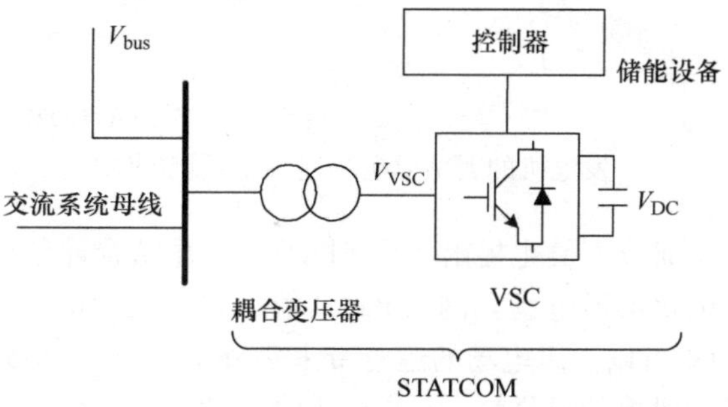

图 4.27　并到交流系统的一台 STATCOM 的原理图

STATCOM 为一台基于电压源换流器的设备，以一个线性电容器作为电压源（Song 和 Johns，1999；Hingorani 和 Gyugyi，2000；Acha 等，2001）。STATCOM 被用于为电力传输系统提供动态无功功率补偿，进行电压支撑和提高暂态稳定的裕度。STATCOM 最基本的拓扑包括一台二电平电压源换流器，以及一个作为直流储能元件的电容器、与交流系统串联的耦合变压器和如图 4.27 所示的相关控制回路。由于电压源是从电容器上产生的，STATCOM 输出有功功率的能力很有限。

表 4.2 给出了 STATCOM 和交流系统之间进行的功率交换。

STATCOM 中的电容器的大小可以通过考虑直流电压纹波约束和功率大小来分析求解（Acha 等，2001）。另外，直流电容的大小会直接影响系统的闭环控制性能，同时在电压源换流器生成的谐波和控制系统的响应速度之间总存在一个折中（Xu 等，2001）。STATCOM 的响应时间可以比电压源换流器的短，部分是因为自然响应（即无控制动作的响应）将抵消交流电压幅值的变化，部分是因为电压源换流器的开关频率比基波的频率高。因为来自 STATCOM 的无功功率随着交流电压呈线性下降（因即使在较低的交流电压下电流仍然能维持在额定值），所以相对电压源换流器，STATCOM 可以更好地进行无功功率支撑。

表 4.2　STATCOM 和交流系统之间的功率交换

电压关系	功率交换		
	STATCOM	⇔	交流系统
$\lvert V_{VSC} \rvert > \lvert V_{bus} \rvert$	Q	⇒	
$\lvert V_{VSC} \rvert < \lvert V_{bus} \rvert$		⇐	Q
$\delta < 0$	P	⇒	
$\delta > 0$		⇐	P

在基于定速感应风力发电机的一个大型风电场中，一个利用 STATCOM 实现电压控制和故障穿越的方案如图 4.28 所示（Wu 等，2003；Cartwright 等，2004）。

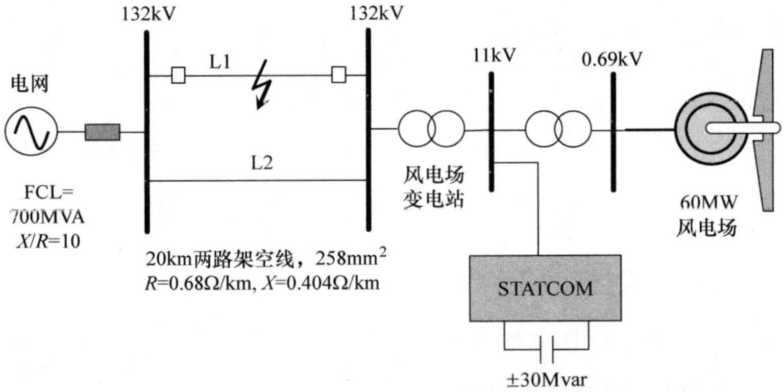

图 4.28　带 STATCOM、基于定速感应发电机的大型风电场连接至系统的结构图（Wu 等，2003；Cartwright 等，2004）

研究人员也提出使用 STATCOM 并结合储能（超级电容器），用以实现基于定速感应发电机的风电场并网（Banos 等，2006），如图 4.29 所示。和储能器件协同工作，STATCOM 可以为风电场的运行带来额外的益处，如提高对机电振荡的阻尼能力，改善电能质量和供电的可靠性。

一些文献中已报道了一种使用包含基于晶闸管的换流器和基于电压源换流器的 STATCOM（额定功率为 ±100Mvar）的混合 LCC－HVDC 互联方案，用来传输基于定速感应发电机的海上风电场电能（Andersen 和 Xu，2004；Cartwright 等，2004b）（见图 4.30）。对海上换流站而言，所需的无功功率来自滤波器和 STATCOM。而对陆上换流站而言，传统

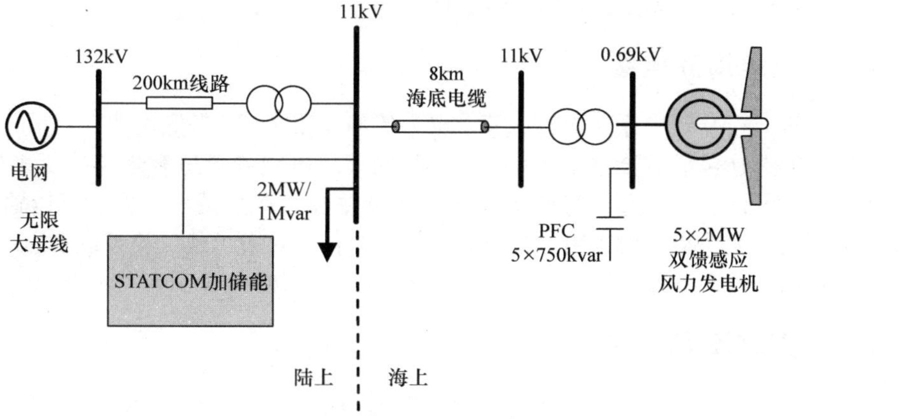

图 4.29　基于 STATCOM 和储能的定速感应发电机风电场并网结构图（Banos 等，2006）

的滤波器提供所需的无功功率补偿。STATCOM 既为 HVDC 换流器提供所需的换相电压，也在稳态、动态和暂态下为网络提供无功功率补偿。

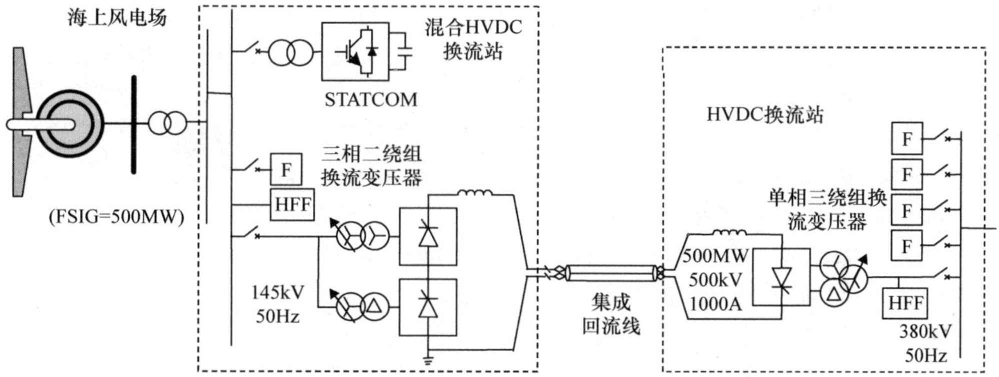

图 4.30　使用混合 HVDC 输电系统连接基于定速感应发电机的
大型风电场的结构图（Andersen 和 Xu，2004；Cartwright 等，2004b）

4.7　海底电缆

交流或直流海底输电系统都可以用来将海上风电场的电能送到陆上电网。海底电缆的选择主要取决于如下因素：离岸距离、电压等级和输送功率的大小。安装前，必须进行全面的调查以确定电缆的走线（Contact，2008）。

海底电缆有不同的绝缘类型：挤出型聚合物绝缘（extruded polymer insulation）、黏性浸渍电缆（mass Impregnated cable）、独立充液电缆（self - contained fluid filled cable）。有二种挤出型绝缘电缆：交联聚乙烯（XLPE）和乙丙橡胶（EPR）。这些电缆比其他类型的都轻，所以在现场安装时相对容易处理。另外，这些电缆由于不含油而不存在泄漏风险，故对环境友好。黏性浸渍电缆适合电压高至直流 600kV、功率高至 1000MW 的场合。独立充液电缆则适合电压高至交流1000kV、直流 600kV 的场合。

4.7.1 交流海底电缆

一般对 HVAC 输电系统而言，海上电力传输使用 XLPE 海底电缆。目前，在海上风电场中可供的选择包括适合电压从 60 ~225kV 的三芯电缆或者适合最高电压 420 kV 的单芯电缆。三芯设计有三条芯，每条都有独立绝缘并合并在整条电缆内，可以输送的功率较小。为传输更大功率，可以用三条单芯海底电缆，每一条承载三相系统中的一相。通常还会加上第四条并联电缆，以防在一条上发生故障或损坏（Contact，2008）。

4.7.2 直流海底电缆

海上风电正趋向更高的电压，对长距离的海上风电来说 HVDC 电缆比 HVAC 电缆更高效。对 LCC - HVDC 输电系统而言，黏性浸渍电缆更加常用，而 VSC - HVDC 输电系统则使用挤出型绝缘电缆（Contact，2008）。

4.7.3 地下和海底电缆建模

为了顺利地对陆上和海上电力系统进行建模，我们有必要获得地下和海底电缆的阻抗模型，否则我们就不可能可靠地预测系统谐振，以及来自电力电子换流器的谐波的影响。随着油气工业和海上风电向更深的海域发展，电缆的长度也在增加。当前，电缆的使用长度处于 100km 的级别。为了开发准确的阻抗模型，我们需要很好地理解与电缆阻抗的各组成部分密切相关的各种物理现象。而且，对电力系统研究来说，我们还需要了解电缆稳态和谐波的产生机理。多年来，研究人员提出了不少适合用来计算电缆阻抗的模型（Ametani，1980；Kane 等，1995；Nagaoka 和 Ametani，2000；Mugala 和 Eriksson，2007）。海底电缆在外面具有多层坚厚的保护体，可以为布线和预防机械损伤提供额外的强度，这在当前越来越多地用海上风电来为钻探油田供电的趋势下尤其必要。因为海底电缆存在厚的保护体，所以在建立其阻抗模型时需要仔细考虑层与层之间的电磁效应。海底电缆具有不同的布置和结构型式，其感性和容性组成部分也因此不同，这意味着每一类的电缆都有各自独特的谐振特性（Chien 和 Bucknall，2007；Amornvipas 和 Hofmann，2010）。受制于极端复杂的结构和布线方式，适用于架空输电线的统一阻抗模型方法很难推广到地下和海底电缆。

致谢

本章所提供的内容引自 Giddani Osman Addalan Kalcon 于 2009 年在英国斯特拉思克莱德大学所撰写的博士论文“Control Design and Stability Assessment of VSC - HVDC Networks for Large - Scale Offshore Wind Integration”，并征得其同意。

4.6 节中的部分内容引自 Anaya - Lara 博士准备的资料，并最初发表于参考文献（Acha 等，2001）。

参考文献

ABB Technical Description (2008) *Article: CCC-Capacitor Commutated Converters*, Doc. No. 9AKK104295D3439, Available at: http://www.abb.com/abblibrary/downloadcenter/

Acha, E., Agelidis, V.G., Anaya-Lara, O. and Miller, T.J.E. (2001) *Electronic Control in Electrical Power Systems*, Butterworth-Heinemann, ISBN 0-7506-5126-1.

Ackermann, T. (2005) *Wind Power in Power Systems*, John Wiley & Sons, Ltd.

Adam, G.P. *et al.* (2009) Multi-terminal DC transmission system based on modular multilevel converter. Universities Power Engineering Conference (UPEC), 2009 Proceedings of the 44th International, pp. 1–5.

Agelidis, V.G., Demetriades, G.D. and Flourentzou, N., *et al.* (2006) Recent Advances in High-Voltage Direct-Current Power Transmission Systems. Industrial Technology, 2006. ICIT 2006. IEEE International Conference on, 2006, pp. 206–213.

Ametani, A. (1980) A general formulation of impedance and admittance of cables. *IEEE Transactions on Power Apparatus and Systems*, **PAS-99**(3), 902–910.

Amornvipas, C. and Hofmann, L. (2010) Resonance analysis in transmission systems: experience in Germany. Power and Energy Society General Meeting, 2010 IEEE, 25–29 July 2010. 1–8.

Anaya-Lara, O., Tande, J.O., Uhlen, K. and Adaramola, M. (2013) Control challenges and possibilities for offshore wind farms. SINTEF Report, TR A7258, ISBN: 978-82-594-3604-7, 2013.

Andersen, B.R. and Xu, L. (2004) Hybrid HVDC for power transmission to island networks. *IEEE Transactions on Power Delivery*, **4**, 1884–1890.

Arrillaga, J. (1998) *High Voltage Direct Current Transmission*, 2nd edn, The Institution of Electrical Engineers.

Arrillaga, J. Liu, Y. H. and Watson, N. R. *et al.* (2007) *Flexible Power Transmission Systems-The HVDC Options*: John Wiley & Sons Ltd, Publication.

Arrillaga, Y.H.L.L.J. and Watson, N.R. (2007) *Flexible Power Transmission Systems-The HVDC Options*, John Wiley & Sons Ltd, Publication.

Ault, G.W., Gair, S. and McDonald, J.R. (2005) Electrical system designs for the proposed 1 GW Beatrice offshore wind farm. Fifth International Workshop on Large-Scale Integration of Wind Power and Transmission Networks for Offshore Wind Farms, Glasgow, Scotland.

Bahrman, M.P. and Johnson, B.K. (2007) The ABCs of HVDC transmission technologies. *Power and Energy Magazine, IEEE*, **5**, 32–44.

Banos, C., Aten, M., Cartwright, P. and Green, T.C. (2006) Benefits and control of STATCOM with energy storage in wind power generation. Proceedings of the 8th IEE International Conference on AC and DC Power Transmission, 2006.

Bazargan, M. (2007) Renewables offshore wind: offshore substation. *Power Engineering*, **21**(3), 26–27.

Bresesti, P. *et al.* (2007) HVDC connection of offshore wind farms to the transmission system. *Energy Conversion, IEEE Transactions on*, **22**, 37–43.

Cartwright, P., Anaya-Lara, O., Wu, X. *et al.* (2004a) Grid compliant offshore wind power connections provided by FACTS and HVDC solutions. Proceedings of the European Wind Energy Conference EWEC 2004, London, U.K.

Cartwright, P., Xu, L. and Sasse, C. (2004b) Grid integration of large offshore wind farms using hybrid HVDC transmission. Proceeding of the Nordic Wind Power Conference NWPC '04.

Chaudhary, S.K.T., Teodorescu, R. and Rodriguez, P. (2008) Wind Farm Grid Integration Using VSC Based HVDC Transmission – An Overview. Energy 2030 Conference, 17–18 November 2008. ENERGY 2008, IEEE, pp. 1–7.

Chien, C.H. and Bucknall, R.W.G. (2007) Analysis of harmonics in subsea power transmission cables used in VSC-HVDC transmission systems operating under steady-state conditions. *IEEE Transaction on Power Delivery*, **22**(4), 2489–2497.

CIGRE (2009) Integration of large-scale wind generation using HVDC and power electronics. CIGRE Working Group, B4.39 Technical brochure 2009.

Cole, S. and Belmans, R. (2009) Transmission of bulk power. *Industrial Electronics Magazine, IEEE*, **3**, 19–24.

Cuiqing, D., Bollen, M. H. J. *et al.* (2005) Analysis of the control algorithms of voltage-source converter HVDC. Power Tech, 2005 IEEE Russia, pp. 1–7.

Cuiqing, D., Bollen, M. H. J., Agneholm, E. and Sannino, A *et al.* (2007) A new control strategy of a VSC-HVDC system for high-quality supply of industrial plants. *Power Delivery, IEEE Transactions on*, **22**, 2386–2394.

Douangsyla, S., Kanthee, A., Kando, M., Kittiratsatcha, S. and Kinnares, V *et al.* (2004) Modeling for PWM voltage source converter controlled power transfer. Communications and Information Technology, 2004. ISCIT 2004. IEEE International Symposium on, vol. 2, pp. 875–878.

E.ON Climate and Renewables (2012) E.ON Offshore Wind Energy Factbook, www.eon.com (accessed on 4 September 2013).

Flourentzou, N. Agelidis, V.G. and Demetriades, G.D. *et al.* (2009) VSC-based HVDC power transmission systems: an overview. *IEEE Trans on Power Electronics*, **24**, 592–602.

Giddani, O.A., Adam, G.P., Anaya-Lara, O. and Lo, K.L, *et al.* (2009) Grid integration of a large offshore wind farm using VSC-HVDC in parallel with an AC submarine cable. Universities Power Engineering Conference (UPEC), 2009 Proceedings of the 44th International, pp. 1–5.

Gesino, A.J., Lange, B. and Rohrig, K. (2011) Large-scale integration of offshore wind power through wind farm clusters. Fraunhofer IWES, Renewable Energy World Conference & Expo, Europe, 2011.

Haileselassie, T.M. and Molinas, M. (2008) Multi-Terminal VSC-HVDC System for Integration of Offshore Wind Farms and Green Electrification of Platforms in the North Sea. Nordic Workshop on Power and Industrial Electronics, June 2008.

Hingorani, N. G., Gyugyi, L. (2000) *Understanding FACTS: Concepts and Technology of Flexible AC Transmission Systems*, John Wiley & Sons Ltd, ISBN: 0780334558, 9780780334557.

Hongbo, J. and Ekstrom, A. (1998) Multiterminal HVDC systems in urban areas of large cities. *Power Delivery, IEEE Transactions on*, **13**, pp. 1278–1284.

Hopewell, P.D. *et al.* (2006) Optimising the Design of Offshore Wind Farm Collection Networks. Universities Power Engineering Conference, 2006. UPEC '06. Proceedings of the 41st International, 2006, pp. 84–88.

IEEE Guide for Planning DC Links Terminating at AC Locations Having Low Short-Circuit Capacities, *IEEE Std* 1204-1997, p. i, 1997.

Iwatta, Y., Tanaka, S., Sakamoto, K., Konishi, H., Kawazoe, H. (1996) Simulation study of a hybrid HVDC system composed of self-commutated converter and a line-commutated converter, in Sixth International Conference on AC and DC Power Transmission, pp. 381–386.

Jiebei, Z. and Booth, C. (2010) Future multi-terminal HVDC transmission systems using Voltage source converters. Universities Power Engineering Conference (UPEC), 2010 45th International, pp. 1–6.

Kane, M., Ahmad, A. and Auriol, P. (1995) Multiwire shielded cable parameter computation. *IEEE Transactions on Magnetics*, **31**, 1646–1649.

Kundur, P. (1994) Power System Stability and Control, Electric Power Research Institute, Power System Engineering Series.

Lie, X. *et al.* (2005) VSC transmission operating under unbalanced AC conditions – analysis and control design. *Power Delivery, IEEE Transactions on*, **20**, 427–434.

Lie, X. *et al.* (2008) Multi-terminal DC transmission systems for connecting large offshore wind farms. Power and Energy Society General Meeting – Conversion and Delivery of Electrical Energy in the 21st Century, 2008 IEEE, pp. 1–7.

Long, W.F. *et al.* (1990) Application aspects of multiterminal DC power transmission. *Power Delivery, IEEE Transactions on*, **5**, 2084–2098.

Meisingset, M. and Gole, A.M. (2001) A comparison of conventional and capacitor commutated converters based on steady-state and dynamic considerations. AC-DC Power Transmission, 2001. Seventh International Conference on (Conf. Publ. No. 485), pp. 49–54.

Mugala, G., Eriksson, R. and Pettersson, P. (2007) Dependence of insulated power cable wave propagation characteristics on design parameters. Dielectrics and Electrical Insulation, IEEE Transactions on, **14**, 393–399.

Musial, W., Ram, B. (2010) Large-scale offshore wind power in the United States, NREL, NREL/TP-500-4075.

Nagaoka, N. and Ametani, A. (2000) *Modelling of Frequency-Dependent Lines and Cables by Means of Algebra Processing Program*, IEEE.

Padiyar, K.R. (2005) *HVDC Power Transmission Systems: Technology and System Interactions*, New Age International (P) Limited, Publishers, New Delhi.

Quinonez-Varela, G., Ault, G.W., Anaya-Lara, O. and McDonald, J.R. (2007) Electrical collector system options for large offshore wind farms, *IET Renewable Power Generation*, **1**(2), 107–114.

Rashid, M.H. (2001) *Power Electronics Handbook*, Academic Press.

Sanino, A., Liljestrand, L., Breder, H. and Koldby, E. (2006) On some aspects of design and operation of large offshore wind parks. Sixth International Workshop on Large-Scale Integration of Wind Power and Transmission Networks for Offshore Wind Farms, Delft, The Netherlands, pp. 85–94.

Singh, B. *et al.* (2009) Static synchronous compensators (STATCOM): a review. *Power Electronics, IET*, **2**, 297–324.

Song, Y.-H. and Johns, A.T. (1999) *Flexible AC Transmission Systems (FACTS)*, IET, ISBN: 0852967713, 9780852967713.

Sood, V.K. (2004) *HVDC and FACTS Controllers Application of Static Converter in Power System*: Kluwar Academic Publisher.

Thanet Offshore Wind Limited (2005) Thanet Offshore Wind Farm Environmental Statement Non Technical Summary.

Available: http://www.warwickenergy.com/pdf/ThanetNTSlr.pdf, last accessed 18 December 2013.

Volker, T., Mehler, C., Raffel, H. and Orlik, B. *et al.* (2008) New HVDC-Concept for power transmission from offshore wind farms. Wind Power to the Grid – EPE Wind Energy Chapter 1st Seminar, 2008. EPE-WECS 2008, 27–28 March, pp. 1–6.

Weimers, L. (2000) New markets need new technology. Power System Technology, 2000. Proceedings. PowerCon 2000. International Conference on, vol. 2, pp. 873–877.

Weixing, L. and Boon Teck, O. (2002) Multi-terminal HVDC as enabling technology of premium quality power park. Power Engineering Society Winter Meeting, 2002. *IEEE*, Vol. 2, pp. 719–724.

Wulue, P., Yong, C. and Hairong, C., *et al.* (2006) Hybrid Multi-terminal HVDC System for Large Scale Wind Power. Power Systems Conference and Exposition, 2006. PSCE '06. 2006 IEEE PES, pp. 755–759.

Wu, X., Arulampalam, A., Zhan, C. and Jenkins, N. (2003) Application of a static reactive power compensator (STATCOM) and a dynamic braking resistor (DBR) for the stability enhancement of a large wind farm. *Wind Engineering*, **27**(2), 93–106.

Xu, L., Agelidis, V.G. and Acha, E. (2001) Development considerations of a DSP-controlled PWM VSC-based STATCOM. IEE Proceedings, Electric Power Applications.

Yazdani, A. and Iravani, R. (2010) *Voltage-Sourced Converters in Power Systems: Modeling, Control, and Applications*, John Wiley & Sons, Inc., Hoboken, New Jersey.

Zubiaga, M. Abad, G., Barrena, J. A., Aurtenetxea, S. and Carcar, A. *et al.* (2009) Spectral analysis of a transmission system based on AC submarine cables for an offshore wind farm. Industrial Electronics, 2009. IECON '09. 35th Annual Conference of IEEE, 2009, pp. 871–876.

第5章 海上风电场并网——案例研究

本章提供了一些关于通过VSC－HVDC输电将大型海上风电场接入交流电网的案例。其他的海上输电方案，如HVAC海底输电，以及HVAC与HVDC并联的传输方案也将在本章进行分析与讨论。另外，本章还将介绍二个使用VSC－MTDC网络的范例；第一个例子侧重于风电场与大陆电网的并网，而另一个例子则是关于跨国交流电网之间的大型功率交换。一些例子考虑了交流故障，以表明HVDC输电能够限制故障的传播。

5.1 背景

可以想象，有些大型海上风电场远离大陆的交流电网，因此，如何通过海底电缆传输如此大的功率就构成了技术上的各种挑战。在HVAC海底输电中，因大的充电电流引起的电能损耗随着传输距离的增加而增大。即使安装许多动态电压补偿设备，如SVC或STATCOM，来保证安全和稳定运行，由于上述特点，海上风电与岸上电网互联的距离一般限制在100km以内。另一个交流传输的限制在于在风电场与陆上交流电网之间的同步问题（Adam等，2010b；Haileselassie等，2010；Haileselassie等，2011；Ahmed等，2012a）。

直流海底输电系统提供了一个替代HVAC输电的方案。这种方案降低了输电损耗，并使陆上交流电网和风电场之间能异步运行；后者能潜在地防止交流电网故障对风电场的不利影响。另外，如果使用VSC－HVDC输电，则无需额外的无功功率补偿设备（Bahrman等，1980；Banks和Williams，1983；Baker等，1989；Bakken和Faanes，1997；Andersen和Lie，2004；Bahrman，2006；Barthold，2006；Bahrman和Johnson，2007；Bahrman，2008；Basu，2009；Buijs等，2009；Azimoh等，2010；Ahmed等，2011a；Barker和Whitehous，2012；Adam等，2012a；Abdel－Khalik等，2013）。对短距离（小于80km）而言，海底直流输电一般比交流输电更昂贵，但是，如果距离增大且传送的功率更大，直流输电则更显竞争力（Banks和Williams，1983；Alexandridis和Galanos，1988；Baker等，1989；Bakken和Faanes，1997；Al－Dhalaan等，1998；Andersen和Barker，2000；Andersen和Lie，2004；Bahrman，2006；Bahrman和Johnson，2007；Bahrman，2008；Adam等，2009；Basu，2009；Buijs等，2009；Bai等，2010；Ahmed等，2011b；Ahmed等，2012a；Ahmed等，2012b；Aik和Andersson，2013）。

5.2 利用点对点VSC－HVDC输电技术实现海上风电场并网

图5.1显示了一个使用VSC－HVDC输电方案连接一个大型风电场的例子，风电场的额定输出功率为1200MW。风电场内的风力发电机都为基于全功率换流器的变速机组。由于全功率换流器实现风力发电机和集电网络之间的隔离，我们仅对网侧换流器进行详细建模。为进一步简化，可以用一个等效单元来替代整个海上风电场。在这个例子中，VSC－

HVDC 的网侧换流器（$GS - VSC_1$）用来将直流链电压调节到 640 kV，同时调节公共连接点（B_{G1}）的交流电压。VSC - HVDC 的风电场侧换流器在风电场的主平台（B_{WF1}）维持一个刚性的交流母线。图 5.2 为VSC - HVDC风电场侧换流器的控制系统框图，图 5.3 为 VSC - HVDC 网侧换流器的控制系统框图。利用这种方式控制风电场侧换流器可以使得风电场产生的功率全部被输送到电网，从而不会在交流侧与直流侧发生功率不平衡。另外，它可以让风电场侧换流器的控制不依赖于具体的风电机组技术。图 5.1 给出了系统的主要参数（功率流向为正）。

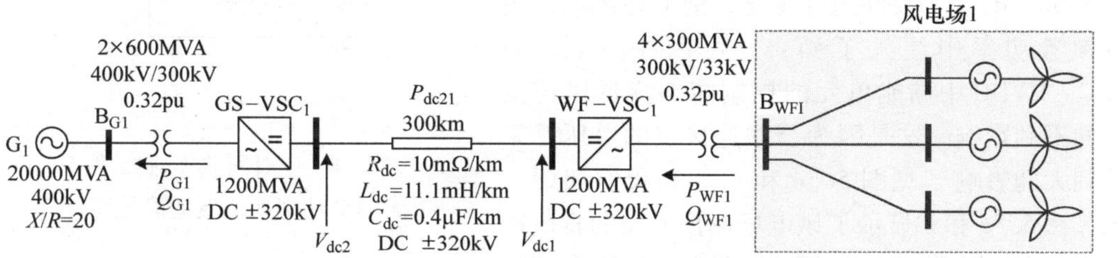

图 5.1　利用点对点 VSC - HVDC 输电进行大型风电场点对点并网原理图

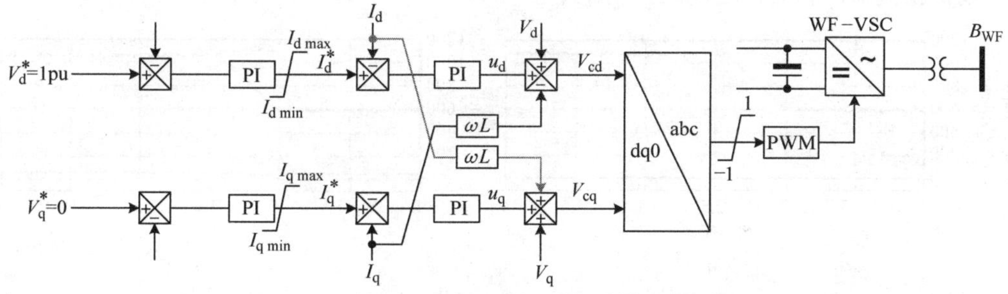

图 5.2　风电场侧换流器（WF - VSC）控制系统框图

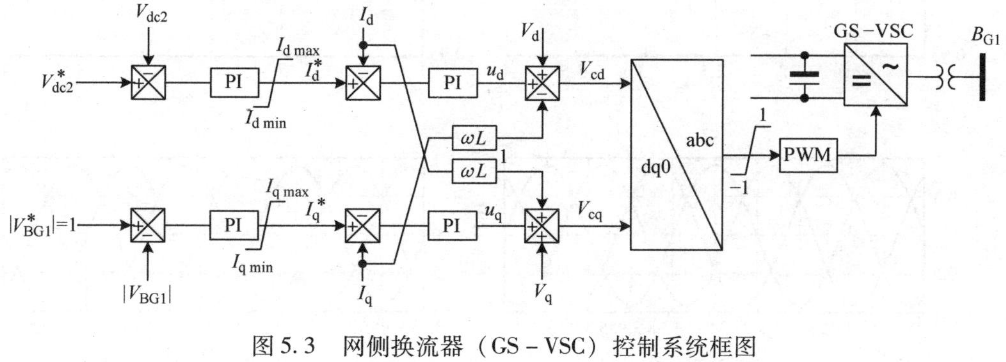

图 5.3　网侧换流器（GS - VSC）控制系统框图

图 5.4 给出了这个例子中全功率换流器风力发电机的简化图，其中 P_g代表主平台处的风电场有功功率，Q_g代表风电场无功功率输出。风力发电机有功功率参考值（P_g^*）中注入一个噪声信号，用来模拟风的波动在输出功率中的影响，这可以用来显示 VSC -

HVDC 输电系统对此影响的抑制效果，同时，Q_g^* 被设为零，因此为单位功率因数运行。

图 5.5 为针对这个例子进行研究后得到的波形，起始的风电场输出功率仅为 600MW（0.5pu），但在 $t=2$s 时，其输出功率增大至 1080MW（0.9pu）。可以观察到，随着风电场输出到主平台的功率增大，VSC－HVDC 的风电场侧和电网侧换流器将 B_{WF} 和 B_{G1} 处的电压维持在常值（见图 5.5a～d）。为反映风速变化，前面在风力发电机参考功率中注入了噪声，可以注意到，对 VSC－HVDC 中储能单元的控制能够降低风速变化的不利影响，这是因为公共连接点的电压并未受到大的影响（见图 5.5e 和 f）。和我们期望一致，图 5.5g 和 h 显示了风电场侧换流器的直流链电流和电压随着输入功率变化而变化。这个例子表明了通过对 VSC－HVDC 的风电场侧换流器进行前述控制，可以保证风电场集电网络与风电场侧换流器的直流侧之间维持功率平衡。

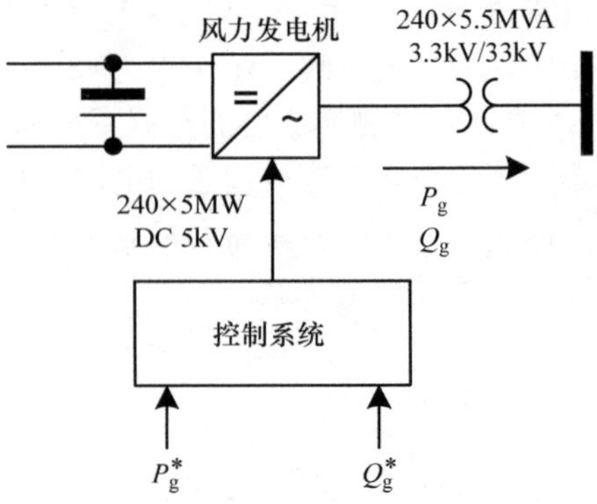

图 5.4　仅对网侧换流器建模时全功率换流器的简化图

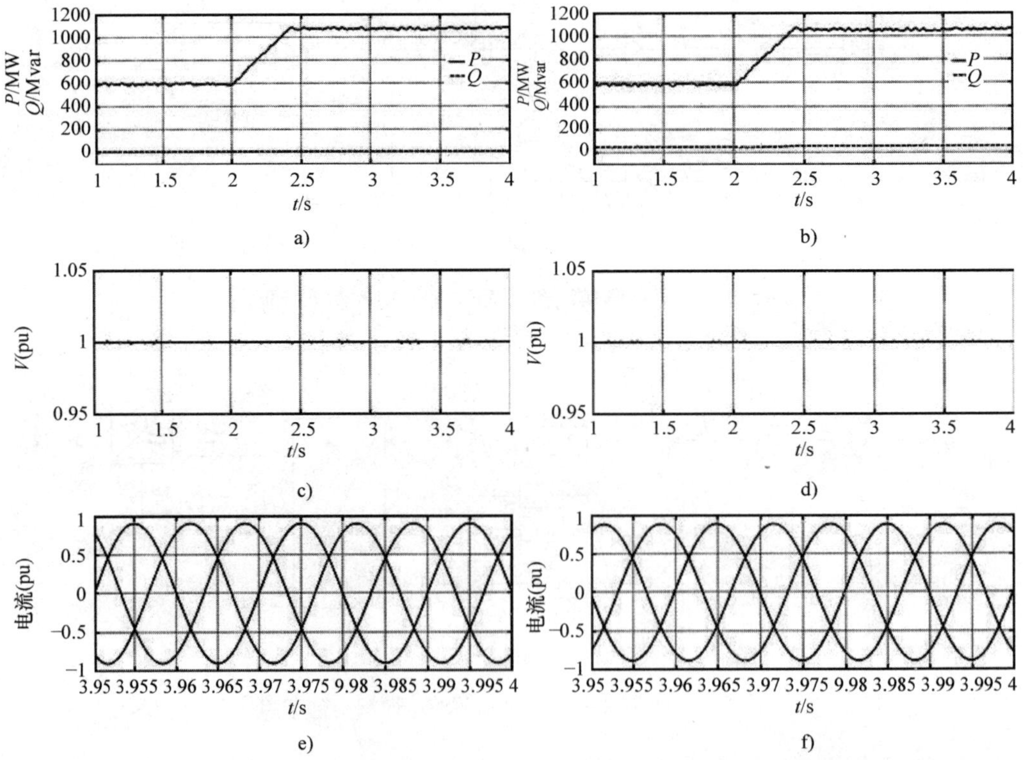

图 5.5　大型风电场通过点对点 VSC－HVDC 输电并入交流电网时稳态和动态波形：a）位于风电场主平台（B_{WF1}）处由风电场侧换流器提供的有功功率和无功功率；b）网侧换流器注入公共连接点（B_{G1}）处的有功和无功功率；c）风电场主平台（B_{WF1}）处的电压幅值；d）公共连接点（B_{G1}）处的电压幅值；e）放大的风电场主平台（B_{WF1}）处的电流波形；f）放大的公共连接点（B_{G1}）处的电流波形

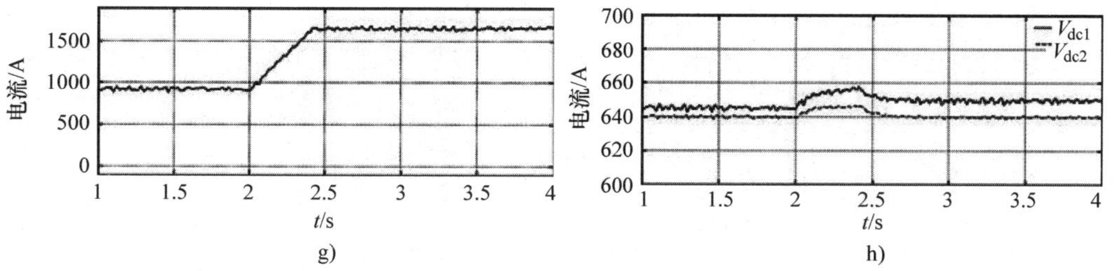

图5.5　大型风电场通过点对点 VSC－HVDC 输电并入交流电网时稳态和动态波形（续）：g）直流链电流；h）风电场侧和网侧换流器的直流链电压

为了表明利用 VSC－HVDC 与陆上电网并网能够提高风电场的故障穿越能力，我们在连接母线 B_{G1} 和电网 G_1（见图5.6）的一条联络线上施加了一个通过 2.5Ω 故障电阻接地的对称三相对地故障。假设系统的运行条件和前例相同，且故障在 $t=3s$ 时刻开始，并在 140ms 后清除。可以观察到，由于 VSC－HVDC 具有的解耦特性防止了交流故障从电网向风电场传播，所以在风力发电机中并未出现电气或机械的应力。尽管电网侧的功率、电压和电流波形发生剧烈变化（电流增大，电压下降，见图5.7a～e），在风电场主平台上的

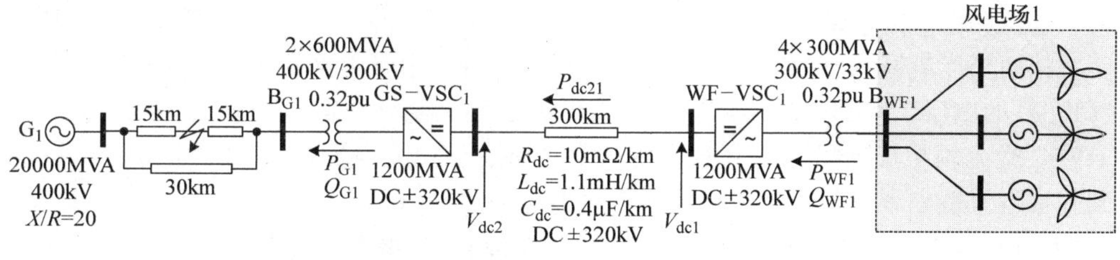

图5.6　通过 VSC－HVDC 将大型海上风电场与大陆电网并网后提高风电场的故障穿越能力的测试系统

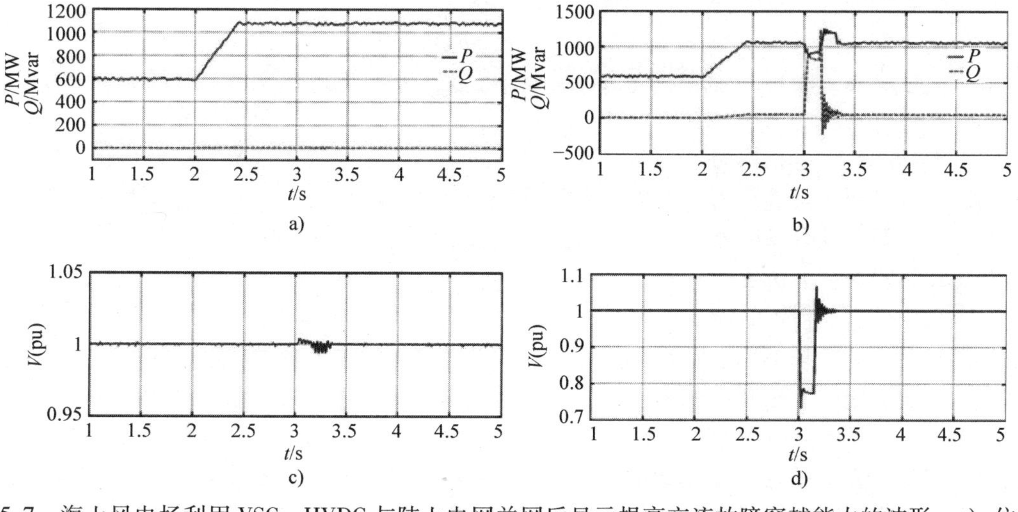

图5.7　海上风电场利用 VSC－HVDC 与陆上电网并网后显示提高交流故障穿越能力的波形：a）位于风电场平台母线 B_{WF1} 处的有功和无功功率；b）位于公共连接点 B_{G1} 处的有功和无功功率；c）B_{WF1} 处的电压幅值；d）B_{G1} 处的电压幅值

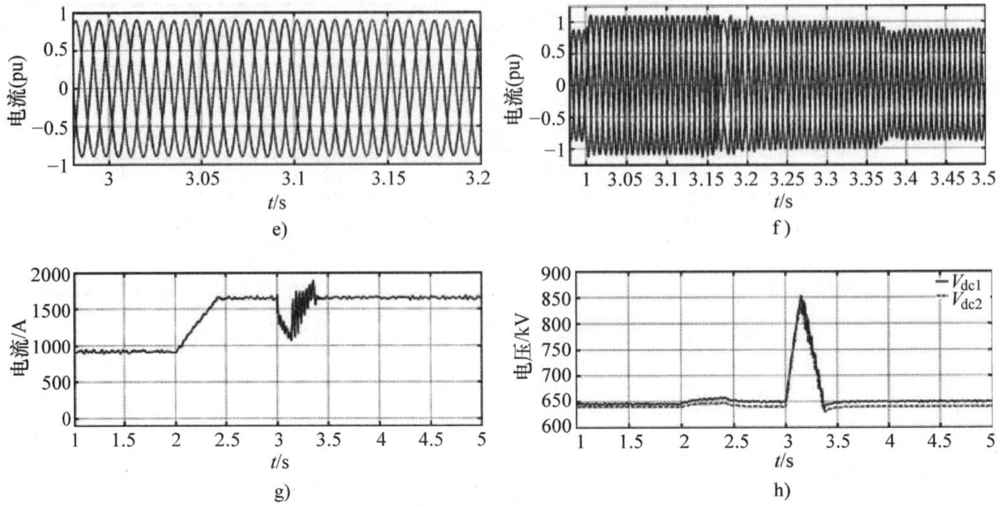

图 5.7 海上风电场利用 VSC－HVDC 与陆上电网并网后显示提高交流故障穿越能力的波形（续）：e）B_{WF1}处在故障周期内的交流电流波形放大图；f）B_{G1}处在故障周期内的交流电流波形放大图；g）直流电流；h）网侧和风电场侧换流器直流电压

功率、电压和电流波形却未受到影响，这很清晰地说明了 VSC－HVDC 具备的解耦特性。然而，从两个换流器的直流电压和电流波形可以发现，由于电网侧的故障降低了公共连接点（B_{G1}）的电压，网侧换流器输送功率至电网的能力随之下降（见图 5.7g 和 h）。这引起 HVDC 交流侧与直流侧的功率不平衡，无法输送至交流电网的有功功率将会被留在直流侧并被直流链电容吸收。结果，网侧和风电场侧换流器上的直流电压将上升。这表明，VSC－HVDC 输电对发生在靠近公共连接点的电网侧的严重电压跌落故障或突然断网仍然是很脆弱的（Adam 等，2010a）。针对上述问题，目前工业界采取的一些应对措施包括在 VSC－HVDC 的直流链加装直流斩波器，或在每台风力发电机的直流链加装直流斩波器（Adam 等，2010a；Adam 等，2012b）。

5.3 利用 HVAC 输电技术实现海上风电场并网

由于 HVAC 输电结构简单、在交流故障下的动态过程已为大家所熟知、保护策略也经过验证，所以利用其进行海上风电场与陆上交流电网并网是一个很有吸引力的方案。当前，在考虑海上风电场电力传输选项时，即使连接的距离超过 80km，以上要素的重要性仍然比其他要素更为重要。

图 5.8 给出了利用 HVAC 输电系统将一个大型海上风电场连接至陆上电网的原理图。在此情形下，必须利用风电场的无功功率，以支撑风电场主平台处的电压。所以风力发电机的网侧换流器应该控制交流电压，而非像前例中那样为功率因数而控制无功功率。在这个范例中，全功率换流器的无功功率输出能力假设为 ±0.87 pu。若不考虑无功功率输出能力的需求，为了提高交流故障穿越能力，必须在风电场端口处安装无功功率补偿装置。

图 5.9 为对这个范例进行研究得到的结果。运行条件和上节中的例子相同。可以观察到，使用 HVAC 输电导致了同步并网，这就使发生在电网的交流故障能传播至风电场中

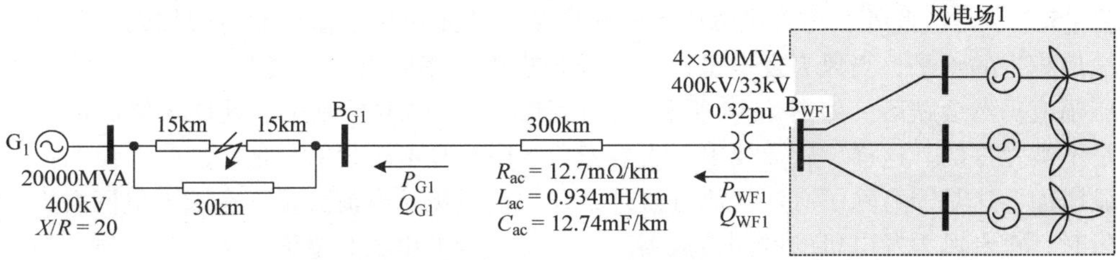

图 5.8 大型海上风电场利用 HVAC 输电系统进行并网的原理图

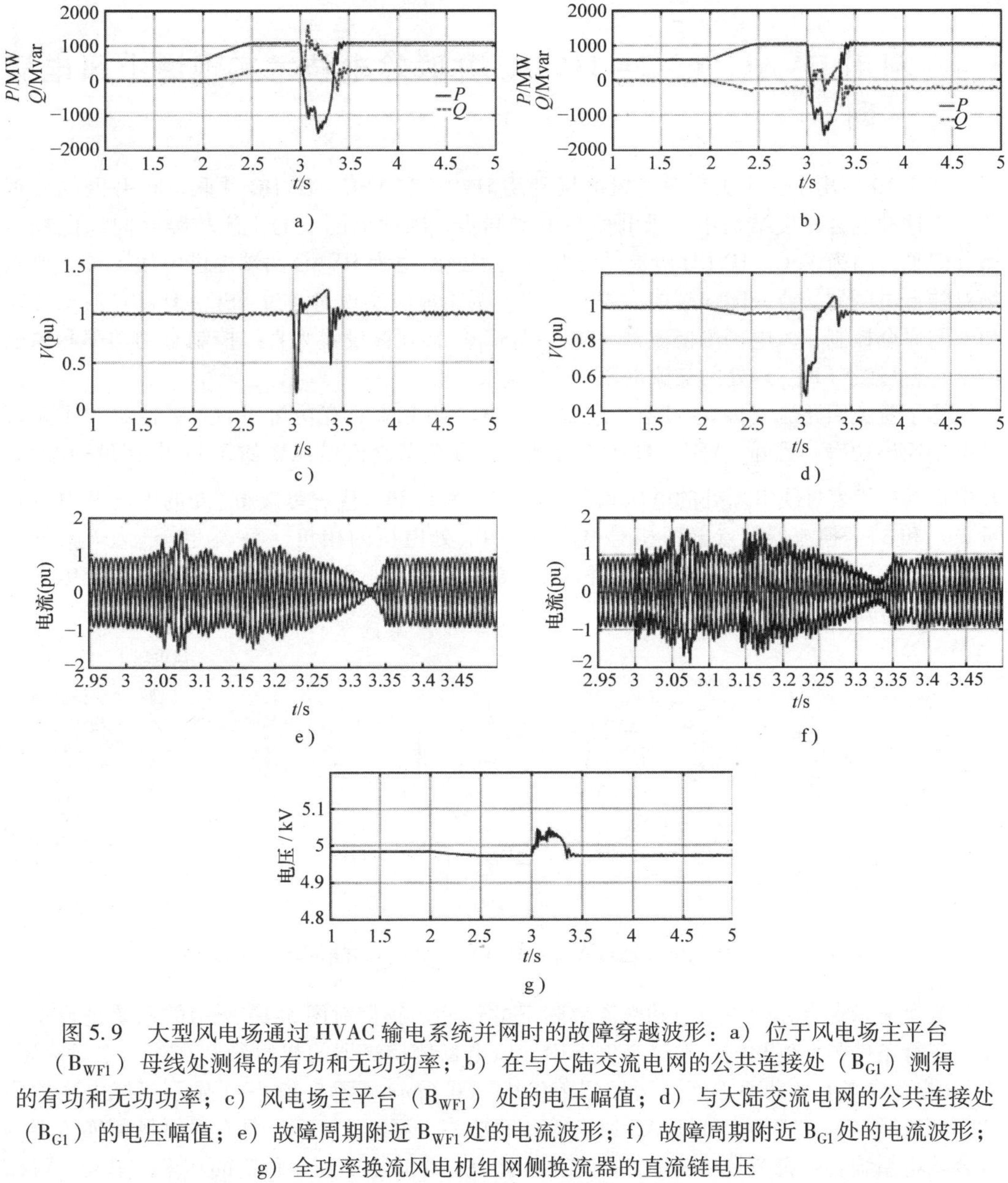

图 5.9 大型风电场通过 HVAC 输电系统并网时的故障穿越波形：a）位于风电场主平台（B_{WF1}）母线处测得的有功和无功功率；b）在与大陆交流电网的公共连接处（B_{G1}）测得的有功和无功功率；c）风电场主平台（B_{WF1}）处的电压幅值；d）与大陆交流电网的公共连接处（B_{G1}）的电压幅值；e）故障周期附近 B_{WF1} 处的电流波形；f）故障周期附近 B_{G1} 处的电流波形；g）全功率换流风电机组网侧换流器的直流链电压

（见图 5.9a ~ f）。此外，尽管风电机组网侧换流器的无功功率输出能力增加到与其有功功率输出相当的水平，当风力发电机运行在额定输出功率附近时，公共连接点（B_{G1}）处的电压幅值仍然会跌落，如图 5.9d 所示。在已知的所有电网导则中，这样大幅的电压跌落都是不被允许的，这样，就需要安装大容量的 STATCOM 或 SVC。此外，可以预期损耗会明显增加，这是因为除了有功电流分量外，还会流过无功电流分量。在陆上电网发生交流故障时，每台风力发电机的网侧换流器都会承受极端的电压和电流应力。这个例子显示了对大型海上风电场并网而言，VSC - HVDC 输电相对 HVAC 输电更具有吸引力的一个原因。

5.4 利用 HVAC/VSC - HVDC 并联输电技术实现海上风电场并网

图 5.10 给出了一个大型海上风电场利用 HVAC 和 VSC - HVDC 并联进行并网的原理图。在这种混合连接结构中，风电场与电网同步，因此电网上的交流故障会向风电场传播。但是，因为 VSC - HVDC 所提供的并联功率通路也为 HVAC 两端提供电压支撑，风电场对陆上电网的交流故障穿越能力得到提高。为了能够实现对通过 VSC - HVDC 通道传输功率的完全控制，风电场侧换流器（WF - VSC_1）必须被设置为直接控制有功功率和风电场主平台母线（B_{WF1}）处的交流电压。

为了避免回路流（loop - flow）问题，风电场侧变流器有功功率的参考值必须不超过风电场输出功率。另外，VSC - HVDC 的换流站须调节交流电压，如 5.11 中相量图所示，其中$\vec{V}_1$和$\vec{I}_1$代表母线 B_{WF1}处的电压和电流相量，而$\vec{V}_2$和$\vec{I}_2$代表母线 B_{G1}处的电压和电流相量。δ_{c1}和δ_{c2}为换流器端点电压相对 B_{WF1}处和 B_{G1}处电压的相角，而 φ_{c1} 和 φ_{c2} 为 B_{WF1}处和 B_{G1}处的功率因数角。图 5.11 所示的相量图表明混合并网无需附加成本就能对交流电缆的两端进行电压支撑。

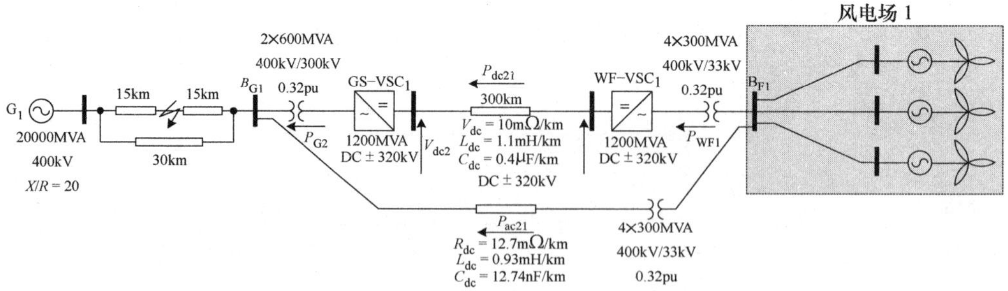

图 5.10 大型风电场通过 VSC - HVDC 与 HVAC 并联输电系统并网图

为了显示混合并网在稳态和交流故障下的性能，我们对图 5.10 所示的系统进行了仿真，运行条件与前例相同。在这个例子中，风电场侧换流器的初始参考有功功率设为零，在 t = 4s，参考有功功率被逐渐增加到 720MW（0.6pu）。图 5.12a ~ d 显示了风电场输出功率和通过 VSC - HVDC 和 HVAC 通道输送的功率。可以注意到，具有风电场侧换流器的混合输电系统直接调节有功功率，并完全控制在两个输电通道中传输的功率。另外，可以

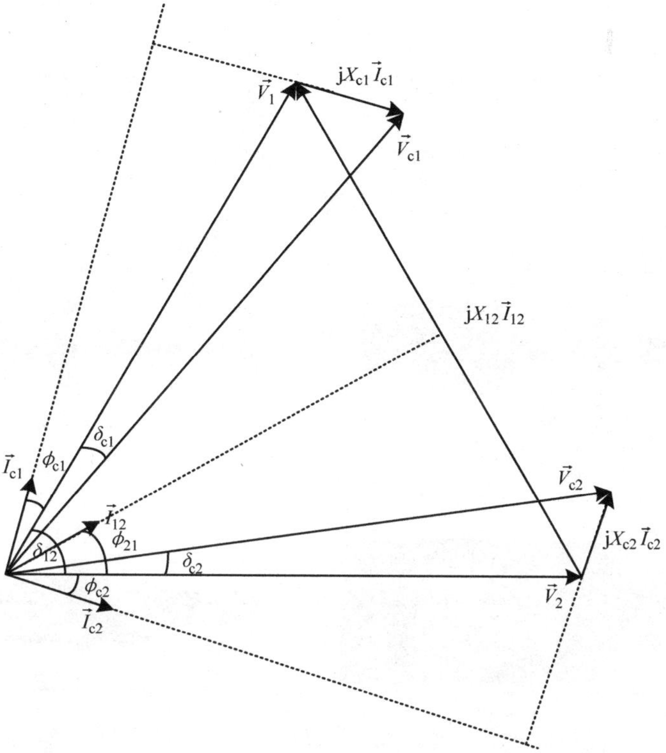

图 5.11　混合并网系统最优运行下的相量图

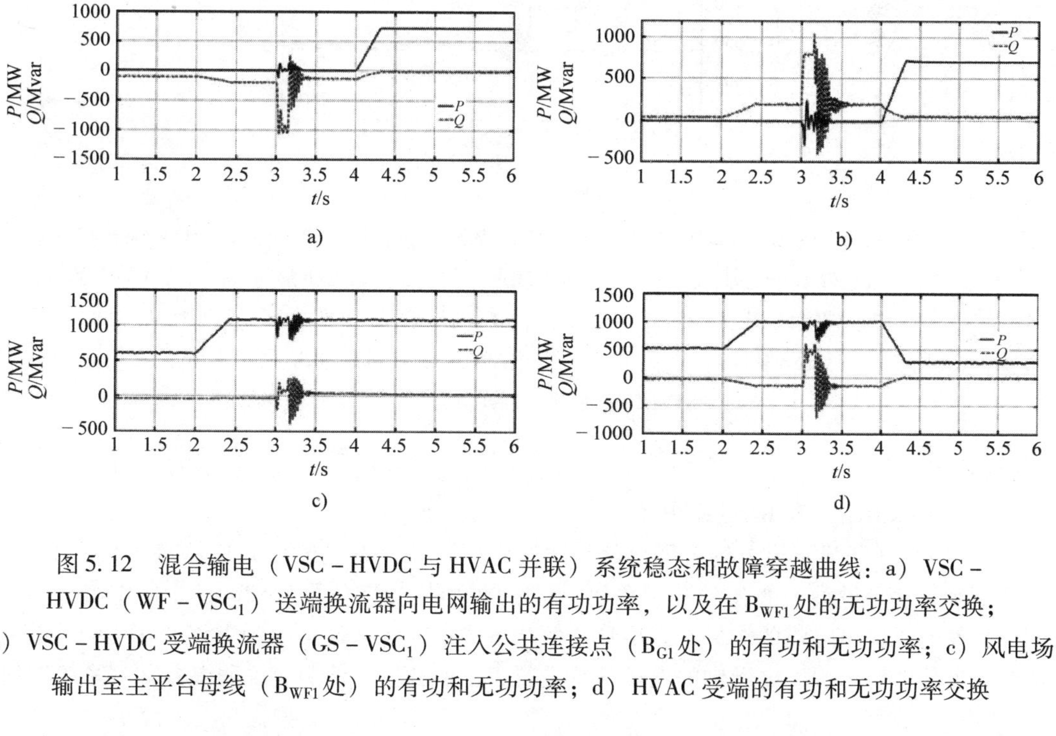

图 5.12　混合输电（VSC－HVDC 与 HVAC 并联）系统稳态和故障穿越曲线：a）VSC－HVDC（WF－VSC_1）送端换流器向电网输出的有功功率，以及在 B_{WF1} 处的无功功率交换；b）VSC－HVDC 受端换流器（GS－VSC_1）注入公共连接点（B_{G1} 处）的有功和无功功率；c）风电场输出至主平台母线（B_{WF1} 处）的有功和无功功率；d）HVAC 受端的有功和无功功率交换

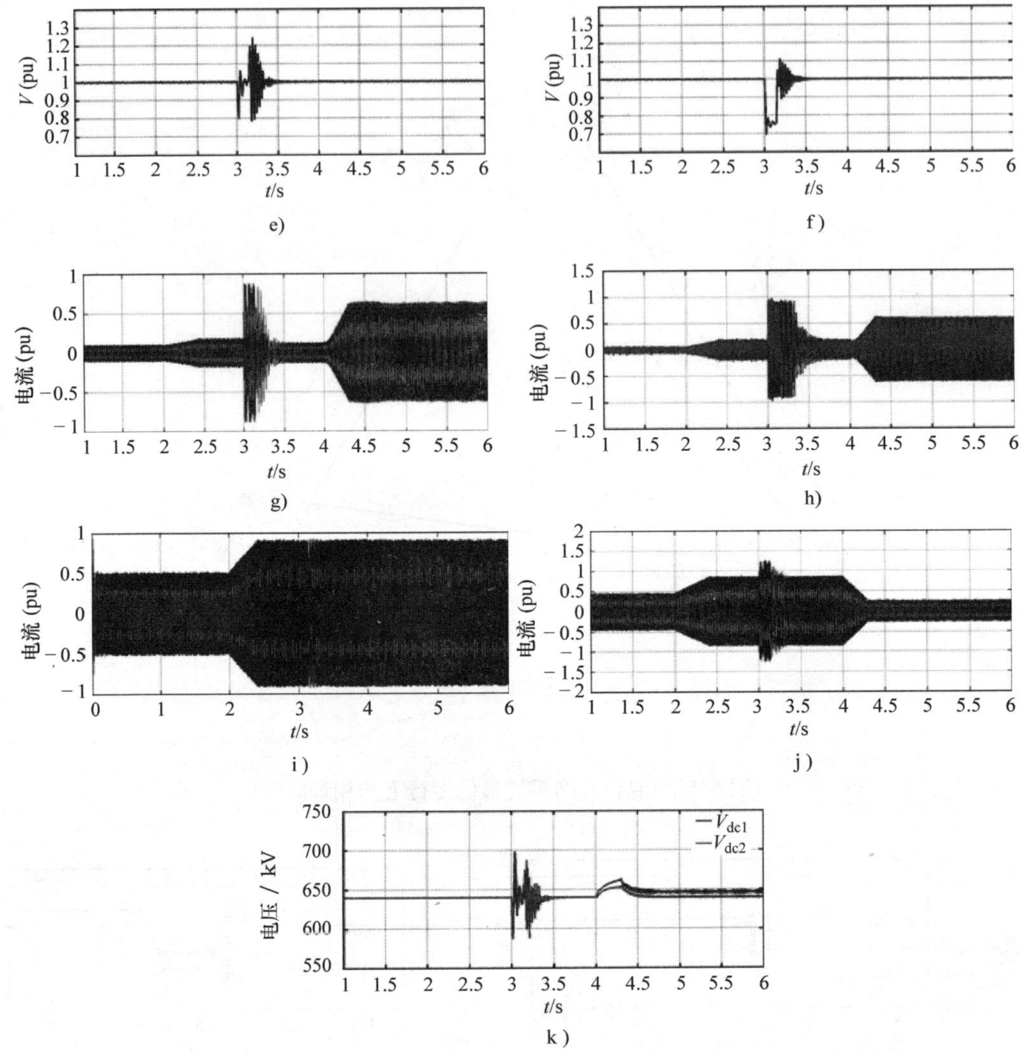

图 5.12 混合输电（VSC - HVDC 与 HVAC 并联）系统稳态和故障穿越曲线（续）：e）风电场主平台母线（B_{WF1}处）的电压幅值；f）公共连接点（B_{G1}处）的电压幅值；g）风电场侧换流器（WF - VSC_1）与主平台母线（B_{WF1}处）电流；h）网侧换流器（GS - VSC_1）注入 B_{G1}处的电流；i）HVAC 受端电流；j）风电场发电机注入主平台母线（B_{G1}处）的电流；k）VSC - HVDC 送端和受端换流器的直流电压波形

观察到，在交流故障期间，VSC - HVDC 的二个换流器利用它们的 STATCOM 功能注入无功功率，支撑 B_{WF1}处和 B_{G1}处的电压。

图 5.12e 和 f 显示风电场主平台处母线的电压跌落比网侧的公共连接点（B_{G1}处）的跌落更小，这是得益于来自 VSC - HVDC 换流站的电压支持。图 5.12g ~ j 中的电流波形表明风力发电机输出电流的波形并未出现任何严重的过电流，这是因为 VSC - HVDC 风电场侧换流器能够对出现于电网侧的电压跌落进行完全的补偿。该响应说明混合并网系统即使

在极端的交流电网故障下也能提高风电场的交流故障穿越能力。图 5.12h 说明在混合并网系统下因公共连接点（B_{G1}处）的极端电压跌落而无法传输的有功功率大小可以被最小化。这样，VSC－HVDC 和风力发电机中的直流链电压上升也能被最小化。在 VSC－HVDC 中发生直流侧故障期间，HVAC 连接为功率通路提供了一个备用选择。

5.5　利用多端 VSC－HVDC 网络技术实现海上风电场并网

图 5.13 所示为利用海上多端 HVDC 网络进行大型风电场并网的一个例子。在这个例子中，在发生计划内维护停电，或因为换流站发生交流或直流故障而强迫停电的情况下，四端 HVDC 网络可以使得风电场的电力损失最小。由于网侧有二个换流器，除了接受风电场 1 和 2 的功率外，二个交流电网 G_1和 G_2之间也可以进行功率交换。例中，二个风电场侧换流器 WF－VSC_1和 WF－VSC_2控制位于 B_{WF1}和 B_{WF2}处母线交流电压的刚度（stiffness），如图 5.2 所示，而二个网侧换流器调节其直流电压。后者允许功率流入交流电网 G_1和 G_2，此外还调节 B_{G1}和 B_{G2}处交流电压。如前例，所有风力发电机使用全功率换流器，图 5.13 给出了系统参数。为了显示这样一个多端 HVDC 网络的稳态和交流故障穿越性能，图 5.13 所示系统初始时风电场 1 和 2 各注入 600MW 功率，但是在 $t=2s$ 时它们的输出功率各增加至 1080MW。在 $t=3s$ 时，在母线 B_{G1}处施加一个三相故障，持续 140ms。

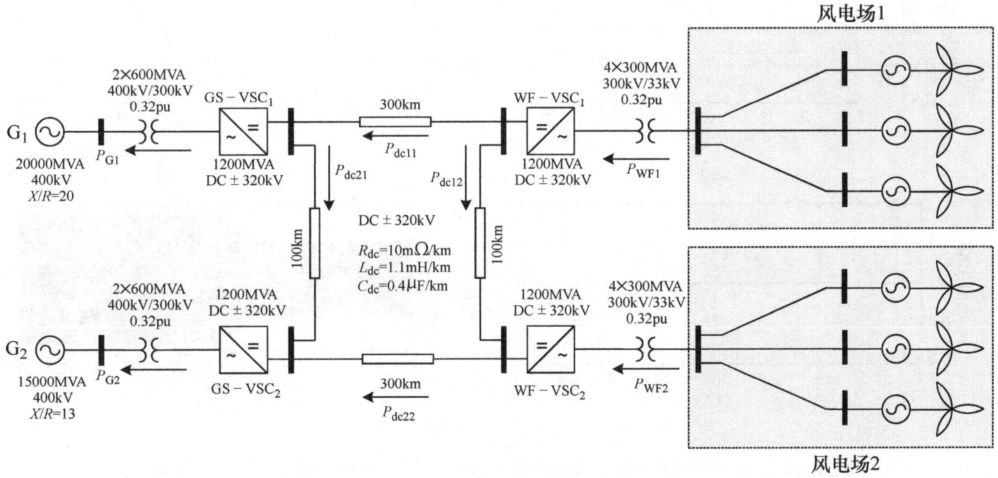

图 5.13　大型风电场通过多端 VSC－HVDC 网络并网

图 5.14 给出了仿真结果。从图 5.14 可以发现，在故障前，系统运行正常，且由于二个风电场的工作点在 B_{G1}故障期间维持不变，GS－VSC_1的直流电压比 GS－VSC_2的直流电压上升得稍微高些。这意味着无法通过 GS－VSC_1传输到交流电网 G_1的功率可通过 GS－VSC_2传输到交流电网 G_2。需要注意到，交流故障的影响被限制在交流网络范围内。这导致了直流侧的瞬时功率流通，而这又会导致直流链电压上升，并使少量功率从 GS－VSC_1向 GS－VSC_2传输。同时需要注意，使用二个网侧换流器来控制直流电压，降低了向交流电网 G_1和 G_2进行电力调度的灵活性。然而，如果我们将下垂控制引入进行电压调节的

GS－VSC_1或 GS－VSC_2，这种情况可以被改善。

图 5.15 显示了在 GS－VSC_1中包含了电压控制－有功功率下垂控制的系统框图。该下垂特性可以通过考虑直流电网的稳态运行工况来得到。

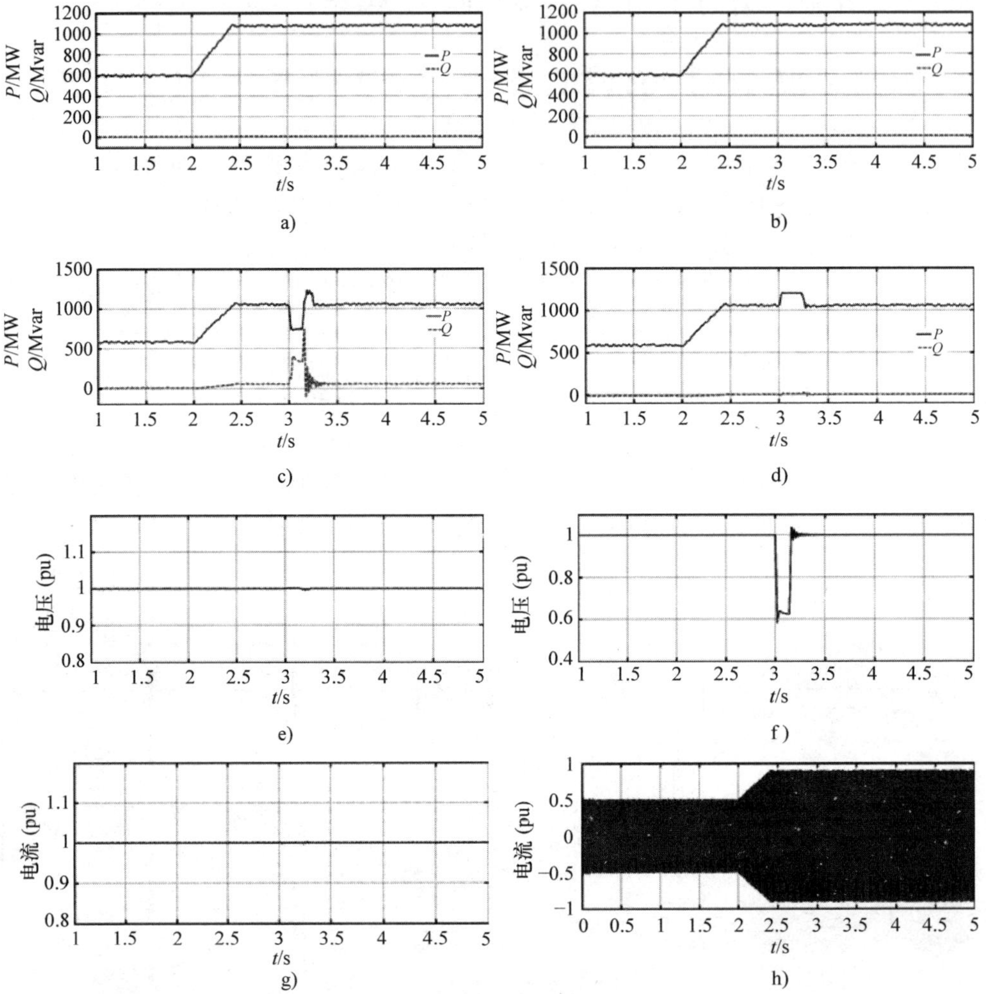

图 5.14　当二个海上风电场通过多端 VSC－HVDC 网络与二个独立交流电网并网时的稳态以及交流故障穿越时的波形：a）风电场侧换流器（WF－VSC_1）注入 HVDC 网络的有功和无功功率；b）风电场侧换流器（WF－VSC_2）注入 HVDC 网络的有功和无功功率；c）网侧换流器（GS－VSC_1）注入交流电网 G_1 的有功和无功功率；d）网侧换流器（GS－VSC_2）注入交流电网 G_2的有功和无功功率；e）B_{WF1}处的电压幅值；f）B_{G1}处的电压幅值；g）B_{G2}处的电压幅值；h）WF－VSC_1注入 B_{WF1}处的电流波形

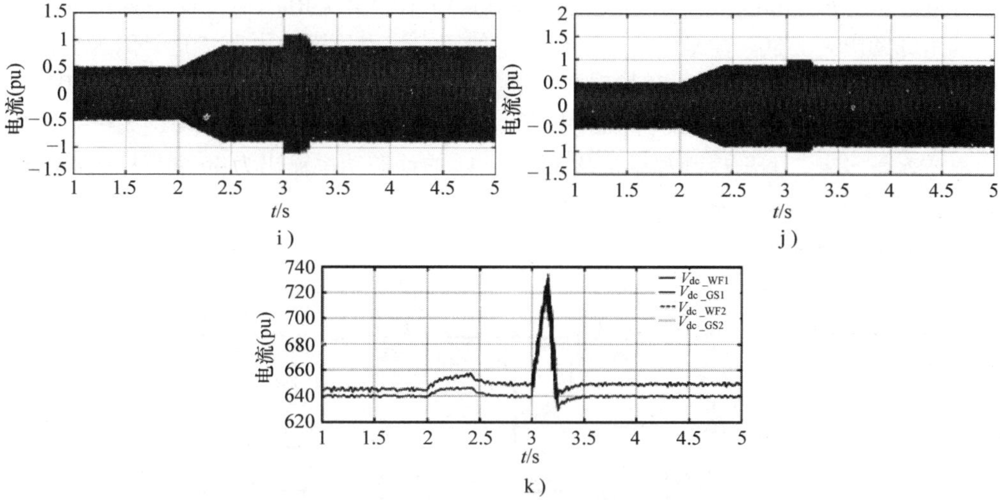

图 5.14　当二个海上风电场通过多端 VSC－HVDC 网络与二个独立交流电网并网时的稳态以及交流故障穿越时的波形（续）：i）GS－VSC_1 注入 G_1 处的电流波形；j）GS－VSC_2 注入 G_2 处的电流波形；k）所有换流器两端的直流电压

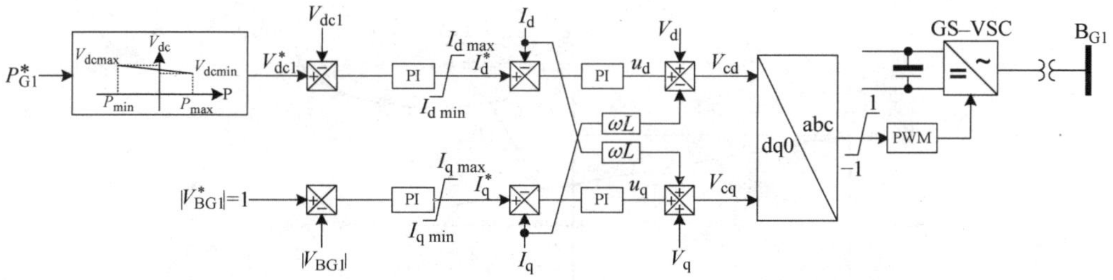

图 5.15　为提高向交流电网进行电力调度的能力而在换流器 GS－VSC_1 中实施下垂控制的控制框图

5.6　利用多端 VSC－HVDC 连接区域间电力系统

多端 VSC－HVDC 输电系统在连接区域间电网方面也具有运用前景。这种连接构架便于在二个电力系统之间进行电力交换，而不必与管理机构和电网导则相抵触。多端 VSC－HVDC 网络为实现当前欧洲所倡导并覆盖全欧的超级网（super grid）提供了一个平台，此平台的目标是利用这些区域内的所有形式的可再生能源。

图 5.16 给出了一种放射状的四端 VSC－HVDC 输电系统，其中，一个直流电压－有功功率下垂控制器被用以增强换流站的电力调度能力，该换流站用来调节直流电压。在这个例子中，G_1～G_4代表交流电网，换流器 VSC_1和 VSC_2调节功率，而端口 VSC_3和 VSC_4调节直流电压。下垂控制作用于 VSC_3，并可以根据调度中心的指令启动或停止。系统参数显示在图 5.16 中，图 5.17 为一个下垂特性的例子，其中直流电压与有功功率的关系为：$V_{dc3}^* = K(P_3^* - P_{3min}) + V_{dc3max}$，其中$V_{dc3min}$和$V_{dc3max}$分别为换流器 3 对应最大和最小功率输出

时的直流电压（$P_{3\max}$和$P_{3\min}$）。这样的下垂控制也可不用直流电压而是使用直流电流来实施，具体可见相关文献。但是，本章更倾向于使用直流电压而非电流，这是因为直流链电流对细小的电压波动较敏感。初始时，VSC_1 和 VSC_2 按照指令输出 420MW 和 540MW 至 G_2，而 VSC_3和 VSC_4控制它们的直流链电压。在 $t=3s$ 时，下垂控制启动，无论其他端口的功率注入是多少，下垂控制都维持从 VSC_3至 G_2的稳态功率输出为 460MW；在 $t=5s$ 时，VSC_1依要求增大其功率输出，从 420MW 至 480MW；在 $t=6s$ 时，一个含 180MW 和 20Mvar 的负载被接至 B_3。

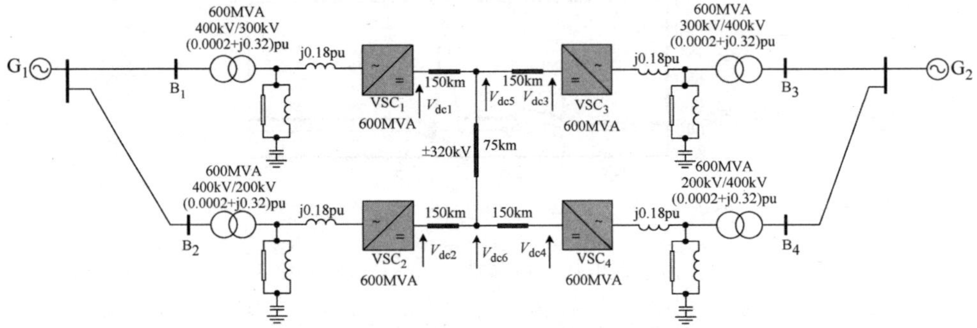

图 5.16　一个四端 VSC－HVDC 输电的例子

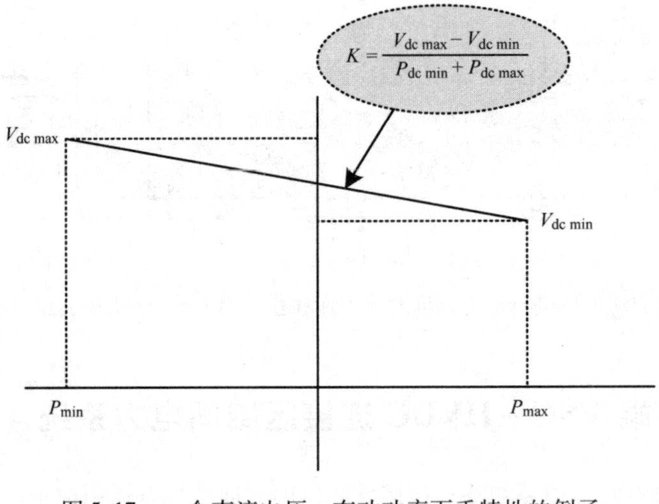

图 5.17　一个直流电压－有功功率下垂特性的例子

图 5.18 展示了获得的仿真结果。图 5.18a 和 b 为换流站与 G_1和 G_2交换的有功和无功功率。可以观察到，随着 VSC_3处的下垂控制启动，VSC_3与 G_2的功率交换不受其他端口注入功率大小的影响，公共连接点处的电压维持在 1.0pu，如图 5.18c 和 d 所示。图 5.18e、f 和 g 显示了换流器直流链电压和电流，以及直流功率随着注入功率的变化而变化的情况。我们可以发现 VSC_3由于配置了下垂控制而调节其直流电压，这样电流就会流入，并试图维持与 B_3的功率交换。这些结果显示，相对基于直流电流的有功功率下垂控制，基于直流电压的有功功率下垂控制更受青睐，这是因为这种控制在直流侧不会导致不受控的浪涌电流。

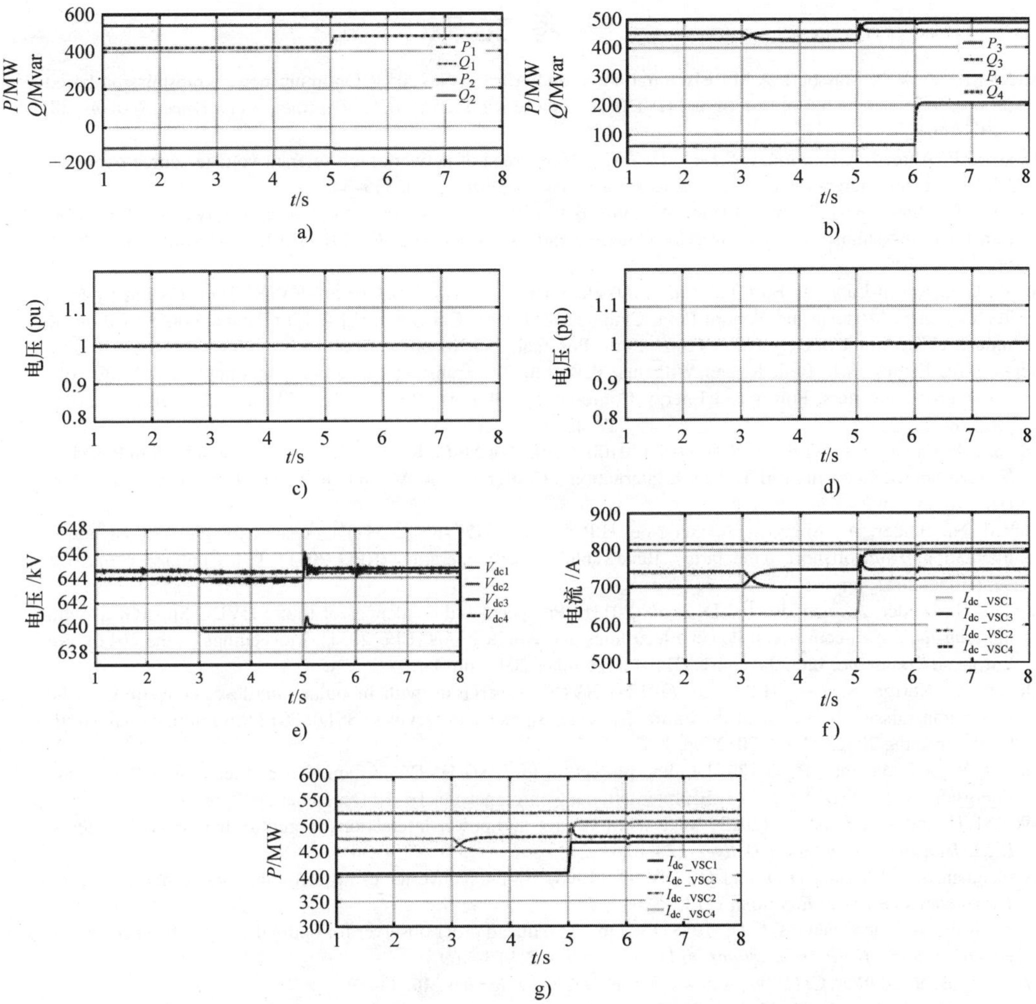

图 5.18　在多端 VSC－HVDC 网络的多个换流器中进行直流电压调节时通过引入下垂控制提高功率控制灵活性的波形：a）在 B_1、B_2处测得的 VSC_1和 VSC_2注入直流侧的有功和无功功率；b）在 B_3、B_4处测得的 VSC_3和 VSC_4注入 G_2的有功和无功功率；c）B_1、B_2处的电压幅值；d）B_3、B_4处的电压幅值；e）换流站的直流链电压；f）换流站直流链端口处测得的直流电流；g）换流站的直流链测得的直流功率

致谢

本章的内容部分来自作者基于 EPSRC Supergen Wind 项目开展的研究。

参考文献

Abdel-Khalik, A.S., Massoud, A.M., Elserougi, A.A. and Ahmed, S. (2013) Optimum power transmission-based droop control design for multi-terminal HVDC of offshore wind farms. *IEEE Transactions on Power Systems*, **28**, 3401–3409.

Adam, G.P., Ahmed, K.H., Finney, S.J. *et al.* (2012a) New breed of network fault-tolerant voltage-source-converter HVDC transmission system. *IEEE Transactions on Power Systems*, **28**, 335–346.

Adam, G.P., Ahmed, K.H., Finney, S.J. and Williams, B.W. (2010a) AC fault ride-through capability of a VSC-HVDC transmission systems. Energy Conversion Congress and Exposition (ECCE), 2010 IEEE, 12–16 September 2010, pp. 3739–3745.

Adam, G.P., Anaya-Lara, O., Burt, G. *et al.* (2009) Comparison between Two VSC-HVDC Transmission Systems Technologies: Modular and Neutral Point Clamped Multilevel Converter. IEEE 13th Annual conference of the Industrial Electronic Society IECON2009. Porto-Portugal, 3–5 November 2009.

Adam, G.P., Finney, S.J., Bell, K. and Williams, B.W. (2012b) Transient capability assessments of HVDC voltage source converters. Power and Energy Conference at Illinois (PECI), 2012 IEEE, 24–25 February 2012, pp. 1–8.

Adam, G.P., Finney, S.J., Williams, B.W. *et al.* (2010b) Control of Multi-Terminal DC Transmission System Based on Voltage Source Converters. IET, the 9th International Conference on AC and DC Power Transmission, London, UK.

Ahmed, N., Haider, A., Angquist, L. and Nee, H.P. (2011a) M2C-based MTDC system for handling of power fluctuations from offshore wind farms. Renewable Power Generation (RPG 2011), IET Conference on, 6–8 September 2011, pp. 1–6.

Ahmed, N., Haider, A., Van Hertem, D. *et al.* (2011b) Prospects and challenges of future HVDC SuperGrids with modular multilevel converters. Power Electronics and Applications (EPE 2011), Proceedings of the 2011–14th European Conference on, 30 August 2011–1 September 2011, pp. 1–10.

Ahmed, N., Norrga, S., Nee, H.P. *et al.* (2012a) HVDC SuperGrids with modular multilevel converters – The power transmission backbone of the future. Systems, Signals and Devices (SSD), 2012 9th International Multi-Conference on, 20–23 March 2012, pp. 1–7.

Ahmed, W. and Manohar, P. (2012b) DC line protection for VSC-HVDC system. Power Electronics, Drives and Energy Systems (PEDES), 2012 IEEE International Conference on, 16–19 December 2012, pp. 1–6.

Aik, D.L.H. and Andersson, G. (2013) Analysis of voltage and power interactions in multi-infeed HVDC systems. *IEEE Transactions on Power Delivery*, **28**, 816–824.

Al-Dhalaan, S., Al-Majali, H.D. and O'kelly, D. (1998) HVDC converter using self-commutated devices. *IEEE Transactions on Power Electronics*, **13**, 1164–1173.

Alexandridis, A.T. and Galanos, G.D. (1988) Design of a reduced order observer for optimal decentralized control of HVDC systems. *IEEE Transactions on Power Systems*, **3**, 963–969.

Andersen, B. and Barker, C. (2000) A new era in HVDC? *IEE Review*, **46**, 33–39.

Andersen, B.R. and Lie, X. (2004) Hybrid HVDC system for power transmission to island networks. *IEEE Transactions on Power Delivery*, **19**, 1884–1890.

Azimoh, L.C., Folly, K., Chowdhury, S.P. *et al.* (2010) Investigation of voltage and transient stability of HVAC network in hybrid with VSC-HVDC and HVDC Link. Universities Power Engineering Conference (UPEC), 2010 45th International, 31 August 2010–3 September 2010, pp. 1–6.

Bahrman, M., Larsen, E., Piwko, R.J. and Patel, H.S. (1980) Experience with HVDC - turbine-generator torsional interaction at Square Butte. *IEEE Transactions on Power Apparatus and Systems*, **PAS-99**, 966–975.

Bahrman, M.P. (2006) Overview of Hvdc transmission. Power Systems Conference and Exposition, 2006. PSCE '06. 2006 IEEE PES, 29 October 2006–1 November 2006, pp. 18–23.

Bahrman, M.P. (2008) HVDC transmission overview. Transmission and Distribution Conference and Exposition, 2008. T&D. IEEE/PES, 21–24 April 2008, pp. 1–7.

Bahrman, M.P. and Johnson, B.K. (2007) The ABCs of HVDC transmission technologies. *Power and Energy Magazine, IEEE*, **5**, 32–44.

Bai, J.-F., Xu, J.-Z. and Luo, L.-F. (2010) Characteristics of power transmission and dynamic recovery of FCC-HVDC with different SCR. Power System Technology (POWERCON), 2010 International Conference on, 24–28 October 2010, pp. 1–6.

Baker, A.C., Zaffanella, L.E., Anzivino, L.D. *et al.* (1989) A comparison of HVAC and HVDC contamination performance of station post insulators. *IEEE Transactions on Power Delivery*, **4**, 1486–1491.

Bakken, B.H. and Faanes, H.H. (1997) Technical and economic aspects of using a long submarine HVDC connection

for frequency control. *IEEE Transactions on Power Systems*, **12**, 1252–1258.
Banks, R.S. and Williams, A.N. (1983) The public health implications of HVDC transmission lines: an assessment of the available evidence. *IEEE Transactions on Power Apparatus and Systems*, **PAS-102**, 2640–2648.
Barker, C.D. and Whitehouse, R.S. (2012) A current flow controller for use in HVDC grids. AC and DC Power Transmission (ACDC 2012), 10th IET International Conference on, 4–5 Dec. 2012, pp. 1–5.
Barthold, L.O. (2006) Technical and Economic Aspects of Tripole HVDC. Power System Technology, 2006. PowerCon 2006. International Conference on, 22–26 October 2006, pp. 1–6.
Basu, K.P. (2009) Stability enhancement of power system by controlling HVDC power flow through the same AC transmission line. Industrial Electronics & Applications, 2009. ISIEA 2009. IEEE Symposium on, 4–6 October 2009, pp. 663–668.
Buijs, P., Cole, S. and Belmans, R. (2009) TEN-E revisited: Opportunities for HVDC technology. Energy Market, 2009. EEM 2009. 6th International Conference on the European, 27–29 May 2009, pp. 1–6.
Haileselassie, T.M. and Uhlen, K. (2010) Primary frequency control of remote grids connected by multi-terminal HVDC. Power and Energy Society General Meeting, 2010 IEEE, 25–29 July 2010, pp. 1–6.
Haileselassie, T.M. and Uhlen, K. (2011) Power flow analysis of multi-terminal HVDC networks. PowerTech, 2011 IEEE Trondheim, 19–23 June 2011, pp. 1–6.

第6章　海上风电场的保护

在故障时，暂态电流和相关的欠电压/过电压对风力发电机造成严重的威胁。电力电子有限的电流处理能力对基于双馈感应发电机（DFIG）和全功率换流器（FRC）技术的风力发电机而言是一个很大的问题。对位于瑞典、德国和芬兰的风力发电机进行针对故障共同原因的研究表明电气系统故障导致显著的停机时间（Ribrant 和 Bertling，2007）。为解决这些问题，必须在每台风力发电机中加入合适的保护技术，并在整个风电场内对这些保护技术进行协调。

对风力发电机的故障穿越能力和对电网支撑能力等的电网导则方面的要求构成了风电工业中的一个特殊的挑战。在过去十年，风电穿透率高的欧洲国家的电网导则不得不进行修改，以应对风电突然脱网造成的影响。为了增强风力发电机的故障穿越能力，风力发电机保护措施须在触发主/备用保护继电器前尝试完成故障穿越。因此，相比一般的保护协调程序，风电的保护协调过程更具有挑战性。

6.1　风电场交流网络内的保护

图6.1显示了一个风电场内的典型电气布置图，其中划分了不同的保护区。任何在风力发电机保护区内的短路故障通常都将被区内的保护设施快速检测到并加以区分。在风力发电机保护区和馈线保护区可能会配备备用保护。

配电线路保护区必须能在其自身故障或在与其连接的任何风力发电机发生故障时进行检测并断开故障。在馈线区的保护类型必须是有选择性的；除非作为风力发电机保护区的备份，馈线保护对区外的故障不应发生动作。

考虑到母线故障所引发故障电流幅值很大，这类故障必须尽快清除。然而，母线的保护必须有选择性，以防止在馈线侧发生故障时触发该保护，除非母线保护的确是被设为馈线故障的备份保护。

6.1.1　风力发电机保护区

6.1.1.1　发电机保护

风力发电机区通常对下列事件实施保护（Cardenas 等，2010；Wikesjö 和 Messing，2011）：

1）低压侧瞬时过电流，包括：

① 发电机定子短路。动作电流的选择必须能够区分发电机区域的短路故障和由于保护区外的故障引起的电压下降而在发电机中产生的发电机暂态响应。

② 发电机定子接地故障。

③ 换流器内短路。

④ 换流器内接地故障。

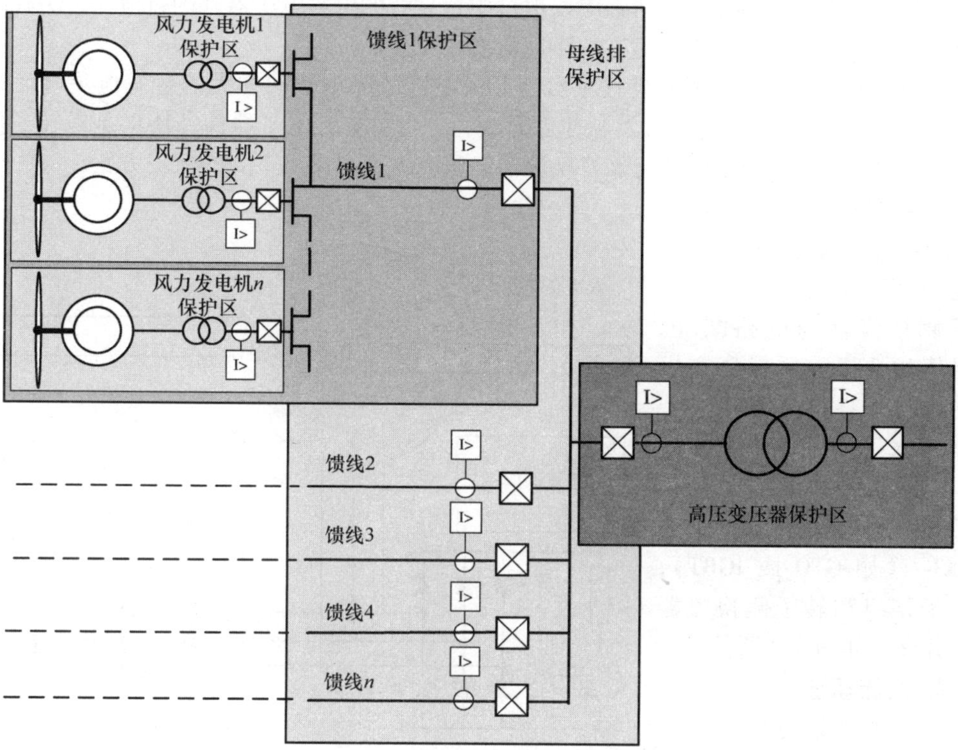

图6.1　风电场的保护区划分

⑤ 变压器短路。

⑥ 变压器接地故障。

2）发电机负序电流过电流（非对称电流）。

3）发电机热过载。

4）发电机过载引起的过电流。

5）过/欠电压：根据并网导则动作。

6）过/欠频率：根据并网导则动作。

保护的冗余水平可以根据 N－1 标准设置，或可基于对保护区的风险与投资的评估情况而定。

6.1.1.2　电力电子保护

一旦检测到发电机或临近风力发电机的交流电网发生故障，第一步的保护机制通常是立即封锁与风力发电机相连的电力电子换流器的驱动脉冲。这样，电力电子器件就可以免受由于强制使所有开关进入 OFF 状态而产生的暂态过电流的冲击。这项保护措施的速度非常快（小于 1ms）（Davies 等，2009），可以在初始的故障电流最大值之前启动。然而，根据风力发电机类型和电力电子器件特性的差异，通常需要附加的保护方案来确保风力发电机中电力电子器件完好无损。

6.1.1.2.1　双馈感应发电机电力电子的保护

正如第 2 章所述，双馈感应风力发电机中的背靠背换流器的功率等级只需要发电机功率等级的几分之一。因此，双馈感应发电机中背靠背的电力电子器件的过电流能力比双馈感应发电机转子绕组中感应的暂态故障电流要小得多。

在故障期间，转子绕组中会感应出与交流电网故障电流同样大的暂态电流（磁通守恒原理）。立即封锁背靠背的触发脉冲还无法完好保护电力电子器件，特别是对转子侧换流器（RSC）而言。为了保护背靠背换流器，研究人员提出了下列的保护方案：

1. 撬棒保护

撬棒保护是将转子绕组通过一套电阻短路，同时将转子侧换流器与电路断开。电阻值的选择需要保证在短时间内将暂态电流降至一个安全的水平（如 2.2.4 节所述）。撬棒保护电路可以用一个三相全桥整流器和一个开关器件（如 GTO 或 IGBT），与转子绕组和转子侧换流器端口并联，如图 6.2 所示。

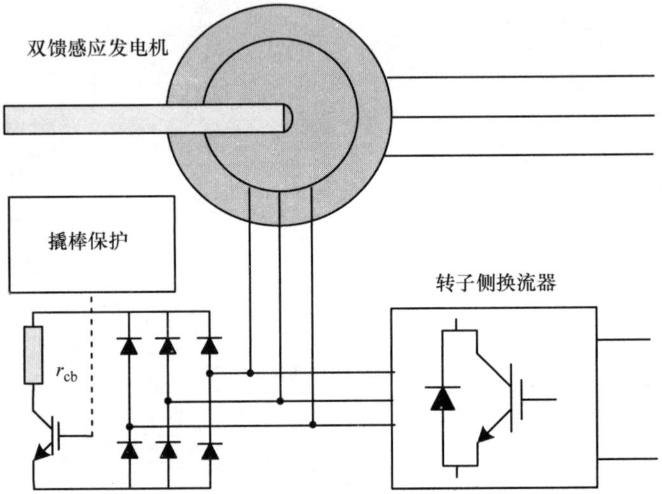

图 6.2　双馈感应发电机撬棒保护方案

2. 直流斩波器

此保护方案包括一个与背靠背换流器的直流链电容并联的制动电阻（见图 6.3）。

当故障发生时，由于转子侧换流器侧电流突然上升而网侧换流器又因为电网电压降低而无法将功率输送到交流电网，直流链电压会上升。所以，直流斩波器的目的就是限制直流电容的暂态过电压，以保护背靠背换流器的 IGBT 和直流电容。制动电阻也为消耗直流回路中的能量提供一种方式（Pannell 等，2013）。这种保护方式也运用于全功率换流器拓扑。

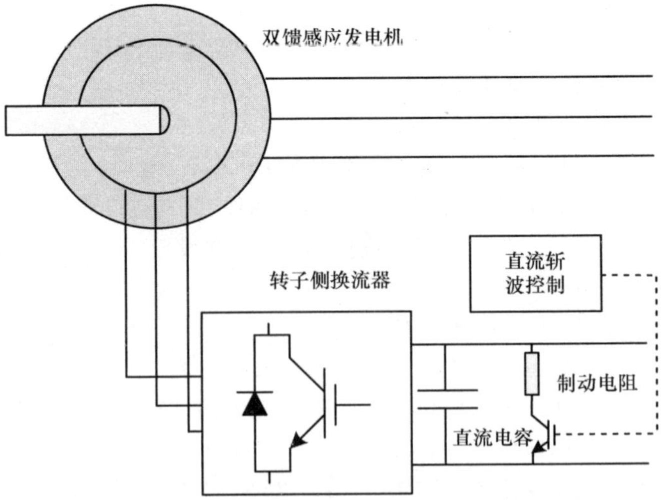

图 6.3　双馈感应发电机直流斩波器保护方案

当直流电压超过某个预设的阈值时保护被触发。此时，直流斩波器的 IGBT 开通，制动电阻与直流回路并联连接。这使直流回路的能量耗散在制动电阻上，从而降低直流电压。

6.1.1.2.2　全功率换流器风力发电机电力电子的保护

如果在带全功率换流器的一台风力发电机附近发生故障，该发电机不和电网直接相连，而是通过背靠背换流器并网。由于输出电流在任何时候都由换流器进行控制，风力发电机可以被视为一个电流源，在电网故障下不会发生暂态过电流。然而，故障期间电网电压水平的突然降低会影响从风力发电机至电网的能量传输能力。未输送的能量使得风力发电机转速和背靠背换流器的直流电压水平上升。这二种情形都会对风力发电机造成损害。因此，下列背靠背换流器内的保护措施可用来应对这些问题：

1. 直流斩波器

与双馈感应风力发电机中的直流斩波器类似，此方案在直流回路中插入一个制动电阻，可消耗来自发电机的能量并维持直流链的能量平衡。这样就防止了直流链电压的过度上升。一个电力电子开关控制该制动电阻。制动电阻上的功率损耗通过控制该电力电子开关的占空比进行控制（Mohan 等，1989）。控制此占空比的一个方法是通过记录工作于整流器模式的换流器在刚发生故障时刻前的直流电流输入，并测量工作于逆变器模式的换流器在故障期间的直流电流。通过比较这两个值计算得到流过制动电阻的直流电流（Conroy 和 Watson，2007）。不少厂家提供各种可控的制动电阻，可运用于电动机驱动和风力发电机场合。

图 6.4 给出了适用于全功率换流器风力发电机的直流斩波器保护方案。

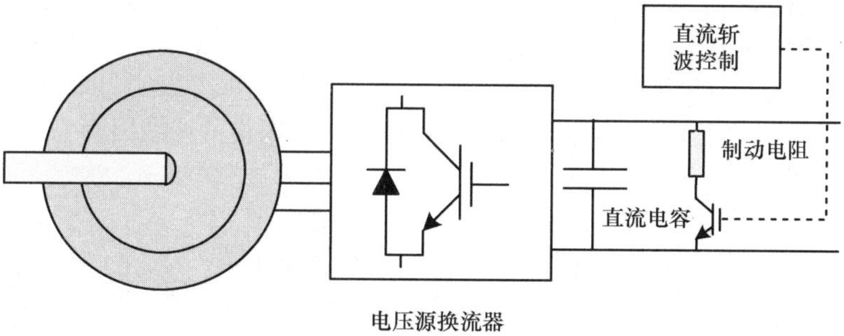

图 6.4　全功率换流器风力发电机中的直流斩波器保护方案

2. 直流串联动态电阻

风力发电机中连接直流串联动态电阻的拓扑在（Jin 等，2010b）中进行了描述。这种元件的特点是当其连接到直流侧时，它可以直接控制电流的幅值。为了防止整流器失去控制能力，电阻将会分担直流回路上的暂态电压。图 6.5 给出了直流串联动态电阻保护方案。

6.1.2　馈线保护区

通常任何发生在风力发电机单元内的故障都会被风力发电机保护区内的保护装置所检测和区分。如果未能检测，则馈线保护就可能需要作为备份保护。然而，我们还是很希望风力发电机保护区具有备份保护，这样可以预防整条馈线以及与馈线相连的所有风力发电机的脱网。

风力发电机区备份保护可以通过使用一个过电流保护进行协调控制。理想情况下，动

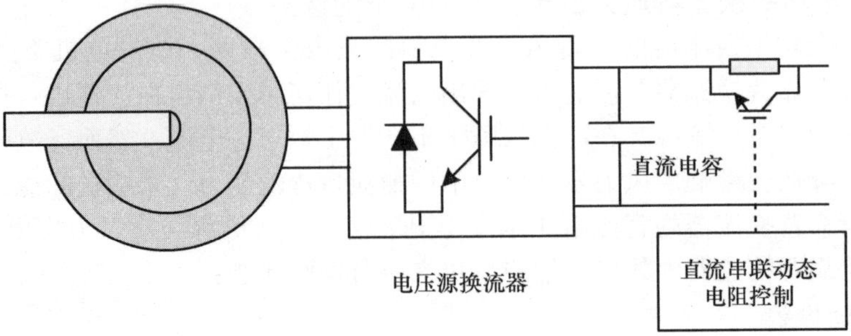

图 6.5　全功率换流器风力发电机中的直流串联动态电阻保护方案

作电流必须足够小，以便能在馈线末端或风力发电机变压器的低压侧检测到故障，然而又要足够大，以便在正常负载条件下运行不会被中断。

动作电流 I_{pickup} 可以按照如下方式进行设置（Vikesjö 和 Messing，2011）：

$$1.2\frac{I_{max}}{k} \leqslant I_{pickup} \leqslant 0.7 I_{scmin} \tag{6.1}$$

式中，I_{max} 是通过馈线的最大负载电流；k 是保护的重置比（reset ratio）；I_{scmin} 是在馈线上测得的最小短路电流（即指风力发电机变压器低压侧的短路电流）。

有些情况下因为 I_{max} 幅值的原因而无法满足式（6.1）。如果发生这种情况，那么一个解决方案是可以使用方向过电流保护或低阻抗保护。

若使用方向过电流保护，I_{max} 可以设置为比来自所有连接到馈线上的风力发电机的总电流小即可。使用方向过电流保护可以有效地避免一条正常的馈线因为临近的馈线故障而被误解列。

低阻抗保护可用来检测和清除小短路电流故障，其优点在于设置具有选择性，可以使得对故障电流敏感，而对负载电流不敏感。保护区的作用范围与故障类型和电力系统的运行状态无关。

阻抗保护可以设计为二个区域，涵盖馈线阻抗和负载区。二个区的阻抗特征曲线可以是带些延时的四边形（Vikesjö 和 Messing，2011）。图 6.6 为用于馈线保护的低阻抗继电器的阻抗特征曲线。

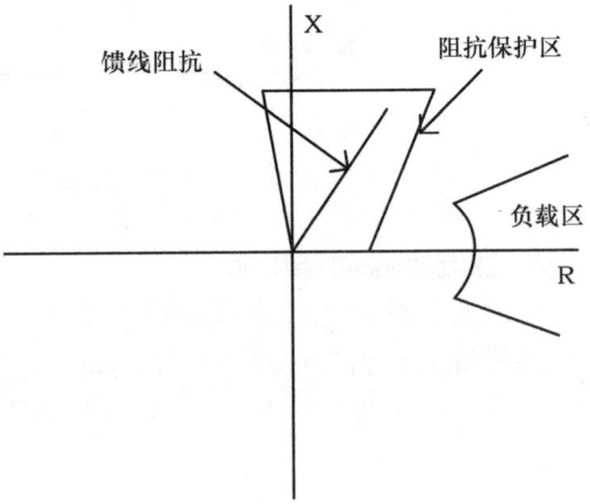

图 6.6　用于馈线保护的低阻抗继电器阻抗特征曲线

6.1.3　母线保护区

一般情况下，母线故障必须尽快清除，以免产生大的故障电流。然而，母线保护系统必须具有针对性，避免在馈线保护区发生故障时也被触发。图 6.7 显示了一种常用的母线保护区的保护方案。

当高压变压器的低压侧发生故障时（故障 1），母线的过电流保护将动作，并在一个短暂的延时后触发变压器低压侧的断路器（CB），将故障清除。然而，如果故障发生在一条馈线上（故障 2），必须通过一个来自故障馈线保护装置的阻断信号来防止触发母线保护。然而这存在一个风险，即母线短路可能会触发馈线上的保护，且母线断路器的触发信号会被馈线保护所阻断。为避免这个问题，馈线可以用方向短路保护来区分故障是发生在保护区内还是保护区外。

最后，为了阻断可能来自风力发电机的故障电流，在母线保护被触发后，与母线相连的所有馈线上的 CB 都要被触发。

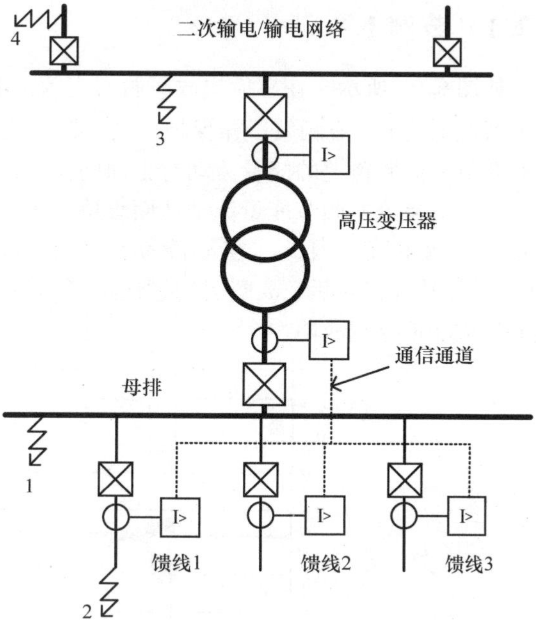

图 6.7　母线保护设置（Vikesjö 和 Messing，2011）

6.1.4　高压变压器保护区

风电场子站的保护依照传统子站保护中的各方案进行。这包括运用于中压和高压母线的母线差动保护、变压器差动保护、气压保护（gas pressure protection）和断路器故障保护，以及其他的一些保护（Ackermann，2012）。

当在二次输电/输电线上发生故障时（图 6.7 中故障 4），通常的程序是在一定延时后断开线路两端的断路器。在变压器高压侧的保护可能无法区分负载电流或图 6.7 中的故障点 3 和 4 的电流。在这种情况下，推荐使用低阻抗保护（Vikesjö 和 Messing，2011）。

6.2　发生在海上双馈感应发电机风电场交流传输线上故障的研究

在这节中，我们将研究二个故障范例，观察发生交流传输故障时双馈感应发电机风电场的行为。图 6.8 为所研究的系统。

故障发生在 $t = 1$s，故障线路的断路器在 200ms 后断开。该故障在双馈感应发电机风电场电网中引起了持续 200ms 幅值为 0.6pu 的电压跌落（剩余电压 0.4pu）。在故障前，双馈感应发电机风电场的来流（incoming）风速为 11m/s，产生 0.71pu 的有功功率。

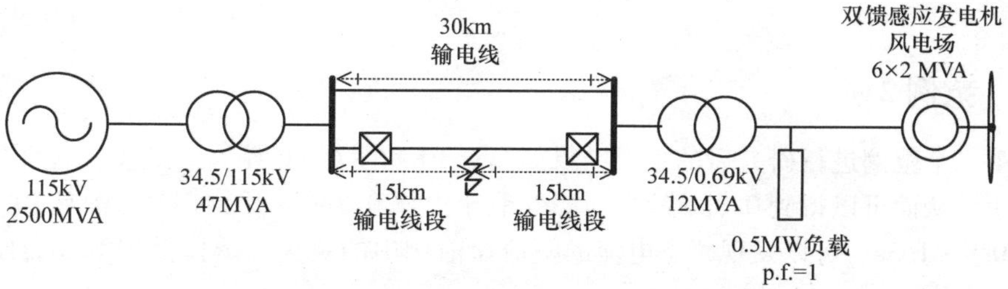

图 6.8　研究交流传输网故障的单线图

6.2.1 范例1

如图6.9b所示，在感应出故障暂态电流 i_s 的时刻，这些暂态电流的幅值还不足以感应出暂态电流 i_r，或触发撬棒保护。结果转子回路中的 v_r 并不会被中断，如图6.9c所示。这对调节直流回路上的能量流动有正面的作用，这样即使在故障期间也可以通过转子侧换流器和网侧换流器调节能量流动从而维持 v_{dc} 稳定在其参考值。从图6.9d可见，电压跌落导致 T_e 突然下降。因此，在故障期间 ω_r 上升，并且当故障清除后，T_e 也恢复（见图6.9e）。当故障清除后，ω_r 瞬时的过速最终通过转子侧换流器进行控制，双馈感应发电机风电场成功地穿越故障。

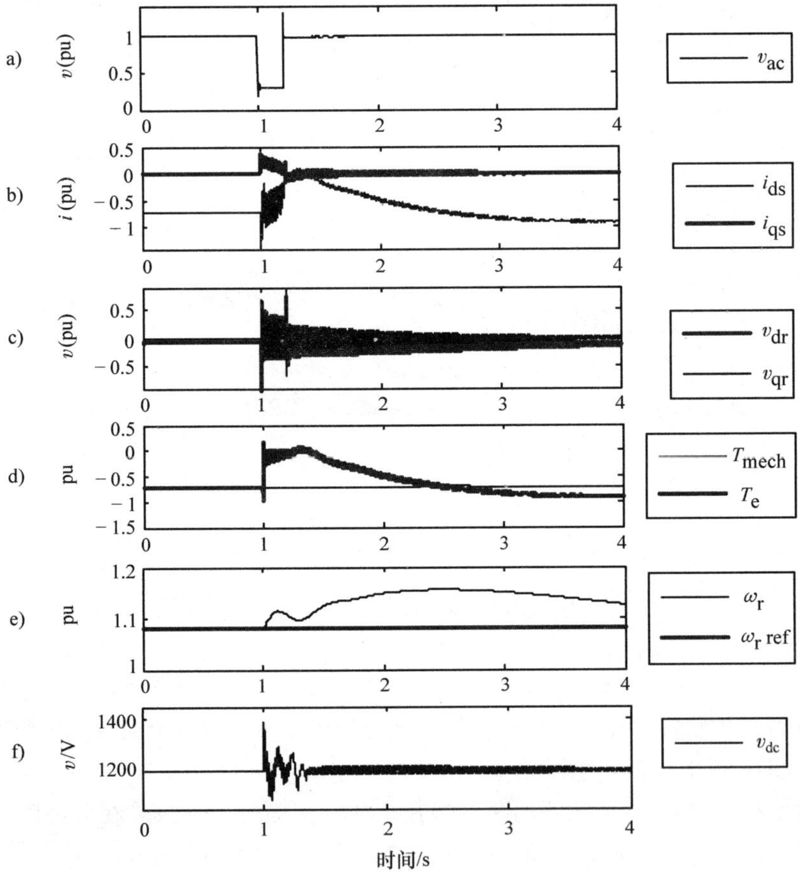

图6.9 范例1的仿真结果

6.2.2 范例2

对第二个范例进行研究后的主要结果如图6.10和图6.11所示。在这个范例中，传输线被缩短，从而可以得到0.8pu的电压降（剩余电压0.2pu）。图6.11为图6.10的放大，时间从0.9~1.3s。可以发现暂态电流的幅值比前例中的更大。撬棒保护触发后使 v_r 下降为零，并持续 10ms（故障发生后撬棒动作的时间段可见图 6.10c 以及放大图 6.11c）。当撬棒保护解除后，因为网侧换流器向电网输送功率的能力有限，v_{dc}将开始上升。如 v_{dc}上升至 1600V，撬棒保护再次触发，停止功率从转子回路向背靠背换流器的直流链流动。撬棒保护触发后，v_{dc}开始下降，直流电容就不会发生过电压危险。在故障持续时，转子侧换流器尝试恢复对双馈感应发电机变量的控制但未成功，导致撬棒保护最后一次启动，随后故障消失。

对第二个范例的研究显示 ω_r 过速稍微比前例中大，这是由于故障电流幅值及其对 T_e 的影响所造成的。当故障清除后，暂态的 ω_r 过速最终被转子侧换流器所控制，双馈感应发电机风电场完成故障穿越。

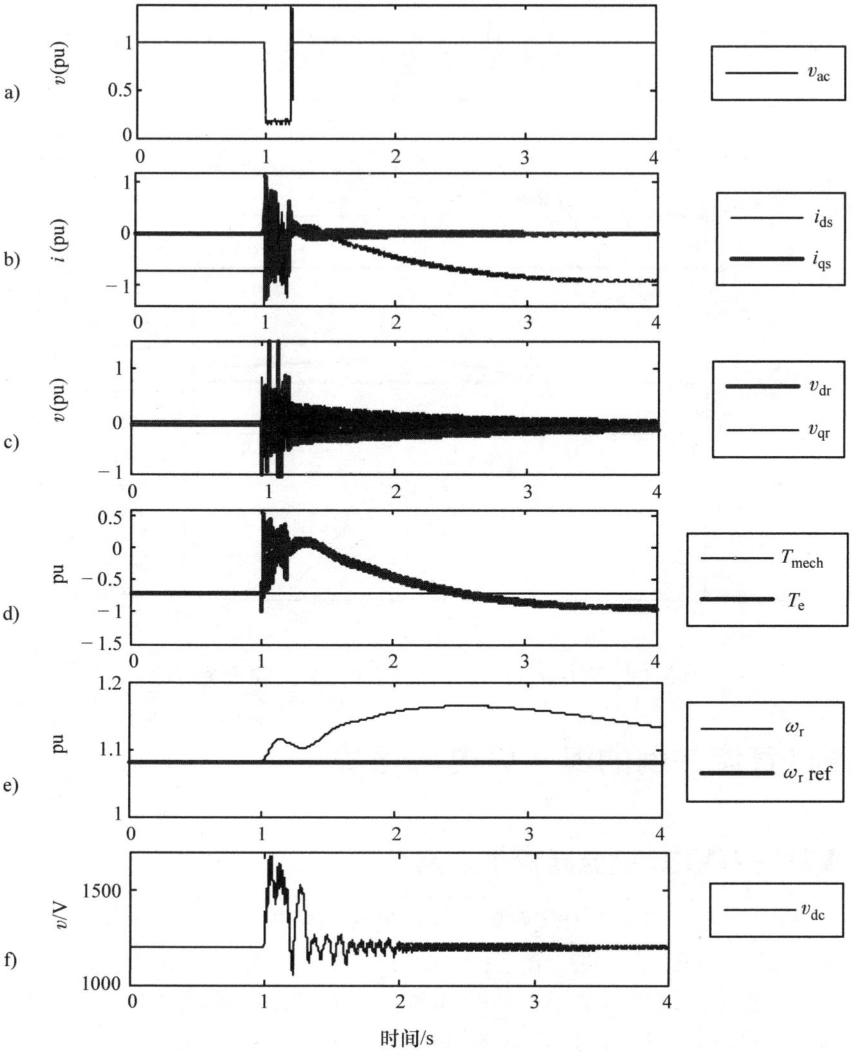

图 6.10　范例 2 仿真结果

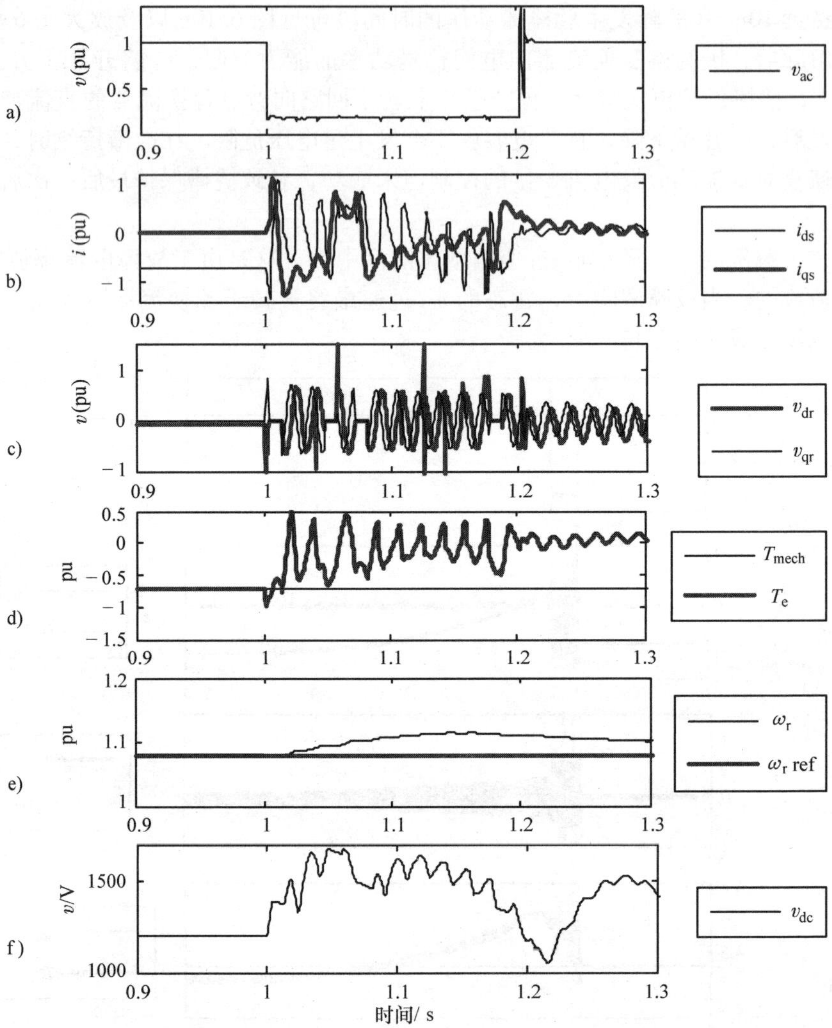

图 6.11　在 0.9 ~ 1.3s 之间放大后的范例 2 仿真结果

6.3　通过直流并网的海上风电场保护

6.3.1　VSC – HVDC 换流器保护方案

图 6.12 给出了在 VSC – HVDC 换流站所中包含的保护方案。站内保护方案的宗旨是当发生故障时使电气系统的元件断开连接。故障可能来自短路，也可能来自系统中某一个元件工作异常。保护系统利用位于 HVDC 换流站的发送端和接收端的交流断路器来断开换相变压器。这将清除换流站的直流电流和电压。

HVDC 换流站的保护方案采取的动作包括：

1）限制暂态电流。这个保护动作通过暂时性地封锁换流器每相的控制脉冲来实现。这将阻止可能损坏换流器 IGBT 的暂态过电流的流通。一旦电流恢复到运行的正常水平，

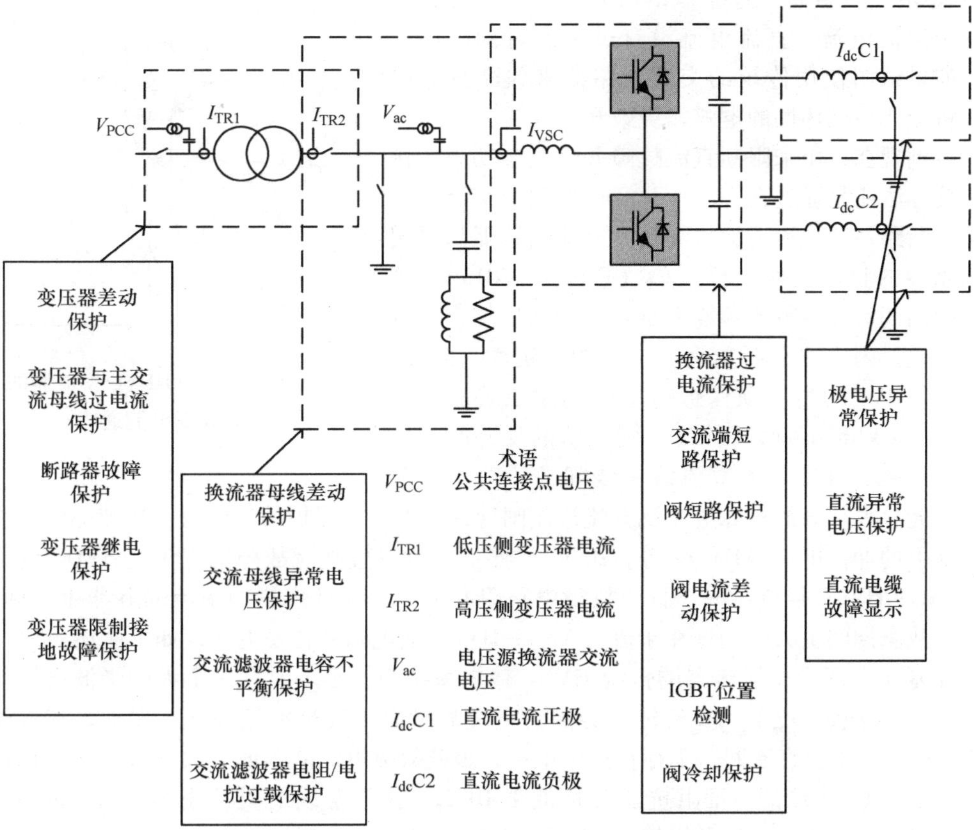

图6.12　一个VSC－HVDC变电站中的保护（来源：ABB报告——HVDC Light，It's time to connect. 见www.abb.com/hvdc）

控制脉冲可以重新建立。当过电压发生时，所有的三相脉冲同时被封锁。

2）永久封锁换流器。这个保护动作发送一个永久关断控制信号至换流站所有的IGBT，迫使流过它们的电流降为零，同时换流站的端口电压也变为零。

3）触发交流断路器。这个保护动作将交流电网和换流器设备断开。这是为了防止交流系统在换相变压器的阀侧或换流站的直流侧引起故障。

4）电极隔离。在换流器的直流侧发生短路故障或系统异常时，电极隔离保护将正极和负极与直流电缆进行隔离。必须注意，电极隔离保护要在交流断路器已经对换流站实施断电以后实施。

6.3.2　直流传输线故障分析

当直流线路上发生故障时，VSC－HVDC的直流电容迅速放电，从而无法使IGBT的反并联二极管反向截止。结果，故障电流流向换流器直流侧的故障点（见图6.13）。在这种情况下，换流站无法阻止交流侧通过二极管向故障点提供电流，因为IGBT的控制脉冲即使被封锁也无法控制阀中的反并联二极管。此时，无法通过在直流线路上使用传统的断路器（CB）来阻断经过整流的故障电流。这是由于不同于交流电流，直流电流没有过零点时刻以供关断。如果试图使用传统的交流断路器来关断直流电流，将会产生破坏性的电弧，烧毁开关。

直到现在，用来阻断直流故障并恢复全功率传输的传统办法还是通过在 VSC－HVDC 的两个交流端安装交流断路器。从为清除故障打开交流断路器到再闭合断路器的整个过程可长达 2s（Fairley，2013）。这个时间周期对一些需要传输大量功率的运用场合而言无法接受，因为这会影响交流网络的稳定性。此外，已经在使用中的另一项保护措施是利用压装晶闸管（press－pack thyristor），其与受到威胁的反并联二极管并联连接，并在发生直流线－线间故障时进行触发。因此，大部分的故障电流就会流过晶闸管，而不是它保护的二极管。压装晶闸管本身能承受大的冲击电流（Davies 等，2009）。然而，对发生直流故障的 VSC－HVDC 网络而言，VSC－HVDC 换流器缺乏直流故障电路阻断能力，并且恢复功率流动并非主要问题。在直流故障期间更大的问题在于流过 VSC－HVDC 变电站的暂态电流，如下所述。

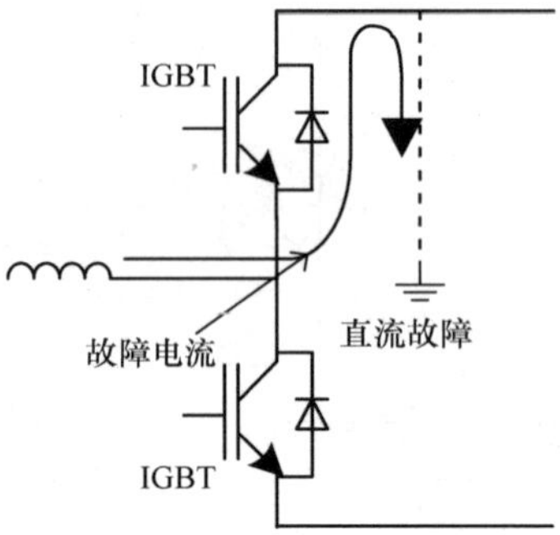

图 6.13　VSC－HDVC 换流器的直流故障电流通路

在基于电网换相换流器的传统 HVDC 输电系统中，必须要有一个大的平波电抗与电缆串联。在这种情况下，直流链不会因为电缆故障而出现过电流问题。然而，在 VSC－HVDC 换流器中，直流回路不存在这个电抗，因此故障电流的幅值要大得多，且传播速度快得多。XLPE 电缆的特征阻抗通常远低于 100Ω，比架空线的阻抗小很多（Van Hertem 和 Ghandhari，2010）。为了使与 IGBT 反并联的二极管免受暂态过电流冲击，需要在毫秒数量级时间内阻断直流故障电路，暂态过电流在数毫秒内便具备足够的强度来破坏这些二极管。

6.3.3　极间故障

直流极间故障是发生在 VSC－HVDC 网络直流侧最严重的故障。尽管如此，这类故障不太可能发生（因为直流回路的正极和负极分别位于两条具有一定距离且独立的绝缘电缆中）。如果此故障发生，那么初始直流短路电流可以通过等效电路来确定，该电路包括直流电缆的等效电阻和电感，以及与它们串联的直流链直流电容，该电容已被预充电（见图 6.14）。等效电路的电压 v_{dc_sc} 和电流 i_{dc_sc} 的表达式如下：

$$v_{dc\_sc}=\frac{v_{dc0}\omega_0}{\omega}e^{-\delta t}\sin(\omega t+\beta)-\frac{i_{dc0}}{\omega C}e^{\delta t}\sin\omega t \tag{6.2}$$

$$i_{dc\_sc}=C\frac{dv_c}{dt}=\frac{i_{dc0}\omega_0}{\omega}e^{-\delta t}\sin(\omega t+\beta)+\frac{v_{dc0}}{\omega L}e^{-\delta t}\sin\omega t \tag{6.3}$$

式中，v_{dc0} 和 i_{dc0} 分别为电路中直流电压和电流的初始值；C、L_{dc} 和 r_{dc} 分别为等效直流电路的电容、电感和电阻；$\delta=\frac{r_{dc}}{2L_{dc}}$，$\omega^2=\frac{1}{L_{dc}C}-\left(\frac{r_{dc}}{2L_{dc}}\right)^2$，$\omega_0=\sqrt{\delta^2+\omega^2}$，$\beta=\arctan\frac{\omega}{\delta}$。

仿真结果表明当发生极间故障时初始的故障电流可以达到额定直流电流的 73 倍，上

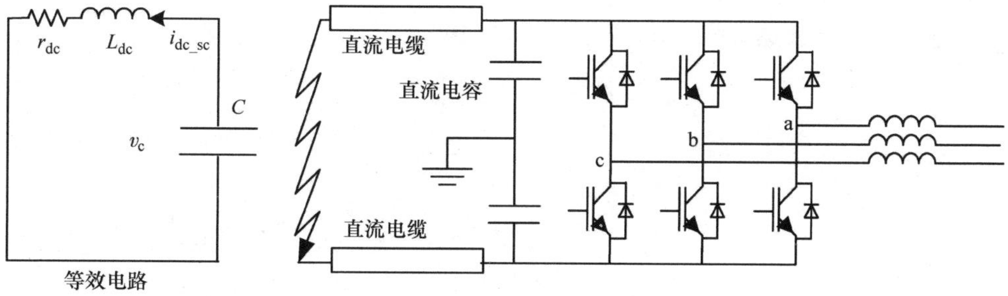

图 6.14　直流极间故障及其等效电路

升时间 <5ms（Jin 等，2010a）。当直流电容放电完毕后，电缆电感开始通过电压源换流器中的 IGBT 反并联二极管放电。同时，由于直流电压下降，这些二极管被极化（polarised），从而开始从交流电网向直流故障点吸收电流。这个电流可以视为稳态故障电流。

VSC－HVDC 换流站中的 IGBT 耐过电流和耐过电压的能力很低。因此，极间故障下的初始故障电流足以永久性地破坏 IGBT 中的二极管。为避免此场景发生，需要有在短时间内足以阻断直流电流的直流断路器。

与直流断路器一起使用的补充方案是直流电抗，合适选择后可以作为限流器（Fujin 和 Zhe，2013）。直流回路中的大电感可以显著降低在电容初始放电周期内故障电流的上升率。这就允许使用关断时间更长的直流断路器。例如，一个 100mH 的直流电抗在 320kV 直流网络中可以将故障电路的上升率限制在 3.5kA/ms 以内（Callavik 等，2012）。此外，更大的直流电抗也可降低稳态故障电流的水平。当然，使用直流电抗会导致设计更加复杂，同时为获得良好的性能，直流电压控制器的实施难度将增加。

6.3.4　极－地故障

在极－地故障中直流短路电流的幅值取决于换流器的接地系统。其通常包含风电场高压变压器的中点和直流链中点。故障开始时，极和电缆护层（sheath）之间会产生电弧，并在护层和下一个接地点之间建立地环路（ground loop）。此后，电弧电流将很可能增大至可以破坏接地故障点处电缆的水平。从此刻起，在极－地间就会形成一个低阻值的通路。在此情况下，土壤的电阻率和电离特性将决定故障电阻。此故障电阻不能被忽略。因此，用以分析故障电流初始幅值的等效电路可由图 6.15 来表示。

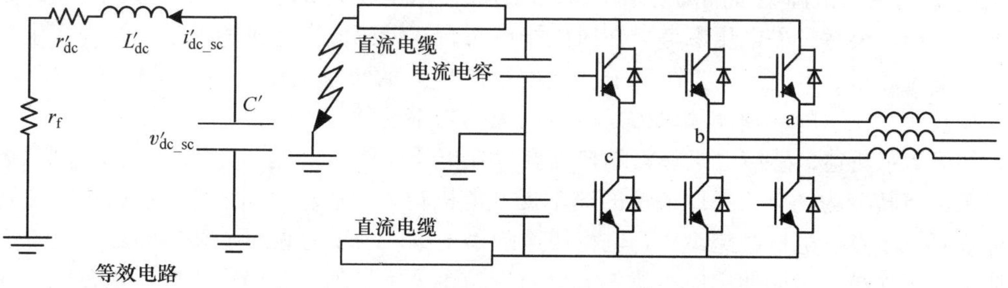

图 6.15　直流极－地故障及其等效电路

按照上面分析，在初始条件 $v'_{\mathrm{dc\_sc}}=V_0$、$i'_{\mathrm{dc\_sc}}=I_0$ 下，极－地故障等效电路中电压 $v'_{\mathrm{dc\_sc}}$ 和电流 $i'_{\mathrm{dc\_sc}}$ 的表达式为（Jin 等，2010a，2012）

$$i'_{\mathrm{dc\_sc}}=C'\frac{\mathrm{d}v'_{\mathrm{dc\_sc}}}{\mathrm{d}t}=A_1p_1\mathrm{e}^{p_1t}+A_2p_2\mathrm{e}^{p_2t} \tag{6.4}$$

$$v'_{\mathrm{dc\_sc}}=A_1\mathrm{e}^{p_1t}+A_2\mathrm{e}^{p_2t} \tag{6.5}$$

式中，$p_{1,2}=\frac{r_{\mathrm{f}}+r'_{\mathrm{dc}}}{2L_{\mathrm{dc}}}\pm\sqrt{\left(\frac{r_{\mathrm{f}}+r'_{\mathrm{dc}}}{2L_{\mathrm{dc}}}\right)^2-\frac{1}{L'_{\mathrm{dc}}C'}}$，$A_1=\frac{1}{p_2-p_1}\left(p_2V_0+\frac{I_0}{C'}\right)$，且 $A_2=\frac{1}{p_2-p_1}\left(-p_1V_0-\frac{I_0}{C'}\right)$。

在这种故障下，直流电容会放电至一定水平，该值由故障电阻确定。仿真结果已表明初始暂态电流可以达到额定直流电流的 11 倍，初始上升时间为 5ms（Jin 等，2010a）。

6.3.5 HVDC 直流保护：挑战与趋势

不选择交流断路器而是选择快速 HVDC 断路器的原因是需要快速阻断故障电流，以使 IGBT 的续流二极管免受损坏（Jovcic 等，2011）。交流断路器保护 IGBT 的速度还不够快（目前为止，最快的交流断路器的关断时间约为 20ms）。当使用机电式直流断路器时[同时含一并联换相电路和一个并联制动器（arrester）]，需要产生一个直流电流振荡，以便在故障电流过零点时熄灭主接触器间的电弧。然而，这个过程需要 10～20ms，无法迅速保护 IGBT（Jovcic 等，2011）。目前的研究集中在研究和开发开关时间可低至数毫秒的固态直流断路器（Jovcic 等，2011）。但是这项技术还需要完善，且成本有待降低。在公开的文献中有些研究提出使用特殊的半导体材料来设计 HVDC 用的断路器。有些人建议使用其他基于电力电子的解决方案，如包含固态断路器和快速直流开关的混合结构（Franck，2011）。还有一种混合 HVDC 断路器方案也已被报导（Callavik 等，2012），该方案包括一个基于半导体的负载换相开关，此开关与一个快速机械开关和直流电抗器串联，这个方案可以在 5ms 内关断一次大的直流故障电流。

6.3.6 基于双馈感应发电机的海上风电场直流输电线故障的仿真研究

当电压源换流器发生直流故障时，由于其故障性质，直流链电压将迅速降低；无论何种情况，在每个 IGBT 阀的反并联二极管中都将有大的电流流过。当这些过电流被检测到后，IGBT 阀将马上被阻断，同时，理想情况下，一对快速断路器将在暂态过电流破坏 IGBT 的二极管前将故障电缆隔离。对 IGBT 的封锁使风电场失去电压。正如与在三相故障中发生的一样，突然失去电压参考会在风电场中每台双馈感应发电机的定子绕组中产生最大的暂态电流。暂态电流 i_s 又会在转子绕组中感应出大的暂态电流，并足以触发撬棒保护。这意味着在一段时间内速度和风力发电机的无功功率消耗将不受控。

如第 2 章所述，感应电机在其端口需要存在电压才能产生 T_e。如果不存在，则从风输入的 T_{mech} 将转变为动能，并以最快的速率提升电机转子的速度。如果感应电机的转差速度超过临界稳定点，电机会跑飞，T_e 也将快速跌落至零。为了防止转子到达临界稳定点，可以使用撬棒保护，从而使感应电机的允许过速范围增大。但是，当交流电压恢复时，ω_r 越高，转子绕组中感应出的稳态电流越大，从而需要越大的电压来对它们进行控制。

当 ω_r 超过同步速度时，转子绕组中发出的有功功率首先通过转子侧换流器，然后通过网侧换流器被传输到电网。成功完成故障穿越的根本在于当撬棒保护退出后双馈感应发电机中转子侧换流器控制 ω_r 的能力。但是，这种能力被换流器的功率等级所限制。

图 6.16 显示了一台双馈感应发电机连接到一个多端 HVDC 网络的单线图。这个网络用来分析双馈感应发电机在发生极间故障时的行为，此故障位于 VSC－HVDC 变电站 2 附近，发生于 $t=17$s 时。

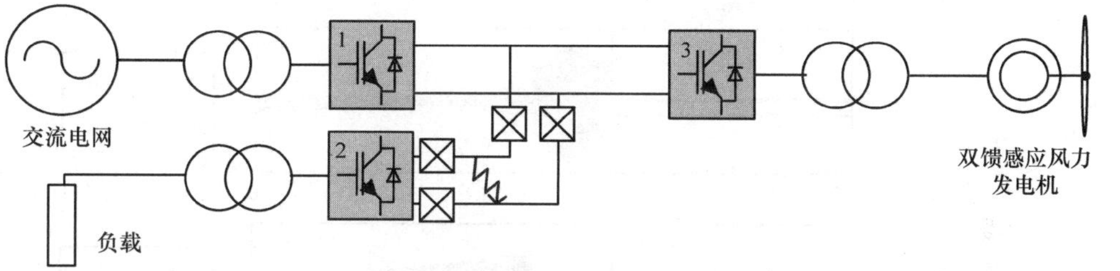

图 6.16　研究极间故障的多端 VSC－HVDC 网络

在故障开始后 1ms，一个封锁信号被送至三个 VSC－HVDC 变电站的 IGBT，迫使它们处于关断状态。5ms 后，快速 HVDC 断路器隔离故障极，防止暂态电流损坏 VSC－HVDC 换流器中的续流二极管。最后，200ms 后，HVDC 网络的直流电压恢复，变电站 1 和 3 中 IGBT 的封锁信号被解除。双馈感应风电场与交流网络之间的功率交换恢复。图 6.17 和图 6.18 给出了仿真结果。图 6.18 为将图 6.17 在 16.9～18s 之间放大后的详细波形。

如图 6.17a 和图 6.18a 所示，电网电压在故障发生后几乎马上崩溃。此时的定子暂态电流与发生在定子端口处的三相短路故障时的定子暂态电流波形类似，如图 6.17b 和图 6.18b 所示。故障期间在转子中感应出的电流很大，足以使背靠背换流器的直流电压在撬棒保护将转子侧换流器从转子回路断开前骤然上升（见图 6.17f 和图 6.18f）。在所有故障期间背靠背换流器的直流电压水平维持在其参考值之上；这是由于网侧换流器完全无法将任何能量传送至交流电网。这样，撬棒保护在故障期间将一直工作，转子电路中无输入电压（见图 6.17c 和图 6.18c）。初始定子和转子暂态电流会产生一个暂态 T_e 尖峰，使故障刚发生时转子转速下降（见图 6.17d 和图 6.18d）。当直流故障清除后，暂态电流会产生 T_e 尖峰，会对 ω_r 造成影响并使撬棒作用时间延长。然而，一旦直流故障清除，且连接到双馈感应发电机的 VSC－HVDC 换流器开始产生交流电压，网侧换流器就可以控制背靠背换流器的直流电压值。

即使在直流故障期间撬棒保护的工作时间加长，在 VSC－HVDC 换流器恢复风电场内电网电压后，最终双馈感应发电机可以重新控制自身的变量，这是因为转速上升未超出背靠背换流器控制能力的范围。因此，由于使用了快速 HVDC 断路器，双馈感应风力发电机成功完成故障穿越。

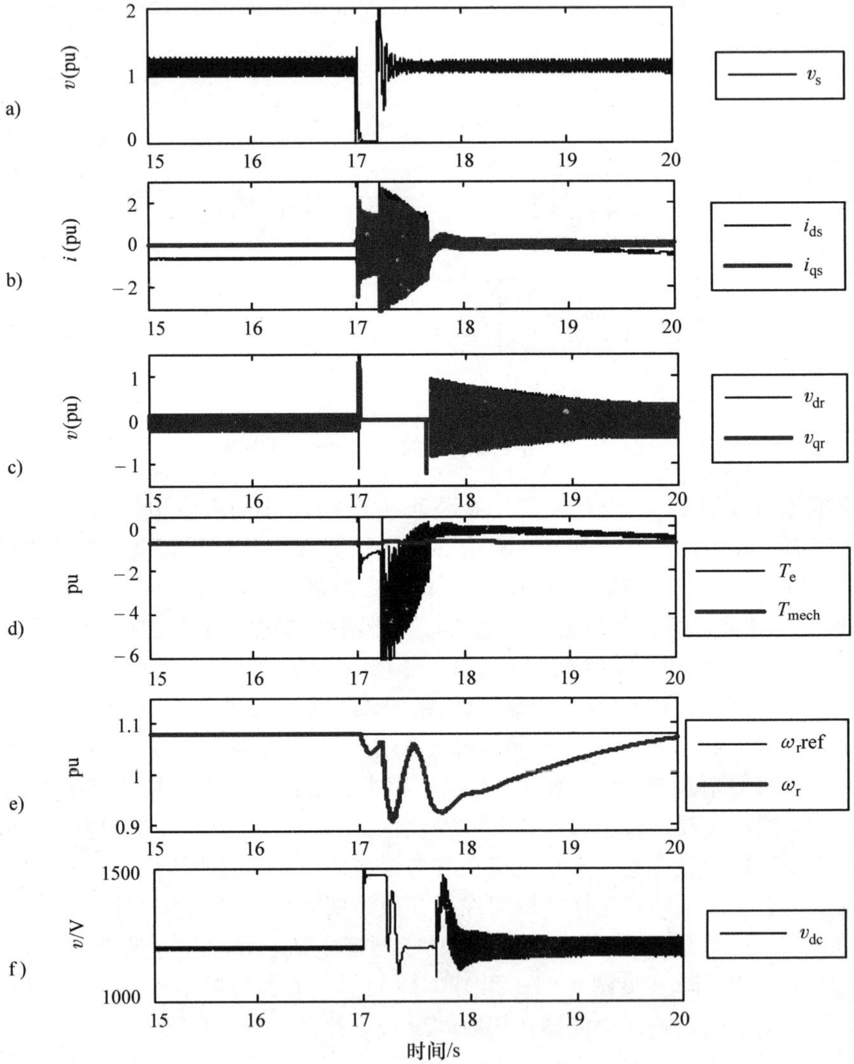

图 6.17　一台双馈感应风力发电机在极间直流故障下的仿真结果

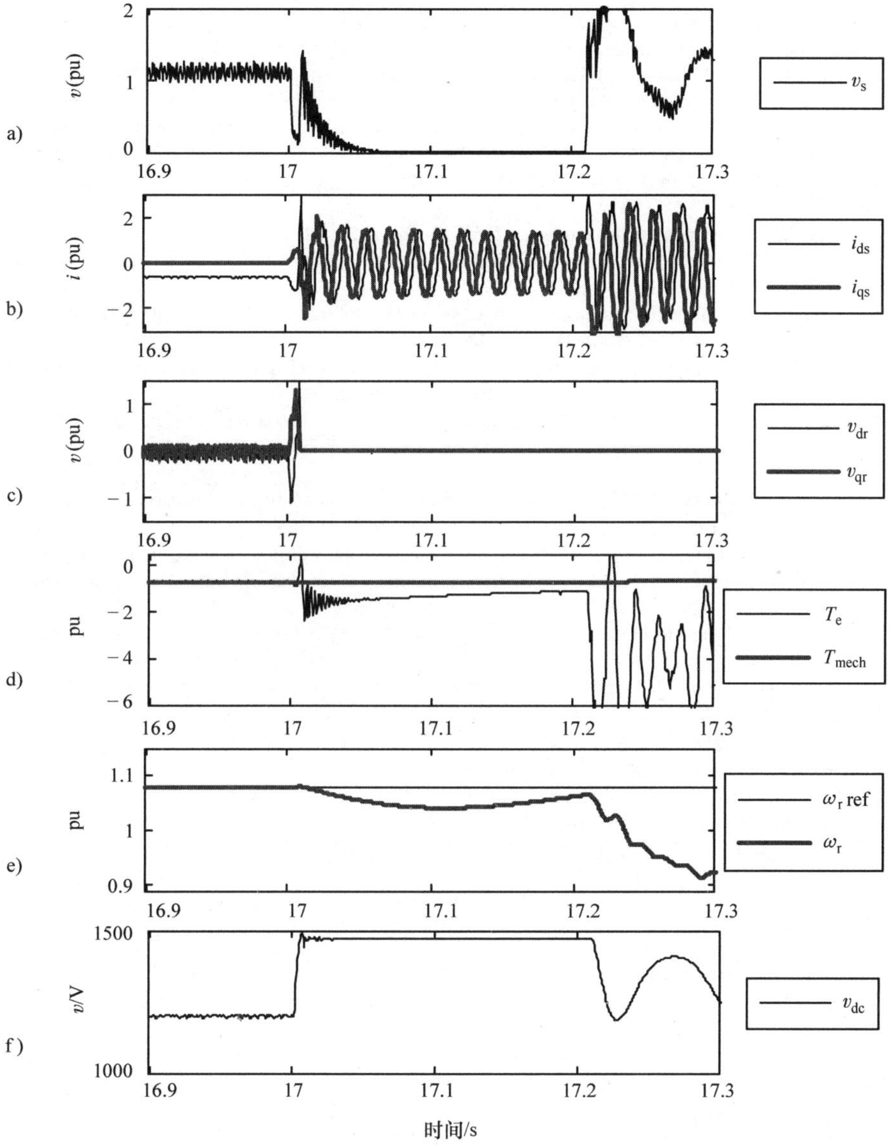

图 6.18　一台双馈感应风力发电机在极间直流故障下仿真结果在 16.9 ~ 17.3s 期间的放大图

致谢

本章部分内容来源于作者在 EPSRC Supergen Wind 项目中进行的研究。

参考文献

Ackermann, T. (2012) *Wind Power in Power Systems*, John Wiley & Sons Ltd.

Callavik, M., Blomberg, A., Häfner, J. and Jacobson, B. (2012) The Hybrid HVDC Breaker An innovation breakthrough enabling reliable HVDC grids. ABB Grid Systems, Technical Paper.

Cardenas, J., Muthukrishnan, V., Mcginn, D. and Hunt, R. (2010) Wind farm protection using an IEC 61850 process bus architecture. IET Conference Publications, 2010, p. 10.

Conroy, J.F. and Watson, R. (2007) Low-voltage ride-through of a full converter wind turbine with permanent magnet generator. *Renewable Power Generation, IET*, **1**, 182–189.

Davies, M., Dommaschk, M., Dorn, J. *et al.* (2009) *HVDC PLUS – Basics and Principle of Operation*, SIEMENS, Germany.

Fairley, P. (2013) Germany jump-starts the supergrid. *IEEE Spectrum*, **50**, 32–37.

Franck, C.M. (2011) HVDC circuit breakers: a review identifying future research needs. *IEEE Transactions on Power Delivery*, **26**, 998–1007.

Fujin, D. and Zhe, C. (2013) Design of protective inductors for HVDC transmission line within DC grid offshore wind farms. *IEEE Transactions on Power Delivery*, **28**, 75–83.

Jin, Y., Fletcher, J.E. and O'Reilly, J. (2010a) Multiterminal DC wind farm collection grid internal fault analysis and protection design. *IEEE Transactions on Power Delivery*, **25**, 2308–2318.

Jin, Y., Fletcher, J.E. and O'Reilly, J. (2010b) A series-dynamic-resistor-based converter protection scheme for doubly-fed induction generator during various fault conditions. *IEEE Transactions on Energy Conversion*, **25**, 422–432.

Jin, Y., Fletcher, J.E. and O'Reilly, J. (2012) Short-circuit and ground fault analyses and location in VSC-based DC network cables. *Industrial Electronics, IEEE Transactions on*, **59**, 3827–3837.

Jovcic, D., Van Hertem, D., Linden, K. *et al.* (2011) Feasibility of DC transmission networks. Innovative Smart Grid Technologies (ISGT Europe), 2011 2nd IEEE PES International Conference and Exhibition on, 5–7 Dec. 2011, pp. 1–8.

Mohan, N., Undeland, T.M. and Robbins, W.P. (1989) *Power Electronics: Converters, Applications, and Design*, Wiley.

Pannell, G., Zahawi, B., Atkinson, D.J. and Missailidis, P. (2013) Evaluation of the performance of a DC-link brake chopper as a DFIG low-voltage fault-ride-through device. *IEEE Transactions on Energy Conversion*, **28**, 535–542.

Ribrant, J. and Bertling, L. (2007) Survey of failures in wind power systems with focus on Swedish wind power plants during 1997–2005. Power Engineering Society General Meeting, 2007. IEEE, 24–28 June 2007, pp. 1–8.

Van Hertem, D. and Ghandhari, M. (2010) Multi-terminal VSC HVDC for the European supergrid: obstacles. *Renewable and Sustainable Energy Reviews*, **14**, 3156–3163.

Vikesjö, J. and Messing, L. (2011) *Wind Power and Fault Clearance*, Elforsk, Stockholm Sweden.

第 7 章　海上风电接入新技术

7.1　风力发电机载荷柔化先进控制技术

发电机控制和桨距角控制使得功率调节能力增强，这样，载荷谱就更低，从而叶片结构可更轻，同时功率调节能力增强允许使用更轻的齿轮箱（因为转矩峰值下降）。紊流出现时会引起极端载荷，从而对机组运行造成困难，这是由于极端载荷会造成机组元件的过早磨损。当前技术还无法更有效地柔化这些极端载荷，因此关于风力发电机控制新技术的研究应运而生（Bossanyi，2000；Johnson 等，2008；Wright 和 Fingersh，2008；Leithead 等，2009）。

大型商用风力发电机中用以载荷柔化的控制器一般都使用经典控制器技术，如 PI 控制。在额定风速下，通常是在发电机转矩控制中增加一个控制环，用以对风力发电机传动链的扭转模式进行主动抑制。为了主动抑制塔架的首尾运动（fore – aft motion），在额定风速以上时在桨距角控制中加入单输入 - 单输出（SISO）控制环。

7.1.1　叶片桨距角控制

另一个降低风力发电机载荷的方式是独立变桨控制（IPC）（Bossanyi，2005；Johnson 等，2008）。在 IPC 中，每片桨叶都可单独变桨 ，经典控制或多变量控制都可以使用。经典控制借助多个控制环可以实现给风力发电机的几种模式增加主动阻尼，或使非对称风速变化的影响最小。设计这些控制环时必须非常小心，要避免各环之间可能引起风力发电机不稳定的交互作用（特别是当风力发电机容量越大、柔性越大时，各个控制环之间的耦合程度会增加）（Leithead 等，2003；Dominguez 和 Leithead，2006）。先进的多输入 - 多输出（MIMO）多变量控制设计方法可以满足上述要求，此方法利用所有可用的驱动器和传感器，控制环可以减少，却可以最大程度地弱化载荷。周期桨距角控制（cyclic pitch control）是另一种高级的控制技术，此技术以 120°相移的方式改变桨距角，可以对由于转子倾斜和偏航误差造成的载荷变化进行柔化。

实施独立变桨需要考虑以下三个方面：首先，整条桨叶仍必须进行变桨；其次，变桨机构可能无法快速响应以减轻由于阵风引起的载荷振荡；最后，有担心认为独立变桨将会导致变桨机构的过度使用。在设计风力发电机之初就要考虑到使用独立变桨就显得尤为重要；对现有风力发电机进行独立变桨的改造会使得变桨机构由于高的负载率而提早失效。在实施过程中面临的挑战包括克服负载扰动所需的响应时间，需要更大容量的变桨电动机，以及系统运行新控制策略所需要的功率。

7.1.2　桨叶扭转控制

控制风力发电机桨叶疲劳负载的一种方法是利用被动桨叶弯扭耦合的原理（Johnson

等，2008）。经过气动弹性设计的桨叶由于气动负载而发生弯曲时，其扭转分布将会发生变化。随着复合材料的出现，这种特性成为可能，且可以被特意用来控制挥舞扭转（flap－twist）。阵风引起的暂态载荷理论上可以降低，这是因为桨叶将会向攻角减小的方向扭转，这就可以柔化载荷并潜在地降低变桨动作。这种概念的一些挑战包括：能量捕获降低、成本升高、桨叶完整性问题。首先，原先为在额定速度下进行最优能量捕获的桨叶由于扭转发生改变，故获得的能量会降低。其次，与材料和制造技术关联的成本上升会使得这种概念变得不经济。最后，生产技术可能会导致刚度降低，并需要额外的材料来弥补所增加的桨叶缺陷。

7.1.3 可变直径转子

可变直径转子的运行是通过从叶根（root blade）伸长/收缩叶尖（tip blade）来增加/减小直径来实现的（Johnson 等，2008）。这种概念可以在低风速下提高风能捕获，并在高风速时减轻载荷。风速低时，更大的转子直径提供了更大的捕获面积，从而使气动载荷加大，能量捕获增加。然而，这种运行方式会产生更大的叶根处和塔架基础处的弯曲载荷。在高风速下，转子直径可以被缩短，以避免极端载荷。叶尖可以独立于变桨机构而伸缩，并将随风速的变化而调整；变桨控制仍然可以控制功率。在特定的负载谱的条件下，可变直径转子具有提高能量产出的潜力。要使得这种风力发电机概念成功，必须解决的一些工程挑战包括控制策略复杂、需要保持高的气动效率、叶片重量增加、整个系统的耐久性和可靠性等方面的一般性问题。

7.1.4 流场主动控制

流场主动控制（Active Flow Control，AFC）是指控制包围叶片的局部气流（Johnson 等，2008）。流场控制的目标通常是为改善翼型或升力面的气动性能。然而，对电网级风力发电机而言，此技术的运用主要关注于降低通常发生于大风速下的极端载荷，并柔化疲劳载荷，此疲劳载荷沿着叶片会发生变化，并随机出现。为此，主动载荷控制设备或“智能”设备必须配备沿着叶片伸展方向安装的驱动器和传感器。系统必须能够感知局部流动的条件变化，并及时响应，以抵消任何对叶片载荷的不利影响。这种布置提高了对风轮转子的主动“智能”控制。根据定义，智能结构涉及分布式驱动器和传感器，以及一个或更多处理器，以便分析来自传感器的响应，并运用完整的控制理论来指挥驱动器以产生局部应变（strain）/位移（displacement），从而达到改变系统响应的目的。许多关于使用 AFC 设备的研究表明显著降低载荷是有可能的。

7.2 换流器接口设置和集电器设计

为了理解风力发电机技术如何影响控制方法，有必要将电气系统作为一个整体考虑，包括风力发电机技术（换流器接口设置）、风电场集电器、海上传输类型（如交流或直流）。下面二个范例考虑了换流器接口设置和地点（Parker 和 Anaya－Lara，2011，2012，2013）。

7.2.1　风力发电机换流器

7.2.1.1　交流串

传统的交流串（AC string）布置如图 7.1 所示。风力发电机可能是连接到全功率换流器的笼型感应发电机（SCIG）或永磁发电机（PMG），或连接部分功率换流器的双馈感应发电机（DFIG）。换流器输出电压被抬升至集电网络电压，且风力发电机一起连成一串。串上风力发电机的数量由风力发电机和所使用的电缆的额定功率所确定。电压受到湿绝缘电缆的水树效应（water - treeing effect）的影响，而如果使用铅包绝缘干绝缘电缆则太昂贵。更高的电压也需要更高电压级别的变压器，这将增加成本和尺寸。允许的额定电流也受到限制；这是因为交流电流的集肤效应使得导体的实际面积越大，相对有效面积越小。由于这个原因，交流电缆的成本随着电流容量的增加呈指数增加。

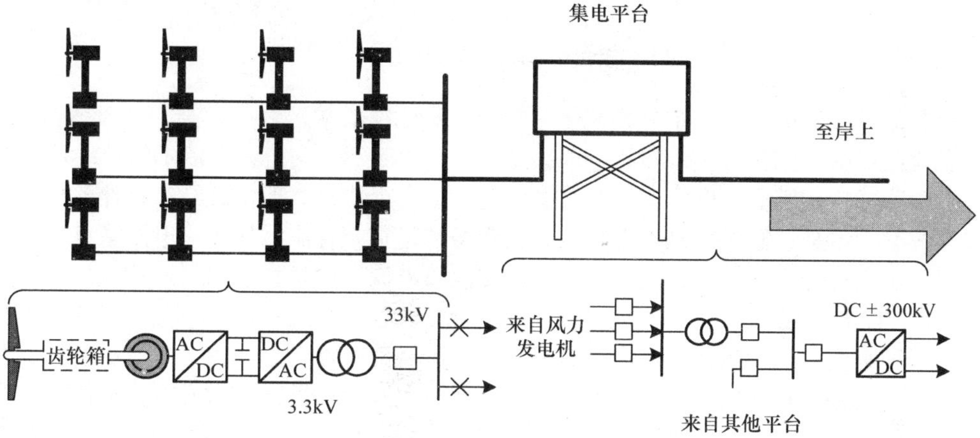

图 7.1　传统的交流串连接方式（Parker 和 Anaya - Lara，2013）

7.2.1.2　直流串

图 7.2 为使用直流集电串的布置。在这种系统中，风力发电机输出直流电压，然后在集电平台上被提升到输电电压水平。在多数的研究中，风力发电机产生一个 40 ~ 50kV 的直流电压，这需要一台能输出如此高电压的交流 - 直流变换器，此变换器需要许多开关器件串联，或为一台低压交流 - 直流变换器加升压直流 - 直流变换器。还有一个可行方案，即包括一台更低电压的换流器并用 5kV 直流电压，这个方案的优点在于其取消了风力发电机变压器，并可以使用传统的 3.3kV 三电平换流器。然而，串中的电流极大，需要使用粗电缆，并会导致很高的损耗。直流系统的特别之处在于其能减少从交流到直流的转换环节；然而，带升压功能的换流器需要一台变压器，从而需要先变换到交流，再进行反变换。

由于直流电缆不受水树效应的不利影响，不需要干式绝缘电缆就可以使用更高的电压等级；同时，直流电缆中的电流流过导线的整个面积。这意味着电缆的成本将与电流容量呈线性关系，而不是像交流中呈指数关系。由于这些原因，利用直流汇集比用交流汇集能以便宜得多的方式实现更长串的风力发电机连接。然而，现在还很难进行量化，因为目前还没有商用的电缆满足结构和电压等级要求（前面对电缆成本的研究是从电压等级高得

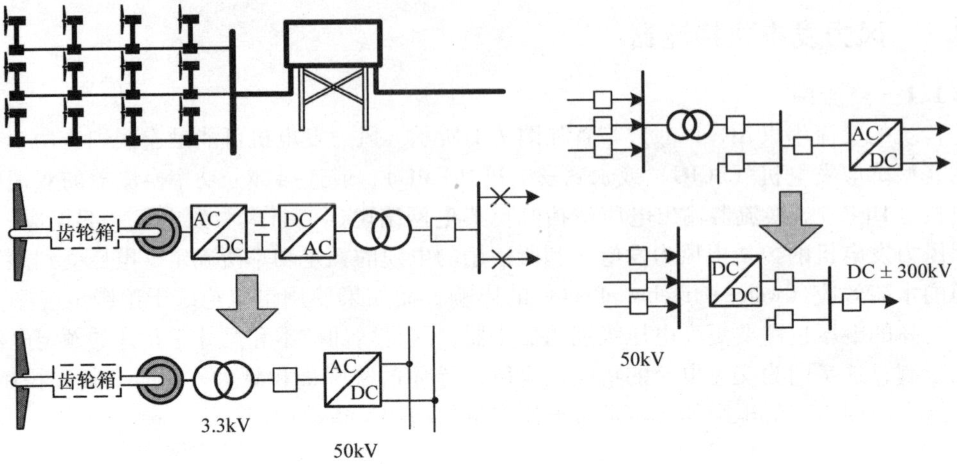

图 7.2　直流串连接方式

多的单芯 HVDC 输电电缆成本外推至多芯直流汇集电缆成本）。

直流汇集网络存在另一个问题，即故障保护：由于不是交流，电流不会持续地反向流动，在断路器打开后电流反向，但开关电弧将不会自行熄灭。现在已经有各种各样的直流断路器方案，但是它们随着电压等级升高也变得越昂贵。直流汇集和输电网络可以设计为既可以降压也可升压，这个特点可以用来限制故障电流，但是会增加复杂性。

7.2.1.3　直流串联

另一种直流汇聚构架是将风力发电机以直流串联形式连接，如图 7.3 所示。风力发电机的直流输出端串联连接，且风力发电机被连接为一个环。虽然风力发电机换流器需要对地隔离，但这种布置可以使得不用高压换流器就可以获得很高的汇集电压。这种连接方式可能需要使用隔离变压器，或能承受高电压偏置的发电机。另一种选择是在风力发电机中用一台变压器隔离的换流器，其中，换流器的高压侧仅为更容易隔离的无源二极管整流器。

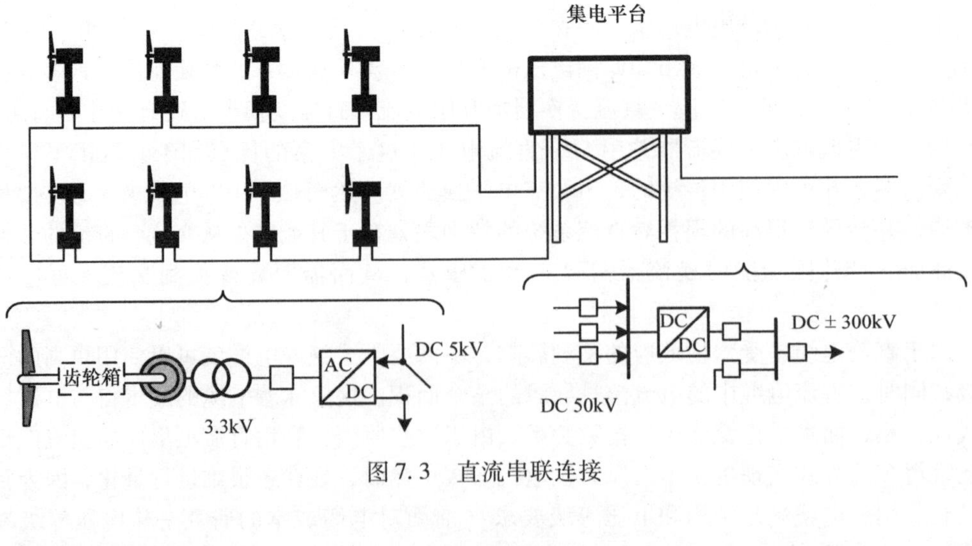

图 7.3　直流串联连接

尽管环中无法降低电缆的电流容量，但是因为仅使用单个单芯电缆环路，这种布置方式可以降低电缆成本。当一台风力发电机发生故障时，这台风力发电机可以通过一个机械开关被旁路；然而，任何电缆故障都将使环上的风力发电机都无法输出功率。

有一个类似的方案，即增加风力发电机输出电压和串的长度，从而得到所需的输电电压，这样就可以取消集电平台。研究表明，由于汇聚网络电压很高，这种系统具有最低的损耗，而取消了集电平台又可以使成本最低。通过使用数个串进行并联，容错能力可以获得提高。这种系统的弊端在于风力发电机中的变压器和换流器必须能隔离全部输电电压，而且目前并无商用的高电压低功率等级的变压器。

7.2.2　平台换流器

7.2.2.1　交流集群

目前存在一个越来越流行的概念，即将多台定速感应风力发电机连接到一个变频的交流汇集网，串上的风力发电机通过单台的换流器连接。这就将换流器置于集电平台上，使得在故障下更容易进行维修，且单台大功率换流器应比数台小功率换流器便宜。集电平台既可以用交流系统，也可以用直流系统，如图 7.4 所示。

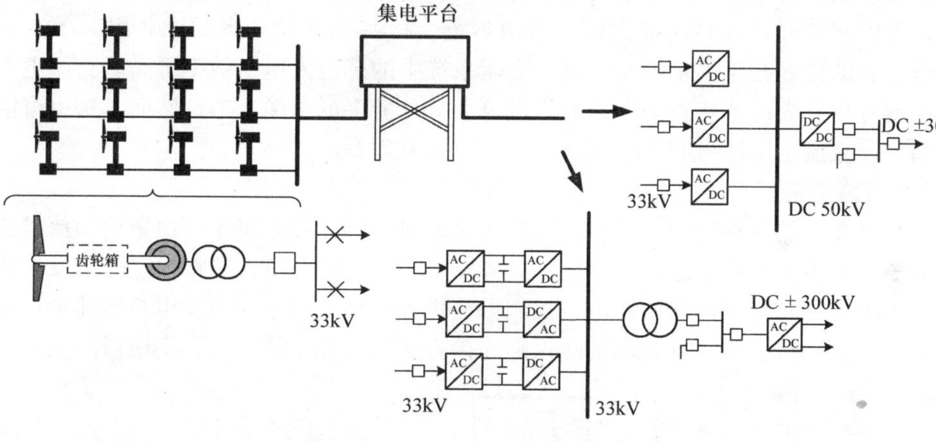

图 7.4　交流集群连接图

根据当前风速，为了进行最大功率跟踪，串上的风力发电机可以一起变速，但是无法对单台风力发电机进行速度控制。每台风力发电机的速度相对其他风力发电机允许有些变化，这是由于感应发电机存在转差，风力发电机速度上升，会使得转差和转矩增加。上述现象会导致捕获功率的降低，具体取决于连接到每台换流器的风力发电机数目。

这种系统可能会对风力发电机承受的传动链载荷造成影响：当阵风来临时，风力发电机无法加速并吸收多余的功率，这就会产生很高的暂态扭矩，从而对传动链和叶根造成应力。对当前运行的风力发电机的可靠性所进行的研究表明，相对定速风力发电机，使用变速风力发电机可以降低叶片的失效水平。

7.2.2.2　并联直流集群

如图 7.5 所示，这种方法在风力发电机中使用永磁直流发电机和无源整流器，在每串风力发电机上带一台直流 - 直流变换器。风力发电机转速将取决于串上的直流电压；因此，系统将以前面所述的交流集群的方式工作，同样地，也面临阵风中传动链暂态扭矩的问题。一般认为无源滤波器比有源换流器具有高得多的可靠性。

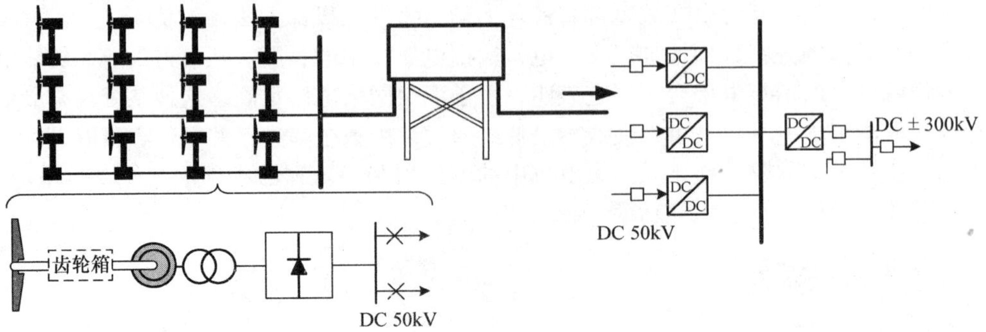

图 7.5　并联直流集群连接图

当直流电压给定时，风力发电机速度变化量与发电机的电感有关，电感越大，速度变化范围越大。无源整流器无法为发电机提供无功功率；如果发电机电感太大，最大转矩将降低。低速电机中的电感一般比较大，如直驱风力发电机中使用的发电机即是如此；在此情况下，可以在发电机和整流器之间接入电容器，以提供无功功率需求。相对于交流集群，直流集群的优势在于其永磁发电机比交流系统中的感应发电机效率更高。直流电缆的电压和电流容量更大，这使得集群的容量也更大，并能降低电缆成本；然而，这也可能减少功率捕获。直流系统还可减小变换环节，从而提升效率。

7.2.2.3　串联直流集群

并联集群布置的一种变形是将风力发电机串联成环形连接，每个环由单台换流器进行控制，如图 7.6 所示。在此方式下，换流器将控制环路内的电流，这将决定风力发电机中发电机的转矩，并和传统的风力发电机控制方法更加相似。由于风力发电机转速可以独立变化，将不会出现暂态转矩骤升问题。这种连接方式目前处于研究的初期阶段。

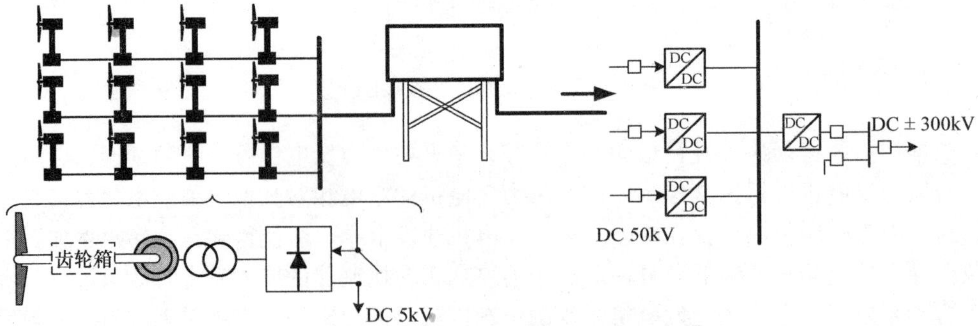

图 7.6　串联直流集群连接图

7.2.3　交流汇聚选项：定频或变频

海上电网通常都是交流定频的形式，和海上风电场既可能通过同步（HVAC）连接，也可通过异步（HVDC）连接。仅当风电场通过 HVDC 输电系统并网时，在汇聚网使用交流变频运行才是经济的（Hyttinen 和 Bentzen，2002；Jovcic，2006；Jovcic 和 Milanovic，

2006；Feltes 和 Erlich，2007）。这是因为海上 HVDC 整流器可以独立于岸上电网控制海上电网的频率，而对同步交流连接方式而言，还需要安装额外的交流－交流或交流－直流－交流变换系统。有些文献中提出了利用直流汇集系统的风电场结构，下面小节中将给出一些例子（Lundberg，2003；Meyer 等，2007）。

7.2.3.1　变频汇聚结构的一些例子

带双馈感应发电机和 HVDC 传输链的汇聚网进行变频运行时，主要追求下列目标之一（Feltes 和 Erlich，2007）：

1）降低双馈感应发电机换流器的额定容量。

2）无需增加双馈感应发电机换流器容量的前提下通过拓展速度范围来实现功率捕获的最大化。

基于 VSC－HVDC 输电的多端结构可以实现海上风电汇聚网的变频运行，这项技术还处在研究当中（Jovcic，2006）。这种方案和（Jovcic 和 Milanovic，2006）中的汇聚网结构相似，但是使用了基于电流源换流器的多端 HVDC 连接，其中电流源换流器使用了强迫换相器件，如 IGBT。第二种结构不需要发电机侧变压器来将电压抬升至输电电压水平，这是因为其电流源换流器是串联连接的。这两种方案都不需要在每个风力发电机端口安装额外的换流器，所有的 2MW 永磁同步发电机成组并同步，然后连接至一台集中式换流器，这些发电机按照相同的速度运行。

有一种风力发电机拓扑也正在处于研究阶段，其中的笼型感应发电机能在很宽的工况范围内进行变频运行（Meier 等，2004a，2004b；Meir，2005；Meyer 等，2007）。这种拓扑用单级交交变频器来取代全功率背靠背变流器，实现海上子站与风力发电机侧的频率解耦。该方案具备下列特征和潜在的优点：

1）每台风力发电机中的和海上子站内的 50Hz 三相变压器被中频（400～500Hz）单相电压器所取代。变压器绝缘必须能承受更高的电压应力和高的 dv/dt，这些现象是由变流器的缓冲电路所引起。

2）由于在海上子站上仅需要一台单相换流器，而不是一台三相换流器，串联连接的器件数量大幅减少，从而使成本、导通和开关损耗显著下降。

3）交交变频器和 VSC－HVDC 海上换流器的软开关大幅地降低开关损耗。

4）交交变频器中使用晶闸管而非 IGBT 降低了损耗和成本。

7.2.3.2　对交流变频汇集的评估

根据文献（Feltes 和 Erlich，2007），在海上汇聚网上进行变频，并结合 HVDC 输电和双馈感应风力发电机，可以最大限度地进行能量捕获，同时降低风电场的总体成本。然而，在海上电网上进行变频运行时对开关与保护、变压器运行、海上电网中的设备电压和电流容量等的影响需要进行详细地研究。标准的电力变压器按照特定的运行频率（50Hz 或 60Hz）来设计，通常允许频率大约变动 5%，即对 50Hz 设备而言，限于 47.5～52.5Hz。对更低频率的变压器设计，铁心需要更大，以便在给定的电流等级下维持所需的电压比以及合理的磁通密度，从而避免饱和。然而，这个问题可以通过等比例地降低电压与频率来克服。另一个需要研究的方面是通过变压器和电缆的无功功率如何随着频率变化而变化。

以变频方式运行 VSC－HVDC 已经在 Troll A 气田平台进行了实际示范（Hyttinen 和

Bentzen，2002）。在该运用中，很明显需要 VSC－HVDC 换流器进行变频运行：为了控制感应电机的速度。另一方面，对一个海上风电场而言，变频运行仅对发电机转子有利，但是还需要进一步地评估是在单台发电机上实现此目标更经济还是在汇聚网级别实现此目标更经济。

7.2.4 对更高汇聚电压（>33kV）的评估

随着风电场和风力发电机容量的增加，汇聚电压水平也从典型的 11kV 提高到 33kV。使用 48kV 或 66kV 电缆通过岸上 48/132kV 或 66/132kV 变压器来将风力发电机连接到陆上电网的方案正在研究中（McDermott，2009），这个方案可以替代通过 132kV 海底电缆和一台 33/132kV 海上变压器的连接方案。研究表明将海上电压从 33kV 提升到 132kV 对更长距离传输（>25km）而言是最经济的；这是因为与电缆成本相比，海上子站的成本变得不那么重要，同时损耗也可大幅降低。

另一个使用更高电压的汇聚电缆的原因在于：对大型海上风电场（>300MW）而言，在汇聚网中需要更少的电缆串；这是因为每条电缆的容量更高。在风力发电机容量不断增加的情况下，这可能会成为一种特别有吸引力的方案。例如，目前设计中的 33kV 电缆仅仅能在每串电缆上连接 4 台 8MW 的风力发电机；然而，在伦敦阵列（London Array）中，每串上可以最多接 9 台 3.6MW 的风力发电机。对给定的 MVA 级别发电系统而言，更高的电压也能降低故障水平。此外，电阻损耗也将更少。然而，总损耗的确切值却和特定的设计相关，这需要对每个案例进行单独分析。此外，由于更高的电压可以使得传输距离更远，汇聚电缆可以更长，因此需要更少的海上"子传输"（sub－transmission）平台。例如，在利用 400MW VSC－HVDC 来连接 BARD 海上风电场至德国北部的传输电网时这项技术得到运用，其中，在二个"子传输"平台上的汇聚电压从 33kV 被提升到 155kV。这些平台通过 155kV 电缆与海上 400MW HVDC 子站连接（Stendius，2007），并通过直流将功率输送 203km 的距离至陆上电网。

使用高于 33kV 的汇聚网电压目前面临的挑战可罗列如下：

1）目前市场上额定电压超过 33kV 且能从合适的发电机电压（如 3.3kV）升压的干式变压器供应还很有限。它们也比更广泛使用的 33kV 变压器更昂贵。据估计，在相同 MVA 容量的条件下，66kV 变压器的成本大约为 33kV 变压器的 2 倍，重量大 42%。在风力发电机中不使用油浸式变压器，这是因为存在海上漏油的风险，这会对环境造成威胁。

2）33kV 或以下的汇聚线电缆可以使用"湿式设计"（wet design），即不需要用金属防潮衬层作外部护套来包裹电缆或包裹绝缘芯。护套层/褥垫层由聚丙烯（或黄麻）绳索制成。海水填满电缆内的空隙，与绝缘芯的外部直接接触。目前可用的更高电压等级的海底电缆为"干式设计"（dry design），它使用铅护套来隔水。这些电缆的缺点如下：电缆总投资（capital cost）上升；由于增加了额外重量而可能使安装成本上升；发生移动或振动时，铅护套可能会出现疲劳失效（Wald 等，2009）。

对特定的项目，需要进行详细的成本－效益分析才能合理地决定是选择 33kV 还是选择更高电压等级的汇聚线电缆，因为这对风电场的总体设计影响非常大。

7.3 直流输电保护

多端系统的保护是一个重大问题，在直流网络上发生故障时尤其如此。VSC - HVDC 输电系统可以很好地通过合适的控制和保护方法处理交流故障；然而，这种系统对发生在直流链的故障却很脆弱，在过去的十年中这个问题限制了其在实际场合（如多端网络中）的运用。多端直流运行所面临的实际问题包括欠缺直流故障的隔离技术和缺乏可靠的直流断路器。当直流链导线之间发生短路故障时，电容迅速对故障点放电，产生很大的直流故障电流（见图 7.7）。由于故障电流不存在过零点且幅值很大，目前还没有制造出直流断路器来处理直流链故障。电力电子换流器对过电流很敏感，无法承受过大的故障电流（Mesut 和 Nikhil，2007）。在直流故障期间为维持系统稳定，需要有一个能检测故障地点并终止故障的可靠的保护系统。可以将具备电力电子换流器阻断功能的交流断路器用来清除直流故障；然而，这将需要隔离所有的端口，从而导致直流系统的完全停机（Hertem 和 Ghandhari，2010；Adam 等，2010）。

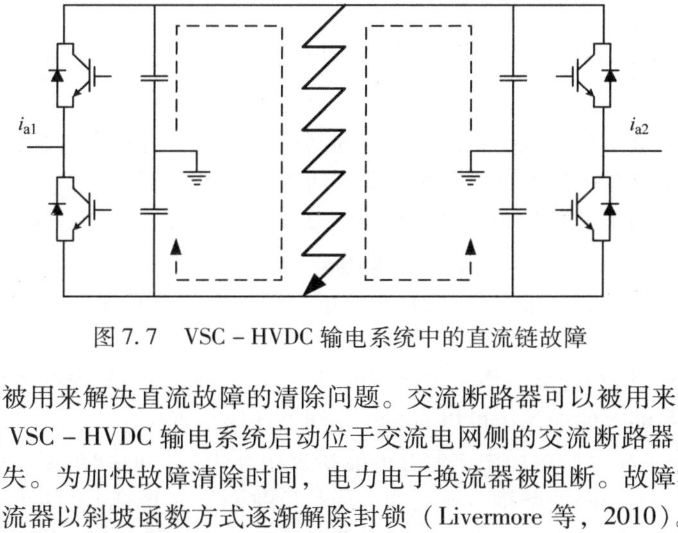

图 7.7　VSC - HVDC 输电系统中的直流链故障

有数种方法被用来解决直流故障的清除问题。交流断路器可以被用来消除直流网络中的故障。现有的 VSC - HVDC 输电系统启动位于交流电网侧的交流断路器，将直流网络隔离，直至故障消失。为加快故障清除时间，电力电子换流器被阻断。故障清除后，直流系统重新接入，换流器以斜坡函数方式逐渐解除封锁（Livermore 等，2010）。对永久故障类型，故障直流电缆被从直流网络中完全解裂出去。

在每个换流器端口电容器和直流网络母线之间放置 IGBT 断路器可防止直流网发生直流网络故障（Lianxiang 和 Boon - Teck，2002）。这种方法的缺陷在于其IGBT断路器仅有单向的导通能力。当故障发生在换流器侧时，IGBT 断路器被阻断，在故障被清除前没有功率流入直流网络。如果故障发生在直流网络侧，故障电流通过反并联二极管流入电压源换流器（见图 7.8）。在这种情况下，IGBT 断路器的阻断和电压源换流器的阻断须进行配合。IGBT 断路器和电压源型变流器的容量相等，这会增加传输损耗。

当前正出现了一项应对直流故障问题的新技术。在二开关模块化换流器（MMC，见附录 A）中，由于不存在直流链电容，在直流故障期间换流器开关流过的电流幅值显著降低（Adam 等，2010）。

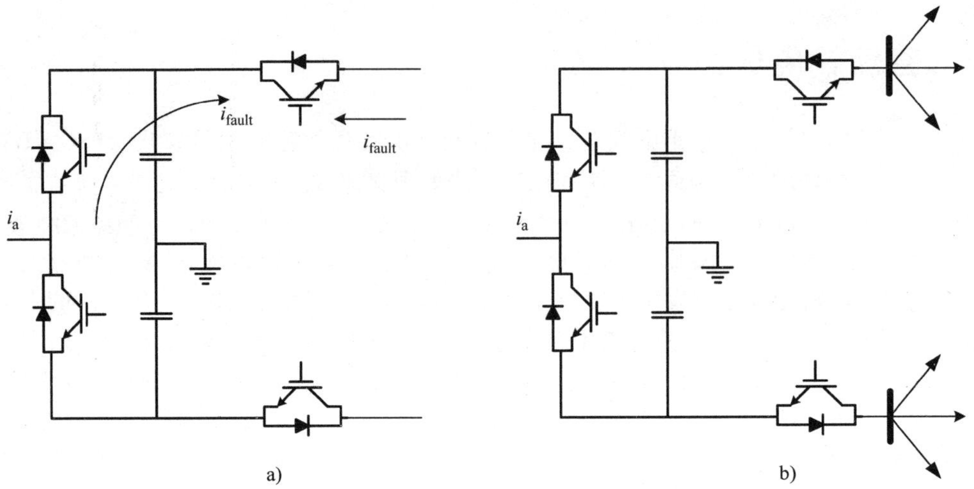

图 7.8　IGBT 断路器

7.4　储能系统（ESS）

储能系统可以缓解高的风电穿透率引起的问题，如对发电的控制不足以及电能质量低等。另外，储能系统有望提供电压和频率调节功能。储能系统的最佳安装位置取决于其使用目的。储能系统的主要运用包括（Aten 等，2006；Jim E. 等，2007；Ali N. 等，2007；Makarov 等，2008；Power Beacon，2009；Mathew 和 Alex，2010；Alex，2003）：

1）电能质量：在这些运用中，储存的能量仅在秒级甚至更短时间内施加作用，以确保电能质量的连续性。

2）平衡功率：储存的能量用来平衡在秒级乃至分钟级时间段内的发电功率和负载功率。若电网容量足够，储能系统可以安装在电网上任何地点。

3）能量管理：在这些运用中，储存的能量被用在更长的时间尺度上，即小时级，实现电能发电和需求上的时间解耦。典型的运用是负载调节（平衡）。如果一台储能系统安装于公共连接点处，那么当电网中的局部线路（local line）发生热过载时可以存储风电场中发出的功率，否则风功率将被抛弃。另一种可能的运用是将储能系统置于海上，进行风电调峰，从而最小化输出电缆的容量。

大多数的储能技术仍然具有相当多的缺点，如高成本、低效率及大尺寸，这使得其实际运用场合受到限制；但是，这些缺点可通过进一步的研发来逐渐改善。下面讨论主要的储能技术（Jim E. 等，2007；Ali N. 等，2007；Makarov 等，2008）。

7.4.1　电池

可用于小容量储能系统的电池包括：镍镉（Ni – Cd）、镍氢（Ni – MH）、铅酸（Pb 酸）、钠硫（Na – S）、钠 – 氯化镍（Zebra）和锂离子（Li – ion）。然而，为了大规模并经济地平衡大型海上风电场的可变功率，这些电池还需要很大的技术进步。在短期内它们更适合运用于需要为风力发电机和海上子站的组件提供辅助功率的场合（如开关设备、变压器、换流器和控制设备等)。

7.4.2 超级电容器

超级电容器(super - capacitor,或 ultra - capacitor)相对传统的电容器具有更大的电容值和更高的能量密度。虽然它们的能量密度仍然远低于电池,但是功率密度却要高许多。与电池相比,超级电容器可以用大得多的电流进行充放电,充放电次数也要多许多,同时不影响其寿命。有些超级电容器技术使用安全且对环境无害的电解液,但是其他的技术使用易燃且有毒的电解液。超级电容器的一个主要缺点是它们存储的能量与电压的二次方成正比,这意味着随着更多的能量释放出来,电压会下降,这就需要增加电流才能维持一个恒定的功率输出。这意味着从这种储能系统输出的能量和功率会受到限制,除非电力电子接口(直流 - 直流或直流 - 交流)的电流等级提高,而这会增加其成本。超级电容器的另一个缺点是它们由许多低压单元(<3V)串联组成,以便提高电压。这需要电压均衡电路,从而复杂度增加,可靠性降低,空载损耗增加。此外,超级电容器的自放电率也比电化学电池的要高许多。

7.4.3 飞轮储能系统

不像电池,基于飞轮的储能系统是可持续的技术解决方案,在建造过程中不使用有害物质,在运行中也不产生有害物质。它们适合大功率的运用场合,但是能量密度相对较低。据研究,尽管初期成本较高,飞轮储能从长期看是一个低成本和可靠的储能方案(Alex,2003;Makarov 等,2008;Beacon Power,2009;Mathew 和 Alex,2010)。目前已经有为调频特别设计的商业产品。使用大功率飞轮储能系统的可行性将取决于投资成本与未来进行频率调节这部分市场的对比。这项技术还需要更多的研发,以便提高效率和能量密度,并降低成本。

7.4.4 抽水蓄能

尽管这并非一项新技术,但是为了降低不断增长的风电波动,抽水蓄能在未来电力系统中的角色必然不可或缺。传统的抽水蓄能采用位于不同高度的二个独立水坝。在非高峰期(发电超过需求),水从低处的水坝被抽到高处的水坝。在波峰时段需要更多的功率,水流反方向流动,从而发出电力。目前存在不同规模的抽水蓄能,其泄放时间(discharge time)可以是数小时,也可以是数天。效率为 70% ~85%。抽水蓄能电站的特点是建设周期长,建设成本高。抽水蓄能是目前电网中使用最广泛的储能系统。在面临如风电一样的可变能源的情况下,其主要运用包括能量管理、频率控制和提供备用(Toshiya 和 Akira,1994;Makarov,2008)。抽水蓄能的主要缺点是场所有限,这是因为抽水蓄能需要位于山区的大型水坝,这些地区都可能远离发电厂和负载。

7.4.5 压缩空气储能系统

作为一种应对风电波动问题的手段,压缩空气储能技术近来获得了格外的关注。当在非高峰期存在富余的能量时,此能量用来运行空气压缩机,从而将压缩空气存入存储罐中。在波峰时段需要电力时,压缩空气通过传统的燃气轮机被用来发出电力。第一台压缩空气发电厂自1978年来便投入运行，该厂位于德国的不来梅，总容量290 MW，可以在满功率下运行超过4h（Lemofouet和Rufer，2006；Swider，2007）。压缩空气通常被存储在地下人工盐洞中，这些盐洞通过溶解岩盐地层中的盐而建成，至少有100m高，位于地下数百米。因此，这种建设方法仅限于具有大量地下岩盐的适合场所。

7.4.6 超导磁能储能（SMES）

SMES技术利用超导体的基本特性，即超导线圈对所流过电流的电阻可以忽略不计，从而可以通过电流产生磁场来存储能量。一台典型的SMES系统包含三部分：超导线圈、功率调节系统和将超导温度维持在临界值以下的冷却系统。一旦超导线圈被充电，电流将不会衰减，磁能也能永久存储。通过线圈放电，存储的能量可以被释放回电网。功率调节系统使用一套电力电子接口电路，如逆变器/整流器，从而在超导储能系统和电网之间进行功率交换。逆变器/整流器在每个功率流动方向的能量损失可占2%～3%。所以，超导储能系统是非常高效的装置，其往返效率（round－trip efficiency）超过95%。SMES仅限于电能质量方面的运用场合，这是因为其成本高，同时能量储存能力相对较低（Luongo，1996；Baev等，2007）。

7.5 故障限流器（FCL）

开发中压和高压故障限流器有助于降低大型风电场中汇聚网内的故障水平。它也便于将大型海上/陆上风电场连到高压电网上，并无需替换公共连接点（PCC）处的现有开关柜（Martin和Claus，2004；Brian等，2007）。如果存在过高的故障水平，且如果因故障水平过高而所需的更高等级的开关柜比故障限流器昂贵，故障限流器就可以提供一个经济的解决方案。故障限流器还是提高负载、发电或增加馈线并联能力的关键技术，而受制于当前开关柜的容量，上述功能还无法实现。最常用的故障限流器为电抗器和高阻抗变压器。其他正在开发的装置包括固态故障限流断路器和高温超导限流器，但是它们目前还没有商用。超导限流器在故障时通过在回路中插入阻抗来降低故障水平，而在正常运行时不增加回路阻抗。当通过超导体的电流超过临界值时，超导体会转变到非超导状态，从而实现上述功能。

7.6 海底变电站

目前海上风电场的连接依靠基于平台的（platform－based）变电站。随着风力发电机和用于捕获波浪能与潮汐能的非固定设备被安装到深水区（>40m），海底变电站可能成为基于平台的变电站的有力竞争者。目前海底变电站的技术开发还是仅运用于海上油气工业的安装上。最近它们才在发电行业中的波浪能与潮汐能中开始有所运用。使用海底技术的主要障碍如下：成本高；安装与维护过程中的健康与安全风险；多数的海底技术的电压水平有限。海底变电站的核心器件简要介绍如下：

1）目前建成并经测试的海底变压器的最高电压等级为50kV。更长距离的连接需要更高的电压水平。

2）海底连接器可以分为二类：“湿式匹配”（wet mate），其物理连接可以在水下；“干式匹配”（dry mate），其连接必须在水面上，然后再将连接器沉入水下（Enger 和 Rocke，2006）。这需要船、平台或其他类似设备。“湿式匹配”连接在线路通电的情况下无法进行；然而，电缆的连接无需考虑水的侵入，因为连接器包含了一个可以将水阻隔于连接区域外的系统。

3）湿式匹配连接器的设计远比干式匹配连接器复杂，因此也更昂贵。然而，通过更简化的电缆设计和安装，成本可以被进一步降低，其中，在安装时不需要在水面上将电缆与装置上的器件连接，再将电缆和装置下降到至海底的位置上。目前示范的干式和湿式匹配连接器的电压等级已达到33kV。未来145kV的干式匹配连接器的设计正在进行中；但是还没有相应的湿式匹配连接器的设计规划。

4）在油气行业中运行的是24kV的海底开关柜，这种开关柜利用一种磁性制动器系统。这种系统的主要优点在于其基本无需维护。有人建议设计33kV的海底断路器，但初期信息显示此断路器将使用电动弹簧制动系统。这样的一个系统需要周期性的维护，因此并不理想。

7.7　HTSC、GIT和GIL

7.7.1　HTSC（高温超导电缆）

开发HTSC可以使得不用超高压就可以实现长距离电力传输。因此，它也便于远距离大型陆上或海上风电场通过交流实现低损耗的并网。由于HTSC可以零电阻地传输电力，它可以使电站增加现有电力通道的功率承载能力。对由于空间受限而无法安装传统线路或电缆的地方而言，增加的承载能力具有吸引力。HTSC的主要优势包括（Masuda 等，2012）：

1）载流能力为传统电缆的3～5倍。

2）负载功耗低。

3）使用环境友好的液体，如氮，进行冷却。

4）无电－磁场泄漏出电缆，故阻抗低。

5）因为功耗极低，所以HTSC不需要用高压（400kV）或超高压就可实现远距离传输。

但是，HTSC技术还处于开发阶段，价格非常昂贵，且可靠性还有待提高。另一个关注点是它需要在每2～5km安装一个冷却系统，这对海底电缆来说并非不可行，但非常昂贵。此外，这样的冷却系统将增加空载损耗，从而使负载损耗低所带来的优势有所下降。

7.7.2　GIT（气体绝缘变压器）

使用SF6而非油作为绝缘介质的GIT是一项成熟的技术，容量可达300 MVA。它们的优点包括（Toda，2002）：

1）尺寸小、功率等级高。配合开关柜，变电站的尺寸可以降至1/3。

2）不可燃、非爆炸性（安全）。

3）内部结构简单、可靠性更高。

GIT 在一些空间极端受限的特定场合中，如大城市，得到运用。因此，在空间极为宝贵的海上变电站中使用这种变压器是很合乎逻辑的。然而，GIT 的主要缺点是它们成本太高，且存在潜在的环境问题。

7.7.3 GIL（气体绝缘输电线）

GIL 由管道构成，管道内容纳导体和作为绝缘层的 SF6 气体。尽管最初的 GIL 在 1979 年就开始投产，这项技术目前仍处于示范阶段，且仅在功率超过数 GW 的场合优于传统的电缆。开发运用于长距离的 GIL 可能会提高大型风电场接入时的系统效率。GIL 中的对地电容很小，所以相对于 XLPE 海底电缆，其无功功率就更小。功耗低，且传输能力强（达数 GW）。GIL 的缺点是成本高，且需使用 SF6 气体（Koch 和 Hillers，2002）。

7.8 状态监测方面的发展

状态监测系统可以对海上风电场中不同的电气和机械元件的潜在故障进行检测；此外，它们还可以预测平均故障时间，并能对风电场进行一定程度的远程维护。基于监控和数据采集（SCADA）的状态检测系统已被广泛运用来监控风电场运行的各个方面，如风叶桨距角调节与功率输出、检测轴承状态、传动链的振动、发电机绕组温度和开关柜运行记录。

由于下列原因，在过去十年中状态监测在海上风电场中的运用越来越多：

1）它有助于使风力发电机输出能量最大化，同时使运行和维护成本最低。

2）它允许通过远程控制和一定程度的远程维护实现有效的系统管理，从而增加风电场的生产效率。

在海上电气阵列系统（electrical array system）中，SCADA 也在监测海上电网中的电缆、开关柜和变压器中起着核心作用，此系统便于远程故障检测和维护调度，从而降低停机时间，增加生产率（Gardner 等，1998）。随着当前监测技术的进一步发展和提高，它将在提高系统可靠性和可利用率上发挥主要作用，可在未来节省大量的运行费用（Gardner 等，1998；Wiggelinkhuizen 等，2007；McMillan 和 Ault，2008）。下节将对运用于电网中各元件的状态监测技术的发展进行更详细的描述。

7.8.1 高压电缆局部放电监测

高压电缆的状态可以通过监测电缆中的局部放电（PD）水平来确定。不同国家的电网运营商对此都很关注，如在英国，由于有大量的电缆接近 60 年的设计寿命，因此他们需要知道如何对电缆的更换安排优先级（Renforth 等，2005）。将高频电流变压器连接到电缆上，如果出现电流脉冲形式的放电，那么就可以检测到局部放电的存在。脉冲的能量可以通过对脉冲电流进行积分来确定——这比简单地记录脉冲幅度更为准确，这是因为随着探测器在电缆上与出现脉冲地点的距离变化，检测到的脉冲的形状也会改变。

从对局部放电活动的分析，我们就有可能预测 XLPE 电缆的剩余寿命，但是这需要对每次放电都进行大量的参数测量，还需要运用复杂的分析技术（Yazdandoust 等，2008）。

XLPE电缆的设计寿命是至少60年，在出厂前会进行针对生产缺陷的局部放电测试（Bartnikas，2002）。当电缆更可能因使用时间增加而出现故障时，局部放电检测设备可以很容易地在电缆的使用周期内接入电缆的安装地点。一旦局部放电确实存在，其他的设备可以用来定位放电的源头（Renforth等，2005）。

7.8.2　变压器状态监测

早期的检测必须测量变压器的负载电流和运行电压，这些量可以预示存在过电流和过电压（Tenbohlen等，2002），其中过电流会破坏绕组结构，而过电压会损坏绝缘。测量油温和负载电流可以对变压器热点温度进行预测，这个温度决定了绝缘老化的速度。在油冷变压器中若存在不同气体，则表明该变压器出现了问题（Wang等，2002）。氢气（H_2）、甲烷（CH_4）、乙烷（C_2H_6）、乙烯（C_2H_4）和乙炔（C_2H_2）等气体的出现预示油遭到过热、局部放电、电弧、闪火（sparking）等的击穿，每种气体的比例可以用来准确确定击穿原因（Muhamad等，2007）。若出现二氧化碳（CO_2）和一氧化碳（CO），则表明绝缘纸击穿；而若存在氧气（O_2）和氮气（N_2），则表明存在系统泄漏。对矿物油和更新的脂基变压器液而言，上述结论已被证明是成立的（Dai等，2007）。

一般而言，而载调压变压器（on - load tap - changer）的健康状况监控可以通过将分接开关（tap - changer）置于变压器箱的一个独立格间中，然后监控该格间中的温度来实现。油中的异常高温表示分接开关接触器性能下降。还有一种方法是检测分接开关电机的负载电流。分接开关中若出现问题，就会在抽头切换过程中的不同点引起更大的峰值电流，这一现象在故障仿真中已被呈现（Tenbohlen等，2000）。

对海上风电场监测系统经济性的研究集中于对风力发电机系统，特别是对齿轮箱和发电机的监控（Tenbohlen等，2000；Nilsson和Bertling，2007）。在针对变压器状态监测的一项研究中，依据位于德国的245kV和400kV变压器的可靠性数据，同时估计状态监测系统在早期能够检测到故障的概率，可以得到年故障率为1.63%，从而对安装状态监测系统的效益进行了评估（Tenbohlen等，2002）。如果在早期能够检测到一个故障意味着变压器可以以一台新变压器一半的成本重新绕线，而非安装一台新的变压器，那么每年可以节省0.58%的变压器成本。对一套具有10年寿命的状态监测系统而言，这样的一套系统必须低于5.8%的变压器成本，而研究发现视安装情况不同，状态监测系统成本在变压器成本的1%～7.4%之间。这种估计未计入在更换变压器的等待期间在发电量上的损失，而若变压器安装于海上则该损失是很可观的。

7.8.3　气体绝缘开关状态监测

用六氟化硫（SF6）进行绝缘的开关其绝缘效果和阻断能力取决于气体的密度。有人提出了一种基于微加工石英音叉的改进的气体密度传感器，它比传统的传感器具有更高的精度（Zeisel等，2000）。气体的密度变化与温度变化之间的关系复杂，气体密度取决于气体运动和断路器内的温度分布。基于上述原因，尽管已有复杂的模型用来准确地检测少量气体泄漏，然而除非发生大量气体泄漏，否则仍很难检测到微量的气体泄漏（Graber和Thronicker，2008）。

断路器中存在局部放电预示着绝缘效果的下降，这会使SF6降解为其他物质，其中有些物质是腐蚀性的，或对断路器的构件有破坏作用。断路器的开关动作也会造成 SF6 的降解。对气体的分析可以得到降解的水平，该数值表明局部放电和开关动作的累积效应的高低。基于离子迁移率谱仪的简易型分光计既可以用在现场，也可以固定安装，以便监测气体成分（Baumbach 和 Pilzecker，2005）。通过监测位于 UHF 频率的 RF 辐射，可以得到局部放电的水平（Metwally，2004），这种监测方式也可以探测到诸如格距块等固体绝缘材料内部的局部放电，而通过气体分析和其他局部放电检测法无法进行类似检测。然而，研究显示局部放电检测无法探测到低水平的放电，如果此现象长期累积，则仍然会导致 SF6 降解，所以在线局部放电检测需要和定期的气体分析方法相结合。

7.8.4 电力电子状态监测

电力电子的状态监测主要针对二种元件：电解电容器和传统功率模块中的开关器件。这二者都被视为换流器故障的重要来源（Lahyani 等，1998），其中大家对电解电容器的性能下降和失效机制的理解更为深入。据此，在给定的负载条件下，通过合理设计，电容组可以获得期望的寿命。电容器故障通常是由于预期外的操作工况所引起，或为降低成本而特意使用更小容量或寿命被缩减的电容器组。

电解电容器性能下降是由于电解液损失造成的，其损失速率取决于电容器内的温度，该温度与环境温度和电容器负载有关（Harada 等，1993）。电解液损失会使电容器在整个生命周期内的等效串联电阻（ESR）增加，该电阻值可以被测量得到。ESR 可以通过安装在电容器组上的专用电流和电压传感器进行测量（Aeloiza 等，2005），或通过测量换流器的电流和电压进行估计（Lahyani 等，1998）。若使用后一种方法，则 ESR 估计方法需要被包含于换流器的控制软件中。ESR 随着电容器温度和纹波电流频率变化而变化，这些因素必须在软件中进行补偿。

传统的功率模块中的开关器件，如 IGBT，其性能下降通常是由下列二个失效机理中的其中一个导致的：金属丝连接线（bond wire）从硅片表面翘起（Held 等，1997），或是用来连接芯片与铜基板的焊锡中形成空洞（Ratchef 等，2004）。这二种失效的原因都是疲劳效应，并与热循环有关。在换流器的输入和输出基频中，如发电机和电网频率中，存在一个较小的热循环，而在换流器总输出有功功率变动上存在一个更大热循环效应（Sayago 等，2008）。

在风电场运用中对开关器件的状态检测目前还相对不成熟，有许多可能的方法都已被研究过。这些方法可以分为三类：

1）测量那些可以预示器件破坏的器件参数。如通过测量导通电压可以检测金属丝连接线翘起（Lehmann 等，2003；Xiong 等，2008），各种器件的参数可以用来估计结温，从而可以计算热阻，热阻预示着焊锡中形成空洞的水平（Cova 和 Fanini，1998；Barlini 等，2006）。

2）在器件封装中嵌入传感器。如，可增加额外的管脚，用以测量金属丝连接线的电阻（Lehmann 等，2003），或测量结温的传感器（Sankaran 和 Xu，1996）。

3）从系统动态性能的变化中确定器件损坏，如对某一激励的响应（Judkins 等，2007；Morroni 等，2007）。

第一类方法需要安装额外的传感器，并通常需要对门极驱动电路和控制软件进行更改；第二类方法需要客户化定制的功率模块；而第三类方法需要大量的信号处理，并需要详细了解器件参数变化如何影响系统响应。

对在功率高于数 MW 的风力发电机中的大功率全功率换流器而言，趋势是使用中压换流器（Badrzadeh 等，2009；Steinke，2010；Eichler 等，2010）。这些换流器通常使用压装模块（press - pack module），从而避免重复传统功率模块中的失效模式（Eichler 等，2010）。尽管 IGCT 中的开关器件的可靠性声称比 IGBT 的更高（Eichler 等，2010），但由于复杂的门极驱动电路，其总体的可靠性却要低得多（Badrzadeh 等，2009）。监测门极驱动电路的健康状态可以通过检测开关器件的开关时间来实现（Sankaran 和 Xu，1996），但是很难准确计算其剩余寿命。

在一些关于风力发电机全功率换流器的非正式报告中提及网侧换流器的故障率很高。这应该是归咎于一些突发的事件，可能是由于换流器控制动作问题造成器件级损坏，从而导致开关器件工作于其安全工作区之外而引起，而应该不是由于持续的退化机制（degradation mechanism）所引起的。虽然通过状态监测装置有可能进行检测，但是器件的损坏发生得相当快，无法在故障前进行故障替换。状态监测至多可以使换流器关闭，从而防止失效器件再损坏换流器的其他元器件。进一步说，尽管风力发电机中的换流器和控制电路的故障率很高，但是导致的停机时间与其他器件相比，如齿轮箱和发电机，通常还是很短的（McMillan 和 Ault，2007）。

7.9 大型海上风电接入智能电网

下一代的电网——包括发电、输电和配电——必须具备下列功能：以智能电网的理念运行；集成大量可变的可再生能源。智能电网概念模型的突出理念是对全世界的发电、送电与用电进行深度地现代化，其特点包括无论从发电到用电，还是从技术角度到市场角度，都大量使用先进的关键技术、控制、算法和策略以及高速通信与前沿信息技术。

智能电网概念模型首先受到美国国家标准与技术协会（NIST）、其后受到欧盟的认可，它定义了七个相关领域作为组成部分：大发电（bulk generation）、输电、配电、用户、运行、市场和服务提供商。该模型还显示了所有通信和能源/电力的相互联系，并利用一个包含有重要智能电网元件的领域（domain）通过双路高速通信和能源/电力通道与另一个领域连接，以期高效地供应可持续、经济和安全的电力。这些领域的连接形成了下一代智能和动态电网的构建单元。图 7.9 显示了智能电网概念领域（IEEE Smart Grid，2013）。海上风能以及陆上风能参与智能电网的大发电领域。每个智能电网领域都扩展为不同层次：①元件（功率和能量）；②通信；③信息技术/计算机/信息层（layer）；④功能层；⑤商业层。图 7.10 显示了根据欧盟目标定义的智能电网层次和领域（Masera，2012）。

第②和第③层是第①层的关键基础平台，它们使得电网更加智慧。所涉及技术可以按照如下主要方向进行划分：

1）先进电力设备：这些电力系统设备在保证电网运行的过程中担任主动角色，通过运用在超导、储能和电力电子领域的最新成果实现更高的电能质量和电气效率，增加可靠性，更好地响应异常事件，使功率密度更高。

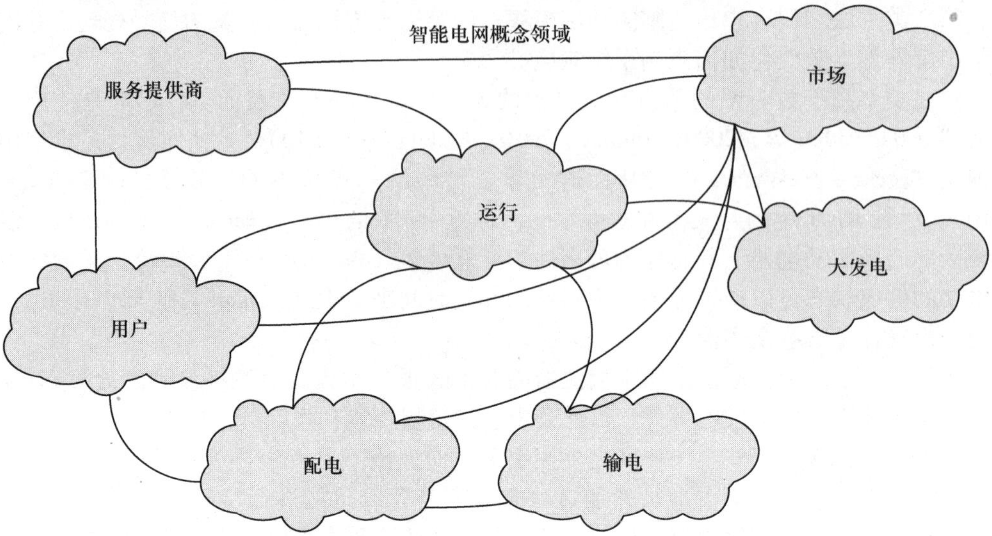

图 7.9　智能电网概念领域（IEEE Smart Grid，2013）

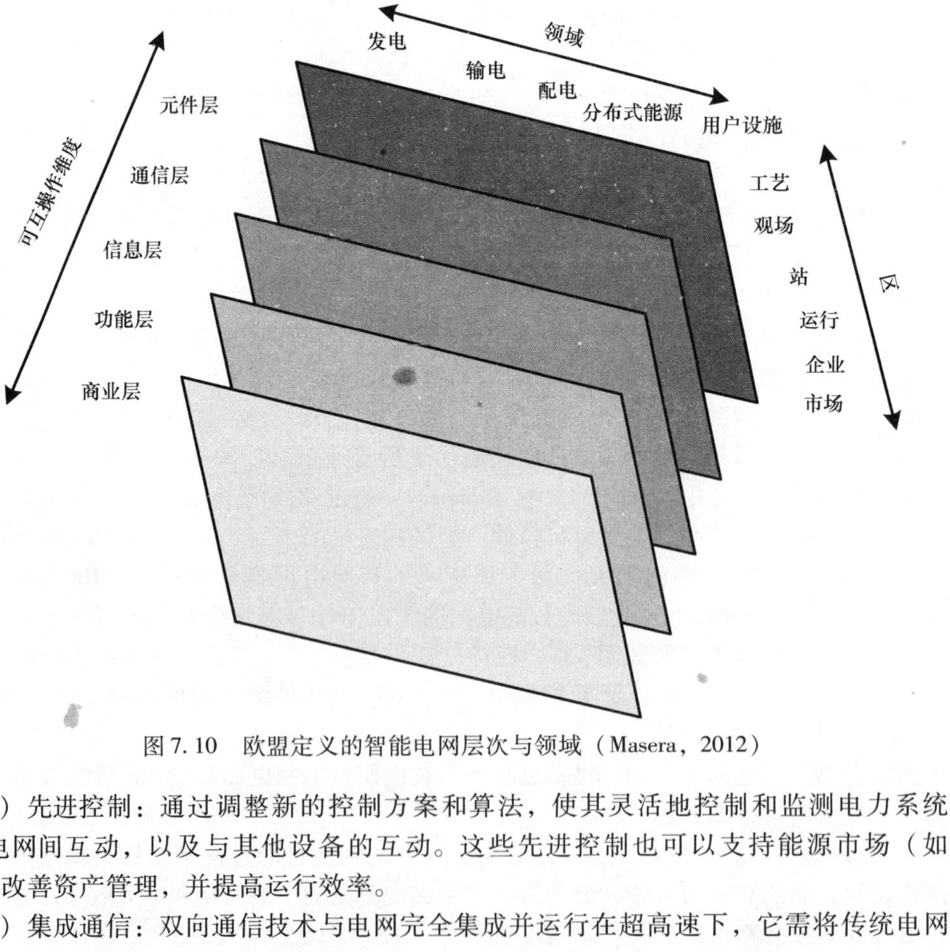

图 7.10　欧盟定义的智能电网层次与领域（Masera，2012）

2）先进控制：通过调整新的控制方案和算法，使其灵活地控制和监测电力系统设备、电网间互动，以及与其他设备的互动。这些先进控制也可以支持能源市场（如定价），改善资产管理，并提高运行效率。

3）集成通信：双向通信技术与电网完全集成并运行在超高速下，它需将传统电网转变为一个动态、交互的智能电网。此构架应该在每天的交互过程中保护电网设备、流程、客户和运营商。

4）增强接口：实时使用程序和工具将允许电网运营商和管理机构快速下达正确的决策。决策支持与完善的接口将有助于实施更精确和及时的决策，以及在智能电网的所有层次上（包括用户层）和领域内的数据交换。

5）智能感知和测量技术：这些技术可增强测量能力，并协助将数据转换为信息，同时对电网完整性和电力器件进行监测，支持新的继电保护方案。

就智能电网概念（NETL，2009）在关键领域的实施而言，其实我们已经具备了相当多的成熟技术。运行智能电网所带来的预期技术和经济效益是巨大的。例如，从电网侧而言，可获得的预期效益包括在电网的可靠性、灵活性和效率等方面的提高。下面更详细地罗列了上述几方面的潜在效益：

1）可靠性：通过使用现代智能的电力电子、通信和信息技术，使得在发电、输电与配电、用户之间实现实时通信和数据交换，就有可能实现系统保护中的决策自动化。

2）灵活性：随着输电和配电网络运行灵活性的提高，电网运营商能够更有机会进行更好的操作。这样，智能电网技术可以提供不同的需求侧管理技术和差异化的发电，这有助于达到可靠、环保和经济的目标。

3）效率：相对电力系统总体损耗，输电网的运行效率非常高。相反，配电网和发电环节的效率更低。为了高效地整合分布式发电机，输电和配电网的结构必须改变。下一代的配电网将是智能型和主动式的（带发电，并具有当前输电系统类似的职能），且与未来的输电系统的差异更少。

智能电网层和它们之间的交互通道目前在美国和欧洲正在建设当中。在欧盟，多项跨国综合性项目和研究正在进行，主要集中于：电网的强化趋向完善、强化过程加快；开发关键技术方面获得进展；设计和更新标准；扩大市场平衡，增强电网灵活性；增强能源安全；提高可靠性和可维护性；在领域和层间建立安全的数据交换；提高技术和经济效率；集成差异化的可变电源，主要是大量的风能（Giordiano 等，2011）。

目前已有不同的技术可将大量的海上风电场并入一个小规模电网，其他的技术也在开发中（Madariaga 等，2013）。在这当中，具有优势的电气拓扑是点到点 HVDC 和多端 HVDC。超级电网是欧盟支持的一个宏大项目，目标是建立一个超大型的跨国电网，它可以汇集来自不同类型且大部分为可变的可再生能源，并将其分配到欧盟国家成员中的不同负载（从北欧到南欧）。这个巨大的“电力接口”设施与智能电网概念是兼容的，并能够一同实施，但是由于它们不同的出发点和侧重点，若想将它们完全整合为一个系统，还需要在技术上和经济方面进行协调（Blarke 和 Jenkins，2013）。

容纳庞大的大型风电场面临很大的挑战，例如，每个风电场如何有效地运行和维护。为了有效地完成这些任务，在海上风电参与方（offshore wind partner）、风电场和运行中心之间需要进行高速和自动的数据交换，以此建立智能电网通信层和交互通道。为了有助于完成此目标，可以采用标准 IEC 61400 – 25（风电场的监控通信）来进行数据交换和建立数据整合框架（IEC，2006；T. H. Nguyen 和 Prinz，2012）。

7.9.1 虚拟电厂控制方法

虚拟电厂（Virtual Power Plant，VPP）主要解决发电侧的问题。其主要的思路是通过现代信息和通信技术（ICT）连接庞大的分布式、可再生发电设备。一个中央控制单元持续地监控发电数据，并可以随时将每台发电机切入或切出系统。这样，发电设备的运行就可以规划和优化。通过连接多个分布式发电机，几乎可以达到与传统发电厂相同的控制性能（Knab 和 Strunz，2010）。VPP 中的二个效应为达成上述目标提供了帮助：首先，通过精心选择与混合，具有波动特性的发电机可以在一定程度上消除它们内在的低可靠性。根据基本的混沌原理，将具有不同波动特性的各种动态系统连接起来后会使总的波动性降低。很显然，这个逻辑可以运用于可再生能源发电，包括风能和太阳能。依据 VPP 概念运行的可再生能源发电的集总控制可以是集中式，也可以是分散式，控制过程需要逻辑控制算法和通信平台的支持，从而整体上系统可以被视为单个大型发电厂（Setiawan，2007）。VPP 根据控制结构可以分为集中型 VPP 和分散型 VPP 两大类。VPP 控制方法和分布式能源的集总控制具有如下优点：

1）调度具有计划性。分布式能源的功率输出可以响应发电和需求条件变化并快速调度，便于频率控制。

2）负载管理。通过合理集总，分布式发电机组可以被用来为负载供电，并降低对中央发电系统和区域性输电系统的需求。

3）电压调节。在 VPP 运行方式下，通过协调不同分布式发电机组的运行，有可能改善电压调节的效果。

理想的 VPP 可以解决技术壁垒（如通过负载管理维持电网稳定）、商业壁垒（如通过能源贸易实现经济效益）和管理壁垒（如通过向所有参与方分配由电力消耗和发电所带来的成本和收益）（Olejnczak，2011）。

7.9.2 相量测量单元

为了在短期和长期都使电网、电网与风电场的互连均运行于安全和经济的状态，有必要进一步完善保护和控制系统。相量测量单元（PMU）是检测电力系统性能的一个有力工具。自从 20 世纪 80 年代 PMU 被引入电力系统，其价值就在许多电力系统运行和规划中得到体现。PMU 实质上是一台具有同步功能的数字记录仪，它使用最新的数字信号处理器，并能以每周期 48 次采样的速率（每秒 2880 个采样）测量 50/60Hz 的交流波形（电压和电流）。一个锁相振荡器以及一个全球定位系统（GPS）参考源提供了所需要的高速同步采样。此外，数字信号处理技术被用来计算电压和电流相位。每个地点的 PMU 还计算电网频率。这种相位测量方法可以达到很高的解析度和精度。所得到的带时间标记的相量可以以每秒高达 60 个采样的速率被传输到当地或远程的接收端。

同步的相量测量是对电力系统的动态性能进行检测和控制的理想工具，在运行条件很紧张的条件下尤其如此（Roscoe 等，2013）。近年来，针对 PMU 的不同运用得到了研究，并有新的 PMU 运用被提出并加以实施，这些都带来了巨大的效益。广域测量系统（WAMS）通过 PMU 汇集广大地域范围内的实时相量信息，这种系统在不同国家中逐渐地获得运用。

“IEEE 电力系统同步相量标准”（IEEE standard for Synchrophasors for power system）定义了对同步相量进行的测量，提供了对测量进行定量化的方法、品质测量指标和实时数据报告的数据传输格式。因为 PMU 的扫描频率很高，所以需要新的通信构架来适应广域监测、保护和控制方案的要求。为了在广域内的保护和控制中能够运用 PMU 并对这些功能进行强化，标准提出了崭新的数据和信息管理构架和相关技术。当遇到需要密集使用 PMU 的场合时，需要有一个最佳的 PMU 配置策略，目的是在 PMU 数量有限的前提下如何降低电力企业的负担，同时获得最佳的性能。除了保护与控制，PMU 在下列的场合中有运用前景（EPRI，2007）：

1）改善状态估计。

2）振荡测量与控制。

3）电压稳定监测与控制。

4）负载模型验证。

5）系统恢复与事件分析。

致谢

本章的 7.2 节内容来源于本书作者与 Max Parker 博士合作承担的 EPSRC 项目 Supergen Wind，而 7.4 ~ 7.8 节内容是基于本书作者与 Martin Aten 博士合作承担的 ETI 项目 Helmwind。

参 考 文 献

Adam, G.P., Finney, S.J., Williams, B.W. (2010) Network fault tolerant voltage-source-converters for high-voltage applications. AC and DC Power Transmission, ACDC. 9th IET International Conference on, 2010, pp. 1–5.

Aeloiza, E.C., Jang-Hwan, K., Enjeti, P.N. (2005) A Real Time Method to Estimate Electrolytic Capacitor Condition in PWM Adjustable Speed Drives and Uninterruptable Power Supplies. IEEE 36th Power Electronics Specialist Conference, PESC ‘05, pp. 2867–2872.

Alex, R. (2003) Integrating flywheel energy storage systems in wind power applications. Wind Power 2003, available at http://www.beaconpower.com.

Ali, N. (2007) Installation of the First Distributed Energy Storage System (DESS) at American Electric Power (AEP). Prepared by Sandia National Laboratories, http://www.ntis.gov.

Aten, M., Barton, J. and Hair, R. (2006) Benefits of an Energy Storage Device for a Wind Farm. Sixth International Workshop on Large-Scale Integration of Wind Power and Transmission Networks for Offshore Wind Farms, Delft, 26–28 October 2006, pp 333–338.

Badrzadeh, B., Smith, K.S. and Wilson, RC. (2009) Alternatives for high-power power electronic converters, switching devices and electric machines for very large wind farms: A technological and market assessment. European Wind Energy Conference (EWEC).

Baev, V.P., Buyanov, Yu.L. and Veselovs, A.S. (2007) A superconducting magnetic-energy storage system as a source of high-power current pulses with constant amplitude. *Instruments and Experimental Techniques*, **50**(4), 499–508.

Barlini, D. Ciappa, M., Castellazzi, A. (2006) New technique for the measurement of the static and of the transient junction temperature in IGBT devices under operating conditions. *Microelectronics Reliability*, **46**, 1772–1777, 9–11.

Bartnikas, R. (2002) Partial discharges, their mechanism, detection and measurement. *IEEE Transactions on Dielectrics and Electrical Insulation*, **9**, 763–808.

Baumbach, J.I. and Pilzecker (2005) Assessment of SF6 quality in gas insulated compartments of high voltage equipment using partial discharge ion mobility spectrographs. p. 2, *International Journal of Ion Mobility Spectrometry*, **8**, 5–9.

Beacon Power (2010) Article 'Smart Energy Matrix: 20 MW Frequency Regulation Plant' Power Beacon website at: http://www.beaconpower.com.

Blarke, M.B. and Jenkins, B.M. (2013) SuperGrid or SmartGrid: competing strategies for large-scale integration of intermittent renewables. *Energy Policy*, **58**, 381–390.

Bossanyi, E.A. (2000) The design of closed loop controllers for wind turbines. *Wind Energy*, **3**, 149–163. DOI:10.1002/we.34).

Bossanyi, E.A. (2005) Further load reductions with individual pitch control. *Wind Energy*, **8**, 481–485.

Brian, M., Nedeye, K. and Michael, S. (2009) An assessment of fault current limiter testing requirements, prepared for US Department of Energy, Office of Electricity Delivery and Energy Reliability, February 2009, Florida State University.

Cova, P. and Fantini, F. (1998) On the effect of power cycling stress on IGBT modules. *Microelectronics Reliability*, **38**, 1347–1352.

Dai, J. *et al.* (2007) Comparison of Hydran and Laboratory DGA Results for Electrical Faults in Ester Transformer Fluids. Annual Report Conference on Electrical Insulation and Dielectric Phenomena.

Dominguez, S. and Leithead, W. (2006) Size related performance limitations on wind turbine control performance. Proceeding of the EWEC 2006.

Eichler, M., Maibach, P. and Faulstich, A. (2008) *Full Size Voltage Converters for 5MW Offshore Wind Power Generators*, ABB Switzerland Ltd.

Enger, E. and Rocke, S. (2006) Emerging Technologies, Subsea Power Systems. Possibilities for piloting in Brazilian waters with focus on subsea to shore technologies, Rio de Janeiro, 14 September 2006.

Feltes, C. and Erlich, I. (2007) Variable frequency operation of DFIG based wind farms connected to the grid through VSC-HVDC link. IEEE Power Engineering Society general meeting, 24–28 June 2007.

Gardner, P., Craig, L.M. and Smith, G.J. (1998) *Electrical Systems for Offshore Wind Farms*, Garrad Hassan & Partners, Glasgow, UK.

Graber, L. and Thronicker, T. (2008) Thermal-Network Simulations and Computational Fluid Dynamics for Effective Gas Leakage Detection in SF6 Switchgear. Cigre session 2008.

Giordano, V. and Gangale, F. "Smart Grid projects in Europe: Wald, D., Orton, H. and Svoma, R. (2009) Requirements for different components in cables for offshore application. CIRED 2009, Prague, Paper No 0064, 8–11 June 2009.

Harada, K., Katsuki, A. and Fujiwara, M. (1993) Use of ESR for deterioration diagnosis of electrolytic capacitor. *IEEE Transactions on Power Electronics*, **8**, 355–361.

Held, M. Jacob, P., Nicoletti, G., *et al.* (1997) Fast power cycling test of IGBT modules in traction appliaction. International Conference on Power Electronics and Drive Systems.

Hertem, D.V. and Ghandhari, M. (2010) Multi-terminal VSC HVDC for the European supergrid: obstacles. *Renewable and Sustainable Energy Reviews*, **14**, 3156–3163.

Hyttinen, M. and Bentzen, K. (2002) Operating experiences with a voltage source converter HVDC-light on the gas platform troll A. ABB website.

IEC 61400-25-1 (Dec. 2006) Wind turbines – Part 25: Communications for monitoring and control of wind power plants - Overall description of principles and models. International Electrotechnical Commission.

IEEE SmartGrid (2013) http://smartgrid.ieee.org/ieee-smart-grid/smart-grid-conceptual-model, Smart Grid Conceptual Model, last visit: 23 August 2013.

Jim, E., Brown, R., Norris, B. *et al.* (2007) Guide to estimating benefits and market potential for electricity storage in New York. Final Report prepared by New York State Energy Research and Development Authority, www.nyserda.org.

Johnson, S.J., Van Dam, C.P. and Berg, D.E. (2008) Active Load Control Techniques for Wind Turbines. SANDIA Report, SAND2008-4809.

Jovcic, D. (2006) Interconnecting offshore wind farms using multi-terminal VSC-based HVDC. IEEE Power Engineering Society General Meeting.

Jovcic, D. and Milanovic, J.V. (2006) Offshore wind farm based on variable frequency mini-grids with multi-terminal DC interconnection. The 8th IEE International Conference on AC-DC Power Transmission (ACDC 2006), London, UK, 28–31 March 2006.

Judkins, J., Hofmeister, J. and Vohnout, S. (2007) A prognostic sensor for voltage-regulated switch-mode power supplies. IEEE Aerospace Conference.

Knab, S. and Strunz, K. (2010) The Smart Grid – Addressing the challenges of today's power system. Report, TU Berlin.

Koch, H. and Hillers, T. (2002) Second generation gas-insulated line. *IEE Power Engineering Journal*, **16**(3), 111–116.

Lahyani, A., Venet, P., Grellet, G. *et al.* (1998) Faillure prediction of electrolytic capacitors during operation of switchmode power supply. *IEEE Transactions on Power Electronics*, **13**(6), 1199–1206.

Lehmann, J., Netzel, M., Herzer, R. *et al.* (2003) Method for electrical detection of bond wire lift-off for power semiconductor. International Sumposium on Power Semiconductor Devices & ICs (ISPSD).

Leithead, W.E. (2009) Alleviation of unbalanced rotor loads by single blade controllers. Proceeding of the EWEC.

Leithead, W.E., Dominguez, S. and Spruce, C.J. (2003) Analysis of Tower/Blade interaction in the cancellation of the tower fore-aft mode via control. *Proceeding of the EWEC.*

Lemofouet, S. and Rufer, A. (2006) A hybrid energy storage systems based on compressed air and supercapacitors with maximum efficiency point tracking (MEPT). *IEEE Transactions Industrial Electronics*, **53**(4), 1105–1115.

Lianxiang, T. and Boon-Teck, O. (2002) Protection of VSC-multi-terminal HVDC against DC faults, in Power Electronics Specialists Conference, 2002. pesc 02. 2002 IEEE 33rd Annual, vol. 2, pp. 719–724.

Livermore, L., Jun, L., Ekanayake, J. *et al.* (2010) MTDC VSC Technology and its applications for wind power, in *Universities Power Engineering Conference (UPEC), 2010 45th International*, pp. 1–6.

Lundberg, S. (2003) Performance comparison of wind park configurations. Technical Report, Chalmers University of Technology.

Luongo, C.A. (1996) Superconducting storage systems: an overview. *IEEE Transactions on Magnetics*, **32**(4), 2214–2223.

Madariaga, A., Martín, J.L. *et al.* (2013) Technological trends in electric topologies for offshore wind power plants. *Renewable and Sustainable Energy Reviews*, **24**, 32–44.

Makarov, Y.V., Nyeng, P., Yang, B. *et al.* (2008) Wide-area energy storage and management system to balance intermittent resources in the Bonneville power administration and California ISO control areas, report prepared for Bonneville Power Administration, June 2008, available online on http://www.electricitystorage.org/site/technologies.

Martin, K. and Claus, N. (2004) Fault Current Limiter in Medium and High Voltage Grids, presented at workshop on Electricity Transmission and Distribution Technology and R&D, Paris, 4–5 November 2004, available online at http://www.iea.org/Textbase/work/2004/distribution/presentations/neumann.pdf.

Masuda, T., Yumura, Watanabe *et al.* (2005) High-temperature Superconducting Cable Technology and Development Trends. Science Links Japan, http://sciencelinks.jp.

Masera, M. (Nov., 2012) Smart Grids: anticipated trends and policy directions, report, Institute for Energy and Transport, Joint Research Centre, European Union.

Mathew, L. and Alex, R. (2004) Grid Frequency Regulation by Recycling Electrical Energy in Flywheels. Power Beacon website at: http://www.beaconpower.com.

McDermott, R. (2009) Investigation of Use of Higher AC Voltages on Offshore Wind farms. EWEC 2009, Marseille, France 16–19 March 2009. www.ewec2009proceedings.info/allfiles2/283_EWEC2009presentation.pdf.

McMillan, D. and Ault, G.W. (2007) Quantification of condition monitoring benefit for offshore wind turbines. *Wind Engineering*, **31**, 267–285.

McMillan, D. and Ault, G.W. (2008) Condition monitoring benefit for onshore wind turbines: sensitivity to operational parameters. *IET Renewable Power Generation*, **2**(1), 60–72.

Meier, S. (2005) Novel Voltage Source Converter based HVDC Transmission System for offshore wind farms. PhD thesis at KTH Sweden.

Meier, S., Norrga, S. and Nee, H. (2004a) New topology for efficient AC/DC converters for future offshore wind farms. 4th Nordic Workshop on Power and Industrial Electronics, Norway, June 2004, pp. 114–119.

Meier, S., Norrga, S. and Nee, H. (2004b) New voltage source converter topology for HVDC connection of offshore wind farms. 11th International Power Electronics and Motion Control Conference, EPE-PENorway, June 2004, pp. 114–119.

Mesut, E.B. and Nikhil, R.M. (2007) Overcurrent protection on voltage-source-converter-based multiterminal DC distribution systems. *IEEE Transactions on Power Delivery*, **22**, 406–412.

Metwally, I.A. (2004) Status review on partial discharge measurement techniques in gas insulated switchgear/lines. *Electric Power Systems Research*, **69**, 25–36.

Meyer, C., Hoing, M., Peterson, A. *et al.* (2007) Control and design of DC grids for offshore wind farms. *IEEE Transactions Industry Applications*, **43**(6), 1475–1482.

Morroni, J., Dolgov, A., Shirazi, M. *et al.* (2007) Online health monitoring in digitally controlled power converters. IEEE Power Electronics Specialist Conference (PESC), pp. 112–118.

Muhamad, N.A. *et al.* (2007) Comparative Study and Analysis of DGA Methods for Transformer Mineral Oil. Proceedings from Power Tech, pp. 45–50.

National Energy Technology Laboratory (July 2009) A Compendium of Smart Grid Technologies. Report, Office of Electricity Delivery and Energy Reliability – the U.S. Department of Energy.

Nguyen, T.H., Prinz, A. *et al.* (2012) Smart Grid for Offshore Wind Farms: Towards an Information Model based on the IEC 61400-25 Standard. Proceedings of 2012 Innovative Smart Grid Technologies (ISGT), pp. 1–6.

Nilsson, J. and Bertling, L. (2007) Maintenance management of wind power systems using condition monitoring systems - lifecycle cost analysis for two case studies. *IEEE Transactions on Energy Conversion*, **22**, 223–229.

Olejnczak, T. (2011) Distributed generation and virtual power plants: barriers and solutions. MSc thesis, Utrecht University, 2011.

Parker, M. and Anaya-Lara, O. (2011) An evaluation of collection network designs which eliminate the turbine converter. Supergen Wind Report, 2011.

Parker, M. and Anaya-Lara, O. (2012) An evaluation of collection network designs which eliminate the turbine converter. European Wind Energy Association Conference, EWEC, 2012.

Parker, M. and Anaya-Lara, O. (2013) The Cost and Losses Associated with Offshore Windfarm Collection Networks which Centralise the Turbine Power Electronic Converters. IET-RPG.

Phasor Measurement Unit (PMU) (2007) *Implementation and Applications*, EPRI, Palo Alto, CA, 1015511.

Ratchef, P., Vandevelde, B., De Wolf, I. *et al.* (2004) Reliability and failure analysis of Sn-Ag-Cu solder interconnections for PSGA packages on Ni/Au surface finish. *IEEE Transactions on Device and Materials Reliability*, **4**, 5–10.

Renforth, L., Mackinlay, R. and Michel, M. (2005) MV Cable Diagnostics – Applying Online PD Testing and Monitoring. *Asia Pacific Conference on MP Power Cable Technologies.*

Roscoe, A., Abdulhadi, I.F. and Burt, G. (2013) P and M class phasor measurement unit algorithms using adaptive cascaded filters. *IEEE Transactions on Power Delivery*, **28**, 1447–1459.

Sankaran, V. and Xu, X. (1996) Integrated Power Module Diagnostic Unit. US Patent 5,528,446 1996. to Ford Motor Company.

Sayago, J.A., Bruckner, T. and Bernet, S. (2008) How to select the system voltage of MV drives – a comparison of semiconductor expenses. *IEEE Transactions on Industrial Applications*, **55**, 3381–3390.

Setiawan, E.A. (2007) Concept and controllability of Virtual Power Plant. PhD Thesis, Kassel University.

Steinke, J.K. and Apeldoorn, O. (2002) Applying the experience of industrial high power converter design to windpower conversion. ABB Schweiz AG, Automation Technology Products.

Stendius, L. (2007) Nord E.ON 1 400 MW HVDC Light Offshore wind project. EOW 2007, Berlin, 5 December 2007, http://www.eow2007proceedings.info/allfiles/290_Eow2007presentation.ppt.

Swider, D.J. (2007) Compressed air energy storage in an electricity system with significant wind power generation. *IEEE Transactions Energy Conversion*, **22**(1), 95–102.

Tenbohlen, S., Uhde, D., Poittevin, J. *et al.* (2000) Enhanced Diagnosis of Power Transformers using On- and Off-line Methods: Results, Examples and Future Trends. Cigre session 2000.

Tenbohlen, S., Stirl, T., Bastos, G., *et al.* (2002) Experience-based Evaluation of Economic Benefits of On-line Monitoring Systems for Power Transformers. Cigre session.

Toda, K. (2002) Structural features of gas insulated transformers. IEEE Power Engineering Society, Transmission and Distribution Conference and Exhibition 2002: Asia Pacific. IEEE/PES, Vol. 1, 6–10 October 2002, pp. 508–510.

Toshiya, N. and Akira, T. (1994) A study on required size for pumped hydro storage. *IEEE Transactions Power Systems*, **9**(1), 318–323.

Wang, M., Vandermaar, A.J. and Srivastava, K.D. (2002) Review of condition assessment of power transformers in service. *IEEE Electrical Insulation Magazine*, **18**(6), 12–25.

Wiggelinkhuizen, E., Verbruggen, T., Braam, H. *et al.* (2007) CONMOW: Condition monitoring for offshore wind farms (Available online) http://www.supergen-wind.org.uk.

Wright, A.D. and Fingersh, L.J. (2008) Advanced Control Design for Wind Turbines - Part I: Control Design, Implementation, and Initial Tests. NREL Technical Report, NREL/TP-500-42437.

Xiong, Y., Cheng, X., Shen, Z. *et al.* (2008) A prognostic and warning system for power electronic modules in electric, hybrid and fuel cell vehicles. *IEEE Transactions on Industrial Electronics*, **55**, 2268–2276.

Yazdandoust, A.R., Haghjoo, F. and Shahrtash, S.M. (2008) Insulation status assessment in high voltage cables based on decision tree algorithm. IEEE Power & Energy Conference.

Zeisel, D., Menzi, H. and Ullrich, L. (2000) A precise and robust quartz sensor based on tuning fork technology for SF6-gas density control. *Sensors and Actuators*, **80**, 233–236.

附　　录

附录 A　电压源换流器拓扑结构

本附录描述了最常见的电压源换流器（VSC）拓扑的工作原理和调制方法。此外，附录中还提供了许多示例，可以帮助读者理解每种换流器与其在电力系统中运用之间的联系。附录中对拓扑描述的详细程度足以使不同程度的读者能理解大多数目前运用于电网中的电力电子概念和设备。

A.1　二电平换流器

A.1.1　工作原理

图 A.1 为三相二电平电压源换流器的原理图以及其相对电源中点的输出相电压。图 A.1 中的换流器之所以被称为二电平换流器，是因为输出相‘a’、‘b’、‘c’相对电源中点‘0’仅能输出二个电平，即 $-V_{dc}/2$ 和 $V_{dc}/2$（Holmes 和 McGrath，1999；Bowes 等，2000a；Flourentzou 和 Agelidis，2007；Dahidah 等，2010；Zhang 等，2010；Eckel 和 Runge，2011）。例如，对‘a’相，$V_{dc}/2$ 可以通过开通上管‘S_1’并关断下管‘S_2’得到，而 $-V_{dc}/2$ 可以通过开通下管‘S_2’并关断上管‘S_1’得到。同时开通上、下管‘S_1’和‘S_2’将在直流链上发生短路，换流器的开关器件将面临过电流的危险，所以必

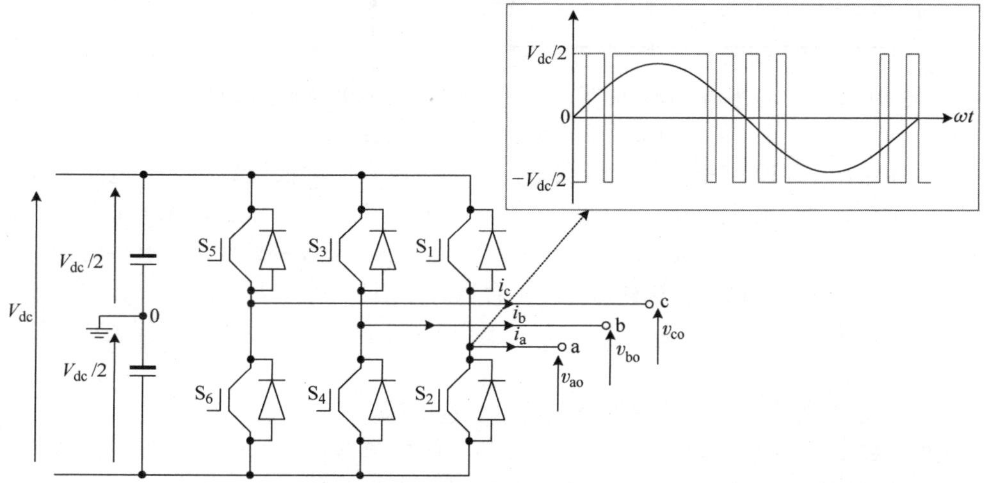

图 A.1　二电平电压源换流器

须避免直通。这样，为了二电平电压源换流器的安全运行，需要使得同一相桥臂的上、下开关工作于互补的模式。这意味着，如在开通上管‘S_1’时，下管不能被同时开通，反之亦然。在实际的实施中，为了确保此互补操作，在上、下开关的门极信号中加入一个死区时间，防止管子同时导通。可以发现，当上管‘S_1’导通时，开关‘S_2’阻断全部的直流电压‘V_{dc}’；而当下管‘S_2’导通时，开关‘S_1’阻断全部的直流电压‘V_{dc}’。这意味着二电平电压源换流器中每一个开关必须能够承受全部的直流电压，所以在中压和高压运用场合中需要将管子串联。电压源换流器使用集成的自换相开关器件，如图 A. 1 所示的绝缘栅双极型晶体管（IGBT）和反并联二极管可以使每个桥臂上的电流双向流动，从而实现交流侧和直流侧功率的双向流动。

A. 1. 2 电压源换流器的方波运行

过去，已知有两种方法使三相电压源换流器工作在方波模式：180°导通法和120°导通法。图 A. 3 给出了180°导通时的门极驱动信号图以及相应的换流器相、线电压，其中换流器开关名称如图 A. 2 所示。可以发现，在180°导通模式下，每个开关器件导通180°（或一半的基波周期），相邻的开关器件的门极驱动信号互差60°。

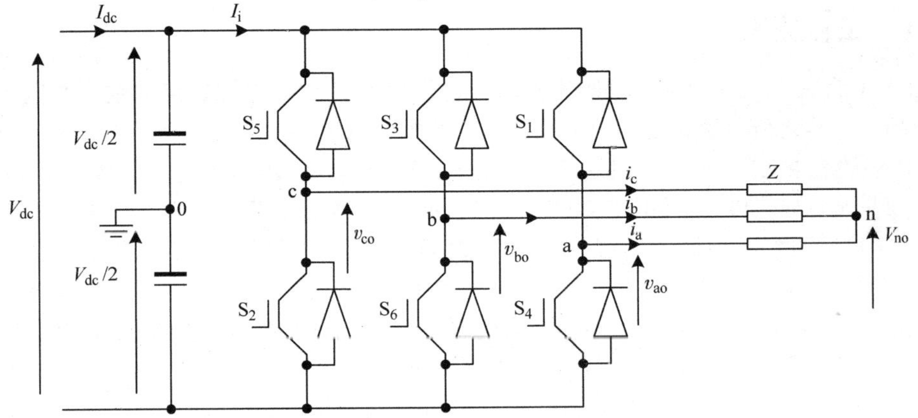

图 A. 2　二电平电压源换流器，其中为便于解释180°导通法和120°导通法，开关器件的编号顺序重新进行排列

图 A. 4 给出了120°导通时的门极驱动信号图以及相应的换流器相、线电压。注意到在120°导通模式下，相电压有三个电平（$V_{dc}/2$，0，$-V_{dc}/2$），而非如 A. 1. 1 节中所提的仅二个电平。此外，120°导通时，上管和下管的门极信号非互补，而是在有些时刻二个管子都关断。对许多场合而言，这种情况并不合适，原因如下：

1）由于120°导通法用三态工作模式，会同时关断同一桥臂的上、下开关，所以换流器输出相电流趋向于不连续。

2）当连接感性负载时，换流器开关需承受过电压。

此外，如果直流链电压相同，在180°导通下的换流器比在120°导通下的换流器能够产生更高的基波输出电压。对图 A. 3 中的180°导通下和图 A. 4 中在120°导通下的输出相电压 v_{ao} 的波形进行傅里叶分析可知，基波电压分别为 $V_{m1}=\frac{2}{\pi}V_{dc}$ 和 $V_{m1}=\frac{3}{2\pi}V_{dc}$，其中，$V_{dc}$

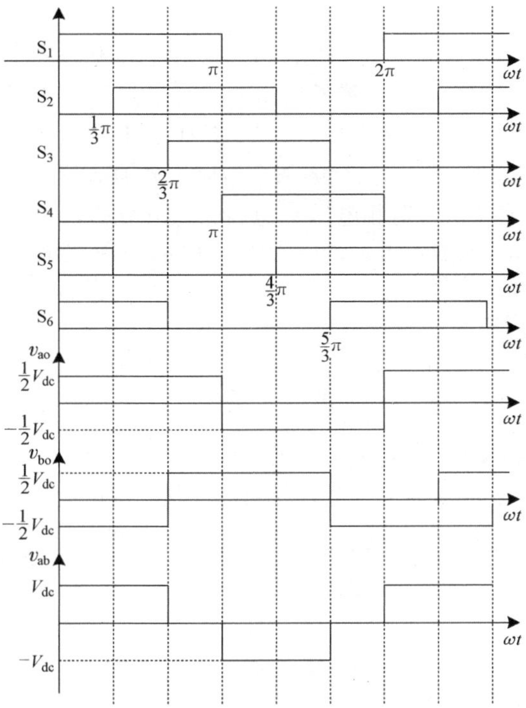

图 A.3 采用180°导通法时门极驱动信号和换流器输出电压

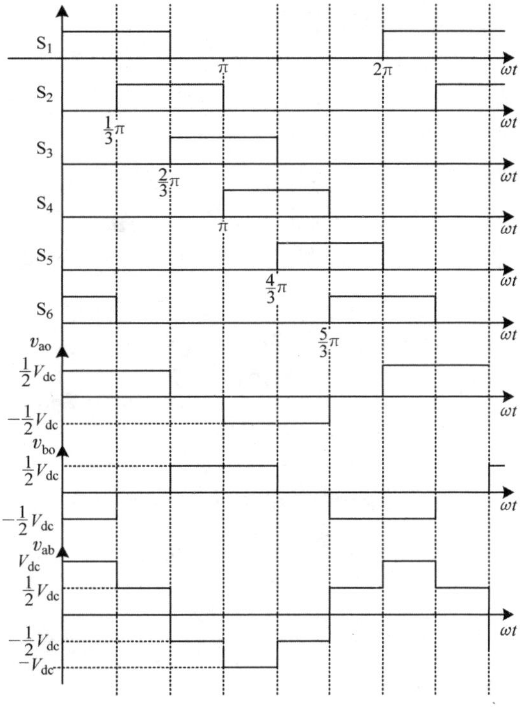

图 A.4 采用120°导通法时门极驱动信号和相应的换流器输出相、线电压

为直流链电压，V_{m1}为基波相电压幅值。这表明180°导通下和120°导通下换流器的交流增益（也称调制系数，m）分别为$\frac{4}{\pi}$和$\frac{3}{\pi}$㊀，其中，调制系数的定义为$m=\frac{V_{m1}}{\frac{1}{2}V_{dc}}$。这两种方法目前都已不再使用，这是因为它们无法改变基波电压的幅值，而且也会产生低次谐波，滤波的代价很高。

A.1.3 脉宽调制

有数种脉宽调制（PWM）策略可以用来控制输出电压的基波幅值，并降低电压和电流波形中的谐波成分。目前广泛使用的一些调制策略包括特定谐波消除（SHE）法、正弦脉宽调制（SPWM）法和空间矢量调制（SVM）法（Bowes，1975；Bowes和Bird，1975；Bowes，1988；Bowes和Clare，1988；Bowes和Clark，1988；Bowes，1990；Bowes和Clark，1990；Jiang等，1991；Bowes和Clark，1992；Bowes，1993a；Bowes，1993b；Bowes，1993c；Bowes，1994；Bowes，1995；Holmes，1996；Bowes和Grewal，1998a；Bowes和Grewal，1998b；Holmes和McGrath，1999；Bode和Holmes，2001；Holmes和McGrath，2001；Adam等，2012b）。

㊀ 原文为$\frac{3}{2\pi}$。——译者注

A.1.3.1 特定谐波消除法

特定谐波消除法明确定义了输出相电压的开关角度，这些角度确定了相电压基波的幅值，同时可以消除特定的谐波。图 A.5 给出了这样的一个例子，其中特定谐波消除定义了相电压的三个角度（α_1，α_2和 α_3）以及三相电压源换流器中‘a’相的上、下开关的门极信号。三个角度中的一个被用来设置电压基波的幅值，其余的两个角度用来消除特定的非 3 次谐波，通常是主要的低次谐波，如 5 次和 7 次。对相电压 v_{ao}进行傅里叶分析（Azmi 等，2013；Baker 等，1988；Ben - Sheng 和 Hsu，2007；Bierk 等，2011；Bierk 等，2009），可得

$$
\begin{aligned}
a_n &= 0\\
b_n &= \begin{cases}\dfrac{2V_{dc}}{n\pi}[2\cos n\alpha_1 - 2\cos n\alpha_2 + 2\cos n\alpha_3 - 1], \forall n = \text{奇数}\\ 0, \forall n = \text{偶数}\end{cases}
\end{aligned}
\tag{A.1}
$$

为了调节电压基波分量，令式（A.1）中的 $n=1$ 且 $b_1 = V_{m1}$，则有下面的方程

$$2\cos\alpha_1 - 2\cos\alpha_2 + 2\cos\alpha_3 - 1 = \frac{\pi}{4}m \tag{A.2}$$

式中，由上节可知，$m = \dfrac{V_{m1}}{\frac{1}{2}V_{dc}}$。

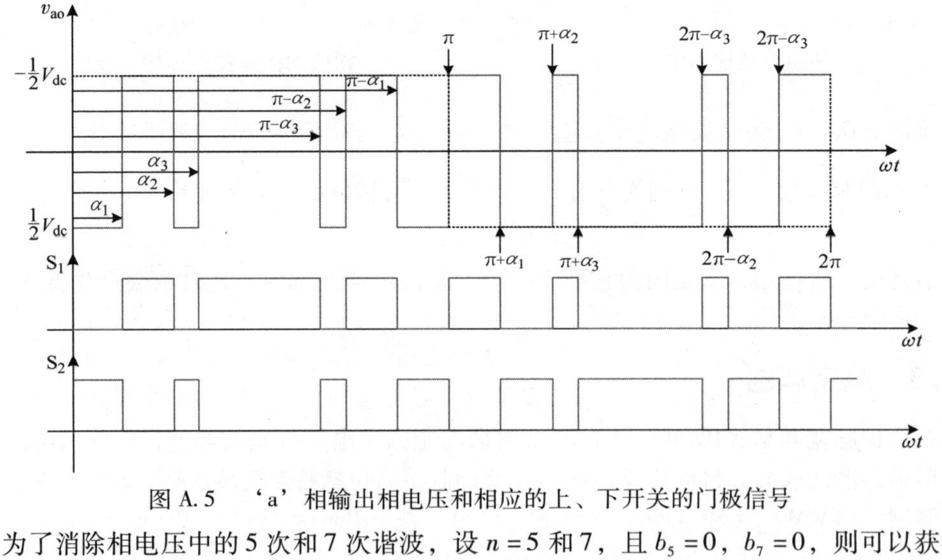

图 A.5 ‘a’相输出相电压和相应的上、下开关的门极信号

为了消除相电压中的 5 次和 7 次谐波，设 $n=5$ 和 7，且 $b_5=0$，$b_7=0$，则可以获得下列方程组：

$$2\cos5\alpha_1 - 2\cos5\alpha_2 + 2\cos5\alpha_3 - 1 = 0 \tag{A.3}$$

$$2\cos7\alpha_1 - 2\cos7\alpha_2 + 2\cos7\alpha_3 - 1 = 0 \tag{A.4}$$

解方程组（A.2）、（A.3）和（A.4），可以得到开关角度（α_1，α_2和 α_3）。一般来说，这些非线性超越方程有不止一个解。但是，满足相电压四分之一对称（quarter symmetry）（见图 A.5）的正确解同时还需要满足下列不等式：$\alpha_1 < \alpha_2 < \alpha_3 < \frac{1}{2}\pi$。通过这种

方法，换流器输出电压的质量就会提高，这是因为消除的谐波次数增加。相反，随着所消除的谐波次数增加，最大可获得的基波电压减小。

例 A.1　设调制系数 $m=0.9$，直流链电压 $V_{dc}=400V$，解方程组（A.2）、（A.3）和（A.4），然后绘出其相电压和线电压的频谱。

解：$m=0.9$，解方程组（A.2）、（A.3）和（A.4），可得 $\alpha_1=16.66°$，$\alpha_2=37.57°$及 $\alpha_3=46.52°$。图 A.6a 为输出端相对直流电源中点之间的输出相电压及其基波的波形。图 A.6c 为相电压的频谱，可见 5 次和 7 次谐波已经被消除。此外，可以发现输出相电压的基波为 180V（即 $V_{m1}=mV_{dc}/2=0.9\times400/2V=180V$）。图 A.6b 和 d 给出了换流器输出线电压波形及其频谱；可以发现，出现在相电压频谱中的 3 倍频谐波（如 3 次和 9 次）在线电压中已经被抵消了。基于此原因，在三相换流器中仅仅需要消除非 3 倍频奇次谐波。

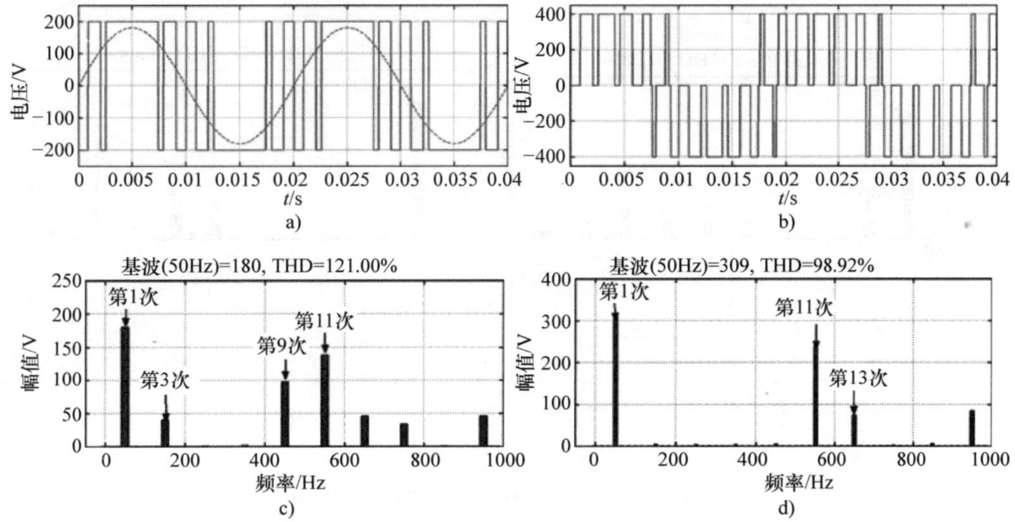

图 A.6　当三相二电平电压源换流器以特定谐波消除法进行控制，调制系数 $m=0.9$，消除 5 次和 7 次谐波时的相电压和线电压波形。a）相对电源中点的相电压；b）线电压；c）相电压频谱；d）线电压频谱

例 A.2　设调制系数 $m=1.16$，换流器接 RL 负载，其中每相电阻为 10Ω，电感为 23.8 mH，重复例 A.1。

解：因调制系数 $m=1.16$，确保四分之一对称所需的开关角度为 $\alpha_1=10.69°$，$\alpha_2=30.18°$及 $\alpha_3=33.14°$。图 A.7a 表明当 $m=1.16$ 时，相电压的基波幅值超出了 $V_{dc}/2$。图 A.7c 显示当调制系数增大时，相电压中的谐波幅值降低。这说明特定谐波消除法可以用来使输出电压基波成分最大，并提高输出电压波形的品质。总谐波失真（THD）是用以表达在波形中谐波成分相对基波的比例的一个量，可以被定义为（Chang 等，2006；Hoevenaars 等）

$$\text{THD}=\frac{\sqrt{V_{rms}^2-V_{rms1}^2}}{V_{rms1}} \tag{A.5}$$

或

$$THD = \frac{\sqrt{V_{rms2}^2 + V_{rms3}^2 + V_{rms5}^2 + V_{rms6}^2 + \cdots V_{rmsn}^2}}{V_{rms1}} = \frac{\sqrt{\sum_{j=1}^{n} V_{rmsj}^2}}{V_{rms1}} = \frac{\sqrt{\sum_{j=2}^{n} V_{mj}^2}}{V_{m1}} \qquad (A.6)$$

式中，V_{rmsj}和 V_{mj}分别代表了第 j 次谐波的方均根（RMS）和峰值电压。上述表达式也可以用来计算电流信号的 THD。

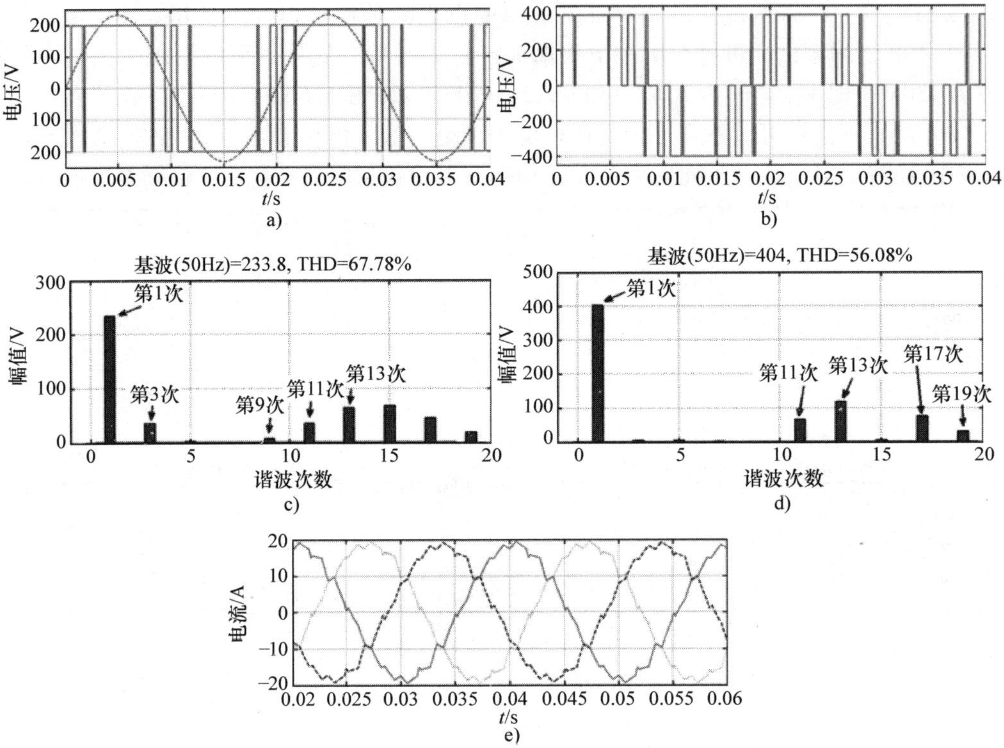

图 A.7　当三相二电平电压源换流器以特定谐波消除法进行控制、调制系数 $m = 1.16$、消除 5 次和 7 次谐波时的相电压和线电压波形。a）相对电源中点的相电压；b）换流器输出线电压；c）相电压频谱；d）线电压频谱；e）三相输出电流

图 A.7d 给出了线电压的谐波频谱，可见在 0 ~ 1kHz 范围内仅仅存在 11 次、13 次、17 次和 19 次的谐波。从图 A.7e 可见，负载电流正弦，但是存在明显的失真，这是由相电压和线电压中存在的低次谐波引起的。这个图显示了用特定谐波消除法仅仅消除靠近基波电压的两个非 3 次谐波就可以有效地实现调制。一般来说，当电压源换流器给感性负载供电时，负载中的感性部分起低通滤波的作用，这样就可以使电流波形获得改善。

实际系统中，通过增加需要消除的谐波次数（通常对三相系统来说，最高到 29 次）可以改善电流波形。另外，当特定谐波消除法被用于中压和高压场合中时，换流器的开关工作于相对较低的频率，这样就可以获得低的开关损耗。

A.1.3.2　正弦脉宽调制

正弦脉宽调制（SPWM）这一方法被广泛运用于电压源换流器（单相和三相）的控制。这种方法是最简单和有效的调制方法之一，可以抑制所有远离基波频率（50Hz 或 60Hz）的谐波，因此仅需一个小电感就可以滤除低次谐波，并获得正弦电流。实质上，

SPWM 是基于多脉宽的调制方法，其中换流器输出电压的脉宽参照参考目标电压按正弦规律变化（Dai 等，1992；Mwinyiwiwa 等，1998a；Mwinyiwiwa 等，1998b；Mwinyiwiwa 等，1999；Patel 和 Agarwal，2008；Hava 和 Ün，2011；Pongiannan 等，2011）。用模拟方式实现时，一个低频的参考信号和高频载波信号进行比较。参考信号的频率（f）必须和期望的输出电压的基波频率相等。载波的频率（f_c）须远大于参考信号的频率。频率比越大（$m_f=\dfrac{f_c}{f}$），输出电压和电流的品质越高（Carter 和 Johnson，1988；Carrara 等，1990；Carrara 等，1992；Bowes 等，2000a；Bowes 等，2000b；Bruckner 和 Holmes，2003；Burgos 等，2007；Cataliotti 等，2007；Burgos 等，2008；Casadei 等，2008；Bradshaw 等，2012；Carnielutti 等，2012；Azmi 等，2013）。图 A.8 给出了二电平电压源换流器的一个桥臂上的门极信号的生成示意图，其中，S_{a1} 和 S_{a2} 分别表示上下二个开关的信号。当参考信号大于调制信号时，上桥臂开关（S_{a1}）导通。当参考信号小于调制信号时，上桥臂开关（S_{a1}）关断。下桥臂开关（S_{a2}）与 S_{a1} 互补（$S_{a2}=1-S_{a1}$）。对一台三相二电平换流器而言，需要三个参考信号（每相一个）和一个高频载波信号。每个桥臂上的开关器件的门极信号可以以图 A.8 类似的方式产生。

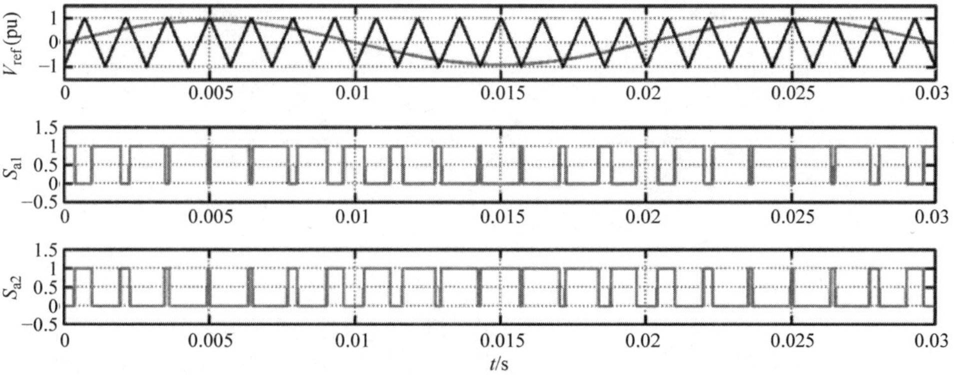

图 A.8　使用 SPWM 时的门极信号产生示意图

若参考信号定义为 $v_{aref}=m\sin(\omega t+\delta)$，换流器输出端口相对直流电源中点的电压基波等于 $v_a=\dfrac{1}{2}mV_{dc}\sin(\omega t+\delta)$；其中，$m$ 是调制系数。可注意到 SPWM 时，当 $m>1$ 时，参考信号的幅值超过了高频三角载波的幅值，这样就会发生过调制。一般 SPWM 时并不希望进行过调制，这是因为前面提及的换流器输出电压与参考信号之间的线性关系不再适用，且临近载波的谐波成分无法确保被抑制。

例 A.3　使用与例 A.2 相同的二电平换流器参数，用 SPWM 进行调制，调制系数为 0.9，输出电压频率为 50Hz，开关频率为 2kHz，请画出输出相电压、线电压和电流波形。

解：图 A.9a 和 c 给出了指定系统的相电压及其谐波频谱；可以发现相电压基波幅值等于 $\dfrac{1}{2}mV_{dc}=\dfrac{1}{2}\times 0.9\times 400\text{V}=180\text{V}$，且如前所述，所有的谐波都被限制在载波的 1 倍频和 2 倍频附近。离基波电压最近的谐波为第 38 次、第 40 次和第 42 次。这些谐波对电流畸变的贡献很小，这是由于相应谐波阻抗足够大。图 A.9b 和 d 显示了线电压及其谐波频谱。可以发现线电压比相电压的谐波成分低。这是因为三相中的有些谐波位于相同的位置

（换言之，它们的相位和幅值相同），所以在线电压中它们互相抵消。图 A.9e 显示一台二电平电压源换流器 SPWM 时的输出电流为正弦。SPWM 的调制系数的限制（最高到 1）在三相三线系统中可以通过增加 3 次谐波至参考信号中加以克服。

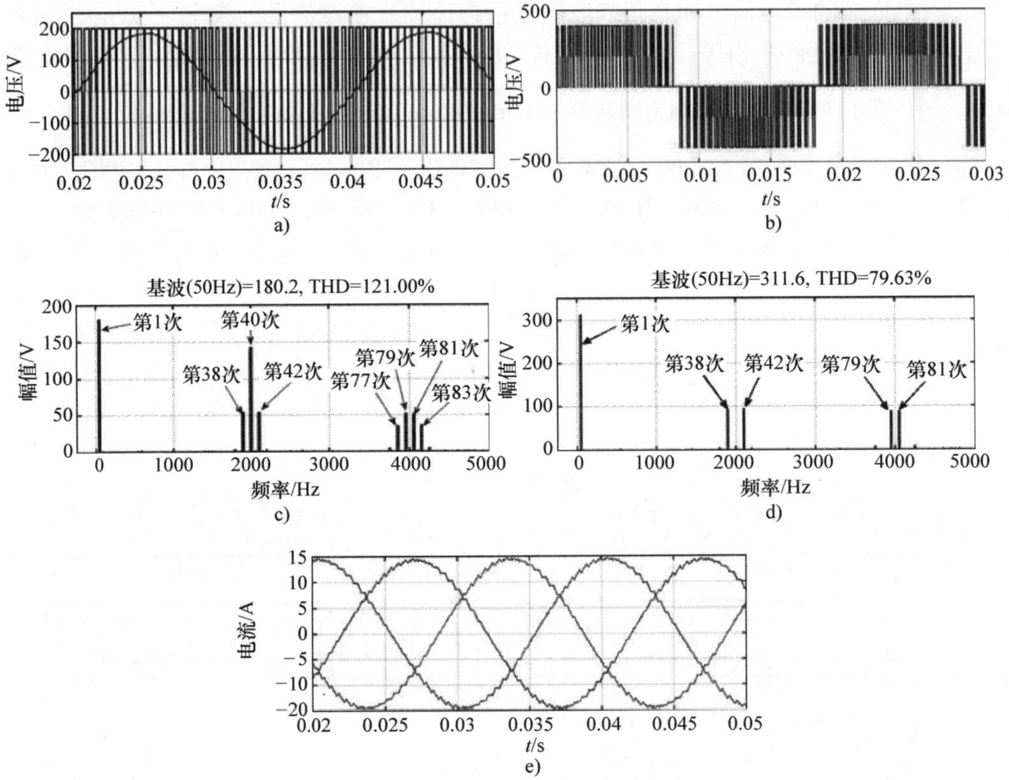

图 A.9　当三相二电平电压源换流器以 SPWM 进行控制，调制系数 $m=0.9$，载波频率为 2kHz 时的波形。a）换流器输出端相对直流电源中点电压波形及其基波分量（a 相）；b）线电压；c）相电压频谱；d）线电压频谱；e）三相输出电流

通过在参考信号中加入 3 次（零序）谐波，SPWM 的线性调制范围可以被扩展到 1.154，即可以合成更大的基波分量。如参考书目（Holmes 和 Lipo，2003）所述，当 3 次谐波的幅值是基波参考信号幅值的 1/6 时，可以获得最佳的性能。这样，加上 3 次谐波后的 SPWM 参考信号可以定义为 $v_a^* = m\sin\omega t + \frac{1}{6}m\sin\omega t$，$v_b^* = m\sin\left(\omega t + \frac{4}{3}\pi\right) + \frac{1}{6}m\sin\omega t$，及 $v_c^* = m\sin\left(\omega t + \frac{2}{3}\pi\right) + \frac{1}{6}m\sin\omega t$（Azmi 等，2013）。

图 A.10 为当调制系数 $m=1.154$ 并加入了 3 次谐波后的参考信号波形。可以发现尽管调制系数超过 1，参考信号的正和负的峰值都被限定在 1 和 −1 范围内，即 SPWM 的线性范围得到扩展。

例 A.4　设调制系数为 1.1，重复例 A.3。

解：图 A.11a～d 给出了相电压和线电压，以及它们的频谱。可以发现，相电压中包含了 3 次谐波，但是在线电压中它们互相抵消。此外，注入 3 次谐波增加了电压基波幅

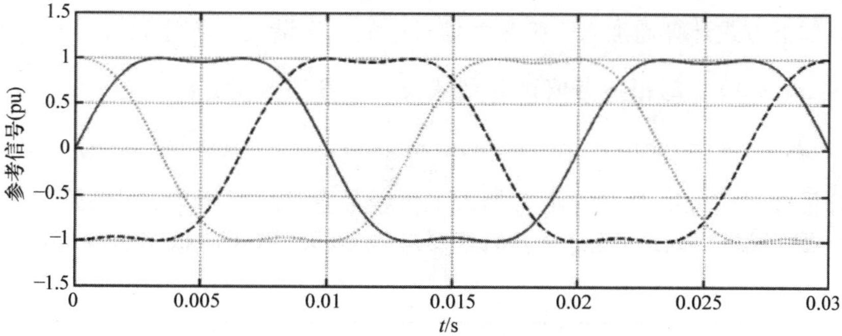

图 A.10　注入 3 次谐波后 SPWM 的参考信号

值，同时也在 1 次和 2 次载波频率附近增加了许多的边带（sideband）（谐波）。然而，这些谐波的幅值比它们在 SPWM 中要小得多，正因如此，在相电压和线电压中的 THD 更小。图 A.11e 表明输出电流为正弦。

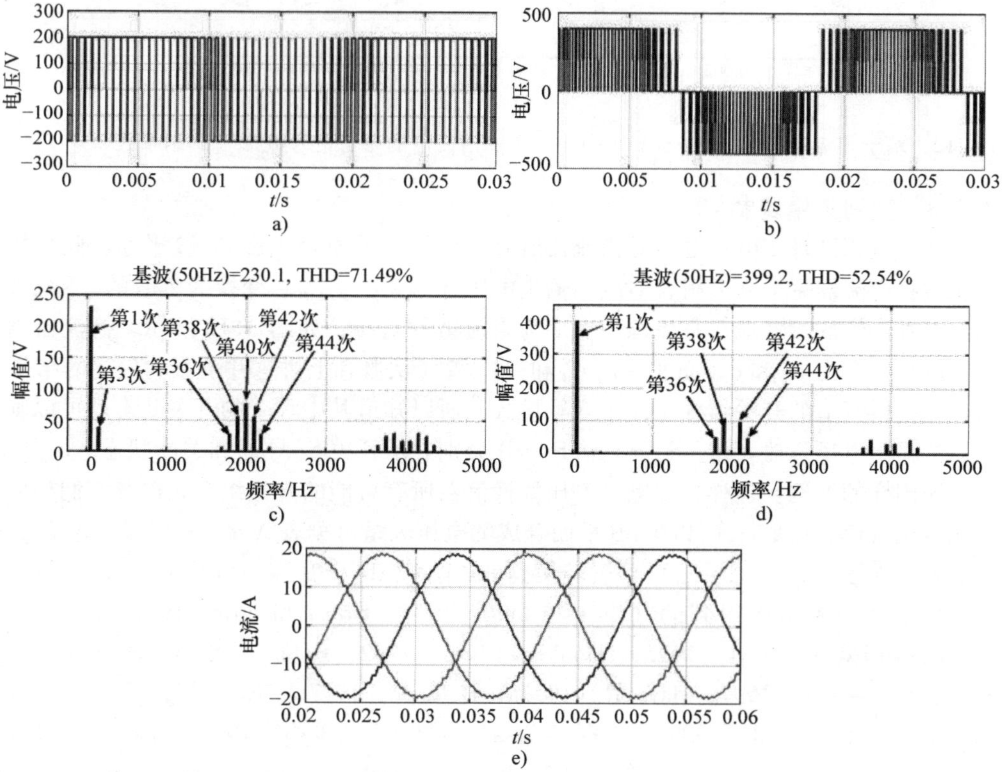

图 A.11　当三相二电平电压源换流器以 SPWM 并注入 3 次谐波进行控制时的输出相电压、输出线电压和电流波形。a）换流器输出端口相对直流电源中点的相电压；b）线电压；c）相电压频谱；d）线电压频谱；e）三相输出电流

Steinke 在参考文献（Steinke，1992）中提出了另一种扩展调制系数线性范围的方法。

这种方法以如下方式计算需加入正弦参考信号中的 3 次谐波（零序）：$v_0=\frac{1}{2}(\min(v_a,v_b,v_c)+\max(v_a,v_b,v_c))$。每相参考值再分别减去这个零序分量：$v_a^*=v_a-v_0$，$v_b^*=v_b-v_0$，$v_c^*=v_c-v_0$，其中，$v_a=m\sin\omega t$，$v_b=m\sin(\omega t+\frac{4}{3}\pi)$，$v_c=m\sin(\omega t+\frac{2}{3}\pi)$。图 A. 12 给出了当零序分量按照 Steinke 法计算后再加入正弦参考值后的总参考信号波形，其中调制系数 $m=1.154$。可见，尽管 m 大于 1，但是参考信号的所有正峰值和负峰值都被限定在 1 和 −1 以内。

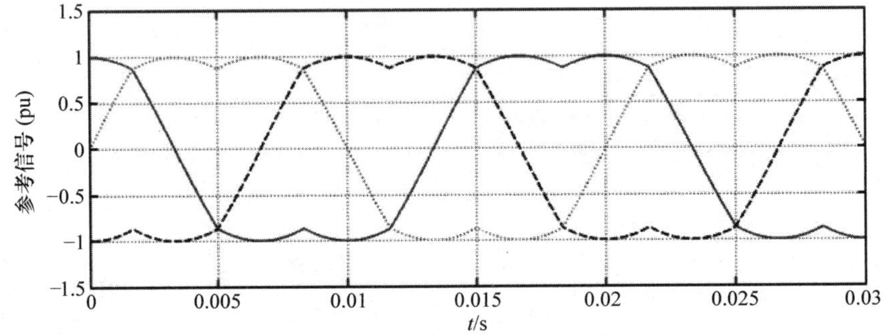

图 A. 12　基于 Steinke 法计算在 SPWM 中注入 3 次谐波后的参考信号波形（调制系数 $m=1.154$）

A. 1. 3. 3　空间矢量调制

空间矢量调制将二电平电压源换流器所有可能的开关组合投影到 $\alpha\beta$ 平面。此投影过程是通过将换流器每个开关组合对应的输出电压（v_{a0}，v_{b0}，v_{c0}）变换为等效的v_α和v_β来实现的。将直流侧的参考地从直流源中点变为直流链的负端，如图 A. 13 所示，换流器输出的二个电平将变为 V_{dc}和 0，而非 $+V_{dc}/2$ 和 $-V_{dc}/2$（从概念上讲这并不影响最终的结果）。因为在同一桥臂上的开关器件工作于互补模式，所以知道其中一个的开关状态就可以确定换流器的输出电压。对 a 相，$S_{a1}=1$ 和 $S_{a1}=0$ 分别表示开关 S_{a1} 导通和关断状态。b 相和 c 相也遵循同样的惯例。这样，二电平电压源换流器所有可能的开关组合，以及它们相应的输出相电压（v_{a0}，v_{b0}，v_{c0}）和在 $\alpha\beta$ 平面合成的电压矢量可见表 A. 1。利用式（A. 7），换流器的输出电压（v_{a0}，v_{b0}，v_{c0}）可被转换到 $\alpha\beta$ 平面。这个变换是由基于图 A. 14 所定义的电压矢量对应关系而得到的（Buja 和 Indri，1977；Green 和 Boys，1982；Fukuda 等，1990；Dunford 和 Van Wyk，1992；Handley 和 Boys，1992；Holmes，1995；Holmes，1996；Bowes 和 Yen − Shin，1997；Hava 等，1997a；Hava 等，1997b；Hava 等，1998；Holmes，1998；Bowes 和 Grewal，1999；Ching − Tsai 和 Jenn − Jong，1999；Bech 等，2000；Changjiang 等，2001；Changjiang 等，2003；Bowes 和 Holliday，2006；Hadiouche 等，2006；Adam，2007；Do − Hyun，2007；Dyck 等，2010；Beig，2012；Bradshaw 等，2012；Azmi 等，2013；Dordevic 等，2013b；Duran 等，2013；Gruson 等，2013）。

$$\begin{bmatrix} v_\alpha \\ v_\beta \end{bmatrix}=\begin{bmatrix} 1 & -\frac{1}{2} & -\frac{1}{2} \\ 0 & \frac{\sqrt{3}}{2} & -\frac{\sqrt{3}}{2} \end{bmatrix}\begin{bmatrix} v_a \\ v_b \\ v_c \end{bmatrix} \tag{A.7}$$

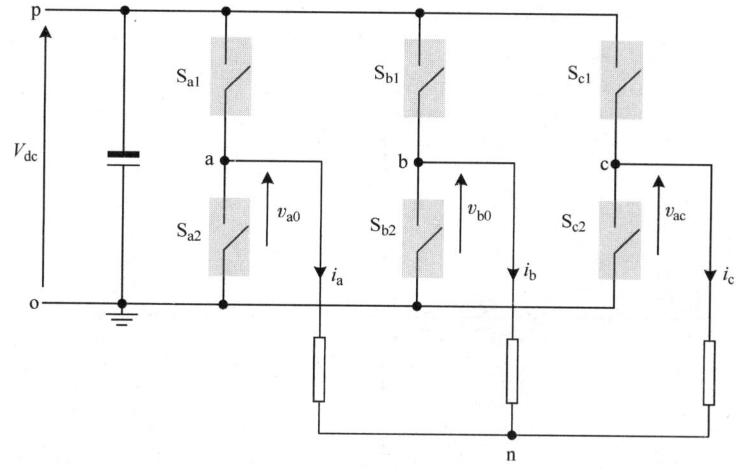

图 A.13　二电平换流器的简化表示

表 A.1　二电平电压源换流器的开关组合、输出相电压和在 $\alpha\beta$ 平面的电压矢量之间的关系列表

S_{a1}	S_{b1}	S_{c1}	V_{a0}	V_{b0}	V_{c0}	v_α	v_β	$\lvert\vec{V}\rvert=\sqrt{v_\alpha^2+v_\beta^2}$	$\theta=\tan^{-1}\frac{v_\beta}{v_\alpha}$
0	0	0	0	0	0	0	0	0	0°
1	0	0	V_{dc}	0	0	V_{dc}		V_{dc}	0°
1	1	0	V_{dc}	V_{dc}	0	$\frac{1}{2}V_{dc}$	$\frac{\sqrt{3}}{2}V_{dc}$	V_{dc}	60°
0	1	0	0	V_{dc}	0	$-\frac{1}{2}V_{dc}$	$\frac{\sqrt{3}}{2}V_{dc}$	V_{dc}	120°
0	1	1	0	V_{dc}	V_{dc}	$-V_{dc}$	0	V_{dc}	180°
0	0	1	0	0	V_{dc}	$-\frac{1}{2}V_{dc}$	$-\frac{\sqrt{3}}{2}V_{dc}$	V_{dc}	240°
1	0	1	V_{dc}	0	V_{dc}	$\frac{1}{2}V_{dc}$	$-\frac{\sqrt{3}}{2}V_{dc}$	V_{dc}	300°
1	1	1	V_{dc}	V_{dc}	V_{dc}	0	0	0	0°

根据表 A.1 的最后两列，我们可以画出二电平换流器的空间矢量图，如图 A.15 所示。可以发现，空间矢量图包括 6 个扇区，这些扇区被相互相隔 60°的 6 个非零电压矢量所区分，二个零矢量位于中心。图 A.15 中的每个电压矢量的顶点表示图 A.13 中的二电平换流器的上桥臂所有三个开关器件的状态。如，非零矢量$\vec{V}_1$（100）表示 a 相上桥臂开关‘S_{a1}’为导通（$S_{a1}=1$），而 b、c 相上桥臂开关都为关断状态（$S_{b1}=0$ 和 $S_{c1}=0$）。二个零矢量$\vec{V}_0$（000）和$\vec{V}_7$（111）的顶点分别表示所有上桥臂开关（S_{a1}、S_{b1}和 S_{c1}）都关断。需要指出的是，零矢量$\vec{V}_0$（000）和$\vec{V}_7$（111）分别将换流器输出相 a、b、c 钳位到负母线电压（0 电压）和正母线电压（V_{dc}电压），所以所有的线电压为零。

假设在一个开关周期内所有矢量的伏 - 秒平均值等于目标参考信号的值，则可以计算得到开关状态的保持时间（dwell time）。例如，当参考电压矢量位于第一个扇区时（见图 A.16），它可以以如下方式合成：

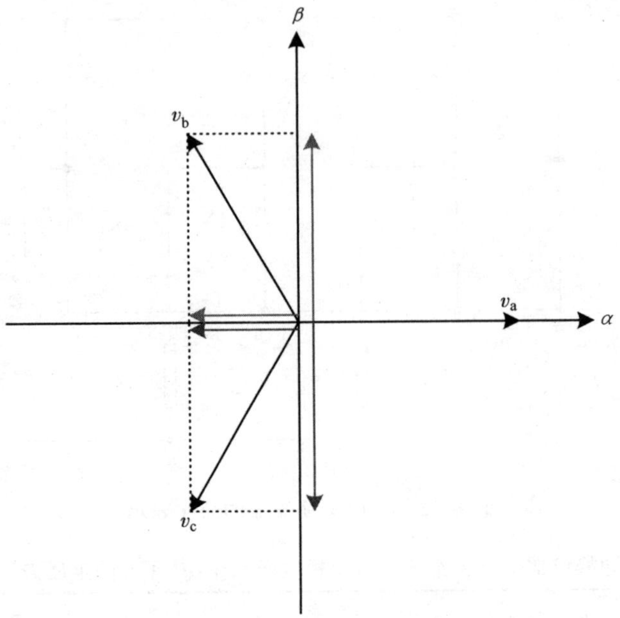

图 A.14　三相 abc 变量分解到 αβ 平面

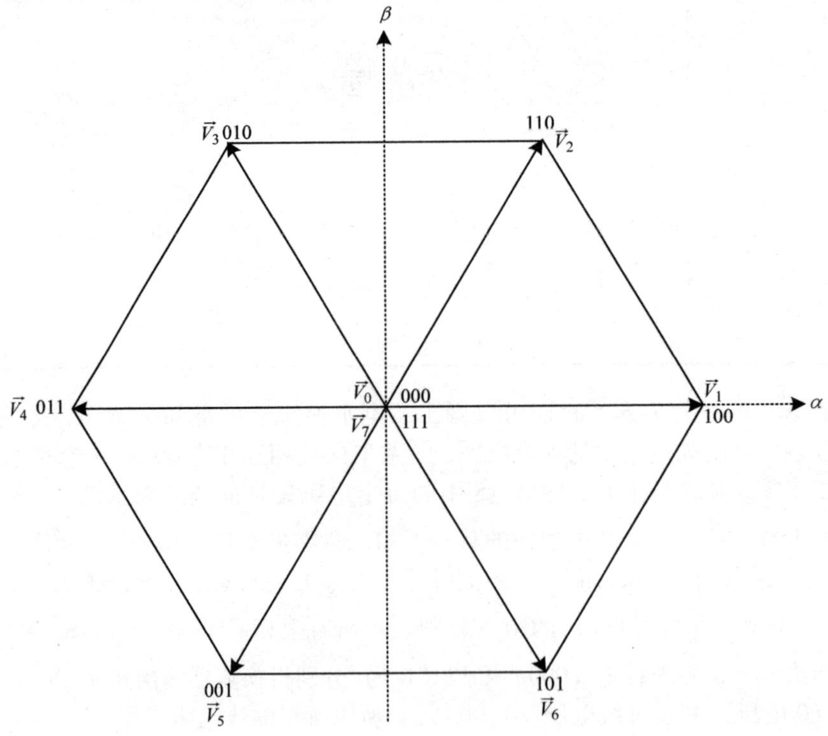

图 A.15　二电平电压源换流器空间矢量图

$$T_1\vec{V}_1 + T_2\vec{V}_2 + T_0\vec{V}_0 = T_s\vec{V}_{ref} \tag{A.8}$$

式中，T_0、T_1 和 T_2 代表保持时间，并假设在一个开关周期内所有矢量的保持时间之和等于 T_s。此条件可以表达为

$$T_0 + T_1 + T_2 = T_s \tag{A.9}$$

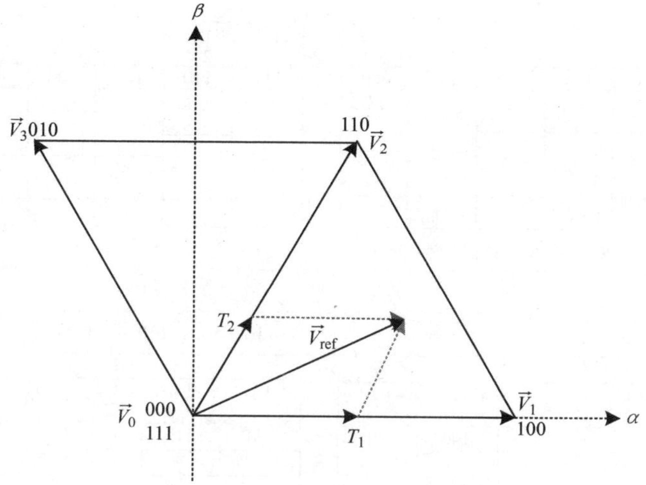

图 A.16　第一扇区开关器件保持时间计算示意图

从表 A.1 或图 A.15，电压矢量$\vec{V}_0$、$\vec{V}_1$ 和$\vec{V}_2$ 可以表达为$\vec{V}_0 = 0$，$\vec{V}_1 = V_{dc}\angle 0° = V_{dc}$，$\vec{V}_2 = V_{dc}\angle 60° = V_{dc}(\cos 60° + \mathrm{j}\sin 60°) = V_{dc}\left(\frac{1}{2} + \mathrm{j}\frac{\sqrt{3}}{2}\right)$，且$\vec{V}_{ref} = V_{ref}\angle\theta = V_{ref}(\cos\theta + \mathrm{j}\sin\theta)$。将上述表达式代入式（A.8），并使等式两边的实部和虚部相等，则可以得到下列方程

$$V_{dc}T_1 + \frac{1}{2}V_{dc}T_2 = T_sV_{ref}\cos\theta \tag{A.10}$$

$$T_2 = \frac{2}{\sqrt{3}}T_s\frac{V_{ref}}{V_{dc}}\sin\theta = \frac{2}{\sqrt{3}}mT_s\sin\theta \tag{A.11}$$

式中，$m = \frac{V_{ref}}{V_{dc}}$为调制系数。解式（A.10）和式（A.11），可解得 T_1，即

$$\begin{aligned} T_1 &= T_s\frac{V_{ref}}{V_{dc}}\cos\theta - \frac{1}{2}T_2 = mT_s\cos\theta - \frac{1}{2}\times\frac{2}{\sqrt{3}}mT_s\sin\theta = \frac{2}{\sqrt{3}}mT_s\cos(\theta + 30°) \\ T_1 &= \frac{2}{\sqrt{3}}mT_s\cos(\theta + 30°) \end{aligned} \tag{A.12}$$

零矢量的保持时间可以从式（A.9）得到，即 $T_0 = T_s - T_1 - T_2$。在算得保持时间后，空间矢量调制法比 SPWM 方法在门极信号的产生方式上具有更高的灵活性。例如，它在每个扇区有许多可能的开关顺序，这些不同的开关顺序都能用来生成三相换流器开关的门极信号。表 A.2 总结了在第一扇区时的开关顺序，这些顺序保证在同一个时间最多有一个电平切换。表中也给出了换流器上桥臂开关的状态图，下桥臂与上桥臂工作于互补

状态。

表 A.2　在第一扇区时（包括与后续象限切换时）**确保一次电压切换的开关顺序总结**

同时利用两个零矢量$\vec{V}_0$（000）和$\vec{V}_7$（111）的开关顺序	
Ⅰ	Ⅱ
000→100→110→111→110→100→000	111→110→100→000→100→110→111

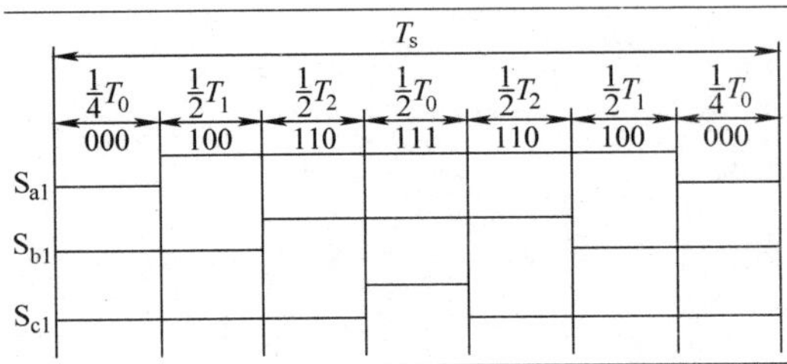

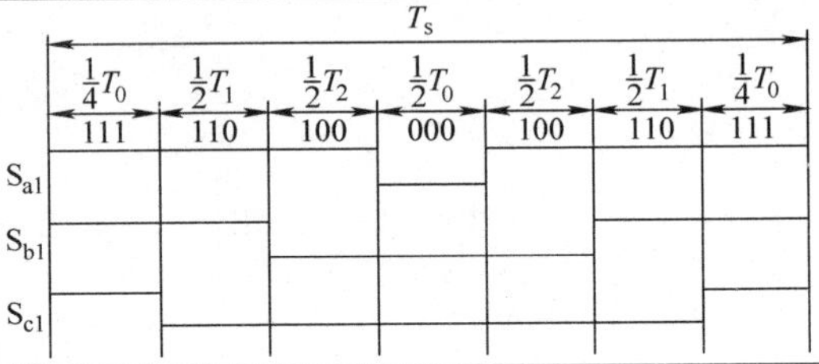

仅利用两个零矢量$\vec{V}_0$（000）和$\vec{V}_7$（111）之一的开关顺序	
Ⅲ	Ⅳ
000→100→110→100→000	111→110→100→110→111

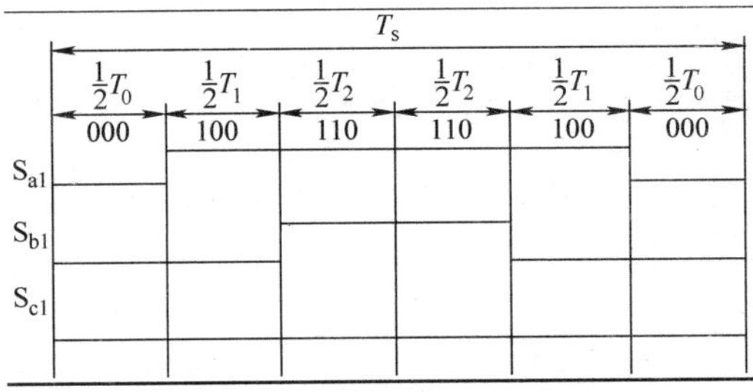

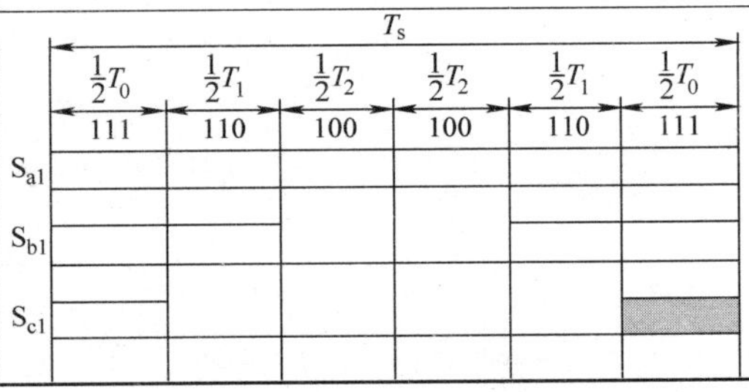

类似地，表 A.3 给出了在第二扇区的开关顺序。为了确保在每个扇区的采样（开关周期）次数为整数，从而避免在相邻扇区之间切换时在超过一相上发生同时开关的情形，频率比 $m_f = f_s/f$ 必须为 6 的整数倍。

表 A.3　在第二扇区时（包括与后续象限切换时）**确保一次电压切换的开关顺序总结**

同时利用两个零矢量$\vec{V}_0$（000）和$\vec{V}_7$（111）的开关顺序	
Ⅰ	Ⅱ
000→010→110→111→110→010→000	111→110→010→000→010→110→111
仅利用两个零矢量$\vec{V}_0$（000）和$\vec{V}_7$（111）之一的开关顺序	
Ⅲ	Ⅳ
000→010→110→010→000	111→110→010→110→111

例 A.5　使用空间矢量调制，开关频率设为 2.1kHz，设调制系数为 1.1，重复例 A.3。

解：此时，开关顺序 I 同时使用两个零矢量$\vec{V}_0$（000）和$\vec{V}_7$（111）来生成门极信号。图 A.17a、b、c 给出了该二电平电压源换流器在使用空间矢量调制时的输出相电压和线电压以及它们的频谱。可以发现相电压中包含了 3 次及其整数倍的谐波；但是如前面的例子，在线电压中它们互相抵消，从而得到低的 THD。图 A.17c 显示换流器输出电流为正弦，并有些许畸变。这个例子表明空间矢量调制法可以将调制系数提高至大于 1，且可以灵活地选择开关顺序。

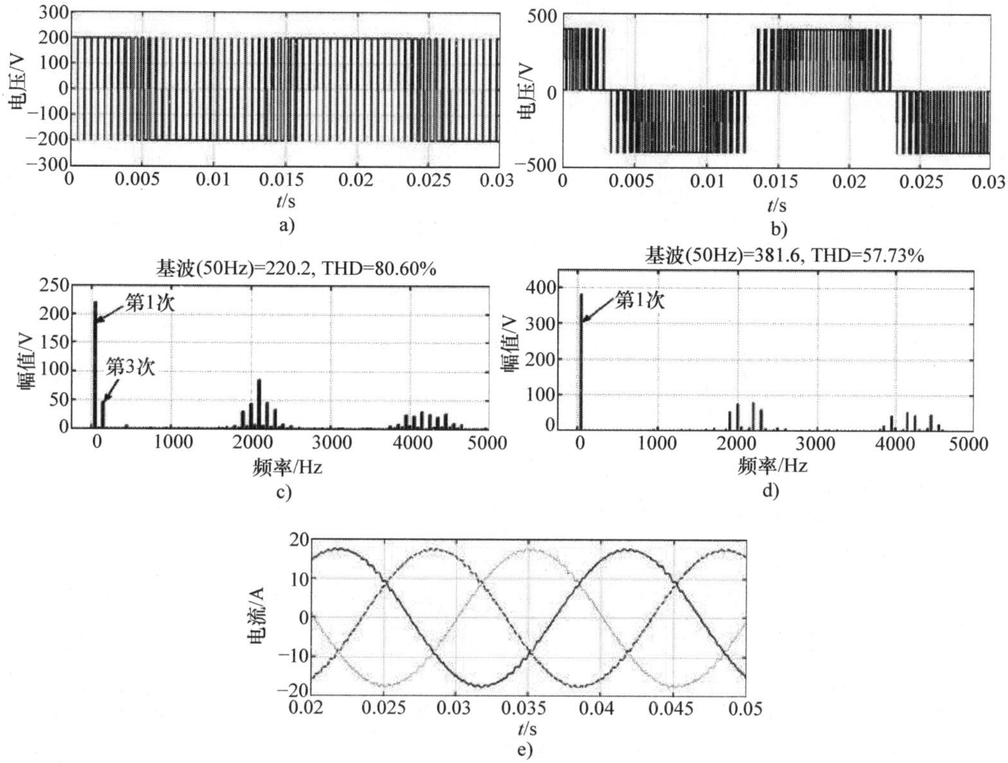

图 A.17　当二电平电压源换流器以空间矢量调制控制、调制系数 1.1、开关频率 2.1kHz 时的输出电压、电流波形。a）换流器输出端口相对直流电源中点的相电压；b）线电压；c）相电压频谱；d）线电压频谱；e）三相输出电流

A.2　中点钳位型换流器

图 A.18 给出了一台三相三电平二极管钳位换流器的拓扑，此拓扑也被称为中点钳位型（NPC）换流器。它可以在每相（a、b 和 c）相对直流电源中点或中性点‘0’输出三个电平（$V_{dc}/2$、0 和 $-V_{dc}/2$）。正常工作时，需要直流链电容 C_1 和 C_2 两端的电压维持在 $V_{dc}/2$。每个开关器件以及钳位二极管的电压应力与直流链电容两端的电压相等，即 $V_{dc}/2$。开关（S_{a1}，S_{a3}）和（S_{a2}，S_{a4}）构成两对互补的开关组。这意味着开通开关 S_{a1} 将使开关 S_{a3} 关断，对开关对 S_{a2} 和 S_{a4} 也一样。

以 a 相为例，通过开通开关 S_{a1} 和 S_{a2}，关断开关 S_{a3} 和 S_{a4}，图 A.18 中的 NPC 换流器 a 相相对中性点‘0’输出 $V_{dc}/2$ 电平。通过开通 S_{a2} 和 S_{a3} 并关断 S_{a1} 和 S_{a4}，输出 0 电平。关断 S_{a1} 和 S_{a2} 并开通开关 S_{a3} 和 S_{a4}，可以输出 $-V_{dc}/2$ 电平。表 A.4 总结了 a 相输出不同电平时的开关状态以及相应的导通路经，其中假设图 A.18 中所示的电流方向为正方向。可以发现，当换流器输出相连接至 $V_{dc}/2$ 和 $-V_{dc}/2$ 电平时，直流链电容 C_1 和 C_2 上的电荷状态不受影响，这是由于输出相直接与直流母线的正端和负端相连。当换流器输出相与中性点

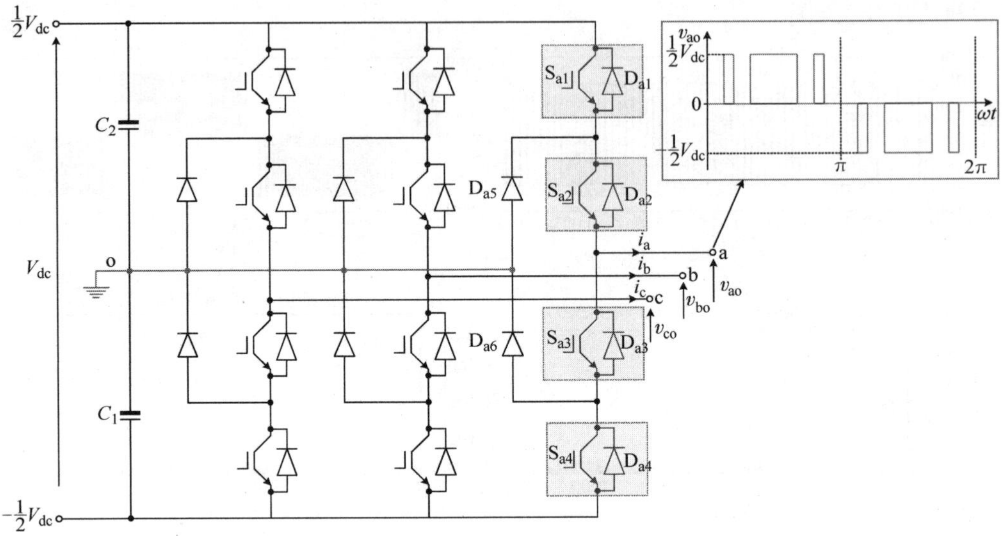

图 A. 18　三相 NPC 换流器

‘0’相连时，直流链电容 C_1和 C_2 上的电荷状态会受到影响。当输出相电流为正时（a 相 $i_a>0$），电容 C_1 放电，而当输出相电流为负时（a 相 $i_a<0$）C_1 充电。由于 NPC 换流器的电路拓扑结构强制使上下电容两端的电压和等于全部的直流链电压（V_{dc}），下端电容 C_1 放电就意味着上端的电容 C_2 充电，反之亦然（Fukuda 等，1999；Dieckerhoff 等，2003；Bor-Ren 和 Ta-Chang，2004；Barbosa 等，2005；Dieckerhoff 等，2005；Ben-Brahim 和 Tadakuma，2006；Ceballos 等，2006a；Ceballos 等，2006b；Meili 等，2006；Carpaneto 等，2007；Ceballos 等，2007；Ben-Brahim，2008；Ceballos 等，2008a；Ceballos 等，2008b；D'Errico 等，2009；Beza 和 Norrga，2010；Ceballos 等，2010；Chaudhuri 等，2010；Floricau 等，2010a；Floricau 等，2010b；Gonza 等，2010；Acuna 等，2011；Ceballos 等，2011b；da Silva 等，2011；Kouzou 等，2011；Mohzani 等，2011；Nademi 等，2011；Das 和 Narayanan，2012；Mohzani 等，2012；Barros 等，2013；Betanzos 等，2013；Dordevic，2013a）。

表 A. 4　NPC 换流器中生成不同的电平时的开关状态总结以及导通路径

电平	开关器件的状态				导通路径	
	S_{a1}	S_{a2}	S_{a3}	S_{a4}	$i_a>0$	$i_a<0$
$V_{dc}/2$	开通	开通	关断	关断	S_{a1} 和 S_{a2}	D_{a1} 和 D_{a2}
0	关断	开通	开通	关断	S_{a2} 和 D_{a5}	S_{a3} 和 D_{a6}
$-V_{dc}/2$	关断	关断	开通	开通	D_{a3} 和 D_{a4}	S_{a3} 和 S_{a4}

NPC 换流器可以通过特定谐波消除、SPWM 和空间矢量调制来进行控制。在三相对称的中压驱动系统中，通常运用标准的空间矢量调制方法。空间矢量调制方法需要进行大的调整才能使其对非对称三相系统也同样适用。由于前面解释二电平换流器时已经对相关基本概念进行了讨论，下面仅对特定谐波消除法和 SPWM 法进行简要讨论。

A. 2. 1　特定谐波消除法

图 A. 19 给出了在使用特定谐波消除时 NPC 换流器中某一相的输出相电压波形。从图

A. 19 可知，傅里叶级数的系数为 $A_n=0$，且

$$B_n=\frac{1}{\pi}\left[\begin{aligned}&\int_{\alpha_1}^{\alpha_2}\left(\frac{1}{2}V_{dc}\sin n\omega t\right)d\omega t+\int_{\alpha_3}^{\pi-\alpha_3}\left(\frac{1}{2}V_{dc}\sin n\omega t\right)d\omega t+\int_{\pi-\alpha_2}^{\pi-\alpha_1}\left(\frac{1}{2}V_{dc}\sin n\omega t\right)d\omega t\\&-\int_{\pi+\alpha_1}^{\pi+\alpha_2}\left(\frac{1}{2}V_{dc}\sin n\omega t\right)d\omega t-\int_{\pi+\alpha_3}^{2\pi-\alpha_3}\left(\frac{1}{2}V_{dc}\sin n\omega t\right)d\omega t-\int_{2\pi-\alpha_2}^{2\pi-\alpha_1}\left(\frac{1}{2}V_{dc}\sin n\omega t\right)d\omega t\end{aligned}\right]$$

$$=\frac{2V_{dc}}{n\pi}[\cos n\alpha_1-\cos n\alpha_2+\cos n\alpha_3] \tag{A. 13}$$

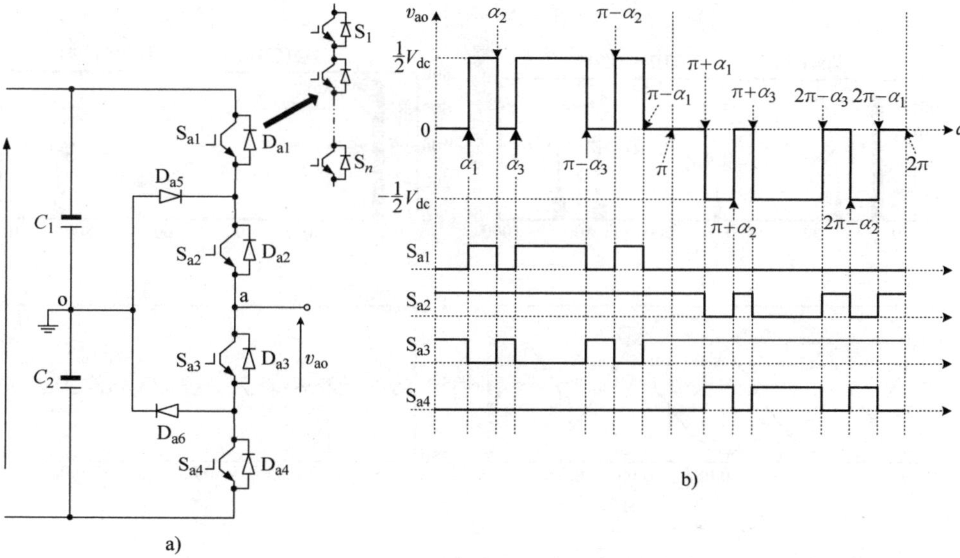

图 A. 19　a）NPC 换流器中的某一相；b）使用特定谐波消除法时输出相电压及相应开关信号例图

式（A. 13）可以写成一般化的形式，即

$$B_n=\frac{2V_{dc}}{n\pi}\sum_{j=1}^{\infty}[(-1)^{j+1}\cos n\alpha_j] \tag{A. 14}$$

例 A. 6　NPC 换流器接到一个 10Ω、23mH 的负载上，并用特定谐波消除法控制，请画出输出电压和电流的波形。假设 5 次、7 次、11 次和 13 次谐波被消除。调制系数 $m=1.1$，直流链电压 $V_{dc}=800$ V，直流链电容 $C_1=C_2=2$mF。

解：设 $m=1.1$，且 B_5、B_7、B_{11}和 B_{13}都等于零，则可以得到下列角度：$\alpha_1=15.47°$，$\alpha_2=23.25°$，$\alpha_3=30.69°$，$\alpha_4=45.88°$，$\alpha_5=49.06°$。上述解成立是因为波形满足如前讨论的四分之一对称条件。图 A. 20a ~ d 显示了 NPC 换流器的相电压和线电压波形及其频谱。可以发现在相电压中第一个非 3 次的谐波是 17 次谐波，该谐波也是在线电压中可以观察到的第一个谐波，这是由于相电压中的所有 3 次谐波（3 次、9 次、12 次[㊀]、15 次）在线电压中由于是共模而抵消。图 A. 20e 表明 NPC 换流器产生了正弦输出电流，此时每个开关器件运行于约 250Hz 的频率下，因此开关损耗低（此特点使得特定谐波消除法在中压

㊀ 原书为 13 次。——译者注

和高压场合有很大的吸引力)。图 A. 20f 显示了直流链上下电容的端电压。可以发现这些电压稳定在 $V_{dc}/2$，但是存在 3 倍频振荡。这些振荡的峰值必须加以严格限制，防止换流器开关承受高的过电压。

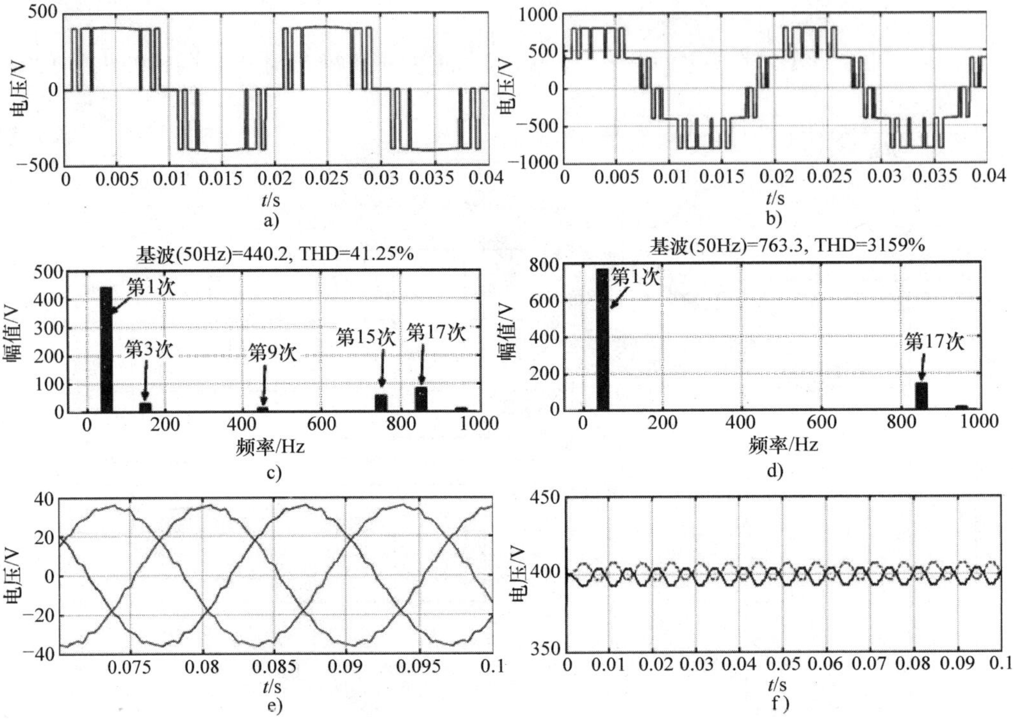

图 A. 20　当 NPC 换流器通过特定谐波消除法控制时获得的主要结果。a）相电压；b）线电压；c）相电压频谱；d）线电压频谱；e）三相负载电流；f）上下电容（C_1 和 C_2）两端电压

A. 2. 2　正弦脉宽调制法

NPC 换流器可以用正弦脉宽调制（SPWM）技术进行控制，其中二个载波必须完全占据位于 1 和 -1 之间的连续区间，如图 A. 21 所示。门极信号的产生方式与二电平换流器类似。如考虑 a 相，当 $V_a \geqslant Y_{c1}$ 时，换流器 a 相输出必须连接到正母线端（或电平 $V_{dc}/2$）；这意味着开关 S_{a1} 和 S_{a2} 必须导通，而 S_{a3} 和 S_{a4} 必须关断。当 $V_a \leqslant Y_{c2}$ 时，换流器 a 相输出连接至负母线端（或电平 $-V_{dc}/2$），即开关 S_{a1} 和 S_{a2} 必须关断，而 S_{a3} 和 S_{a4} 必须导通。当 $V_a < Y_{c1}$ 且 $V_a > Y_{c2}$ 时，换流器 a 相输出连接至中性点（或 0 电平）；这意味着开关 S_{a2} 和 S_{a3} 必须导通，而 S_{a1} 和 S_{a4} 必须关断。

同相层叠载波为目前使用的一项主流技术，这是因为相对反相层叠载波，此种控制方法得到的输出电压谐波含量更低，并能保证输出在一个电平之间切换；因此 dv/dt 更低（Carrara 等，1990；Carrara 等，1992；Carrara 等，1993；Newton 等，1997；Newton 和 Summer，1998；Newton 和 Sumner，1998；Newton 和 Sumner，1999；Ooi 等，1999；Marchesoni 和 Tenca，2002；McGrath 和 Holmes，2002a；McGrath 和 Holmes，2002b；McGrath 等，2003；Leon 等，2005；Khajehoddin 等，2006；Ceballos 等，2006a；Busquets - Monge

等，2007；Franquelo 等，2007；Leon 等，2007；Nami 等，2007；Akagi 等，2008；Franquelo 等，2008；Busquets - Monge，2009；Beza 和 Norrga，2010；Ito 等，2010；Minshull 等，2010；Peng 等，2010；Adam，Adam 等，2010b；Grigoletto 和 Pinheiro，2011；Hosseini 和 Sadeghi，2011；Akagi，2011b；Adam 等，2012c；Congzhe 等，2013）。

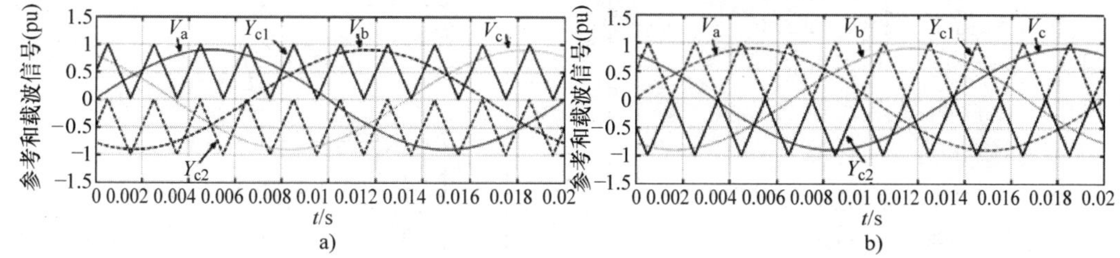

图 A. 21　NPC 换流器标幺化的参考信号以及载波信号的可能布置方式。a）三相参考信号与同相层叠（PD）调制波（上、下调制波同相）；b）三相参考信号与反相层叠（POD）调制波（时间轴以上的调制波与时间轴以下的调制波 180°反相）

例 A. 7　重复例 A. 6，此时 NPC 换流器用 SPWM 进行控制，且基于 Steinke 法注入 3 次谐波，设载波频率为 1. 35kHz。

解　图 A. 22a ~ d 给出了当使用最优开关频率时（即 SPWM + 基于 Steinke 法的 3 次谐

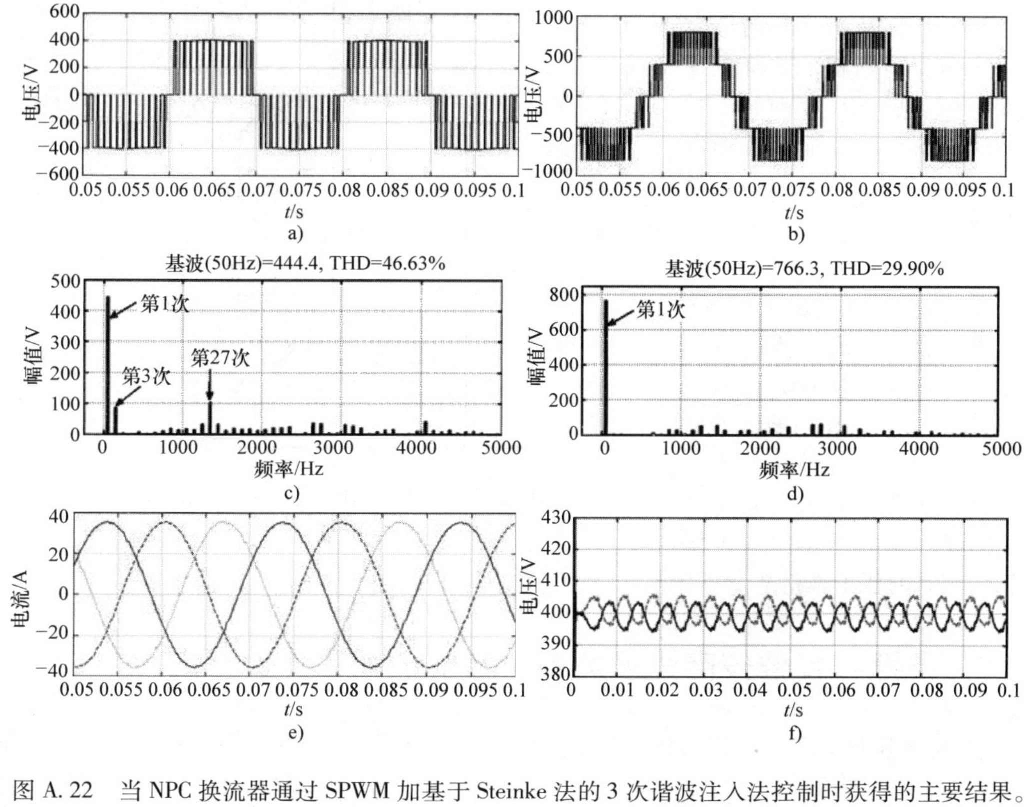

图 A. 22　当 NPC 换流器通过 SPWM 加基于 Steinke 法的 3 次谐波注入法控制时获得的主要结果。a）换流器输出端相对直流源中点的相电压；b）换流器输出端之间的线电压；c）相电压频谱；d）线电压频谱；e）三相负载电流；f）上下电容两端电压

波），NPC换流器相电压与线电压的波形以及它们的频谱。可以发现，相电压和线电压的THD更低，而幅值与例A.6的特定谐波消除法类似。此外，从图A.22e可见，用相近的开关频率，此种调制方式就可以获得高品质的输出电流。图A.22f表明直流链二个电容的端电压保持平衡，无需外部干预（这证明了NPC换流器天然所具有的直流链电容电压平衡能力）。但是，在实际运用中，为了计及运行条件变化与电网扰动，我们还是需要某种电压平衡策略，以确保电容电压维持于一半的直流电压。需要指出的是，所有基于载波的脉宽调制法都会随调制系数降低而性能迅速下降，而相对地，特定谐波消除法的性能下降速度要缓慢得多。需要注意，在这个例子中，载波的布置方式是PD。

图A.23给出了五电平NPC换流器，它可以进一步改善输出电压的品质（即THD更低），并可减少dv/dt，提高换流器直流与交流电压。这种拓扑当初主要运用于高压场合。其主要的缺陷是平衡直流链电容上的电压比预料的要困难得多。

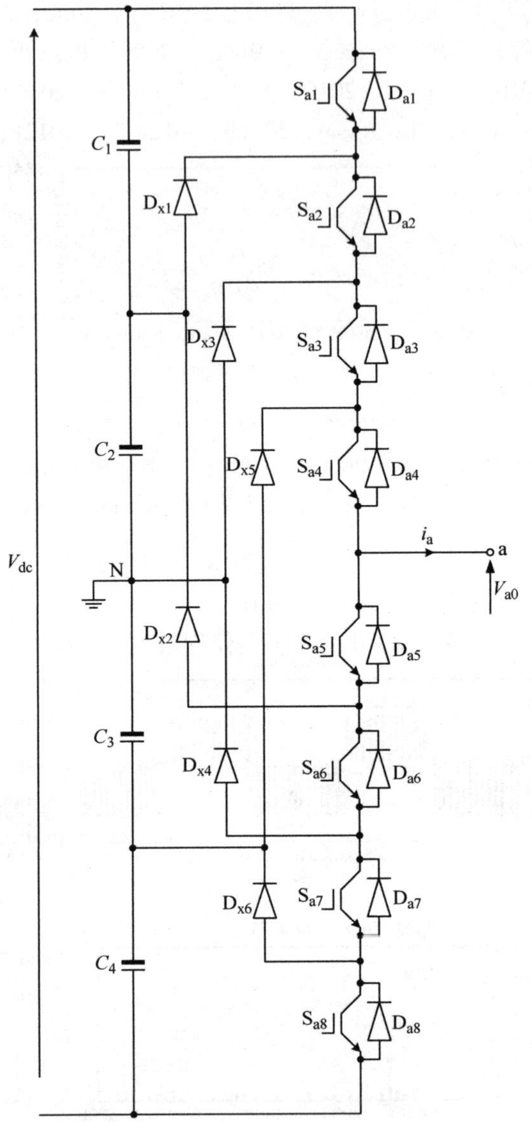

图A.23　五电平NPC换流器的一个桥臂

A.3　飞跨电容型多电平换流器

图A.24给出了一台三相三电平飞跨电容型（FC）多电平换流器的拓扑。它可以在每相输出端相对直流电源中点产生三个电平，即$V_{dc}/2$、0和$-V_{dc}/2$。每个钳位电容的端电压必须维持在$V_{dc}/2$。以a相为例，通过开通S_{a1}和S_{a2}并关断S_{a3}和S_{a4}可以获得$V_{dc}/2$电平。零电平可以通过下面两种开关组合得到：

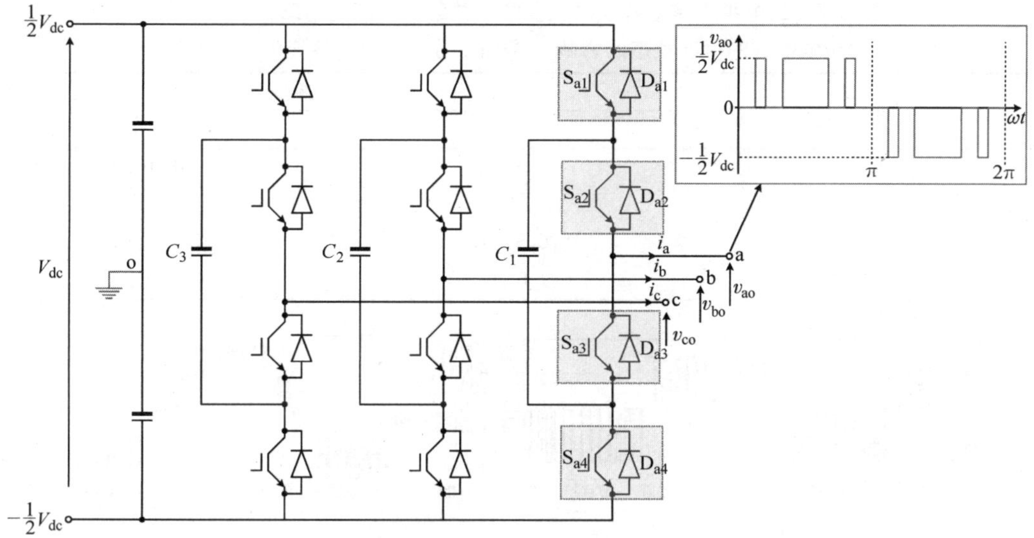

图 A.24　三相三电平飞跨电容换流器

1）开通 S_{a1} 和 S_{a3}，并关断 S_{a2} 和 S_{a4}。注意到这种组合获得的零电平等于 $V_{dc}/2-V_{c1}$，其中 V_{c1} 表示电容 C_1 两端电压。

2）开通 S_{a2} 和 S_{a4}，并关断 S_{a1} 和 S_{a3}。这种组合获得的零电平等于 $-V_{dc}/2+V_{c1}$。

通过开通 S_{a3} 和 S_{a4} 并关断 S_{a1} 和 S_{a2} 可以获得 $-V_{dc}/2$ 电平。可以发现产生 $V_{dc}/2$ 和 $-V_{dc}/2$ 电平的开关组合将输出相直接连接到母线的正极和负极，且不影响钳位电容的荷电状态。仅仅是产生零电平的开关组合将影响飞跨电容的荷电状态，且需要指出，在这二种开关组合中，一个电容充电，而另一个电容放电。因此，这些组合可以被交替运用，当输出电流极性已知时，它们可以被用以维持飞跨电容的电压平衡（Jih-Sheng 和 Fang Zheng，1995；Chunmei 等，2003；Deschamps 等，2003；Fan 等，2004；Feng 和 Agelidis，2004；In-Dong 等，2004；Dae-Wook 等，2005；Dieckerhoff 等，2005；McGrat 等，2005；Chunmei 等，2006；Chunmei 等，2007；Fazel 等，2007；McGrath 和 Holmes，2007a；McGrath 和 Holmes，2007b；McGrath 和 Holmes，2007c；Ceballos 等，2008a；Franquelo 等，2008；Adam 等，2009；McGrath 和 Holmes，2009a；McGrath 和 Holmes，2009b；Khazraei 等，2010；Gonzalez 等，2010；Adam 等，2011b；Dahidah 等，2011；Khazraei 等，2012；Davoodnezhad 等，2012；Escalante，2012；Ghias 等，2012a；Ghias 等，2012b；Mathew 等，2013）。

表 A.5 总结了三电平飞跨电容型换流器的开关组合，以及它们对换流器钳位电容电压的影响。三电平飞跨电容型换流器可以使用与 NPC 换流器一样的调制策略。

例 A.8　假设下列参数，绘出三相三电平飞跨电容型换流器的输出电压和电流波形：直流链电压 $V_{dc}=300\text{V}$，钳位电容 $C=2\text{mF}$，负载 10Ω 电阻加 23mH 电感，开关频率为 1.35kHz，调制系数为 1。

解：此例中，二个载波以 PD 方式布置，使用 SPWM。图 A.25a ~ d 给出了输出相和线电压以及它们的频谱。可以观察到输出电压和它们的谐波分布与 NPC 换流器相似。图 A.25e 和 f 显示了三相输出电流，且钳位电容电压保持平衡。这个例子表明三电平飞跨电容型换流器可以得到与 NPC 换流器相似的结果。

表 A.5　三电平飞跨电容型换流器的开关组合和能量通路，以及它们对钳位电容的荷电状态的影响（↑和↓分别表示电容充电和放电）

电平	能量通路	
	$i_a \geqslant 0$	$i_a < 0$
$V_{dc}/2$	$S_{a1}S_{a2}$	$D_{a1}D_{a2}$
0	$S_{a1}C_1D_{a3}$（C_1↑）	$D_{a1}C_1S_{a3}$（C_1↓）
	$D_{a4}C_1S_{a3}$（C_1↓）	$S_{a4}C_1D_{a3}$（C_1↑）
$-V_{dc}/2$	$D_{a4}D_{a3}$	$S_{a4}S_{a3}$

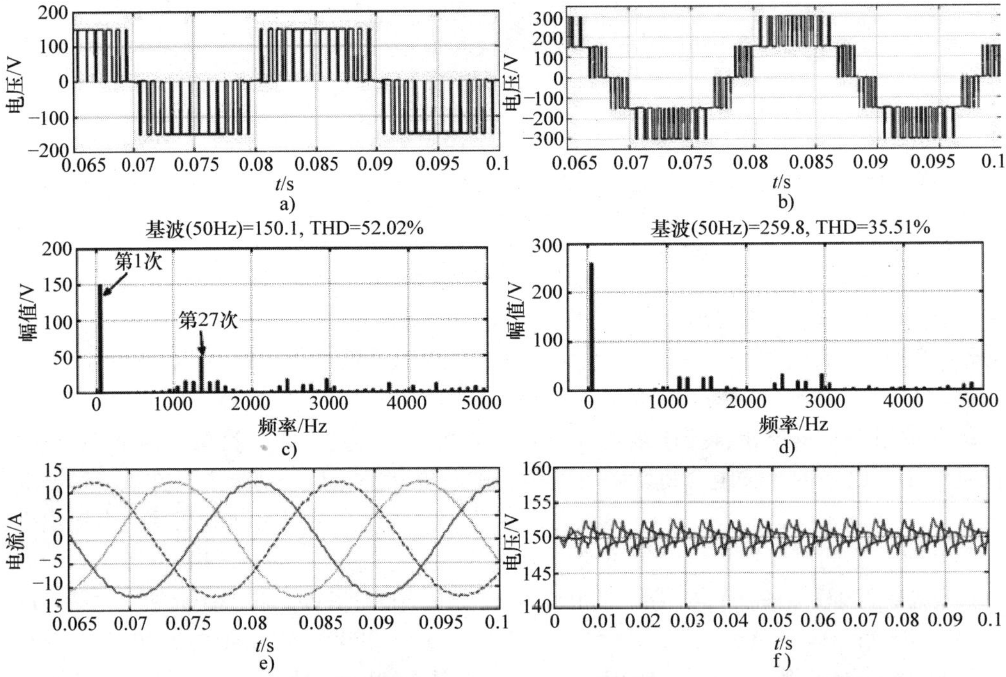

图 A.25　当三相三电平飞跨电容型换流器通过 SPWM 控制时获得的主要结果，其中采用 PD 载波，开关频率为 1.35kHz。a）相电压；b）线电压；c）相电压频谱；d）线电压频谱；e）负载电流；f）钳位电容两端电压

A.4　级联型多电平换流器

图 A.26 给出了带有电气隔离被动直流电源（passive DC Source）的三相级联型多电平换流器拓扑。每相包括两个 H 桥单元，每个单元电容电压为 $V_{dc}/2$ 的 H 桥可以产生 $V_{dc}/2$、0 和 $-V_{dc}/2$ 电平。我们先考虑 a 相的 1 单元。通过开通开关 S_{a11} 和 S_{a14}，它能产生 $V_{dc}/2$ 电平。0 电平可以通过开通上面二个开关 S_{a11} 和 S_{a13}，或下面二个开关 S_{a12} 和 S_{a14} 来实现。$-V_{dc}/2$ 电平通过开通开关 S_{a12} 和 S_{a13} 得到。因此，每个桥臂含二个单元的级联型多电平换流器的每相可以在输出端相对中性点 n 产生 5 个电平：V_{dc}、$V_{dc}/2$、0、$-V_{dc}/2$ 和 $-V_{dc}$（Dae－Wook 等，2003；Akagi 等，2007；Alizadeh 和 Farhangi，2007；Carpaneto 等，2007；

Chong 等，2007；de Leon Morales 等，2007；Dahidah 和 Agelidis，2008；Abu - Rub 等，2010；Acuna 等，2011；Baier 等，2011；de Alvarenga 和 Pomilio，2011；Akagi，2011b；Aceiton 等，2012；Dahidah 等，2012；Fang 等，2012；Adam，等，2013a）。

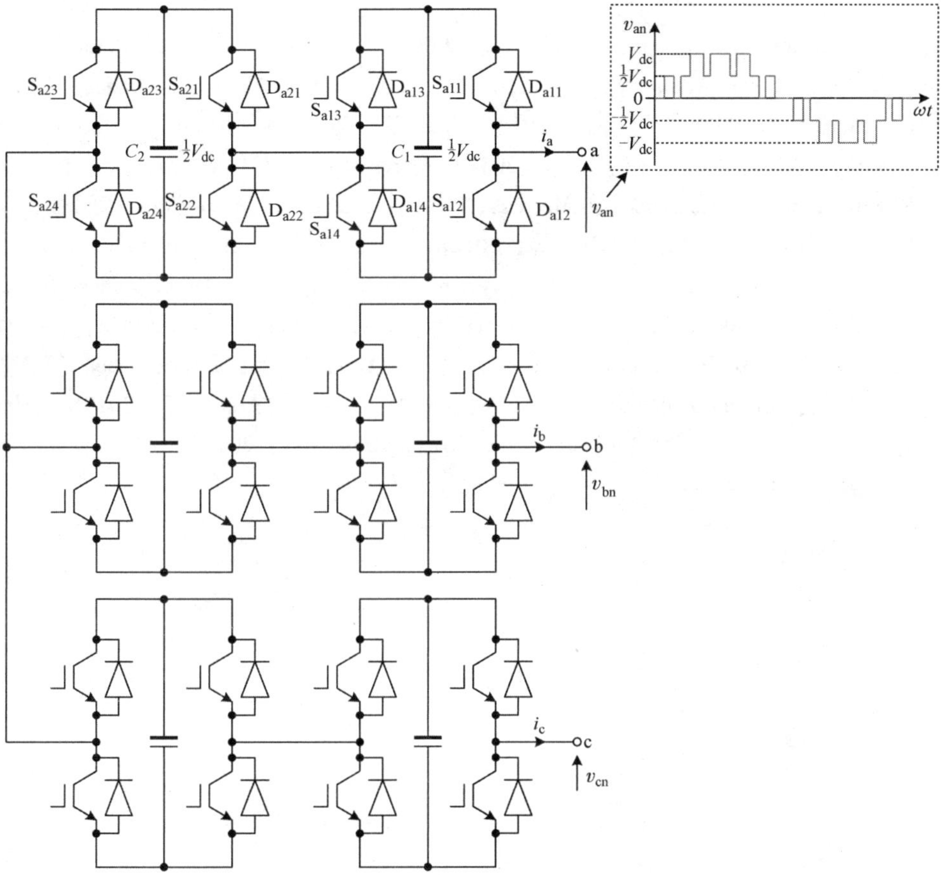

图 A. 26　带有电气隔离被动直流电源的三相级联型五电平换流器

A. 5　模块化多电平换流器

为了说明的方便，这节使用图 A. 27a 和图 A. 28 来说明模块化换流器的运行原理和调制，这二个图中分别给出了单相和三相的模块化换流器拓扑，其中每个桥臂有二个桥臂单元。若直流链电压为V_{dc}，则每个单元电容两端的电压必须维持在 $V_{dc}/2$，因此每个开关器件的电压应力被限制在 $V_{dc}/2$（对一个单元电容而言）。在此情况下，每个桥臂单元产生 $V_{dc}/2$ 和 0 两个电平（对如图 A. 29 所示每个桥臂具有 N 个单元的结构而言，所产生的电平为 V_{dc}/N 和 0）。下面以图 A. 27b 所示桥臂单元为例进行说明。通过开通开关 S_x 并关断开关 S_a，可以在 a_2 和 a_1 之间获得 $V_{dc}/2$ 电平；而通过开通开关 S_a 并关断开关 S_x，可以在 a_2 和 a_1 之间获得 0 电平。当 S_x 开通且 $i_x>0$ 时，单元电容被充电，而当 $i_x<0$ 时，单元电容被放电。为防止桥臂单元短路，开关 S_a 与 S_x 必须工作于互补状态。这意味着开通 S_a 则需

防止 S_x 导通，反之亦然。图 A.27 中的模块化换流器的每相（每个桥臂含二个单元）产生三个电平：$V_{dc}/2$、0 和 $-V_{dc}/2$。通过将上桥臂的二个桥臂单元中的电容旁路，我们就能得到输出 a 相相对直流源中点 $V_{dc}/2$ 的电平，即开通开关 S_{a1} 和 S_{a2}。所以，在此电平上，单元电容的荷电状态不受影响。可以注意到在此输出电平上，下桥臂的二个电容承受全部直流电压（Balzani 等，2006；Carpento 等，2006；Allebrod 等，2008；Adam 等，2009；Antonopoulos 等，2009；Adam 等，2010a；Adam 等，2010b；Akagi 和 Kitada，2010；Angquist 等，2010；Antonopoulos 等，2010；Adam 等，2011a；Ahmed 等，2011；Akagi，2011a；Akagi，2011b；Akagi 和 Kitada，2011；Angquist 等，2011a；Angquist 等，2011b；Barker 和 Kirby，2011；Baruschka 和 Mertens，2011b；Baruschka 和 Mertens，2011a；Bergna 等，2011；Ceballos 等，2011a；Adam 等，2012a；Adam 等，2012b；Adamowicz 等，2012；Ahmed 等，2012；Amankwah 等，2012a；Amankwah 等，2012b；Antonopoulos 等，2012；Araque 等，2012；Barnklau 等，2012；Bergna 等，2012b；Bergna 等，2012a；Bergna 等，2012c；Bergna 等，2012d；Buschendorf 等，2012；Casadei 等，2012；Chao 等，2012；Cherix 等，2012；Antonopoulos 等，2013；Adam 等，2013a；Adam 等，2013b；Alam 和 Khan，2013；Barnklau 等，2013；Bergna 等，2013；Brando 等，2013）。

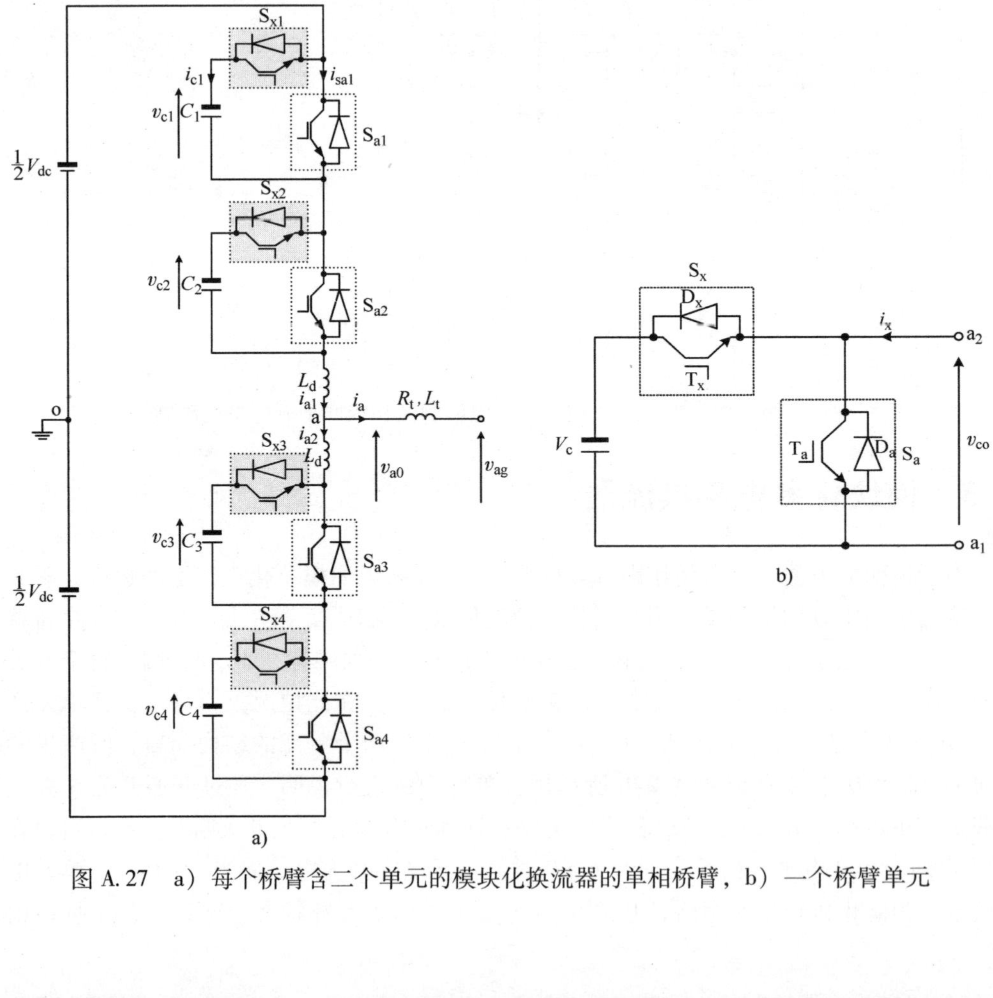

图 A.27　a）每个桥臂含二个单元的模块化换流器的单相桥臂，b）一个桥臂单元

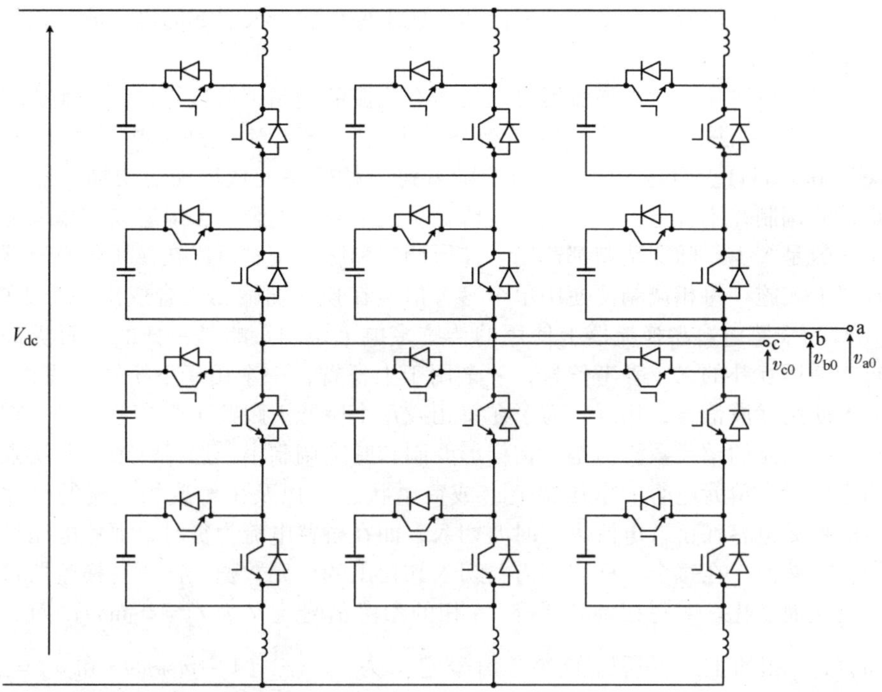

图 A.28　每个桥臂含二个单元的三相模块化多电平换流器

通过下列四种可能的开关组合，可以将上桥臂的一个单元电容和下桥臂的一个单元电容置于功率回路中，从而得到0电平：

1）开通开关 S_{a1} 和 S_{a3}，并关断开关 S_{a2} 和 S_{a4}。假设图 A.27 中桥臂电流 i_{a1} 和 i_{a2} 方向为正。当 $i_{a1}>0$ 且 $i_{a2}>0$ 时，这个开关组合对电容 C_2 和 C_4 充电；而当 $i_{a1}<0$ 且 $i_{a2}<0$ 时，C_2 和 C_4 放电。

2）开通开关 S_{a1} 和 S_{a4}，并关断开关 S_{a2} 和 S_{a3}。当 $i_{a1}>0$ 且 $i_{a2}>0$ 时，这个开关组合对电容 C_2 和 C_3 充电；而当 $i_{a1}<0$ 且 $i_{a2}<0$ 时，C_2 和 C_3 放电。

3）开通开关 S_{a2} 和 S_{a3}，并关断开关 S_{a1} 和 S_{a4}。当 $i_{a1}>0$ 且 $i_{a2}>0$ 时，这个开关组合对电容 C_1 和 C_4 充电；而当 $i_{a1}<0$ 且 $i_{a2}<0$ 时，C_1 和 C_4 放电。

4）开通开关 S_{a2} 和 S_{a4}，并关断开关 S_{a1} 和 S_{a3}。当 $i_{a1}>0$ 且 $i_{a2}>0$ 时，这个开关组合对电容 C_1 和 C_3 充电；而当 $i_{a1}<0$ 且 $i_{a2}<0$ 时，C_1 和 C_3 放电。

从上面的讨论可以知道，对如图 A.27 中所示的每个桥臂具有二个单元的模块化换流器，产生0电平的各种开关组合可以被利用来对单元电容上的电压进行均衡控制。

若需在 a 相相对直流源中点输出为 $-V_{dc}/2$ 电平，则可以开通开关 S_{a3} 和 S_{a4}，并关断开关 S_{a1} 和 S_{a2}（即旁路下桥臂的单元电容）。这样，单元电容电压维持不变。在此电平上，上桥臂单元阻断全部的直流链电压。这表明模块化换流器的每个桥臂必须被设计为能承受全部的直流链电压。

模块化换流器的桥臂电感必须足够大，这是为了在每相的所有单元电容电压之和与直流电压不相等时限制相间的冲击电流和环流大小。由于单元电容被用于合成换流器输出的不同电平，其大小必须能限制由基波电流和一些主要低次谐波引起的电压波动，如 2 次谐波，至 10% 范围内。

一般来说，模块化多电平换流器可以用所有主流的调制策略进行控制，如空间矢量调制、特定谐波消除法、基于载波的正弦脉宽调制（SPWM）和梯形（或幅值）调制（staircase modulation）。但是，由于复杂度随着每个桥臂单元数增加而增加，空间矢量调制与特定谐波调制并不合适。梯形调制在桥臂单元数高的场合而言最容易实施。无论每个桥臂的单元数是多少，脉宽调制都适用。梯形调制和脉宽调制可以在模块化换流器的每相或每个桥臂上实施。每相调制法使用单个参考信号在换流器输出上合成出一个正弦电压，这和在 NPC 与飞跨电容型换流器上使用的传统多电平调制策略是一样的。而桥臂调制方法则在每相使用互补的二个参考信号，一个用于上桥臂，一个用于下桥臂（见图 A. 29）。梯形调制不使用载波信号，相反，为了在每相或每个桥臂上跟踪正弦参考信号，它选择切入和切出功率回路的单元数。但是，在梯形调制和脉宽调制中，选择哪个单元切入或切出功率回路主要考虑单元电容的电压幅值（或荷电状态）以及桥臂或相电流的极性。具有最低电压的单元电容在桥臂电流为正时要切入，而在桥臂电流为负时，那些电压最高的单元需要切入。然而，在每个采样周期需要切入和切出的单元数随着需要在换流器每相输出的电平的变化而变化。对每相调制而言，a 相的参考信号定义为 $v_a = m\sin\omega t$；而对每个桥臂调制而言，a 相的上、下桥臂的参考信号定义为 $v_{a1} = \frac{1}{2}(1 - m\sin\omega t)$ 和 $v_{a2} = \frac{1}{2}(1 + m\sin\omega t)$ ㊀。

例 A. 9 假设下列参数，绘出三相模块化换流器在 SPWM 和每相调制法下的主要波形：每个桥臂单元数 $N=2$，单元电容 = 2mF，桥臂电感 $L_{dc}=3$mH，直流链电压 $V_{dc}=5$kV，每相 RL 负载为 10Ω 电阻加 23. 5mH 电感。设开关频率为 2. 1kHz，调制系数为 0. 9。

解： 图 A. 30 给出了主要的结果，其中模块化换流器每个桥臂有二个单元，每相 SPWM 使用一个参考信号，二个载波以同相层叠（PD）方式布置，频率为2. 1kHz。图 A. 30a ~ d 显示了相电压与线电压波形，以及它们的频谱。可以发现，使用 SPWM 和 PD 载波时，这些电压和它们的谐波分布与前面讨论的 NPC 换流器的结果一致。图 A. 30e 和 f 显示尽管桥臂电流非正弦，但是换流器三相输出电流为正弦。同时可以发现，桥臂电流包含了一个直流分量、基频分量和低次谐波。图 A. 30g 表明通过利用前述的 0 电平的不同开关组合，三相单元电容电压被严格控制在 $V_{dc}/2$ 附近。在这个例子中，每一个载波周期，单元电容的电压测量更新一次（1/2100μs ≈476μs），这是为了降低单元中的开关频率。

例 A. 10 假设下列参数，绘出单相模块化换流器在 SPWM 下用每桥臂调制法时的主要波形：每桥臂单元数 $N=2$，单元电容 = 2mF，桥臂电感 $L_{dc}=3$mH，直流链电压 $V_{dc}=5$kV，每相 RL 负载为 10Ω 电阻加 23. 5mH 电感。设开关频率为 2. 1kHz，调制系数为 0. 9。

解： 图 A. 31 给出了当单相模块化换流器在 SPWM 下用每桥臂调制法时的主要结果（每相二个参考信号，每桥臂一个）。可以发现，这种方法在每相上产生更多的电平，并把所有的谐波都推离基波频率范围。此外，它将大部分的谐波能量都置于载波的 2 次谐波附近（见图 A. 31a 和 b）。图 A. 31c 表明每桥臂调制法比每相调制法（即每相一个参考信

㊀ 原书为 $v_{a2} = \frac{1}{2}(1 - m\sin\omega t)$。——译者注

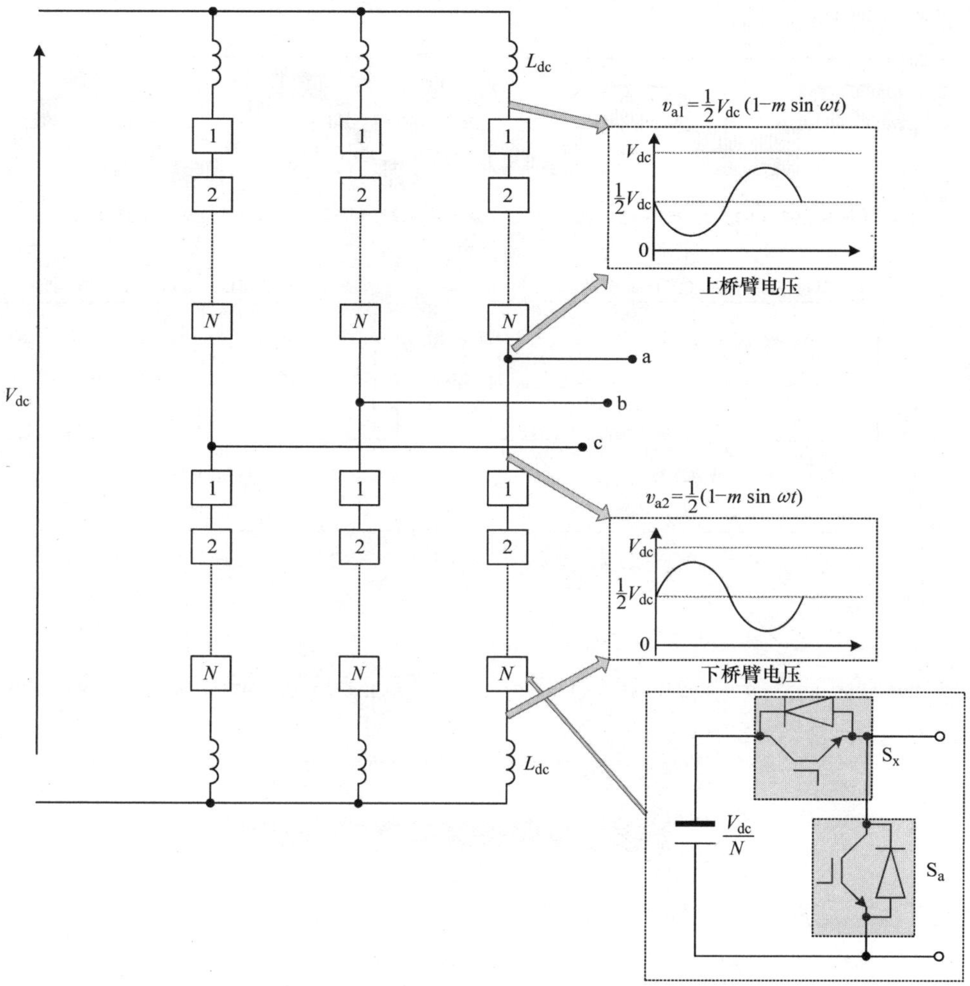

图 A.29　每个桥臂含 N 个单元的三相模块化多电平换流器

号）可产生更高品质的相电流。上、下桥臂的电流与每相调制法中得到的电流类似（见图 A.31d）。图 A.31e 显示单元电容两端电压被严格控制在 $V_{dc}/2$ 附近，如前所述，这可以通过利用产生 0 电平中的冗余开关组合来实现。

例 A.11　假设下列参数，绘出单相模块化换流器在梯形调制下用每桥臂调制法时的主要波形：每桥臂单元数 $N=16$，单元电容 = 5mF，桥臂电感 L_{dc} = 10mH，直流链电压 V_{dc} = 40kV，每相 RL 负载为 10Ω 电阻加 23.8mH 电感。设参考信号和电容电压测量以 1.8kHz 频率更新，调制系数为 0.95。

解：图 A.32 给出了当单相模块化换流器在梯形调制时的主要结果，每相二个参考信号。图 A.32a 和 b 给出了相电压及其频谱；可以发现当单元数足够大时，梯形调制法可产生高品质的输出电流，如图 A.32b 所示，没有大的谐波分量，从而无需交流滤波器。图 A.32c 和 d 给出了相电流和桥臂电流。图 A.32e 表明换流器在用梯形调制时，开关运行于更低的开关频率，所以开关的损耗更低。图 A.32 表明单元电容电压维持平衡，所有电容

电压被控制到 $V_{dc}/16$ 附近。

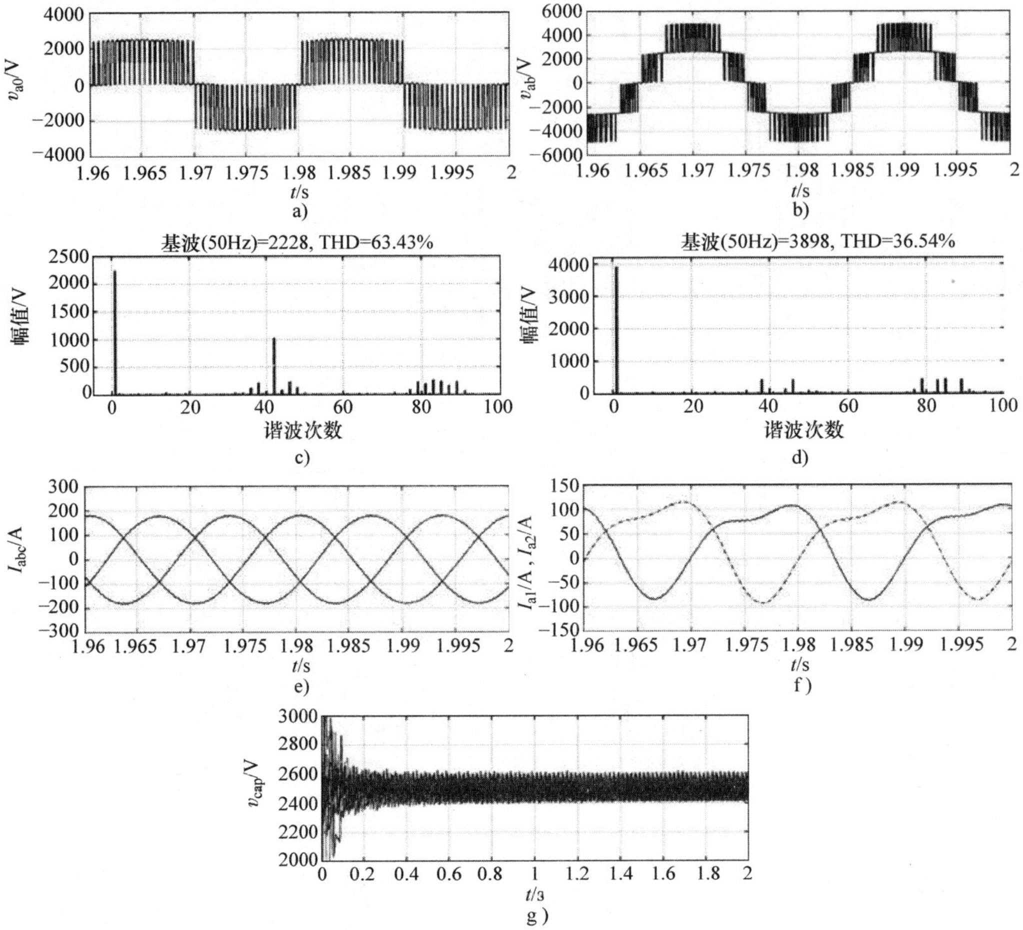

图 A. 30　当每个桥臂含二个单元的模块化换流器通过每相调制法控制时获得的主要结果：
a）相对直流电源中点的相电压；b）线电压；c）相电压频谱；d）线电压频谱；
e）三相负载电流；f）上桥臂和下桥臂电流采样波形；g）三相单元电容两端电压

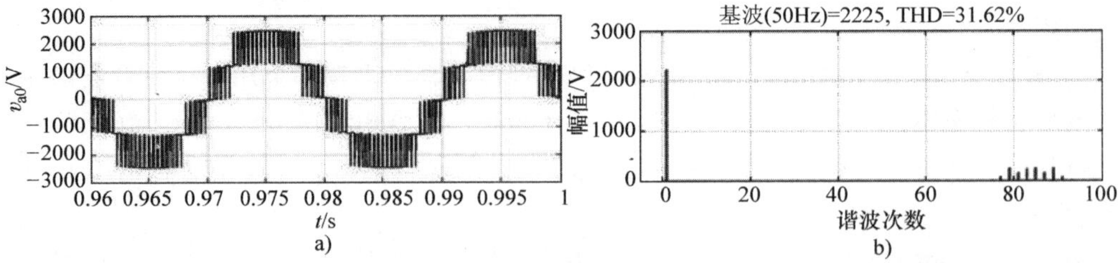

图 A. 31　当单相模块化换流器通过基于每桥臂调制法的 SPWM 控制时获得的主要结果：
a）相对直流电源中点的相电压；b）相电压频谱

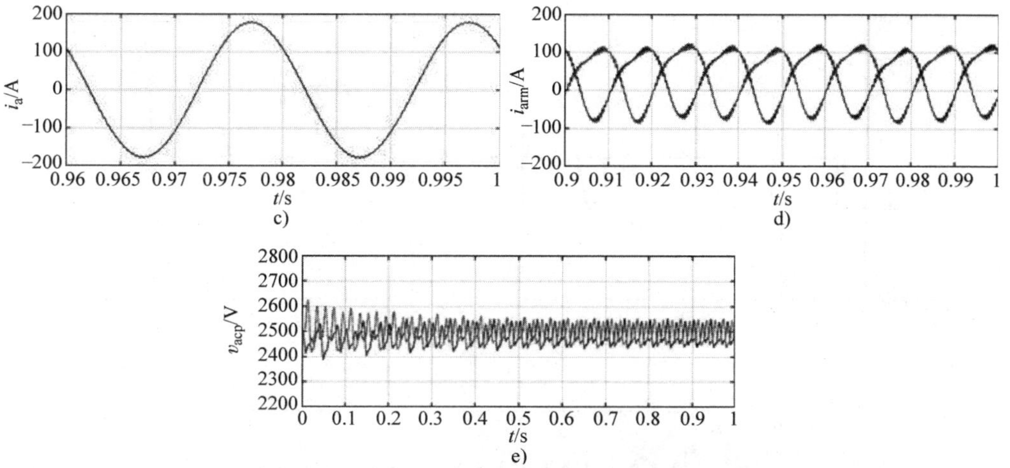

图 A. 31　当单相模块化换流器通过基于每桥臂调制法的 SPWM 控制时获得的主要结果（续）：c）输出相电流；d）上桥臂和下桥臂电流；e）电容两端电压

图 A. 33 给出了另一种形式的模块化换流器，它使用全桥而非前面所述的半桥。其运行原理和调制与半桥结构类似。然而，与半桥相比，H 桥结构提供了宝贵的预防短路的能力（当换流器开关通过门极信号关断时，在直流故障期间，没有电流可以在交流侧和直流侧之间流动）。

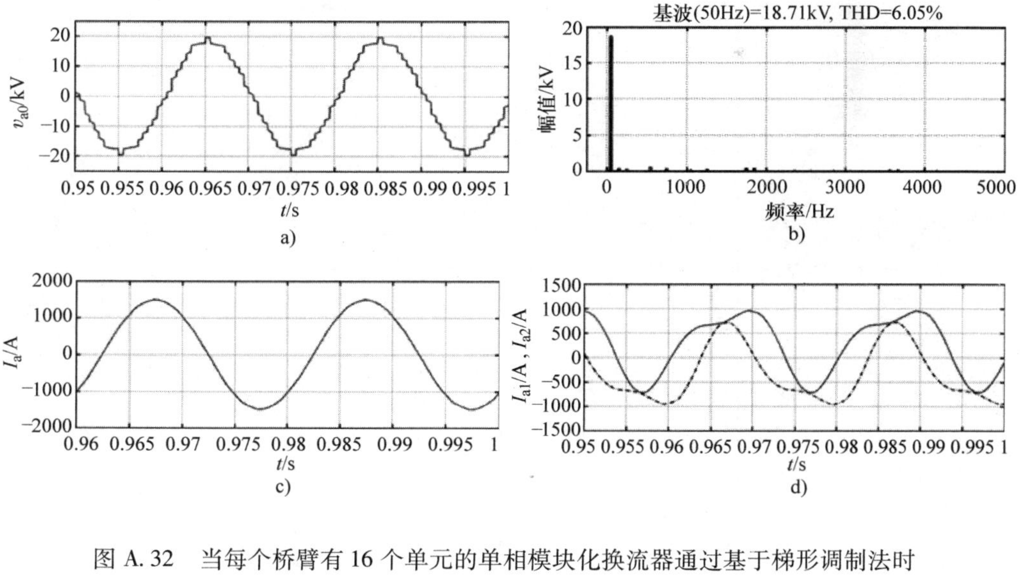

图 A. 32　当每个桥臂有 16 个单元的单相模块化换流器通过基于梯形调制法时获得的主要结果，每相含二个正弦参考信号：a）相对直流电源中点的相电压；b）相电压频谱；c）输出相电流；d）上桥臂和下桥臂电流

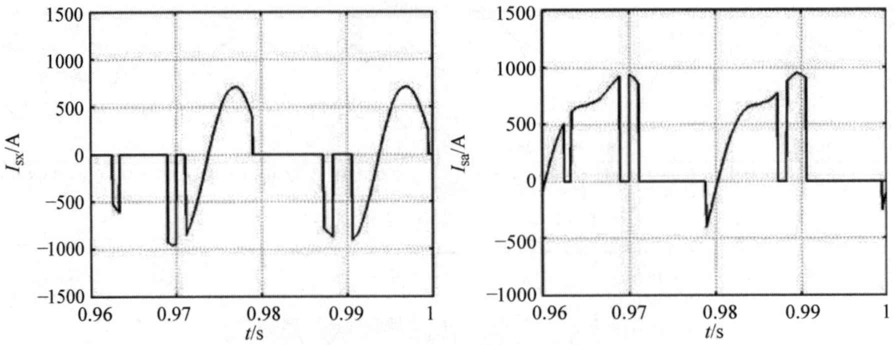

e)

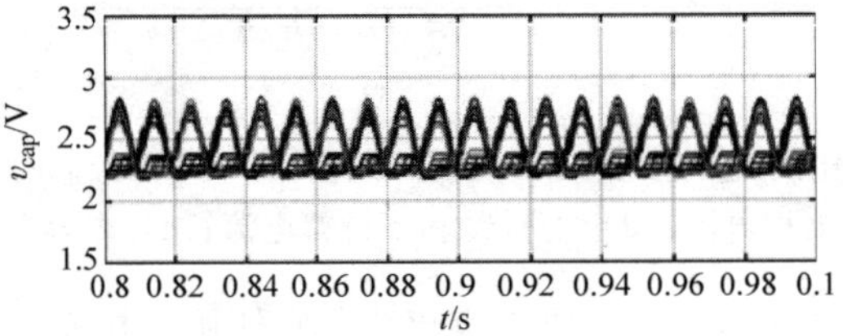

f)

图 A. 32　当每个桥臂有 16 个单元的单相模块化换流器通过基于梯形调制法时获得的主要结果，每相含二个正弦参考信号（续）：e）在低频下换流器开关中的电流波形；f）电容电压

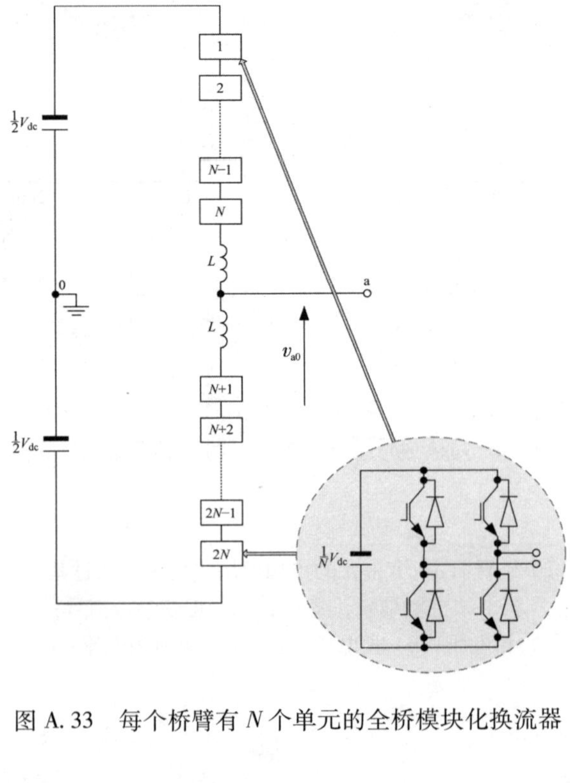

图 A. 33　每个桥臂有 N 个单元的全桥模块化换流器

参考文献

Abu-rub, H., Holtz, J., Rodriguez, J. and Baoming, G. (2010) Medium-voltage multilevel converters – state of the art, challenges, and requirements in industrial applications. *Industrial Electronics, IEEE Transactions on*, **57**, 2581–2596.

Aceiton, R., Weber, J. and Bernet, S. (2012) Level-Shifted PWM for a multilevel traction converter using a state composer. Energy Conversion Congress and Exposition (ECCE), 2012 IEEE, 15–20 September 2012, pp. 713–717.

Acuna, P.F., Moran, L.A., Weishaupt, C.A. and Dixon, L.W. (2011) An active power filter implemented with multilevel single-phase NPC converters. IECON 2011–37th Annual Conference on IEEE Industrial Electronics Society, 7–10 November 2011, pp. 4367–4372.

Adam, G.P. (2007) Quasi Two-level of five-level diode clamped converter. PhD in electrical engineering, power electronics, University of Strathclyde.

Adam, G.P., Ahmed, K.H., Finney, S.J. *et al.* (2013a) New Breed of Network Fault-Tolerant Voltage-Source-Converter HVDC Transmission System. *Power Systems, IEEE Transactions on*, **28**, 335–346.

Adam, G.P., Ahmed, K.H., Finney, S.J. and Williams, B.W. (2011a) Modular multilevel converter for medium-voltage applications. Electric Machines & Drives Conference (IEMDC), 2011 IEEE International, 15–18 May 2011, pp. 1013–1018.

Adam, G.P., Alajmi, B., Ahmed, K.H. *et al.* (2011b) New flying capacitor multilevel converter. Industrial Electronics (ISIE), 2011 IEEE International Symposium on, 27–30 June 2011, pp. 335–339.

Adam, G.P., Anaya-Lara, G.O. and Burt, G. (2012a) Statcom based on modular multilevel converter: Dynamic performance and transient response during ac network disturbances. Power Electronics, Machines and Drives (PEMD 2012), 6th IET International Conference on, 27–29 March 2012, pp. 1–5.

Adam, G.P., Anaya-Lara, O. and Burt, G. (2010a) Steady-state and transient performance of DC transmission systems based on HVDC technology. AC and DC Power Transmission, 2010. ACDC. 9th IET International Conference on, 19–21 October 2010, pp. 1–5.

Adam, G.P., Anaya-Lara, O., Burt, G. *et al.* (2009) Comparison between Two VSC-HVDC Transmission Systems Technologies: Modular and Neutral Point Clamped Multilevel Converter. IEEE 13th Annual conference of the Industrial Electronic Society IECON2009, 3–5 November 2009, Porto-Portugal.

Adam, G.P., Anaya-Lara, O., Burt, G. and Mcdonald, J. (2009) Transformerless STATCOM based on a five-level modular multilevel converter. Power Electronics and Applications. EPE '09. 13th European Conference on, 8–10 September 2009, pp. 1–10.

Adam, G.P., Anaya-Lara, O., Burt, G.M. *et al.* (2010b) Modular multilevel inverter: Pulse width modulation and capacitor balancing technique. *Power Electronics, IET*, **3**, 702–715.

Adam, G.P., Finney, S.J., Bell, K. and Williams, B.W. (2012b) Transient capability assessments of HVDC voltage source converters. Power and Energy Conference at Illinois (PECI), 2012 IEEE, 24–25 February 2012, pp. 1–8.

Adam, G.P., Finney, S.J., Ojo, O. and Williams, B.W. (2012c). Quasi-two-level and three-level operation of a diode-clamped multilevel inverter using space vector modulation. *Power Electronics, IET*, **5**, 542–551.

Adam, G.P., Finney, S.J. and Williams, B.W. (2013b). Hybrid converter with ac side cascaded H-bridge cells against H-bridge alternative arm modular multilevel converter: steady-state and dynamic performance. *Generation, Transmission & Distribution, IET*, **7**(3), 318–328.

Adamowicz, M., Strzelecki, R. and Krzeminski, Z. (2012) Hybrid high-frequency-SiC and line-frequency-Si based PEBB for MV modular power converters. IECON 2012–38th Annual Conference on IEEE Industrial Electronics Society, 25–28 October 2012, pp. 5197–5202.

Ahmed, N., Haider, A., Van Hertem, D. *et al.* (2011) Prospects and challenges of future HVDC SuperGrids with modular multilevel converters. Power Electronics and Applications (EPE 2011), Proceedings of the 2011–14th European Conference on, 30 August 2011–1 September 2011, pp. 1–10.

Ahmed, N., Ngquist, L., Norrga, S. and Nee, H.P. (2012) Validation of the continuous model of the modular multilevel converter with blocking/deblocking capability. AC and DC Power Transmission (ACDC 2012), 10th IET International Conference on, 4–5 December 2012, pp. 1–6.

Akagi, H. (2011a) Classification, terminology, and application of the modular multilevel cascade converter (MMCC). *Power Electronics, IEEE Transactions on*, **26**, 3119–3130.

Akagi, H. (2011b) New trends in medium-voltage power converters and motor drives. Industrial Electronics (ISIE), 2011 IEEE International Symposium on, 27–30 June 2011, pp. 5–14.

Akagi, H., Fujita, H., Yonetani, S. and Kondo, Y. (2008) A 6.6-kV transformerless STATCOM based on a five-level diode-clamped PWM converter: system design and experimentation of a 200-V 10-kVA laboratory model. *Industry Applications, IEEE Transactions on*, **44**, 672–680.

Akagi, H., Inoue, S. and Yoshii, T. (2007) Control and Performance of a Transformerless Cascade PWM STATCOM With Star Configuration. *Industry Applications, IEEE Transactions on*, **43**, 1041–1049.

Akagi, H. and Kitada, R. (2010) Control of a modular multilevel cascade BTB system using bidirectional isolated

DC/DC converters. Energy Conversion Congress and Exposition (ECCE), 2010 IEEE, 12–16 September 2010, pp. 3549–3555.

Akagi, H. and Kitada, R. (2011) Control and Design of a Modular Multilevel Cascade BTB System Using Bidirectional Isolated DC/DC Converters. *Power Electronics, IEEE Transactions on*, **26**, 2457–2464.

Alam, M.K. and Khan, F.H. (2013) State space modeling and performance analysis of a multilevel modular switched-capacitor converter using pulse dropping switching technique. Applied Power Electronics Conference and Exposition (APEC), 2013 Twenty-Eighth Annual IEEE, 17–21 March 2013, pp. 1753–1758.

Alizadeh, O. and Farhangi, S. (2007) Voltage balancing technique with low switching frequency for cascade multilevel active front-end. Power Electronics, 2007. ICPE '07. 7th Internatonal Conference on, 22–26 October 2007, pp. 749–753.

Allebrod, S., Hamerski, R. and Marquardt, R. (2008) New transformerless, scalable Modular Multilevel Converters for HVDC-transmission. Power Electronics Specialists Conference, 2008. PESC 2008. IEEE, 15–19 June 2008, pp. 174–179.

Amankwah, E.K., Clare, J.C., Wheeler, P.W. and Watson, A.J. (2012a) Cell capacitor voltage control in a parallel hybrid modular multilevel voltage source converter for HVDC applications. Power Electronics, Machines and Drives (PEMD 2012), 6th IET International Conference on, 27–29 March 2012, pp. 1–6.

Amankwah, E.K., Clare, J.C., Wheeler, P.W. and Watson, A.J. (2012b) Multi carrier PWM of the modular multilevel VSC for medium voltage applications. Applied Power Electronics Conference and Exposition (APEC), 2012 Twenty-Seventh Annual IEEE, 5–9 February 2012, pp. 2398–2406.

Angquist, L., Antonopoulos, A., Siemaszko, D. *et al.* (2010) Inner control of Modular Multilevel Converters – An approach using open-loop estimation of stored energy. Power Electronics Conference (IPEC), 2010 International, 21–24 June 2010, pp. 1579–1585.

Angquist, L., Antonopoulos, A., Siemaszko, D. *et al.* (2011a) Open-loop control of modular multilevel converters using estimation of stored energy. *Industry Applications, IEEE Transactions on*, **47**, 2516–2524.

Angquist, L., Haider, A., Nee, H.P. and Hongbo, J. (2011b) Open-loop approach to control a Modular Multilevel Frequency Converter. Power Electronics and Applications (EPE 2011), Proceedings of the 2011–14th European Conference on, 30 August 2011–1 September 2011, pp. 1–10.

Antonopoulos, A., Angquist, L., Harnefors, L. *et al.* (2013) Global asymptotic stability of modular multilevel converters. *Industrial Electronics, IEEE Transactions on*, **61**(2), 603–612.

Antonopoulos, A., Angquist, L. and Nee, H.P. (2009) On dynamics and voltage control of the Modular Multilevel Converter. Power Electronics and Applications, 2009. EPE '09. 13th European Conference on, 8–10 September 2009, pp. 1–10.

Antonopoulos, A., Angquist, L., Norrga, S. *et al.* (2012) Modular multilevel converter ac motor drives with constant torque form zero to nominal speed. Energy Conversion Congress and Exposition (ECCE), 2012 IEEE, 15–20 September 2012, pp. 739–746.

Antonopoulos, A., Ilves, K., Ngquist, L. and Nee, H.P. (2010) On interaction between internal converter dynamics and current control of high-performance high-power AC motor drives with modular multilevel converters. Energy Conversion Congress and Exposition (ECCE), 2010 IEEE, 12–16 September 2010, pp. 4293–4298.

Araque, J.A., Diaz Rodriguez, J.L. and Garcia, A.P. (2012) Modular development of a single phase multilevel converter. Circuits and Systems (CWCAS), 2012 IEEE 4th Colombian Workshop on, 1–2 November 2012, pp. 1–6.

Azmi, S.A., Adam, G.P., Ahmed, K.H. *et al.* (2013) Grid interfacing of multimegawatt photovoltaic inverters. *Power Electronics, IEEE Transactions on*, **28**, 2770–2784.

Baier, C.R., Munoz, J.A., Espinoza, J.R. *et al.* (2011) Improving power quality in cascade multilevel converters based on single-phase non-regenerative power cells. IECON 2011–37th Annual Conference on IEEE Industrial Electronics Society, 7–10 November 2011, pp. 4192–4197.

Baker, A.C., Zaffanella, L.E., Anzivino, L.D. *et al.* (1988) Contamination performance of HVDC station post insulators. *Power Delivery, IEEE Transactions on*, **3**, 1968–1975.

Balzani, M., Reatti, A. and Salvadori, G. (2006) Design, Assembly and Testing of Modular Multilevel Converter with Multicarrier PWM Method. Research in Microelectronics and Electronics 2006, PhD, 2006, pp. 57–60.

Barbosa, P., Steimer, P., Steinke, J. *et al.* (2005) Active-neutral-point-clamped (ANPC) multilevel converter technology. Power Electronics and Applications, 2005 European Conference on, 2005, p. 10.

Barker, C.D. and Kirby, N.M. (2011) Reactive power loading of components within a modular multi-level HVDC VSC converter. Electrical Power and Energy Conference (EPEC), 2011 IEEE, 3–5 October 2011, pp. 86–90.

Barnklau, H., Gensior, A. and Bernet, S. (2012) Derivation of an equivalent submodule per arm for modular multilevel converters. Power Electronics and Motion Control Conference (EPE/PEMC), 2012 15th International, 4–6 September 2012, pp. LS2a.2-1–LS2a.2-5.

Barnklau, H., Gensior, A. and Rudolph, J. (2013) A model-based control scheme for modular multilevel converters. *Industrial Electronics, IEEE Transactions on*, **60**, 5359–5375.

Barros, J.D., Silva, J.F.A. and Jesus, E.G.A. (2013) Fast-predictive optimal control of NPC multilevel converters. *Industrial Electronics, IEEE Transactions on*, **60**, 619–627.

Baruschka, L. and Mertens, A. (2011a) Comparison of Cascaded H-Bridge and Modular Multilevel Converters for BESS application. Energy Conversion Congress and Exposition (ECCE), 2011 IEEE, 17–22 September 2011, pp. 909–916.

Baruschka, L. and Mertens, A. (2011b) A new 3-phase direct modular multilevel converter. Power Electronics and Applications (EPE 2011). Proceedings of the 2011–14th European Conference on, 30 August 2011–1 September 2011, pp. 1–10.

Bech, M.M., Blaabjerg, F. and Pedersen, J.K. (2000) Random modulation techniques with fixed switching frequency for three-phase power converters. *Power Electronics, IEEE Transactions on*, **15**, 753–761.

Beig, A.R. (2012) Synchronized SVPWM algorithm for the overmodulation region of a low switching frequency medium-voltage three-level VSI. *Industrial Electronics, IEEE Transactions on*, **59**, 4545–4554.

Ben-Brahim, L. (2008) A discontinuous PWM method for balancing the neutral point voltage in three-level inverter-fed variable frequency drives. *Energy Conversion, IEEE Transactions on*, **23**, 1057–1063.

Ben-Brahim, L. and Tadakuma, S. (2006) A novel multilevel carrier-based PWM-control method for GTO inverter in low index modulation region. *Industry Applications, IEEE Transactions on*, **42**, 121–127.

Ben-Sheng, C. and Hsu, Y.-Y. (2007) An analytical approach to harmonic analysis and controller design of a STATCOM. *Power Delivery, IEEE Transactions on*, **22**, 423–432.

Bergna, G., Berne, E., Egrot, P. *et al.* (2013) An energy-based controller for HVDC modular multilevel converter in decoupled double synchronous reference frame for voltage oscillation reduction. *Industrial Electronics, IEEE Transactions on*, **60**, 2360–2371.

Bergna, G., Berne, E., Egrot, P. *et al.* (2012a) A generalized power control approach in ABC frame for modular Multilevel Converters based on mathematical optimization. Energy Conference and Exhibition (ENERGYCON), 2012 IEEE International, 9–12 September 2012, pp. 158–165.

Bergna, G., Berne, E., Egrot, P. *et al.* (2012b) Modular Multilevel Converter-energy difference controller in rotating reference frame. Power Electronics and Motion Control Conference (EPE/PEMC), 2012 15th International, 4–6 September 2012, pp. LS2c.1-1–LS2c.1-4.

Bergna, G., Boyra, M. and Vivas, J.H. (2011) Evaluation and proposal of MMC-HVDC control strategies under transient and steady state conditions. Power Electronics and Applications (EPE 2011), Proceedings of the 2011–14th European Conference on, 30 August 2011–1 September 2011, pp. 1–10.

Bergna, G., Suul, J., Berne, E. *et al.* (2012c) Mitigating DC-side power oscillations and negative sequence load currents in Modular Multilevel Converters under unbalanced faults- first approach using resonant PI. IECON 2012 – 38th Annual Conference on IEEE Industrial Electronics Society, 25–28 October 2012, pp. 537–542.

Bergna, G., Vannier, J.C., Lefranc, P. *et al.* (2012d) Modular Multilevel Converter leg-energy controller in rotating reference frame for voltage oscillations reduction. Power Electronics for Distributed Generation Systems (PEDG), 2012 3rd IEEE International Symposium on, 25–28 June 2012, pp. 698–703.

Betanzos, J.D., Rodriguez, J.J. and Peralta, E. (2013) Space vector pulse width modulation for three-level NPC-VSI. *Latin America Transactions, IEEE (Revista IEEE America Latina)*, **11**, 759–767.

Beza, M. and Norrga, S. (2010) Three-level converters with selective Harmonic Elimination PWM for HVDC application. Energy Conversion Congress and Exposition (ECCE), 2010 IEEE, 12–16 September 2010, pp. 3746–3753.

Bierk, H., Al-Judi, A., Rahim, A. and Nowicki, E. (2009) Elimination of low-order harmonics using a modified SHE-PWM technique for medium voltage induction motor applications. Power & Energy Society General Meeting, 2009. PES '09. IEEE, 26–30 July 2009, pp. 1–8.

Bierk, H., Albakkar, A. and Nowicki, E. (2011) Harmonic reduction in the parallel arrangements of grid-connected voltage source inverters. Electric Power and Energy Conversion Systems (EPECS), 2011 2nd International Conference on, 15–17 Nov. 2011, pp. 1–6.

Bode, G.H. and Holmes, D.G. (2001) Improved current regulation for voltage source inverters using zero crossings of the compensated current errors. Industry Applications Conference, 2001. Thirty-Sixth IAS Annual Meeting. Conference Record of the 2001 IEEE, 30 September 2001–4 October 2001, pp. 1007–1014 vol.2.

Bor-Ren, L. and Ta-Chang, W. (2004) Space vector modulation strategy for an eight-switch three-phase NPC converter. *Aerospace and Electronic Systems, IEEE Transactions on*, **40**, 553–566.

Bowes, S.R. (in press) New sinusoidal pulse width modulation inverter. *Proc. IEE*, **122**, 1279–1285.

Bowes, S.R. (1975) New sinusoidal pulsewidth-modulated invertor. *Electrical Engineers, Proceedings of the Institution of*, **122**, 1279–1285.

Bowes, S.R. (1988) Comments, with reply, on "An algebraic algorithm for microcomputer-based (direct) inverter pulsewidth modulation" by Y.H. Kim and M. Ehsani. *Industry Applications, IEEE Transactions on*, **24**, 998–1004.

Bowes, S.R. (1990) Regular-sampled harmonic elimination/minimisation PWM techniques. Applied Power Electronics Conference and Exposition, 1990. APEC '90, Conference Proceedings 1990, Fifth Annual, 11–16 March 1990, pp. 532–540.

Bowes, S.R. (1993a) Advanced regular-sampled PWM control techniques for drives and static power converters. Industrial Electronics, Control, and Instrumentation, 1993. Proceedings of the IECON '93., International Conference on, 15–19 November 1993, vol. 2, pp. 662–669.

Bowes, S.R. (1993b) Efficient microprocessor real-time PWM drive control using regular-sampled harmonic minimisation techniques. Industrial Electronics, 1993. Conference Proceedings, ISIE'93 – Budapest, IEEE International Symposium on, 1993, pp. 211–218.

Bowes, S.R. (1993c) Novel real-time harmonic minimized PWM control for drives and static power converters. Applied Power Electronics Conference and Exposition, 1993. APEC '93. Conference Proceedings 1993, Eighth Annual, 7–11 March 1993, pp. 561–567.

Bowes, S.R. (1994) Novel real-time harmonic minimized PWM control for drives and static power converters. *Power Electronics, IEEE Transactions on*, **9**, 256–262.

Bowes, S.R. (1995) Advanced regular-sampled PWM control techniques for drives and static power converters. *Industrial Electronics, IEEE Transactions on*, **42**, 367–373.

Bowes, S.R. and Bird, B.M. (1975) Novel approach to the analysis and synthesis of modulation processes in power convertors. *Electrical Engineers, Proceedings of the Institution of*, **122**, 507–513.

Bowes, S.R. and Clare, J.C. (1988) Computer-aided design of PWM power-electronic variable-speed drives. *Electric Power Applications, IEE Proceedings B*, **135**, 240–260.

Bowes, S.R. and Clark, P.R. (1988) Transputer based optimal PWM control of inverter drives. Industry Applications Society Annual Meeting, 1988. Conference Record of the 1988 IEEE, 2–7 Oct. 1988. vol. 1, pp. 314–321.

Bowes, S.R. and Clark, P.R. (1990) Simple microprocessor implementation of new regular-sampled harmonic elimination PWM techniques. Industry Applications Society Annual Meeting, 1990. Conference Record of the 1990 IEEE, 7–12 October 1990. vol. 1, pp. 341–347.

Bowes, S.R. and Clark, P.R. (1992) Transputer-based harmonic-elimination PWM control of inverter drives. *Industry Applications, IEEE Transactions on*, **28**, 72–80.

Bowes, S.R. and Grewal, S. (1998a) A novel harmonic elimination PWM strategy. Power Electronics and Variable Speed Drives, 1998. Seventh International Conference on (Conf. Publ. No. 456), 21–23 September 1998, pp. 426–432.

Bowes, S.R. and Grewal, S. (1998b) Simplified harmonic elimination PWM control strategy. *Electronics Letters*, **34**, 325–326.

Bowes, S.R. and Grewal, S. (1999) Novel space vector based harmonic elimination inverter control. Industry Applications Conference, 1999. Thirty-Fourth IAS Annual Meeting. Conference Record of the 1999 IEEE, 1999, vol. 3, pp. 1616–1622.

Bowes, S.R., Grewal, S. and Holliday, D. (2000a) High frequency PWM technique for two and three level single-phase inverters. *Electric Power Applications, IEE Proceedings*, **147**, 181–191.

Bowes, S.R., Grewal, S. and Holliday, D. (2000b) Simplified ultrasonic regular-sampled PWM technique. *Electronics Letters*, **36**, 854–855.

Bowes, S.R. and Holliday, D. (2006) Comparison of pulse-width-modulation control strategies for three-phase inverter systems. *Electric Power Applications, IEE Proceedings*, **153**, 575–584.

Bowes, S.R. and Yen-Shin, L. (1997) The relationship between space-vector modulation and regular-sampled PWM. *Industrial Electronics, IEEE Transactions on*, **44**, 670–679.

Bradshaw, J., Madawala, U., Patel, N. and Vilathgamuwa, M. (2012) Bit-stream-based space vector modulators. *Power Electronics, IET*, **5**, 205–214.

Brando, G., Coppola, M., Dannier, A. *et al.* (2013) An analysis of modular multilevel converter for full frequency range operations. Ecological Vehicles and Renewable Energies (EVER), 2013 8th International Conference and Exhibition on, 27–30 March 2013, pp. 1–7.

Bruckner, T. and Holmes, D.G. (2003) Optimal pulse width modulation for three-level inverters. Power Electronics Specialist Conference, 2003. PESC '03. 2003 IEEE 34th Annual, 15–19 June 2003, vol. 1, pp. 165–170.

Buja, G.S. and Indri, G.B. (1977) Optimal pulsewidth modulation for feeding AC motors. *Industry Applications, IEEE Transactions on*, **IA-13**, 38–44.

Burgos, R., Lai, R., Pei, Y. *et al.* (2007) Space Vector Modulation for Vienna-Type Rectifiers Based on the Equivalence between Two- and Three-Level Converters: A Carrier-Based Implementation. Power Electronics Specialists Conference, 2007. PESC 2007. IEEE, 17–21 June 2007, pp. 2861–2867.

Burgos, R., Rixin, L., Yunqing, P. *et al.* (2008) Space vector modulator for vienna-type rectifiers based on the equivalence between two- and three-level converters: a carrier-based implementation. *Power Electronics, IEEE Transactions on*, **23**, 1888–1898.

Buschendorf, M., Weber, J. and Bernet, S. (2012) Comparison of IGCT and IGBT for the use in the modular multilevel converter for HVDC applications. Systems, Signals and Devices (SSD), 2012 9th International Multi-Conference on, 20–23 March 2012, pp. 1–6.

Busquets-Monge, S., Alepuz, S., Bordonau, J. and Peracaula, J. (2007) Voltage Balancing Control of Diode-Clamped Multilevel Converters with Passive Front-Ends. Industrial Electronics, 2007. ISIE 2007. IEEE International Symposium on, 4–7 June 2007, pp. 544–549.

Busquets-Monge, S., Rocabert, J., Crebier, J.C. and Peracaula, J. (2009) Diode-clamped multilevel converters with integrable gate-driver power-supply circuits. Power Electronics and Applications, 2009. EPE '09. 13th European Conference on, 8–10 September 2009, pp. 1–10.

Carnielutti, F., Pinheiro, H. and Rech, C. (2012) Generalized carrier-based modulation strategy for cascaded multilevel converters operating under fault conditions. *Industrial Electronics, IEEE Transactions on*, **59**, 679–689.

Carpaneto, M., Marchesoni, M. and Vaccaro, L. (2007) A New Cascaded Multilevel Converter Based on NPC Cells. Industrial Electronics, 2007. ISIE 2007. IEEE International Symposium on, 4–7 June 2007, pp. 1033–1038.

Carpento, M., Ferrando, G., Marchesoni, M. and Vaccaro, L.R. (2006) A new modular multilevel conversion structure with passive filter minimization. IEEE Industrial Electronics, IECON 2006 – 32nd Annual Conference on, 6–10 Nov. 2006, pp. 2432–2437.

Carrara, G., Casini, D., Gardella, S. and Salutari, R. (1993) Optimal PWM for the control of multilevel voltage source inverter. Power Electronics and Applications, 1993. Fifth European Conference on, 13–16 September 1993, vol. 4, pp. 255–259.

Carrara, G., Gardella, S., Marchesoni, M. *et al.* (1990) A new multilevel PWM method: a theoretical analysis. Power Electronics Specialists Conference, 1990. PESC '90 Record., 21st Annual IEEE, 1990, pp. 363–371.

Carrara, G., Gardella, S., Marchesoni, M. *et al.* (1992) A new multilevel PWM method: a theoretical analysis. *Power Electronics, IEEE Transactions on*, **7**, 497–505.

Carter, P.J. and Johnson, G.B. (1988) Space charge measurements downwind from a monopolar 500 kV HVDC test line. *Power Delivery, IEEE Transactions on*, **3**, 2056–2063.

Casadei, D., Dujic, D., Levi, E. *et al.* (2008) General modulation strategy for seven-phase inverters with independent control of multiple voltage space vectors. *Industrial Electronics, IEEE Transactions on*, **55**, 1921–1932.

Casadei, G., Teodorescu, R., Vlad, C. and Zarri, L. (2012) Analysis of dynamic behavior of Modular Multilevel Converters: Modeling and control. System Theory, Control and Computing (ICSTCC), 2012 16th International Conference on, 12–14 October 2012, pp. 1–6.

Cataliotti, A., Genduso, F., Raciti, A. and Galluzzo, G.R. (2007) Generalized PWM–VSI control algorithm based on a universal duty-cycle expression: theoretical analysis, simulation results, and experimental validations. *Industrial Electronics, IEEE Transactions on*, **54**, 1569–1580.

Ceballos, S., Pou, J., Gabiola, I. *et al.* (2006a) Fault-Tolerant Multilevel Converter Topology. Industrial Electronics, 2006 IEEE International Symposium on, 9–13 July 2006, pp. 1577–1582.

Ceballos, S., Pou, J., Robles, E. *et al.* (2008a) Three-level converter topologies with switch breakdown fault-tolerance capability. *Industrial Electronics, IEEE Transactions on*, **55**, 982–995.

Ceballos, S., Pou, J., Robles, E. *et al.* (2010) Performance evaluation of fault-tolerant neutral-point-clamped converters. *Industrial Electronics, IEEE Transactions on*, **57**, 2709–2718.

Ceballos, S., Pou, J., Sanghun, C. *et al.* (2011a) Analysis of voltage balancing limits in modular multilevel converters. IECON 2011 – 37th Annual Conference on IEEE Industrial Electronics Society, 7–10 November 2011, pp. 4397–4402.

Ceballos, S., Pou, J., Zaragoza, J. *et al.* (2006b) Efficient Modulation Technique for a Four-Leg Fault-Tolerant Neutral-Point-Clamped Inverter. IEEE Industrial Electronics, IECON 2006 – 32nd Annual Conference on, 6–10 November 2006, pp. 2090–2095.

Ceballos, S., Pou, J., Zaragoza, J. *et al.* (2008b) Efficient modulation technique for a four-leg fault-tolerant neutral-point-clamped inverter. *Industrial Electronics, IEEE Transactions on*, **55**, 1067–1074.

Ceballos, S., Pou, J., Zaragoza, J. *et al.* (2007) Soft-Switching Topology for a Fault-Tolerant Neutral-Point-Clamped Converter. Industrial Electronics, 2007. ISIE 2007. IEEE International Symposium on, 4–7 June 2007, pp. 3186–3191.

Ceballos, S., Pou, J., Zaragoza, J. *et al.* (2011b) Fault-tolerant neutral-point-clamped converter solutions based on including a fourth resonant leg. *Industrial Electronics, IEEE Transactions on*, **58**, 2293–2303.

Congzhe, G., Xinjian, J., Yongdong, L. *et al.* (2013) A DC-link voltage self-balance method for a diode-clamped modular multilevel converter with minimum number of voltage sensors. *Power Electronics, IEEE Transactions on*, **28**, 2125–2139.

Chang, G.W., Chia-Ming, Y. and Wei-Cheng, C. (2006) Meeting IEEE-519 current harmonics and power factor constraints with a three-phase three-wire active power filter under distorted source voltages. *Power Delivery, IEEE Transactions on*, **21**, 1648–1654.

Changjiang, Z., Arulampalam, A. and Jenkins, N. 2003. Four-wire dynamic voltage restorer based on a three-dimensional voltage space vector PWM algorithm. *Power Electronics, IEEE Transactions on*, **18**, 1093–1102.

Changjiang, Z., Ramachandaramurthy, V.K., Arulampalam, A. *et al.* (2001) Dynamic voltage restorer based on voltage-space-vector PWM control. *Industry Applications, IEEE Transactions on*, **37**, 1855–1863.

Chao, C., Adam, G.P., Finney, S.J. and Williams, B.W. (2012) Post – DC fault recharging of the H-bridge modular multilevel converter. AC and DC Power Transmission (ACDC 2012), 10th IET International Conference on, 4–5 December 2012, pp. 1–5.

Chaudhuri, T., Rufer, A. and Steimer, P.K. (2010) The common cross-connected stage for the 5L ANPC medium voltage multilevel inverter. *Industrial Electronics, IEEE Transactions on*, **57**, 2279–2286.

Cherix, N., Vasiladiotis, M. and Rufer, A. (2012) Functional modeling and Energetic Macroscopic Representation of Modular Multilevel Converters. Power Electronics and Motion Control Conference (EPE/PEMC), 2012 15th International, 4–6 September 2012, pp. LS1a-1.3-1–LS1a-1.3-8.

Ching-Tsai, P. and Jenn-Jong, S. (1999) A single-stage three-phase boost-buck AC/DC converter based on generalized zero-space vectors. *Power Electronics, IEEE Transactions on*, **14**, 949–958.

Chong, H., Huang, A.Q., Yu, L. and Bin, C. (2007) A Generalized Control Strategy of Per-Phase DC Voltage Balancing for Cascaded Multilevel Converter-based STATCOM. Power Electronics Specialists Conference, 2007. PESC 2007. IEEE, 17–21 June 2007, pp. 1746–1752.

Chunmei, F., Jun, L. and Agelidis, V.G. (2003) A novel voltage balancing control method for flying capacitor multilevel converters. Industrial Electronics Society, 2003. IECON '03. The 29th Annual Conference of the IEEE, 2–6 November 2003, vol. 2, pp. 1179–1184.

Chunmei, F., Jun, L. and Agelidis, V.G. (2007) Modified phase-shifted PWM control for flying capacitor multilevel converters. *Power Electronics, IEEE Transactions on*, **22**, 178–185.

Chunmei, F., Jun, L., Agelidis, V.G. and Green, T.C. (2006) A Multi-Modular System Based On Parallel-Connected Multilevel Flying Capacitor Converters Controlled with Fundamental Frequency SPWM. IEEE Industrial Electronics, IECON 2006 – 32nd Annual Conference on, 6–10 November 2006, pp. 2360–2365.

D'errico, L., Lidozzi, A., Serrao, V. and Solero, L. (2009) Multilevel converters for high fundamental frequency application. Power Electronics and Applications, 2009. EPE '09. 13th European Conference on, 8–10 September 2009, pp. 1–14.

da Silva, E.R.C., Dos Santos, E.C. and Jacobina, C.B. (2011) Pulsewidth modulation strategies. *Industrial Electronics Magazine, IEEE*, **5**, 37–45.

Dae-Wook, K., Byoung-Kuk, L., Jae-Hyun, J. *et al.* (2005) A symmetric carrier technique of CRPWM for voltage balance method of flying-capacitor multilevel inverter. *Industrial Electronics, IEEE Transactions on*, **52**, 879–888.

Dae-Wook, K., Yo-Han, L., Bum-Seok, S. *et al.* (2003) An improved carrier-based SVPWM method using leg voltage redundancies in generalized cascaded multilevel inverter topology. *Power Electronics, IEEE Transactions on*, **18**, 180–187.

Dahidah, M.S.A. and Agelidis, V.G. (2008) Selective harmonic elimination PWM control for cascaded multilevel voltage source converters: a generalized formula. *Power Electronics, IEEE Transactions on*, **23**, 1620–1630.

Dahidah, M.S.A., Konstantinou, G., Flourentzou, N. and Agelidis, V.G. (2010) On comparing the symmetrical and non-symmetrical selective harmonic elimination pulse-width modulation technique for two-level three-phase voltage source converters. *Power Electronics, IET*, **3**, 829–842.

Dahidah, M.S.A., Konstantinou, G.S. and Agelidis, V.G. (2011) SHE-PWM control for asymmetrical hybrid multilevel flying capacitor and H-bridge converter. Power Electronics and Drive Systems (PEDS), 2011 IEEE Ninth International Conference on, 5–8 December 2011, pp. 29–34.

Dahidah, M.S.A., Konstantinou, G.S. and Agelidis, V.G. (2012) Selective harmonic elimination pulse-width modulation seven-level cascaded H-bridge converter with optimised DC voltage levels. *Power Electronics, IET*, **5**, 852–862.

Dai, S.Z., Lujara, N. and Boon-Teck, O. (1992) A unity power factor current-regulated SPWM rectifier with a notch feedback for stabilization and active filtering. *Power Electronics, IEEE Transactions on*, **7**, 356–363.

Das, S. and Narayanan, G. 2012. Novel switching sequences for a space-vector-modulated three-level inverter. *Industrial Electronics, IEEE Transactions on*, **59**, 1477–1487.

Davoodnezhad, R., Holmes, D.G. and Mcgrath, B.P. (2012) Hysteresis current regulation of three phase flying capacitor inverter with balanced capacitor voltages. Power Electronics and Motion Control Conference (IPEMC), 2012 7th International, 2–5 June 2012, pp. 47–52.

de Alvarenga, M.B. and Pomilio, J.A. (2011) Modulation strategy for minimizing commutations and capacitor voltage balancing in symmetrical cascaded multilevel converters. Industrial Electronics (ISIE), 2011 IEEE International Symposium on, 27–30 June 2011, pp. 1875–1880.

de Leon Morales, J., Escalante, M.F. and Mata-Jimenez, M.T. (2007) Observer for DC voltages in a cascaded H-bridge multilevel STATCOM. *Electric Power Applications, IET*, **1**, 879–889.

Deschamps, E., Borges, A.R. and da Silva, A.S.G. (2003) The influence of gate signals differences on the voltage across the switches in a flying-capacitor DC-to-DC multilevel converter. Industrial Electronics, 2003. ISIE '03. 2003 IEEE International Symposium on, 9–11 June 2003, vol. 1, pp. 656–661.

Dieckerhoff, S., Bernet, S. and Krug, D. (2003) Evaluation of IGBT multilevel converters for transformerless traction applications. Power Electronics Specialist Conference, 2003. PESC '03. 2003 IEEE 34th Annual, 15–19 June 2003, vol. 4, pp. 1757–1763.

Dieckerhoff, S., Bernet, S. and Krug, D. (2005) Power loss-oriented evaluation of high voltage IGBTs and multilevel converters in transformerless traction applications. *Power Electronics, IEEE Transactions on*, **20**, 1328–1336.

Do-Hyun, J. (2007) PWM methods for two-phase inverters. *Industry Applications Magazine, IEEE*, **13**, 50–61.

Dordevic, O., Jones, M. and Levi, E. (2013a) A comparison of carrier-based and space vector PWM techniques for three-level five-phase voltage source inverters. *Industrial Informatics, IEEE Transactions on*, **9**, 609–619.

Dordevic, O., Levi, E. and Jones, M. (2013b) A vector space decomposition based space vector PWM algorithm for a three-level seven-phase voltage source inverter. *Power Electronics, IEEE Transactions on*, **28**, 637–649.

Dunford, W.G. and Van Wyk, J.D. (1992) Harmonic imbalance in asynchronous PWM schemes. *Power Electronics, IEEE Transactions on*, **7**, 480–486.

Duran, M.J., Prieto, J., Barrero, F. *et al.* (2013) Space-vector PWM with reduced common-mode voltage for five-phase induction motor drives. *Industrial Electronics, IEEE Transactions on*, **60**, 4159–4168.

Dyck, D.N., Gilbert, G. and Lowther, D.A. (2010) A performance model of an induction motor for transient simulation with a PWM drive. *Magnetics, IEEE Transactions on*, **46**, 3093–3096.

Eckel, H.G. and Runge, J. (2011) Comparison of the semiconductor losses in self commutated inverter topologies for HVDC. Power Electronics and Applications (EPE 2011), Proceedings of the 2011-14th European Conference on, 30 August 2011–1 September 2011, pp. 1–8.

Escalante, M.F. (2012) Least-squares estimation of capacitor voltages in flying capacitor multilevel converters. *Power Electronics, IET*, **5**, 1741–1747.

Fan, Z., Peng, F.Z. and Zhaoming, Q. (2004) Study of the multilevel converters in DC-DC applications. Power Electronics Specialists Conference, 2004. PESC 04. 2004 IEEE 35th Annual, 20–25 June 2004, vol. 2, pp. 1702–1706.

Fang, H., Yang, R., Yu, Y. and Xu, D. (2012) A study on the DC voltage control techniques of cascaded multilevel APF. Power Electronics and Motion Control Conference (IPEMC), 2012 7th International, 2–5 June 2012, pp. 2727–2731.

Fazel, S.S., Bernet, S., Krug, D. and Jalili, K. (2007) Design and comparison of 4-kV neutral-point-clamped, flying-capacitor, and series-connected H-bridge multilevel converters. *Industry Applications, IEEE Transactions on*, **43**, 1032–1040.

Feng, C. and Agelidis, V.G. (2004) A DSP-based controller design for multilevel flying capacitor converters. Applied Power Electronics Conference and Exposition, 2004. APEC '04. Nineteenth Annual IEEE, 2004, vol. 3, pp. 1740–1744.

Floricau, D., Floricau, E., Parvulescu, L. and Gateau, G. (2010a) Loss balancing for Active-NPC and Active-Stacked-NPC multilevel converters. Optimization of Electrical and Electronic Equipment (OPTIM), 2010 12th International Conference on, 20–22 May 2010, pp. 625–630.

Floricau, D., Gateau, G. and Leredde, A. (2010b) New active stacked NPC multilevel converter: operation and features. *Industrial Electronics, IEEE Transactions on*, **57**, 2272–2278.

Flourentzou, N. and Agelidis, V.G. (2007) Harmonic performance of multiple sets of solutions of SHE-PWM for a 2-level VSC topology with fluctuating DC-link voltage. Power Engineering Conference, 2007. AUPEC 2007. Australasian Universities, 9–12 December 2007, pp. 1–8.

Franquelo, L.G., Napoles, J., Guisado, R.C.P. *et al.* (2007) A flexible selective harmonic mitigation technique to meet grid codes in three-level PWM converters. *Industrial Electronics, IEEE Transactions on*, **54**, 3022–3029.

Franquelo, L.G., Rodriguez, J., Leon, J.I. *et al.* (2008) The age of multilevel converters arrives. *Industrial Electronics Magazine, IEEE*, **2**, 28–39.

Fukuda, S., Iwaji, Y. and Hasegawa, H. (1990) PWM technique for inverter with sinusoidal output current. *Power Electronics, IEEE Transactions on*, **5**, 54–61.

Fukuda, S., Matsumoto, Y. and Sagawa, A. (1999) Optimal-regulator-based control of NPC boost rectifiers for unity power factor and reduced neutral-point-potential variations. *Industrial Electronics, IEEE Transactions on*, **46**, 527–534.

Ghias, A.M.Y.M., Ciobotaru, M., Pou, J. and Agelidis, V.G. (2012a) Performance evaluation of a five-level flying capacitor converter with reduced DC bus capacitance under two different modulation schemes. Power Electronics for Distributed Generation Systems (PEDG), 2012 3rd IEEE International Symposium on, 25–28 June 2012, pp. 857–864.

Ghias, A.M.Y., Pou, J., Ciobotaru, M. and Agelidis, V.G. (2012b) Voltage balancing of a five-level flying capacitor converter using optimum switching transitions. IECON 2012 – 38th Annual Conference on IEEE Industrial Electronics Society, 25–28 October 2012, pp. 5006–5012.

Gonza, X., Lez, M.A. and Escalante, M.F. (2010) Traction system for an EV based on induction motor and 3-level NPC inverter multilevel converters. Power Electronics Congress (CIEP), 2010 12th International, 22–25 August 2010, pp. 73–77.

Gonzalez, S.A., Valla, M.I. and Christiansen, C.F. (2010) Five-level cascade asymmetric multilevel converter. *Power Electronics, IET*, **3**, 120–128.

Green, R.M. and Boys, J.T. (1982) PWM sequence selection and optimization: a novel approach. *Industry Applications, IEEE Transactions on*, **IA-18**, 146–151.

Grigoletto, F.B. and Pinheiro, H. (2011) Generalised pulse width modulation approach for DC capacitor voltage balancing in diode-clamped multilevel converters. *Power Electronics, IET*, **4**, 89–100.

Gruson, F., Le Moigne, P., Delarue, P. *et al.* (2013) A simple carrier-based modulation for the SVM of the matrix converter. *Industrial Informatics, IEEE Transactions on*, **9**, 947–956.

Hadiouche, D., Baghli, L. and Rezzoug, A. (2006) Space-vector PWM techniques for dual three-phase AC machine: analysis, performance evaluation, and DSP implementation. *Industry Applications, IEEE Transactions on*, **42**, 1112–1122.

Handley, P.G. and Boys, J.T. (1992) Practical real-time PWM modulators: an assessment. *Electric Power Applications, IEE Proceedings B*, **139**, 96–102.

Hava, A.M., Kerkman, R.J. and Lipo, T.A. (1997a) A high performance generalized discontinuous PWM algorithm. Applied Power Electronics Conference and Exposition, 1997. APEC '97 Conference Proceedings 1997. Twelfth Annual, 23–27 February 1997, vol. **2**, pp. 886–894.

Hava, A.M., Kerkman, R.J. and Lipo, T.A. (1997b) Simple analytical and graphical tools for carrier based PWM methods. Power Electronics Specialists Conference, 1997. PESC '97 Record., 28th Annual IEEE, 22–27 June 1997, vol. 2, pp. 1462–1471.

Hava, A.M., Kerkman, R.J. and Lipo, T.A. (1998) Carrier-based PWM-VSI over modulation strategies: analysis, comparison, and design. *Power Electronics, IEEE Transactions on*, **13**, 674–689.

Hava, A.M. and Ün, E. (2011) A high-performance PWM Algorithm for common-mode voltage reduction in three-phase voltage source inverters. *Power Electronics, IEEE Transactions on*, **26**, 1998–2008.

Hoevenaars, T., Ledoux, K. and Colosino, M. (in press) Interpreting IEEE Std 519 and Meeting its Harmonic Limits in VFD Applications, Mirus International Inc, #12, 6805 Invader Cres. Mississauga, ON L5T 2K6, Canada USA.

Holmes, D.G. (1995) The significance of zero space vector placement for carrier based PWM schemes. Industry Applications Conference, 1995. Thirtieth IAS Annual Meeting, IAS '95., Conference Record of the 1995 IEEE, 8–12 October 1995, vol. 3, pp. 2451–2458.

Holmes, D.G. (1996) The significance of zero space vector placement for carrier-based PWM schemes. *Industry Applications, IEEE Transactions on*, **32**, 1122–1129.

Holmes, D.G. (1998) A general analytical method for determining the theoretical harmonic components of carrier based PWM strategies. Industry Applications Conference, 1998. Thirty-Third IAS Annual Meeting. The 1998 IEEE, 12–15 October 1998, vol. 2, pp. 1207–1214.

Holmes, D.G. and Mcgrath, B.P. (1999) Opportunities for harmonic cancellation with carrier based PWM for two-level and multi-level cascaded inverters. Industry Applications Conference, 1999. Thirty-Fourth IAS Annual Meeting. Conference Record of the 1999 IEEE, 1999, vol. 2, pp. 781–788.

Holmes, D.G. and Mcgrath, B.P. (2001) Opportunities for harmonic cancellation with carrier-based PWM for a two-level and multilevel cascaded inverters. *Industry Applications, IEEE Transactions on*, **37**, 574–582.

Holmes, D.G. and Lipo, T.A. (2003) *Pulse Width Modulation for Power Converters: Principle and Practice*, Wiley IEEE Press.

Hosseini, S.H. and Sadeghi, M. (2011) Reduced Diode Clamped Multilevel Converter with a modified control method.

Electrical and Electronics Engineering (ELECO), 2011 7th International Conference on, 1–4 December 2011, pp. I-302–I-306.

In-Dong, K., Eui-Cheol, N., Heung-Geun, K. and Jong-Sun, K. (2004) A generalized Undeland snubber for flying capacitor multilevel inverter and converter. *Industrial Electronics, IEEE Transactions on*, **51**, 1290–1296.

Ito, T., Kamaga, M., Sato, Y. and Ohashi, H. (2010) An investigation of voltage balancing circuit for DC capacitors in diode-clamped multilevel inverters to realize high output power density converters. Energy Conversion Congress and Exposition (ECCE), 2010 IEEE, 12–16 September 2010, pp. 3675–3682.

Jiang, Q., Holmes, D.G. and Giesner, D.B. (1991) A method for linearising optimal PWM switching strategies to enable their computation on-line in real-time. Industry Applications Society Annual Meeting, 1991. Conference Record of the 1991 IEEE, 28 September 1991–4 October 1991, vol. 1, pp. 819–825.

Jih-Sheng, L. and Fang Zheng, P. (1995) Multilevel converters-a new breed of power converters. Industry Applications Conference, 1995. Thirtieth IAS Annual Meeting, IAS '95., Conference Record of the 1995 IEEE, vol. 3, pp. 2348–2356.

Khajehoddin, S.A., Bakhshai, A. and Jain, P.K. (2006) A Current Flow Model for m-Level Diode-Clamped Multilevel Converters. IEEE Industrial Electronics, IECON 2006 – 32nd Annual Conference on, 6–10 November 2006, pp. 2477–2482.

Khazraei, M., Sepahvand, H., Corzine, K. and Ferdowsi, M. (2010) A generalized capacitor voltage balancing scheme for flying capacitor multilevel converters. Applied Power Electronics Conference and Exposition (APEC), 2010 Twenty-Fifth Annual IEEE, 21–25 February 2010, pp. 58–62.

Khazraei, M., Sepahvand, H., Corzine, K.A. and Ferdowsi, M. (2012) Active capacitor voltage balancing in single-phase flying-capacitor multilevel power converters. *Industrial Electronics, IEEE Transactions on*, **59**, 769–778.

Kouzou, A., Abu Rub, H., Iqbal, A. *et al.* (2011) Selective Harmonics Elimination for a three-level diode clamped five-phase inverter based on Particle Swarm Optimization. IECON 2011 – 37th Annual Conference on IEEE Industrial Electronics Society, 7–10 November 2011, pp. 3495–3500.

Leon, J.I., Franquelo, L.G., Portillo, R.C. and Prats, M.M. (2005) DC-link capacitors voltage balancing in multilevel four-leg diode-clamped converters. Industrial Electronics Society, 2005. IECON 2005. 31st Annual Conference of IEEE, 6–10 November 2005, pp. 6.

Leon, J.I., Portillo, R., Franquelo, L.G. *et al.* (2007) New Space Vector Modulation Technique for Single-Phase Multilevel Converters. Industrial Electronics, 2007. ISIE 2007. IEEE International Symposium on, 4–7 June 2007, pp. 617–622.

Marchesoni, M. and Tenca, P. (2002) Diode-clamped multilevel converters: a practicable way to balance DC-link voltages. *Industrial Electronics, IEEE Transactions on*, **49**, 752–765.

Mathew, J., Rajeevan, P.P., Mathew, K. *et al.* (2013) A multilevel inverter scheme with dodecagonal voltage space vectors based on flying capacitor topology for induction motor drives. *Power Electronics, IEEE Transactions on*, **28**, 516–525.

Mcgrat, B.P., Meynard, T.A., Gateau, G. and Holmes, D.G. (2005) Optimal Modulation of Flying Capacitor and Stacked Multicell Converters using a State Machine Decoder. Power Electronics Specialists Conference, 2005. PESC '05. IEEE 36th, 16–26 June 2005, pp. 1671–1677.

Mcgrath, B.P. and Holmes, D.G. (2002a) An analytical technique for the determination of spectral components of multilevel carrier-based PWM methods. *Industrial Electronics, IEEE Transactions on*, **49**, 847–857.

Mcgrath, B.P. and Holmes, D.G. (2002b) Sinusoidal PWM of multilevel inverters in the overmodulation region. Power Electronics Specialists Conference, 2002. pesc 02. 2002 IEEE 33rd Annual, 2002, vol. 2, pp. 485–490.

Mcgrath, B.P. and Holmes, D.G. (2007a) Analytical Determination of the Capacitor Voltage Balancing Dynamics for Three Phase Flying Capacitor Converters. Industry Applications Conference, 2007. 42nd IAS Annual Meeting. Conference Record of the 2007 IEEE, 23–27 September 2007, pp. 1974–1981.

Mcgrath, B.P. and Holmes, D.G. (2007b) Analytical Modelling of Voltage Balance Dynamics for a Flying Capacitor Multilevel Converter. Power Electronics Specialists Conference, 2007. PESC 2007. IEEE, 17–21 June 2007, pp. 1810–1816.

Mcgrath, B.P. and Holmes, D.G. (2007c) Natural Current Balancing of Multicell Current Source Converters. Power Electronics Specialists Conference, 2007. PESC 2007. IEEE, 17–21 June 2007, pp. 968–974.

Mcgrath, B.P. and Holmes, D.G. (2009a) Enhanced voltage balancing of a flying capacitor multilevel converter using Phase Disposition (PD) modulation. Energy Conversion Congress and Exposition, 2009. ECCE 2009. IEEE, 20–24 September 2009, pp. 3108–3115.

Mcgrath, B.P. and Holmes, D.G. (2009b) Natural capacitor voltage balancing for a flying capacitor converter induction motor drive. *Power Electronics, IEEE Transactions on*, **24**, 1554–1561.

Mcgrath, B.P., Holmes, D.G. and Lipo, T. (2003) Optimized space vector switching sequences for multilevel inverters. *Power Electronics, IEEE Transactions on*, **18**, 1293–1301.

Meili, J., Ponnaluri, S., Serpa, L. *et al.* (2006) Optimized Pulse Patterns for the 5-Level ANPC Converter for High Speed High Power Applications. IEEE Industrial Electronics, IECON 2006 – 32nd Annual Conference on, 6–10 November 2006, pp. 2587–2592.

Minshull, S.R., Bingham, C.M., Stone, D.A. and Foster, M.P. (2010) Compensation of nonlinearities in diode-clamped multilevel converters. *Industrial Electronics, IEEE Transactions on*, **57**, 2651–2658.

Mohzani, Z., Mcgrath, B.P. and Holmes, D.G. (2011) Natural balancing of the Neutral Point voltage for a three-phase NPC multilevel converter. IECON 2011 – 37th Annual Conference on IEEE Industrial Electronics Society, 7–10 November 2011, pp. 4445–4450.

Mohzani, Z., Mcgrath, B.P. and Holmes, D.G. (2012) The balancing properties of DC link compensation for 3-phase Neutral Point Clamped (NPC) Converter. Power Electronics and Motion Control Conference (IPEMC), 2012 7th International, 2–5 June 2012, pp. 574–579.

Mwinyiwiwa, B., Boon-Teck, O. and Wolanski, Z. (1998a) UPFC using multiconverter operated by phase-shifted triangle carrier SPWM strategy. *Industry Applications, IEEE Transactions on*, **34**, 495–500.

Mwinyiwiwa, B., Wolanski, Z. and Boon-Teck, O. (1998b) Microprocessor-implemented SPWM for multiconverters with phase-shifted triangle carriers. *Industry Applications, IEEE Transactions on*, **34**, 487–494.

Mwinyiwiwa, B., Wolanski, Z. and Boon-Teck, O. (1999) Current equalization in SPWM FACTS controllers at lowest switching rates. *Power Electronics, IEEE Transactions on*, **14**, 900–905.

Nademi, H., Das, A. and Norum, L. (2011) Nonlinear observer-based capacitor voltage estimation for sliding mode current controller in NPC multilevel converters. PowerTech, 2011 IEEE Trondheim, 19–23 June 2011, pp. 1–7.

Nami, A., Zare, F., Ledwich, G. and Ghosh, A. (2007) A new configuration for multilevel converters with diode clamped topology. Power Engineering Conference, 2007. IPEC 2007. International, 3–6 December 2007, pp. 661–665.

Newton, C. and Summer, M. (1998) Multi-level convertors a real solution to medium/high-voltage drives? *Power Engineering Journal*, **12**, 21–26.

Newton, C. and Sumner, M. (1998) A novel arrangement for balancing the capacitor voltages of a five level diode clamped inverter. Power Electronics and Variable Speed Drives, 1998. Seventh International Conference on (Conf. Publ. No. 456), 21–23 September 1998, pp. 465–470.

Newton, C. and Sumner, M. (1999) Novel technique for maintaining balanced internal DC link voltages in diode clamped five-level inverters. *Electric Power Applications, IEE Proceedings*, **146**, 341–349.

Newton, C., Sumner, M. and Alexander, T. (1997) Multi-level converters: a real solution to high voltage drives? Update on New Power Electronic Techniques (Digest No: 1997/091), IEE Colloquium on, 23 May 1997, pp. 3/1–3/5.

Ooi, B.T., Joos, G. and Xiaogang, H. (1999) Operating principles of shunt STATCOM based on 3-level diode-clamped converters. *Power Delivery, IEEE Transactions on*, **14**, 1504–1510.

Patel, H. and Agarwal, V. (2008) Control of a stand-alone inverter-based distributed generation source for voltage regulation and harmonic compensation. *Power Delivery, IEEE Transactions on*, **23**, 1113–1120.

Peng, F.Z., Wei, Q. and Dong, C. (2010) Recent advances in multilevel converter/inverter topologies and applications. Power Electronics Conference (IPEC), 2010 International, 21–24 June 2010, pp. 492–501.

Pongiannan, R.K., Paramasivam, S. and Yadaiah, N. (2011) Dynamically reconfigurable PWM controller for three-phase voltage-source inverters. *Power Electronics, IEEE Transactions on*, **26**, 1790–1799.

Steinke, J.K. (1992) Switching frequency optimal PWM control of three-level inverter. *IEEE Transaction on Power Electronics*, **7**, 487–496.

Zhang, Y., Adam, G.P., Lim, T.C. *et al.* (2010) Voltage Source Converter in High Voltage Applications: Multilevel versus Two-level Converters. IET, the 9th International Conference on AC and DC Power Transmission, 2010 London, UK.

附录 B　例题求解

题 1

证明三相电压源换流器平均电压（用调制信号表达，且 $F_c \geqslant 10F_s$）可以简化为

$$v_{\text{vsc\_a}} = v_{\text{dc}}\left(\frac{1}{3}m_{\text{a}}1 - \frac{1}{6}m_{\text{b}}1 - \frac{1}{6}m_{\text{c}}1\right) = \frac{v_{\text{dc}}}{2}m_{\text{a}}1$$

$$v_{\mathrm{vsc\_b}} = v_{\mathrm{dc}}\left(-\frac{1}{6}m_{\mathrm{a}}1 + \frac{1}{3}m_{\mathrm{b}}1 - \frac{1}{6}m_{\mathrm{c}}1\right) = \frac{v_{\mathrm{dc}}}{2}m_{\mathrm{b}}1$$

$$v_{\mathrm{vsc\_c}} = v_{\mathrm{dc}}\left(-\frac{1}{6}m_{\mathrm{a}}1 - \frac{1}{6}m_{\mathrm{b}}1 + \frac{1}{3}m_{\mathrm{c}}1\right) = \frac{v_{\mathrm{dc}}}{2}m_{\mathrm{c}}1$$

证明：

已知

$$m_{\mathrm{a}} = \cos(\omega t)$$

$$m_{\mathrm{b}} = \cos(\omega t - \frac{2\pi}{3})$$

$$m_{\mathrm{c}} = \cos(\omega t + \frac{2\pi}{3})$$

利用三角函数等式：

$$\cos(\alpha \pm \beta) = \cos(\alpha)\cos(\beta) \mp \sin(\alpha)\sin(\beta)$$

对 a 相，有下式：

$$v_{\mathrm{dc}}\left[\frac{1}{3}\cos(\omega t) - \frac{1}{6}\cos\left(\omega t - \frac{2\pi}{3}\right) - \frac{1}{6}\sin\left(\omega t + \frac{2\pi}{3}\right)\right]$$

$$= v_{\mathrm{dc}}\left[\frac{1}{3}\cos(\omega t) + \frac{1}{12}\cos(\omega t) - \frac{1}{12}\sin(\omega t)\sqrt{3} + \frac{1}{12}\cos(\omega t) + \frac{1}{12}\sin(\omega t)\sqrt{3}\right]$$

$$= \frac{v_{\mathrm{dc}}}{2}\cos\ (\omega t)$$

对 b 相，有下式：

$$v_{\mathrm{dc}}\left[-\frac{1}{6}\cos(\omega t) + \frac{1}{3}\cos\left(\omega t - \frac{2\pi}{3}\right) - \frac{1}{6}\sin\left(\omega t + \frac{2\pi}{3}\right)\right]$$

$$= v_{\mathrm{dc}}\left[-\frac{1}{6}\cos(\omega t) - \frac{1}{6}\cos(\omega t) + \frac{1}{6}\sin(\omega t)\sqrt{3} + \frac{1}{12}\cos(\omega t) + \frac{1}{12}\sin(\omega t)\sqrt{3}\right]$$

$$= v_{\mathrm{dc}}\left[-\frac{1}{4}\cos(\omega t) + \frac{1}{4}\sin(\omega t)\sqrt{3}\right]$$

因为 $\cos\left(\frac{2}{3}\pi\right) = -\frac{1}{2}$，$\sin\left(\frac{2}{3}\pi\right) = \frac{\sqrt{3}}{2}$，所以我们可以得到下式：

$$v_{\mathrm{dc}}\left[-\frac{1}{4}\cos(\omega t) + \frac{1}{4}\sin(\omega t)\sqrt{3}\right] = v_{\mathrm{dc}}\left[\frac{1}{2}\cos(\omega t)\cos\left(\frac{2}{3}\pi\right) + \frac{1}{2}\sin(\omega t)\sin\left(\frac{2}{3}\pi\right)\right]$$

$$= \frac{v_{\mathrm{dc}}}{2}\cos\ (\omega t - \frac{2}{3}\pi)$$

对 c 相，有下式：

$$v_{\mathrm{dc}}\left[-\frac{1}{6}\cos(\omega t) - \frac{1}{6}\cos\left(\omega t - \frac{2\pi}{3}\right) + \frac{1}{3}\sin\left(\omega t + \frac{2\pi}{3}\right)\right]$$

$$= v_{\mathrm{dc}}\left[-\frac{1}{6}\cos(\omega t) + \frac{1}{12}\cos(\omega t) - \frac{1}{12}\sin(\omega t)\sqrt{3} - \frac{1}{6}\cos(\omega t) - \frac{1}{6}\sin(\omega t)\sqrt{3}\right]$$

$$= v_{\mathrm{dc}}\left[-\frac{1}{4}\cos(\omega t) - \frac{1}{4}\sin(\omega t)\sqrt{3}\right]$$

因为 $\cos\left(\frac{2}{3}\pi\right) = -\frac{1}{2}$，$\sin\left(\frac{2}{3}\pi\right) = \frac{\sqrt{3}}{2}$，所以我们可以得到下式：

$$v_{\mathrm{dc}}\left[-\frac{1}{4}\cos(\omega t)-\frac{1}{4}\sin(\omega t)\sqrt{3}\right]=v_{\mathrm{dc}}\left[\frac{1}{2}\cos(\omega t)\cos\left(\frac{2}{3}\pi\right)-\frac{1}{2}\sin(\omega t)\sin\left(\frac{2}{3}\pi\right)\right]$$

$$=\frac{v_{\mathrm{dc}}}{2}\cos\left(\omega t+\frac{2}{3}\pi\right)$$

题 2

有一台基于 DFIG 的风力发电机运行于 1686r/min，定子电压 $V_s=(690+\mathrm{j}0.0)\mathrm{V}$，转子电压 $V'_r=(-50.43-\mathrm{j}7.18)\mathrm{V}$，在 $t=0$ 时遇到三相故障。

发电机参数为（所有量都折算到定子侧）：

转子电阻，$r'_r=0.001309\Omega$；

定子电阻，$r_s=0.001164\Omega$；

转子自电抗，$X'_r=0.9647\Omega$；

定子自电抗，$X_s=0.963\Omega$；

互电抗，$X_m=0.941\Omega$；

极对数，$p_g=2$。

在故障瞬间在 DFIG 端口的暂态电流是多少？

首先计算转差转速为

$$s_\omega=(\omega_s-p_g\omega_r)/\omega_s=\frac{\left[\left(2\pi50-(2)1686\frac{2\pi}{60}\right)\right]}{2\pi50}=-0.124$$

然后计算定子暂态电感和定转子的耦合系数为

$$X_{ts}=X_s-\frac{X_m^2}{X'_r}=0.963-\frac{(0.941)^2}{0.9641}=0.04454$$

$$k_s=\frac{L_m}{L_s}=\frac{X_m}{X_s}=\frac{0.914}{0.936}=0.9491$$

$$k_r=\frac{L_m}{L'_r}=\frac{X_m}{X'_r}=\frac{0.914}{0.9641}=0.9480$$

然后，利用式（2.119），我们可以得到

$$|i_{s,0}|=\frac{\sqrt{2}}{iX_{ts}}\left[|v_s|\mathrm{e}^{-t/T_s}-\left[\left(|v_s|k_sk_r+|v'_r|s_\omega^{-1}k_r\right)\mathrm{e}^{\mathrm{j}\omega_s t}\right]\mathrm{e}^{-t/T_r}\right]$$

$$=\left|\frac{\sqrt{2}}{0.04454i}\left[690\,\mathrm{e}^0-\left[(690)(0.9480)(0.9491)+50.9385\,\mathrm{e}^{-3i}(-0.124)^{-1}(0.9480)\mathrm{e}^0\right]\mathrm{e}^0\right]\right|\mathrm{A}$$

$$=\left|\frac{\sqrt{2}}{0.04454i}\left[690-(620.825+385.536-54.9568i)\right]\right|\mathrm{A}$$

$$=|-1744.75-10018.8i|\mathrm{A}$$

$$=10169.5\mathrm{A}$$

题 3

一台基于 DFIG 的风力发电机具有如下参数（所有变量都折算到定子侧）：

转子电阻，$r'_r=0.001309\Omega$；

转子自电抗，$X'_r=0.9647\Omega$；

定子自电抗，$X_s=0.963\Omega$。

撬棒电阻最小需要多少才可以使暂态的 DFIG 速度变换在 ±0.5pu 以内？

$$s_{wmax}=\frac{(r'_r+r_{cb})}{\sqrt{(r'_r+r_{cb})^2+(X_s+X'_r)^2}}\rightarrow r_{cb}=-r'_r+s_{wmax}\sqrt{-\frac{X_s^2+2X_sX'_r+X'^2_r}{s_{wmax}^2-1}}$$

$$=-0.001309\Omega+0.5\sqrt{-\frac{3.716}{0.25-1}}\Omega=1.111\Omega$$

题 4

一台功率为 1.27MW 基于 DFIG 的风力发电机具有如下参数（所有变量都折算到定子侧）：

转子电阻，$r'_r=0.001309\Omega$；

定子电阻，$r_s=0.001164\Omega$；

转子自电抗，$X'_r=0.9647\Omega$；

定子自电抗，$X_s=0.963\Omega$；

互电抗，$X_m=0.941\Omega$；

交流频率，$F_s=50\text{Hz}$；

集中转动惯量常数 $J=3716063.08\text{kg}\cdot\text{m}^2$；

阻尼系数 $B_m=504\text{kN}\cdot\text{m/(rad/s)}$。

1）用零－极点对消法计算 PI 控制器参数，使得转子电流闭环控制器的时间响应为 100ms。

转子自电感，$L'_r=\frac{X'_r}{2\pi50}=\frac{0.9647\Omega}{314.159}=0.003071\text{H}$

定子自电感，$L_s=\frac{X_s}{2\pi50}=\frac{0.963\Omega}{314.159}=0.002979\Omega$

互电感，$L_m=\frac{X_m}{2\pi50}=\frac{0.941\Omega}{314.159}=0.002995\Omega$

已知转子电流传递函数为

$$\frac{i'_{dr}(s)}{v'_{dr}(s)}=\frac{i'_{qr}(s)}{v'_{qr}(s)}=\frac{i'_r(s)}{v'_r(s)}=P_r(s)=\frac{L_s}{s(L'_rL_s-L_m^2)+r'_rL_s}$$

且转子电流控制器为

$$K_{ir}(s)=\frac{Kp_rs+Ki_r}{s}$$

则可以得到开环增益控制器的表达式为

$$l_r(s)=K_{ir}(s)P_r(s)=\left(\frac{Kp_rL_s}{(L'_rL_s-L_m^2)s}\right)\frac{\left(s+\frac{Ki_r}{Kp_r}\right)}{\left(s+\frac{r'_rL_s}{(L'_rL_s-L_m^2)}\right)}$$

若使 $Ki_r/Kp_r=r'_rL_s/(L'_rL_s-L_m^2)$，且 $Kp_rL_s/(L'_rL_s-L_m^2)=\frac{1}{0.1}$，则对象的稳定极点就被 PI 控制器的零点对消。由于电流环的响应时间为 100ms，PI 常数可以求解如下：

$$Kp_{\mathrm{r}} = \frac{L'_{\mathrm{r}}L_{\mathrm{s}} - L_{\mathrm{m}}^2}{0.1L_{\mathrm{s}}} = 0.000599$$

$$K_{\mathrm{ir}} = \frac{r'_{\mathrm{r}}L_{\mathrm{s}}}{(L'_{\mathrm{r}}L_{\mathrm{s}} - L_{\mathrm{m}}^2)}\frac{(L'_{\mathrm{r}}L_{\mathrm{s}} - L_{\mathrm{m}}^2)}{0.01L_{\mathrm{s}}} = \frac{r'_{\mathrm{r}}}{0.1} = 0.01309$$

2）用零－极点对消法，计算 PI 控制器参数，使得转子速度闭环的时间响应为 2s。已知转子速度的传递函数为

$$P_{\omega}(s) = \frac{\omega_{\mathrm{r}}(s)}{T_{\mathrm{e}}(s)} = -\frac{1}{Js + B_{\mathrm{m}}}$$

且转子速度控制器为

$$K_{\omega}(s) = \frac{Kp_{\omega}s + Ki_{\omega}}{s}$$

则可以得到开环增益控制器的表达式为

$$K_{\omega}(s)P_{\omega}(s) = -\left(\frac{Kp_{\omega}}{Js}\right)\frac{\left(s + \frac{Ki_{\omega}}{Kp_{\omega}}\right)}{\left(s + \frac{B_{\mathrm{m}}}{J}\right)}$$

若使 $Ki_{\omega}/Kp_{\omega} = B_{\mathrm{m}}/J$，且 $Kp_{\omega}/J = 1/2$，则被控对象的稳定极点被 PI 控制器的零点消去。将转子速度环的响应时间设为 2s，则 PI 常数的解为

$$Kp_{\omega} = \frac{J}{2} = 1.858031540 \times 10^6$$

$$Ki_{\omega} = \frac{B_{\mathrm{m}}}{J}\frac{J}{2} = \frac{504 \times 10^3}{2} = 252 \times 10^3$$

题 5

一台功率为 2MW 基于 DFIG 的风力发电机具有如下参数：

定子端电压 $V_{\mathrm{s}} = (690 + \mathrm{j}0.0)\mathrm{V}$；

背靠背直流回路电容：10000μF；

网侧换流器电感：0.02308H；

网侧换流器电阻：0.0002308Ω。

1）求主动阻尼环（active damping loop），使得直流电压受控对象的时间常数为 200ms。

设 G_{dc} 为 0.00024154，则我们可以得到式（2.103）[㊀]的表达式为

$$-\frac{3 \times 690}{0.01s + 3 \times 690 \times 0.00024154} = -\frac{2070}{0.01s + 0.5} \rightarrow \left(-\frac{\frac{1}{0.5} \times 2070}{\frac{1}{0.5}}\right)\left(\frac{1}{0.02s + 1}\right)$$

2）使用零－极点对消法计算直流电压 PI 控制器参数，使得 1）中改进后的直流电压受控对象的闭环控制器的响应时间为 100ms。

已知改进的直流电压传递函数为

㊀ 原书为式（2.100）。——译者注

$$M_{dc}(s) = -\frac{P_{dc}(s)}{1+P_{dc}(s)G_{dc}} = -\frac{3v_d}{Cs+3v_dG_{dc}}$$

且电压控制器为

$$K_{dc}(s) = \frac{Kp_{dc}s+Ki_{dc}}{s} = \frac{Kp_{dc}}{s}\left(s+\frac{Ki_{dc}}{Kp_{dc}}\right)$$

则开环控制器的表达式为

$$l_r(s) = K_{dc}(s)M_{dc}(s) = \left(\frac{3Kp_{dc}v_d}{Cs}\right)\frac{\left(s+\frac{Ki_{dc}}{Kp_{dc}}\right)}{\left(s+\frac{3v_dG_{dc}}{C}\right)}$$

若使 $Ki_{dc}/Kp_{dc}=3v_dG_{dc}/C$，且 $3Kp_{dc}v_d/C=1/\tau_{dc}$，则被控对象的稳定极点就被 PI 控制器的零点消去。设置直流电压控制环的响应时间为 100ms，那么 PI 常数的解为

$$Kp_{dc} = \frac{\left(\frac{C}{\tau_{dc}}\right)}{3v_d} = 4.830\times10^{-5}$$

$$Ki_{dc} = \frac{3v_dG_{dc}Kp_{dc}}{C} = 0.002415$$

3）使用零 - 极点对消法计算网侧换流器（GSC）电流 PI 控制器参数，使得网侧换流器电流闭环控制器的时间常数比上面算得的直流电压控制器的时间常数小 10 倍。

已知网侧换流器被控对象的传递函数为

$$P_{gsc}(s) = \frac{1}{Ls+r}$$

且电压控制器为

$$K_{gsc}(s) = \frac{Kp_{gsc}s+Ki_{gsc}}{s} = \frac{Kp_{gsc}}{s}\left(s+\frac{Ki_{gsc}}{Kp_{gsc}}\right)$$

则我们可以得到开环增益控制器的表达式为

$$l_{gsc}(s) = K_{gsc}(s)P_{gsc}(s) = \left(\frac{Kp_{gsc}}{Ls}\right)\frac{\left(s+\frac{Ki_{gsc}}{Kp_{gsc}}\right)}{\left(s+\frac{r}{L}\right)}$$

若使 $Ki_{gsc}/Kp_{gsc}=r/L$，且 $Kp_{gsc}/L=1/\tau_{gsc}$，则受控对象的稳定极点就被 PI 控制器的零点消去。设置网侧换流器电流环的响应时间为 10ms，则 PI 常数的解为

$$Kp_{gsc} = \frac{L}{\tau_{gsc}} = 2.308$$

$$Ki_{gsc} = \frac{rKp_{gsc}}{L} = 0.02308$$

题 6

一台基于 DFIG 的 2MW 风力发电机具有如下参数：

定子端电压 $V_s=(690+\mathrm{j}0.0)\,\mathrm{V}$；

背靠背直流回路电容（C）：10000μF；

稳态时背靠背直流电压（v_{dc}）：1200V；

背靠背直流电压参考值（v_{dc_ref}）：1200V；

背靠背换流器额定功率：600kW；

网侧换流器电感（L）：0.02308H；

网侧换流器电阻（r）：0.0002308Ω。

1）求直流电压控制器的最小带宽 α_{dc_min}，使得在背靠背换流器上突然发生 600kW 全功率跌落（full power interruption）时，v_{dc} 的最大偏差为 $0.9v_{dc\_ref}$。

最大的直流电压突变必须小于

$$v^2_{dcmax\_step} < [v^2_{dc} - (0.9v_{dc\_ref})^2] \Rightarrow v^2_{dcmax\_step} < 0.19v^2_{dc}$$

下一步，利用式（2.209），有

$$\alpha_{dc\_min} = \frac{\pm 2P_{r\_max}}{\pm v^2_{dcmax\_step}(C)} e^{-1} \alpha_{dc} \geqslant \alpha_{dc\_min}$$

$$\alpha_{dc\_min} = \frac{\pm 2 \times 600000}{1.19 \times (1200)^2 (0.01)} e^{-1} = 70.02\text{rad}$$

2）利用 1）中计算的 α_{dc_min}，计算二自由度 IMC 直流电压控制器的常数。

利用式（2.203），有

$$G_{dc} = -\frac{1}{3}\frac{\alpha_{dc}C}{v_d} = \frac{1}{3}\frac{70.02 \times 0.01}{690} = 0.000338$$

利用式（2.202），有

$$Kp_{dc} = -\frac{1}{3}\frac{\alpha_{dc}C}{v_d} = -\frac{70.02 \times 0.01}{3 \times 690} = -0.000338$$

$$Ki_{dc} = \alpha_{dc}G_{dc} = 70.02 \times 0.000338 = 0.023685$$

3）计算二自由度 IMC 网侧换流器控制器的常数，使其带宽为 1）所计算的 α_{dc_min} 的 10 倍。

利用式（2.213），有

$$G_{gsc} = \alpha_{gsc}L - r = 700.2 \times 0.02308 - 0.0002308 = 16.1604$$

利用式（2.212），有

$$Kp_{gsc} = \alpha_{gsc}L = 16.1606$$

$$Ki_{gsc} = (r + G_{gsc})\alpha_{gsc} = 11315.7$$

北京市版权局著作权合同登记　图字：01-2014-6196 号。

图书在版编目（CIP）数据

海上风力发电：控制、保护与并网/（英）奥林波·安纳亚-劳拉（Olimpo Anaya-Lara）等著；高强等译. —北京：机械工业出版社，2017.1

（国际电气工程先进技术译丛）

书名原文：Offshore Wind Energy Generation: Control, Protection, and Integration to Electrical Systems

ISBN 978-7-111-55506-3

Ⅰ. ①海…　Ⅱ. ①奥…②高…　Ⅲ. ①海洋发电-风力发电

Ⅳ. ①TM614

中国版本图书馆 CIP 数据核字（2016）第 287393 号

机械工业出版社（北京市百万庄大街 22 号　邮政编码 100037）

策划编辑：刘星宁　责任编辑：刘星宁

责任校对：刘雅娜　封面设计：马精明

责任印制：李　洋

三河市国英印务有限公司印刷

2017 年 3 月第 1 版第 1 次印刷

169mm×239mm · 15.5 印张 · 362 千字

0 001—3 000 册

标准书号：ISBN 978-7-111-55506-3

定价：99.00　元

凡购本书，如有缺页、倒页、脱页，由本社发行部调换

电话服务	网络服务
服务咨询热线：010-88361066	机 工 官 网：www.cmpbook.com
读者购书热线：010-68326294	机 工 官 博：weibo.com/cmp1952
010-88379203	金 书 网：www.golden-book.com
封面无防伪标均为盗版	教育服务网：www.cmpedu.com